电力工程设计手册

电力工程设计手册

职业安全与职业卫生

中国电力工程顾问集团有限公司
中国能源建设集团规划设计有限公司 编著

Power
Engineering
Design Manual

中国电力出版社

内 容 提 要

本书是《电力工程设计手册》系列手册中的一个分册，是介绍电力工程有关职业安全与职业卫生方面的实用性工具书，本书以火力发电厂为主，兼顾变电站和输变电工程。

本书主要内容包括电力工程职业安全与职业卫生的基本规定、电力工程各设计阶段在职业安全与职业卫生方面的工作内容，职业安全危险、有害因素和职业病危害及影响分析，重大危险源辨识，厂址选择、规划及总平面布置的职业安全和职业卫生要求，生产工艺系统的职业安全和职业卫生防护设施设计，安全标识及职业卫生警示标识，安全生产和职业卫生管理等。本书还介绍了职业安全与职业卫生预评价报告和职业安全与职业卫生防护设施设计专篇的编制要求。

本书是依据现行相关职业安全和职业卫生方面的法律法规、标准规范等编写而成，充分吸纳了 21 世纪以来电力工程在职业安全和职业卫生防护设施设计方面的先进理念，较为全面地反映了近年来在电力工程建设中使用的职业安全与职业卫生防护方面的新技术、新设备、新工艺。

本书是供电力工程职业安全与职业卫生预评价、防护设施设计和运行管理人员使用的工具书，也可作为高等院校相关专业师生、电力企业职业安全与职业卫生运行管理人员的参考书。

图书在版编目（CIP）数据

电力工程设计手册. 职业安全与职业卫生／中国电力工程顾问
集团有限公司，中国能源建设集团规划设计有限公司编著. —北京：
中国电力出版社，2019.6
ISBN 978-7-5198-2596-6

Ⅰ. ①电… Ⅱ. ①中… ②中… Ⅲ. ①电力工程－职业安全
卫生－手册 Ⅳ. ①TM7-62②TM08-62

中国版本图书馆 CIP 数据核字（2018）第 254699 号

出版发行：中国电力出版社
地　　址：北京市东城区北京站西街 19 号（邮政编码 100005）
网　　址：http://www.cepp.sgcc.com.cn
印　　刷：北京盛通印刷股份有限公司
版　　次：2019 年 6 月第一版
印　　次：2019 年 6 月北京第一次印刷
开　　本：787 毫米×1092 毫米　16 开本
印　　张：18.25
字　　数：650 千字
印　　数：0001—1500 册
定　　价：150.00 元

序 言

改革开放以来，我国电力建设开启了新篇章，经过40年的快速发展，电网规模、发电装机容量和发电量均居世界首位，电力工业技术水平跻身世界先进行列，新技术、新方法、新工艺和新材料得到广泛应用，信息化水平显著提升。广大电力工程技术人员在多年的工程实践中，解决了许多关键性的技术难题，积累了大量成功的经验，电力工程设计能力有了质的飞跃。

电力工程设计是电力工程建设的龙头，在响应国家号召，传播节能、环保和可持续发展的电力工程设计理念，推广电力工程领域技术创新成果，促进电力行业结构优化和转型升级等方面，起到了积极的推动作用。为了培养优秀电力勘察设计人才，规范指导电力工程设计，进一步提高电力工程建设水平，助力电力工业又好又快发展，中国电力工程顾问集团有限公司、中国能源建设集团规划设计有限公司编撰了《电力工程设计手册》系列手册。这是一项光荣的事业，也是一项重大的文化工程，彰显了企业的社会责任和公益意识。

作为中国电力工程服务行业的"排头兵"和"国家队"，中国电力工程顾问集团有限公司、中国能源建设集团规划设计有限公司在电力勘察设计技术上处于国际先进和国内领先地位，尤其在百万千瓦级超超临界燃煤机组、核电常规岛、洁净煤发电、空冷机组、特高压交直流输变电、新能源发电等领域的勘察设计方面具有技术领先优势；另外还在中国电力勘察设计行业的科研、标准化工作中发挥着主导作用，承担着电力新技术的研究、推广和国外先进技术的引进、消化和创新等工作。编撰《电力工程设计手册》，不仅系统总结了电力工程设计经验，而且能促进工程设计经验向生产力的有效转化，意义重大。

这套设计手册获得了国家出版基金资助，是一套全面反映我国电力工程设计领域自有知识产权和重大创新成果的出版物，代表了我国电力勘察设计行业的水平和发展方向，希望这套设计手册能为我国电力工业的发展作出贡献，成为电力行业从业人员的良师益友。

汪建平

2019 年 1 月 18 日

总 前 言

电力工业是国民经济和社会发展的基础产业和公用事业。电力工程勘察设计是带动电力工业发展的龙头，是电力工程项目建设不可或缺的重要环节，是科学技术转化为生产力的纽带。新中国成立以来，尤其是改革开放以来，我国电力工业发展迅速，电网规模、发电装机容量和发电量已跃居世界首位，电力工程勘察设计能力和水平跻身世界先进行列。

随着科学技术的发展，电力工程勘察设计的理念、技术和手段有了全面的变化和进步，信息化和现代化水平显著提升，极大地提高了工程设计中处理复杂问题的效率和能力，特别是在特高压交直流输变电工程设计、超超临界机组设计、洁净煤发电设计等领域取得了一系列创新成果。"创新、协调、绿色、开放、共享"的发展理念和全面建成小康社会的奋斗目标，对电力工程勘察设计工作提出了新要求。作为电力建设的龙头，电力工程勘察设计应积极践行创新和可持续发展理念，更加关注生态和环境保护问题，更加注重电力工程全寿命周期的综合效益。

作为电力工程服务行业的"排头兵"和"国家队"，中国电力工程顾问集团有限公司、中国能源建设集团规划设计有限公司（以下统称"编著单位"）是我国特高压输变电工程勘察设计的主要承担者，完成了包括世界第一个商业运行的 1000kV 特高压交流输变电工程、世界第一个 ±800kV 特高压直流输电工程在内的输变电工程勘察设计工作；是我国百万千瓦级超超临界燃煤机组工程建设的主力军，完成了我国 70% 以上的百万千瓦级超超临界燃煤机组的勘察设计工作，创造了多项"国内第一"，包括第一台百万千瓦级超超临界燃煤机组、第一台百万千瓦级超超临界空冷燃煤机组、第一台百万千瓦级超超临界二次再热燃煤机组等。

在电力工业发展过程中，电力工程勘察设计工作者攻克了许多关键技术难题，形成了一整套先进设计理念，积累了大量的成熟设计经验，取得了一系列丰硕的设计成果。编撰《电力工程设计手册》系列手册旨在通过全面总结、充实和完善，引导电力工程勘察设计工作规范、健康发展，推动电力工程勘察设计行业技术水平提升，助力电力工程勘察设计从业人员提高业务水平和设计能力，以适应新时期我国电力工业发展的需要。

2014年12月，编著单位正式启动了《电力工程设计手册》系列手册的编撰工作。《电力工程设计手册》的编撰是一项光荣的事业，也是一项艰巨和富有挑战性的任务。为此，编著单位和中国电力出版社抽调专人成立了编辑委员会和秘书组，投入专项资金，为系列手册编撰工作的顺利开展提供强有力的保障。在手册编辑委员会的统一组织和领导下，700多位电力勘察设计行业的专家学者和技术骨干，以高度的责任心和历史使命感，坚持充分讨论、深入研究、博采众长、集思广益、达成共识的原则，以内容完整实用、资料翔实准确、体例规范合理、表达简明扼要、使用方便快捷、经得起实践检验为目标，参阅大量的国内外资料，归纳和总结了勘察设计经验，经过几年的反复斟酌和锤炼，终于编撰完成《电力工程设计手册》。

《电力工程设计手册》依托大型电力工程设计实践，以国家和行业设计标准、规程规范为准绳，反映了我国在特高压交直流输变电、百万千瓦级超超临界燃煤机组、洁净煤发电、空冷机组等领域的最新设计技术和科研成果。手册分为火力发电工程、输变电工程和通用三类，共31个分册，3000多万字。其中，火力发电工程类包括19个分册，内容分别涉及火力发电厂总图运输、热机通用部分、锅炉及辅助系统、汽轮机及辅助系统、燃气-蒸汽联合循环机组及附属系统、循环流化床锅炉附属系统、电气一次、电气二次、仪表与控制、结构、建筑、运煤、除灰、水工、化学、供暖通风与空气调节、消防、节能、烟气治理等领域；输变电工程类包括4个分册，内容分别涉及架空输电线路、电缆输电线路、换流站、变电站等领域；通用类包括8个分册，内容分别涉及电力系统规划、岩土工程勘察、工程测绘、工程水文气象、集中供热、技术经济、环境保护与水土保持、职业安全与职业卫生等领域。目前新能源发电蓬勃发展，编著单位将适时总结相关勘察设计经验，编撰有关新能源发电方面的系列设计手册。

《电力工程设计手册》全面总结了现代电力工程设计的理论和实践成果，系统介绍了近年来电力工程设计的新理念、新技术、新材料、新方法，充分反映了当前国内外电力工程设计领域的重要科研成果，汇集了相关的基础理论、专业知识、常用算法和设计方法。全套书注重科学性、体现时代性、强调针对性、突出实用性，可供从事电力工程投资、建设、设计、制造、施工、监理、调试、运行、科研等工作的人员使用，也可供电力和能源相关教学及管理工作者参考。

《电力工程设计手册》的编撰和出版，凝聚了电力工程设计工作者的集体智慧，展现了当今我国电力勘察设计行业的先进设计理念和深厚技术底蕴。《电力工程设计手册》是我国第一部全面反映电力工程勘察设计成果的系列手册，且内容浩繁，编撰复杂，其中难免存在疏漏与不足之处，诚恳希望广大读者和专家批评指正，以期再版时修订完善。

在此，向所有关心、支持、参与编撰的领导、专家、学者、编辑出版人员表示衷心的感谢！

《电力工程设计手册》编辑委员会

2019 年 1 月 10 日

前 言

　　《职业安全与职业卫生》是《电力工程设计手册》系列手册之一。

　　本书是在总结新中国成立以来，特别是 2000 年以后电力工程职业安全与职业卫生方面防护设施设计和运行管理经验的基础上，充分吸收 21 世纪电力工程职业安全与职业卫生防护设施设计的先进理念和成熟技术，对提高电力工程职业安全与职业卫生防护设施设计和运行管理水平，实现电力工程职业安全与职业卫生防护设施设计和运行管理的标准化、规范化将起到指导作用。

　　本书以实用性为主，遵循国家有关方针、政策和法规，按照现行的有关职业安全与职业卫生的规范、标准的内容规定，结合不同电力工程的特点，以燃煤发电厂为重点介绍了火力发电厂和输变电工程各设计阶段在职业安全与职业卫生方面的工作内容，职业安全危险、有害因素和职业病危害因素及影响；重大危险源辨识；厂址选择、规划及总平面布置的职业安全和职业卫生要求；生产工艺系统的职业安全和职业卫生防护设施设计；安全标识及职业卫生警示标识；安全生产和职业卫生管理等。本书还介绍了职业安全与职业卫生预评价报告和职业安全与职业卫生防护设施设计专篇的编制要求。

　　本书主编单位为中国电力工程顾问集团华东电力设计院有限公司，参加编写的单位有中国电力工程顾问集团东北电力设计院有限公司。陈健负责编写第一章；陆瑛负责编写第二、第三章；唐蕾、陈健负责编写第四、第五章；曹丽红、唐蕾、丁伟东、陈健负责编写第六章；陈健负责编写第七章；房继锋负责编写第八～第十一章；陈健负责编写第十二章；陆瑛负责编写第十三章；唐蕾、陈健负责编写第十四章；曹丽红、唐蕾、丁伟东、陈健负责编写第十五章；陈健负责编写第十六、第十七章；沈毅负责编写第十八～第二十章。蔡冠萍、李佩建、徐钧、余琳、魏鹏冲、申松林、沈兵、郑培钢、曹文参加了本书相关章节编写和校核工作。

　　本书是供电力工程各相关工艺专业职业安全与职业卫生防护设施设计工作人员

使用的工具书,可以满足电力工程在厂址规划与选择、可行性研究、初步设计等阶段的深度要求,也可作为高等院校相关专业师生、电力企业职业安全与职业卫生运行管理人员的参考工具书。

《职业安全与职业卫生》编写组

2018 年 12 月

目录

第一篇　职　业　安　全

第二篇　职　业　卫　生

第 一 篇

职 业 安 全

　　职业安全卫生（健康）是以保障职工在职业活动过程中的安全与健康为目的的工作领域及在法律、技术、设备、组织制度和教育等方面所采取的相应措施。它包含职业安全（occupational safety）和职业卫生（健康）（occupational health）两方面内容。职业安全主要指在生产活动中改善劳动条件、保护劳动者安全，控制和预防安全事故的发生等措施的总称。

　　改革开放以来，我国融入经济全球化，工业化进程加速。作为国民经济重要支撑的电力行业，经过 30 多年的快速发展，我国的电网规模、发电装机容量和发电量均居世界首位，电力工业技术水平跻身世界先进行列，电力行业的安全生产水平也有了较大程度的提高。电力工程设计作为电力工程建设的龙头，对电力工程的安全运行，保障电力工程的本质安全起着关键作用。

　　本篇从我国职业安全的法律法规体系要求出发，重点介绍了电力工程不同设计阶段在职业安全方面的工作内容及程序；分析火力发电和输变电工程存在的职业安全危险因素；结合相关法律法规及规程规范的要求，从厂（站）址选择及总平面布置、电力工程生产工艺系统等方面介绍电力工程的职业安全防护设施设计要求；同时对电力工程的职业安全警示标识、职业安全管理、职业安全危害预评价报告的编制要点和职业安全防护设施设计专篇编制要点予以介绍。对运行管理中的安全措施及要求略有论述，对其建设中的安全问题不涉及。

第一章

职业安全基本规定

本章重点介绍安全生产的本质、我国安全生产监督管理的基本原则和安全生产法律的法规体系及其构成，法律法规对电力工程职业安全的要求，以及电力工程设计各阶段的工作内容与程序要求。

第一节　职业安全的本质和基本原则

一、职业安全的本质

职业安全又称安全生产，是指在生产经营活动中，为了避免造成人员伤害和财产损失的事故而采取相应的事故预防和控制措施，使生产过程在符合规定的条件下进行，以保证从业人员的人身安全与健康、设备和设施免受损坏、环境免遭破坏、保证生产经营活动得以顺利进行的相关活动。

安全生产是企事业单位生产经营活动中的一件大事，是保证生产经营得以顺利进行的重要活动。安全生产的本质在于：

（1）保护劳动者的生命安全和职业安全是安全生产最根本、最深刻的内涵，是安全生产本质的核心。它充分揭示了安全生产以人为本的导向性和目的性，它是我们党和政府以人为本的执政本质、以人为本的科学发展观的本质、以人为本构建和谐社会的本质在安全生产领域的鲜明体现。

（2）突出强调了最大限度的保护。所谓最大限度的保护，是指在现实经济社会所能提供的客观条件的基础上，尽最大的努力，采取加强安全生产的一切措施，保护劳动者的生命安全和职业安全。

（3）突出了在生产过程中的保护。生产过程是劳动者进行劳动生产的主要时空，因而也是保护其生命安全和职业安全的主要时空，安全生产的以人为本，具体体现在生产过程中的以人为本。同时，它还从深层次揭示了安全与生产的关系。在劳动者的生命和职业安全面前，生产过程应该是安全地进行生产的过程，安全是生产的前提，安全又贯穿于生产过程的始终。二者如果发生矛盾，当然是生产服从于安全，当然是安全第一。

（4）突出了一定历史条件下的保护。这个一定的历史条件，主要是指特定历史时期的社会生产力发展水平和社会文明程度。强调一定历史条件的现实意义在于：一是有助于加强安全生产工作的现实紧迫性。我国是一个正在工业化发展中的大国，经济持续快速发展与安全生产基础薄弱形成了比较突出的矛盾，处在事故的"易发期"，对劳动者的生命安全和职业安全威胁很大。做好这一历史阶段的安全生产工作，任务艰巨，时不我待，责任重大。二是有助于明确安全生产的重点行业取向。由于社会生产力发展不平衡、科学技术应用的不平衡、行业自身特点的特殊性，在一定的历史发展阶段必然形成重点的安全生产产业、行业、企业，如煤矿、交通、建筑施工等行业、企业，这是现阶段的高危行业，工作在这些行业的劳动者，其生命安全和职业健康更应受到重点保护，更应加大这些行业安全生产工作的力度，遏制重特大事故的发生。三是有助于处理好一定历史条件下的保护与最大限度保护的关系。最大限度保护应该是一定历史条件下的最大限度，受一定历史发展阶段的文化、体制、法制、政策、科技、经济实力、劳动者素质等条件的制约，做好安全生产离不开这些条件。因此，立足现实条件，充分利用和发挥现实条件，加强安全生产工作，是我们的当务之急。同时，最大限度保证安全生产是引力、是需求、是目的，它能够催生、推动现实条件向更高层次、更为先进的历史条件形态转化，从而为不断满足最大限度保护劳动者的生命安全和职业健康这一根本需求提供新的条件、新的手段、新的动力。

二、职业安全的原则

目前，我国安全生产管理的基本方针是："安全第一、预防为主、综合治理"。安全生产的监督管理体制是：综合监管与行业监管相结合、国家监察与地方监管相结合、政府监督与其他监督相结合。安全生产监督管理的基本特征是：权威、强制、普遍约束。安全生产监督管理的基本原则是："有法必依、执法必严、违法必究"，这个基本原则扩展开来，体现在以下几个方面：

1. "以人为本"的原则

在生产过程中，必须坚持"以人为本"的原则。在生产与安全的关系中，一切以安全为重，安全必须排在第一位。必须预先分析危险源，预测和评价危险、有害因素，掌握危险出现的规律和变化，采取相应的预防措施，将危险和安全隐患消灭在萌芽状态。

2. "谁主管、谁负责"的原则

安全生产的重要性要求主管者也必须是责任人，要全面履行安全生产责任。

3. "管生产必须管安全"的原则

管生产必须管安全指工程项目各级领导和全体员工在生产过程中必须坚持在抓生产的同时抓好安全工作。它实现了安全与生产的统一，生产和安全是一个有机的整体，两者不能分割更不能对立起来，应将安全寓于生产之中。

4. "安全具有否决权"的原则

安全具有否决权指安全生产工作是衡量工程项目管理的一项基本内容，它要求对各项指标考核，评优创先时首先必须考虑安全指标的完成情况。安全指标没有实现，即使其他指标顺利完成，仍无法实现项目的最优化，安全具有一票否决的作用。

5. "三同时"原则

基本建设项目中的职业安全、卫生技术和环境保护等措施和设施，必须与主体工程同时设计、同时施工、同时投产使用的法律制度。

6. "四不放过"原则

事故原因未查清不放过，当事人和群众没有受到教育不放过，事故责任人未受到处理不放过，没有制订切实可行的预防措施不放过。

7. "三个同步"原则

安全生产与经济建设、深化改革、技术改造同步规划、同步发展、同步实施。

8. "五同时"原则

企业的生产组织及领导者在计划、布置、检查、总结、评比生产工作的同时，同时计划、布置、检查、总结、评比安全工作。

第二节 法 律、法 规

安全生产法规是指国家为了改善劳动条件，保护劳动者在生产过程的安全和健康，以及保障生产安全所采取的各种措施的法律规范。其目的是为保护劳动者的安全健康提供法律保障，加强安全生产的法制化

管理，明确责、权、利的关系，为指导和推动安全生产工作发展、完善市场经济法律体系、促进企业安全生产工作进入新阶段、推动安全生产工作与国际接轨、促进生产力的提高和发展。

目前，我国的安全生产法律法规已初步形成一个以宪法为依据，由有关法律、行政法规、地方性法规和有关行政规章、技术标准所组成的综合体系。我国的安全生产法规体系按法律层次划分包括：

（1）宪法中有关安全生产内容（母法）；

（2）有关安全生产的法律（矿山安全、煤炭、道路交通、水上交通、消防、民航、电力、建筑等法），还有相关的法律（如《劳动法》等）；

（3）国务院颁布的有关安全生产行政条例；

（4）国家部、委、办、局颁布的有关安全生产行政规章；

（5）地方人民代表大会、政府颁布的有关安全生产法规。

以上各类法律法规的效力如下：

1）宪法具有最高法律效力；

2）法律效力高于行政、地方法规规章；

3）行政法规效力高于地方性法规规章；

4）地方性法规效力高于本级和下级地方政府规章；

5）部门规章之间、部门规章与地方政府规章之间具有同等效力。

一、法律

宪法是国家的根本大法，是一切其他法律的根本。《中华人民共和国宪法》对公民的基本权利和义务做出了规定，其中第四十二条"中华人民共和国公民有劳动的权利和义务"中规定："国家通过各种途径，创造劳动就业条件，加强劳动保护，改善劳动条件，并在发展生产的基础上，提高劳动报酬和福利待遇。"同时规定："国家对就业前的公民进行必要的劳动就业训练。"

以下有关法律对安全生产做出了具体规定。

（一）《中华人民共和国安全生产法》（自 2014 年 12 月 1 日起施行）

为了加强安全生产工作，防止和减少生产安全事故，保障人民群众生命和财产安全，促进经济社会持续健康发展，我国制定了《中华人民共和国安全生产法》。

《中华人民共和国安全生产法》共分 7 章：第一章对立法的目的、法律的适用范围、安全生产的方针、安全生产工作各方面的责任主体等进行了阐述和规定；第二章对生产经营单位的安全生产责任和保障提出了要求，特别是对矿山、金属冶炼、建筑施工、道

路运输单位和危险物品的生产、经营、储存单位等高危行业的安全生产提出了相关要求；第三章对从业人员的安全生产权利义务做出了规定；第四章对安全生产的监督管理做出了规定；第五章对生产安全事故的应急救援与调查处理做出了规定；第六章对安全生产各相关主体的法律责任做出了规定；第七章附则对该法律涉及的相关用语的含义以及法律的实施日期做出了规定。

本书从电力企业安全生产的角度，对《中华人民共和国安全生产法》的相关内容进行了摘录。

1. 立法目的

第一条　为了加强安全生产工作，防止和减少生产安全事故，保障人民群众生命和财产安全，促进经济社会持续健康发展，制定本法。

2. 法律适用范围

第二条　在中华人民共和国领域内从事生产经营活动的单位（以下统称生产经营单位）的安全生产，适用本法；有关法律、行政法规对消防安全和道路交通安全、铁路交通安全、水上交通安全、民用航空安全以及核与辐射安全、特种设备安全另有规定的，适用其规定。

3. 安全生产的方针

第三条　安全生产工作应当以人为本，坚持安全发展，坚持安全第一、预防为主、综合治理的方针，强化和落实生产经营单位的主体责任，建立生产经营单位负责、职工参与、政府监管、行业自律和社会监督的机制。

4. 安全生产的相关主体及职责

第五条　生产经营单位的主要负责人对本单位的安全生产工作全面负责。

第六条　生产经营单位的从业人员有依法获得安全生产保障的权利，并应当依法履行安全生产方面的义务。

第七条　工会依法对安全生产工作进行监督。

第九条　国务院安全生产监督管理部门依照本法，对全国安全生产工作实施综合监督管理；县级以上地方各级人民政府安全生产监督管理部门依照本法，对本行政区域内安全生产工作实施综合监督管理。

国务院有关部门依照本法和其他有关法律、行政法规的规定，在各自的职责范围内对有关行业、领域的安全生产工作实施监督管理；县级以上地方各级人民政府有关部门依照本法和其他有关法律、法规的规定，在各自的职责范围内对有关行业、领域的安全生产工作实施监督管理。

5. 安全事故责任追究制度

第十四条　国家实行生产安全事故责任追究制度，依照本法和有关法律、法规的规定，追究生产安全事故责任人员的法律责任。

6. 生产经营单位主要负责人的安全生产职责

第十八条　生产经营单位的主要负责人对本单位安全生产工作负有下列职责：

（1）建立、健全本单位安全生产责任制；

（2）组织制定本单位安全生产规章制度和操作规程；

（3）组织制定并实施本单位安全生产教育和培训计划；

（4）保证本单位安全生产投入的有效实施；

（5）督促、检查本单位的安全生产工作，及时消除生产安全事故隐患；

（6）组织制定并实施本单位的生产安全事故应急救援预案；

（7）及时、如实报告生产安全事故。

7. 生产经营单位安全生产资金投入

第二十条　生产经营单位应当具备的安全生产条件所必需的资金投入，由生产经营单位的决策机构、主要负责人或者个人经营的投资人予以保证，并对由于安全生产所必需的资金投入不足导致的后果承担责任。

有关生产经营单位应当按照规定提取和使用安全生产费用，专门用于改善安全生产条件。安全生产费用在成本中据实列支。安全生产费用提取、使用和监督管理的具体办法由国务院财政部门会同国务院安全生产监督管理部门征求国务院有关部门意见后制定。

8. 生产经营单位安全生产管理机构以及安全生产管理人员的职责

（1）组织或者参与拟订本单位安全生产规章制度、操作规程和生产安全事故应急救援预案；

（2）组织或者参与本单位安全生产教育和培训，如实记录安全生产教育和培训情况；

（3）督促落实本单位重大危险源的安全管理措施；

（4）组织或者参与本单位应急救援演练；

（5）检查本单位的安全生产状况，及时排查生产安全事故隐患，提出改进安全生产管理的建议；

（6）制止和纠正违章指挥、强令冒险作业、违反操作规程的行为；

（7）督促落实本单位安全生产整改措施。

9. 生产经营单位安全生产教育培训

第二十五条　生产经营单位应当对从业人员进行安全生产教育和培训，保证从业人员具备必要的安全生产知识，熟悉有关的安全生产规章制度和安全操作规程，掌握本岗位的安全操作技能，了解事故应急处理措施，知悉自身在安全生产方面的权利和义务。未经安全生产教育和培训合格的从业人员，不得上岗作业。

10. "三同时"的规定

第二十八条 生产经营单位新建、改建、扩建工程项目(以下统称建设项目)的安全设施,必须与主体工程同时设计、同时施工、同时投入生产和使用。安全设施投资应当纳入建设项目概算。

11. 安全警示标志

第三十二条 生产经营单位应当在有较大危险因素的生产经营场所和有关设施、设备上,设置明显的安全警示标志。

12. 安全设备

第三十三条 安全设备的设计、制造、安装、使用、检测、维修、改造和报废,应当符合国家标准或者行业标准。

生产经营单位必须对安全设备进行经常性维护、保养,并定期检测,保证正常运转。维护、保养、检测应当做好记录,并由有关人员签字。

13. 重大危险源

第三十七条 生产经营单位对重大危险源应当登记建档,进行定期检测、评估、监控,并制定应急预案,告知从业人员和相关人员在紧急情况下应当采取的应急措施。

生产经营单位应当按照国家有关规定将本单位重大危险源及有关安全措施、应急措施报有关地方人民政府安全生产监督管理部门和有关部门备案。

14. 安全事故

第三十八条 生产经营单位应当建立、健全生产安全事故隐患排查治理制度,采取技术、管理措施,及时发现并消除事故隐患。事故隐患排查治理情况应当如实记录,并向从业人员通报。

第四十七条 生产经营单位发生生产安全事故时,单位的主要负责人应当立即组织抢救,并不得在事故调查处理期间擅离职守。

15. 劳动防护

第四十二条 生产经营单位必须为从业人员提供符合国家标准或者行业标准的劳动防护用品,并监督、教育从业人员按照使用规则佩戴、使用。

16. 从业人员的安全生产权利

第五十条 生产经营单位的从业人员有权了解其作业场所和工作岗位存在的危险因素、防范措施及事故应急措施,有权对本单位的安全生产工作提出建议。

第五十一条 从业人员有权对本单位安全生产工作中存在的问题提出批评、检举、控告;有权拒绝违章指挥和强令冒险作业。

生产经营单位不得因从业人员对本单位安全生产工作提出批评、检举、控告或者拒绝违章指挥、强令冒险作业而降低其工资、福利等待遇或者解除与其订立的劳动合同。

第五十二条 从业人员发现直接危及人身安全的紧急情况时,有权停止作业或者在采取可能的应急措施后撤离作业场所。

生产经营单位不得因从业人员在前款紧急情况下停止作业或者采取紧急撤离措施而降低其工资、福利等待遇或者解除与其订立的劳动合同。

第五十三条 因生产安全事故受到损害的从业人员,除依法享有工伤保险外,依照有关民事法律尚有获得赔偿的权利的,有权向本单位提出赔偿要求。

17. 从业人员的安全生产义务

第五十四条 从业人员在作业过程中,应当严格遵守本单位的安全生产规章制度和操作规程,服从管理,正确佩戴和使用劳动防护用品。

第五十五条 从业人员应当接受安全生产教育和培训,掌握本职工作所需的安全生产知识,提高安全生产技能,增强事故预防和应急处理能力。

第五十六条 从业人员发现事故隐患或者其他不安全因素,应当立即向现场安全生产管理人员或者本单位负责人报告;接到报告的人员应当及时予以处理。

18. 安全生产的监督管理

第六十三条 生产经营单位对负有安全生产监督管理职责的部门的监督检查人员(以下统称安全生产监督检查人员)依法履行监督检查职责,应当予以配合,不得拒绝、阻挠。

第七十一条 任何单位或者个人对事故隐患或者安全生产违法行为,均有权向负有安全生产监督管理职责的部门报告或者举报。

19. 生产安全事故的应急救援与调查处理

第七十八条 生产经营单位应当制定本单位生产安全事故应急救援预案,与所在地县级以上地方人民政府组织制定的生产安全事故应急救援预案相衔接,并定期组织演练。

第八十条 生产经营单位发生生产安全事故后,事故现场有关人员应当立即报告本单位负责人。

单位负责人接到事故报告后,应当迅速采取有效措施,组织抢救,防止事故扩大,减少人员伤亡和财产损失,并按照国家有关规定立即如实报告当地负有安全生产监督管理职责的部门,不得隐瞒不报、谎报或者迟报,不得故意破坏事故现场、毁灭有关证据。

第八十四条 生产经营单位发生生产安全事故,经调查确定为责任事故的,除了应当查明事故单位的责任并依法予以追究外,还应当查明对安全生产的有关事项负有审查批准和监督职责的行政部门的责任,对有失职、渎职行为的,依照本法第八十七条的规定追究法律责任。

第八十五条 任何单位和个人不得阻挠和干涉对事故的依法调查处理。

第八十七条　负有安全生产监督管理职责的部门的工作人员，有下列行为之一的，给予降级或者撤职的处分；构成犯罪的，依照刑法有关规定追究刑事责任：

（一）对不符合法定安全生产条件的涉及安全生产的事项予以批准或者验收通过的；

（二）发现未依法取得批准、验收的单位擅自从事有关活动或者接到举报后不予取缔或者不依法予以处理的；

（三）对已经依法取得批准的单位不履行监督管理职责，发现其不再具备安全生产条件而不撤销原批准或者发现安全生产违法行为不予查处的；

（四）在监督检查中发现重大事故隐患，不依法及时处理的。

负有安全生产监督管理职责的部门的工作人员有前款规定以外的滥用职权、玩忽职守、徇私舞弊行为的，依法给予处分；构成犯罪的，依照刑法有关规定追究刑事责任。

20. 安全生产法律责任

《中华人民共和国安全生产法》的第九十条到第一百零六条对生产经营单位的安全生产法律责任做出了规定。生产经营单位的决策机构、主要负责人、安全生产管理人员在安全生产所必需的资金投入、安全生产管理职责等方面有违法行为的，应依照本法可采取责令限期改正、处以罚款、责令停产停业整顿等处罚；构成犯罪的，依照刑法有关规定追究刑事责任。

（二）《中华人民共和国劳动法》（2009年8月27日起施行）

1. 立法目的

为了保护劳动者的合法权益，调整劳动关系，建立和维护适应社会主义市场经济的劳动制度，促进经济发展和社会进步，根据宪法，我国制定了《中华人民共和国劳动法》。

2. 劳动者劳动安全卫生的权利

《中华人民共和国劳动法》第三条规定："劳动者享有平等就业和选择职业的权利、取得劳动报酬的权利、休息休假的权利、获得劳动安全卫生保护的权利、接受职业技能培训的权利、享受社会保险和福利的权利、提请劳动争议处理的权利以及法律规定的其他劳动权利。"同时规定："劳动者应当完成劳动任务，提高职业技能，执行劳动安全卫生规程，遵守劳动纪律和职业道德。"

《中华人民共和国劳动法》第十九条规定："劳动合同应当以书面形式订立，在合同应具备的条款中必须包含'劳动保护和劳动条件'的条款。"

3. 用人单位劳动安全卫生的职责

《中华人民共和国劳动法》对用人单位"劳动安全卫生"专门做出了规定，包括：

第五十二条　用人单位必须建立、健全劳动安全卫生制度，严格执行国家劳动安全卫生规程和标准，对劳动者进行劳动安全卫生教育，防止劳动过程中的事故，减少职业危害。

第五十三条　劳动安全卫生设施必须符合国家规定的标准。

新建、改建、扩建工程的劳动安全卫生设施必须与主体工程同时设计、同时施工、同时投入生产和使用。

第五十四条　用人单位必须为劳动者提供符合国家规定的劳动安全卫生条件和必要的劳动防护用品，对从事有职业危害作业的劳动者应当定期进行健康检查。

第五十五条　从事特种作业的劳动者必须经过专门培训并取得特种作业资格。

第五十六条　劳动者在劳动过程中必须严格遵守安全操作规程。

劳动者对用人单位管理人员违章指挥、强令冒险作业，有权拒绝执行；对危害生命安全和身体健康的行为，有权提出批评、检举和控告。

第五十七条　国家建立伤亡事故和职业病统计报告和处理制度。县级以上各级人民政府劳动行政部门、有关部门和用人单位应当依法对劳动者在劳动过程中发生的伤亡事故和劳动者的职业病状况，进行统计、报告和处理。

4. 女职工和未成年工特殊保护

《中华人民共和国劳动法》对"女职工和未成年工特殊保护"做出了规定，包括：

第五十八条　国家对女职工和未成年工实行特殊劳动保护。（未成年工是指年满十六周岁未满十八周岁的劳动者）

第五十九条　禁止安排女职工从事矿山井下、国家规定的第四级体力劳动强度的劳动和其他禁忌从事的劳动。

第六十条　不得安排女职工在经期从事高处、低温、冷水作业和国家规定的第三级体力劳动强度的劳动。

第六十一条　不得安排女职工在怀孕期间从事国家规定的第三级体力劳动强度的劳动和孕期禁忌从事的活动。对怀孕七个月以上的女职工，不得安排其延长工作时间和夜班劳动。

第六十二条　女职工生育享受不少于九十天的产假。

第六十三条　不得安排女职工在哺乳未满一周岁的婴儿期间从事国家规定的第三级体力劳动强度的劳动和哺乳期禁忌从事的其他劳动，不得安排其延长工作时间和夜班劳动。

第六十四条　不得安排未成年工从事矿山井下、有毒有害、国家规定的第四级体力劳动强度的劳动和其他禁忌从事的劳动。

第六十五条　用人单位应当对未成年工定期进行健康检查。

（三）《中华人民共和国消防法》（自 2009 年 5 月 1 日起施行）

为了预防火灾和减少火灾危害，加强应急救援工作，保护人身、财产安全，维护公共安全，我国制定了《中华人民共和国消防法》。消防工作贯彻"预防为主、防消结合"的方针。其中与电力工程有关的规定包括：

第五条　任何单位和个人都有维护消防安全、保护消防设施、预防火灾、报告火警的义务。任何单位和成年人都有参加有组织的灭火工作的义务。

第九条　建设工程的消防设计、施工必须符合国家工程建设消防技术标准。建设、设计、施工、工程监理等单位依法对建设工程的消防设计、施工质量负责。

第十九条　生产、储存、经营易燃易爆危险品的场所不得与居住场所设置在同一建筑物内，并应当与居住场所保持安全距离。

生产、储存、经营其他物品的场所与居住场所设置在同一建筑物内的，应当符合国家工程建设消防技术标准。

第二十二条　生产、储存、装卸易燃易爆危险品的工厂、仓库和专用车站、码头的设置，应当符合消防技术标准。易燃易爆气体和液体的充装站、供应站、调压站，应当设置在符合消防安全要求的位置，并符合防火防爆要求。

第二十六条　建筑构件、建筑材料和室内装修、装饰材料的防火性能必须符合国家标准；没有国家标准的，必须符合行业标准。

人员密集场所室内装修、装饰，应当按照消防技术标准的要求，使用不燃、难燃材料。

第二十七条　电器产品、燃气用具的产品标准，应当符合消防安全的要求。

电器产品、燃气用具的安装、使用及其线路、管路的设计、敷设、维护保养、检测，必须符合消防技术标准和管理规定。

第三十九条　下列单位应当建立单位专职消防队，承担本单位的火灾扑救工作：

（1）大型核设施单位、大型发电厂、民用机场、主要港口；

（2）生产、储存易燃易爆危险品的大型企业。

（四）《中华人民共和国建筑法》（自 2011 年 7 月 1 日起施行）

为了加强对建筑活动的监督管理，维护建筑市场秩序，保证建筑工程的质量和安全，促进建筑业健康发展，我国制定了《中华人民共和国建筑法》。其中与电力工程有关的规定包括：

总则　第三条　建筑活动应当确保建筑工程质量和安全，符合国家的建筑工程安全标准。

《中华人民共和国建筑法》第二章到第四章对建筑工程的相关活动进行了规定，包括施工许可、从业资格、工程发包与承包、工程监理，这些规定对保证建筑工程的质量与安全起到了约束作用。

《中华人民共和国建筑法》第五章"建筑安全生产管理"对建筑工程安全生产提出了相关要求，包括：

第三十六条　建筑工程安全生产管理必须坚持安全第一、预防为主的方针，建立健全安全生产的责任制度和群防群治制度。

第三十七条　建筑工程设计应当符合按照国家规定制定的建筑安全规程和技术规范，保证工程的安全性能。

第三十八条　建筑施工企业在编制施工组织设计时，应当根据建筑工程的特点制定相应的安全技术措施；对专业性较强的工程项目，应当编制专项安全施工组织设计，并采取安全技术措施。

第三十九条　建筑施工企业应当在施工现场采取维护安全、防范危险、预防火灾等措施；有条件的，应当对施工现场实行封闭管理。施工现场对毗邻的建筑物、构筑物和特殊作业环境可能造成损害的，建筑施工企业应当采取安全防护措施。

第四十条　建设单位应当向建筑施工企业提供与施工现场相关的地下管线资料，建筑施工企业应当采取措施加以保护。

第四十一条　建筑施工企业应当遵守有关环境保护和安全生产的法律、法规的规定，采取控制和处理施工现场的各种粉尘、废气、废水、固体废物以及噪声、振动对环境的污染和危害的措施。

（五）《中华人民共和国电力法》（自 2015 年 4 月 24 日起施行）

为了保障和促进电力事业的发展，维护电力投资者、经营者和使用者的合法权益，保障电力安全运行，我国制定了《中华人民共和国电力法》。

《中华人民共和国电力法》总则第四条"电力设施受国家保护"指出：禁止任何单位和个人危害电力设施安全或者非法侵占、使用电能。

《中华人民共和国电力法》第三章"电力生产与电网管理"第十八条"电力生产与电网运行应当遵循安全、优质、经济的原则"要求：电网运行应当连续、稳定，保证供电可靠性。第十九条"电力企业应当加强安全生产管理，坚持安全第一、预防为主的方针，建立、健全安全生产责任制度"要求：电力企业应当对电力设施定期进行检修和维护，保证其正常运行。

《中华人民共和国电力法》第七章"电力设施保护"提出如下要求：

第五十二条 任何单位和个人不得危害发电设施、变电设施和电力线路设施及其有关辅助设施。

在电力设施周围进行爆破及其他可能危及电力设施安全的作业的，应当按照国务院有关电力设施保护的规定，经批准并采取确保电力设施安全的措施后，方可进行作业。

第五十三条 电力管理部门应当按照国务院有关电力设施保护的规定，对电力设施保护区设立标志。

任何单位和个人不得在依法划定的电力设施保护区内修建可能危及电力设施安全的建筑物、构筑物，不得种植可能危及电力设施安全的植物，不得堆放可能危及电力设施安全的物品。

在依法划定电力设施保护区前已经种植的植物妨碍电力设施安全的，应当修剪或者砍伐。

第五十四条 任何单位和个人需要在依法划定的电力设施保护区内进行可能危及电力设施安全的作业时，应当经电力管理部门批准并采取安全措施后，方可进行作业。

第五十五条 电力设施与公用工程、绿化工程和其他工程在新建、改建或者扩建中相互妨碍时，有关单位应当按照国家有关规定协商，达成协议后方可施工。

（六）《中华人民共和国防震减灾法》（自2009年5月1日起施行）

为了防御和减轻地震灾害，保护人民生命和财产安全，促进经济社会的可持续发展，我国制定了《中华人民共和国防震减灾法》。该法对建设工程防震提出以下要求：

第三十五条 新建、扩建、改建建设工程，应当达到抗震设防要求。

重大建设工程和可能发生严重次生灾害的建设工程，应当按照国务院有关规定进行地震安全性评价，并按照经审定的地震安全性评价报告所确定的抗震设防要求进行抗震设防。建设工程的地震安全性评价单位应当按照国家有关标准进行地震安全性评价，并对地震安全性评价报告的质量负责。

前款规定以外的建设工程（重大建设工程和可能发生严重次生灾害的建设工程以外的建设工程），应当按照地震烈度区划图或者地震动参数区划图所确定的抗震设防要求进行抗震设防。

第三十六条 有关建设工程的强制性标准，应当与抗震设防要求相衔接。

第三十八条 建设单位对建设工程的抗震设计、施工的全过程负责。

设计单位应当按照抗震设防要求和工程建设强制性标准进行抗震设计，并对抗震设计的质量以及出具的施工图设计文件的准确性负责。

施工单位应当按照施工图设计文件和工程建设强制性标准进行施工，并对施工质量负责。

建设单位、施工单位应当选用符合施工图设计文件和国家有关标准规定的材料、构配件和设备。

工程监理单位应当按照施工图设计文件和工程建设强制性标准实施监理，并对施工质量承担监理责任。

（七）《中华人民共和国气象法》（自2016年11月1日起施行）

为了发展气象事业，规范气象工作，准确、及时地发布气象预报，防御气象灾害，合理开发利用和保护气候资源，为经济建设、国防建设、社会发展和人民生活提供气象服务，我国制定了《中华人民共和国气象法》。其中，与电力工程建设有关的条款包括：

第二十一条 新建、扩建、改建建设工程，应当避免危害气象探测环境；确实无法避免的，建设单位应当事先征得省、自治区、直辖市气象主管机构的同意，并采取相应的措施后，方可建设。

第三十一条 各级气象主管机构应当加强对雷电灾害防御工作的组织管理，并会同有关部门指导对可能遭受雷击的建筑物、构筑物和其他设施安装的雷电灾害防护装置的检测工作。

安装的雷电灾害防护装置应当符合国务院气象主管机构规定的使用要求。

第三十四条 各级气象主管机构应当组织对城市规划、国家重点建设工程、重大区域性经济开发项目和大型太阳能、风能等气候资源开发利用项目进行气候可行性论证。

（八）《中华人民共和国放射性污染防治法》（自2003年10月1日起施行）

为了防治放射性污染，保护环境，保障人体健康，促进核能、核技术的开发与和平利用，我国制定了《中华人民共和国放射性污染防治法》。

（九）《中华人民共和国突发事件应对法》（自2007年11月1日起施行）

为了预防和减少突发事件的发生，控制、减轻和消除突发事件引起的严重社会危害，规范突发事件应对活动，保护人民生命财产安全，维护国家安全、公共安全、环境安全和社会秩序，我国制定了《中华人民共和国突发事件应对法》。电力工程应遵照以下规定：

第二十二条 所有单位应当建立健全安全管理制度，定期检查本单位各项安全防范措施的落实情况，及时消除事故隐患；掌握并及时处理本单位存在的可能引发社会安全事件的问题，防止矛盾激化和事态扩大；对本单位可能发生的突发事件和采取安全防范措施的情况，应当按照规定及时向所在地人民政府或者人民政府有关部门报告。

第二十三条 矿山、建筑施工单位和易燃易爆物品、危险化学品、放射性物品等危险物品的生产、经营、储运、使用单位，应当制定具体应急预案，并对生产经营场所、有危险物品的建筑物、构筑物及周边环境开展隐患排查，及时采取措施消除隐患，防止发生突发事件。

第二十四条 公共交通工具、公共场所和其他人员密集场所的经营单位或者管理单位应当制定具体应急预案，为交通工具和有关场所配备报警装置和必要的应急救援设备、设施，注明其使用方法，并显著标明安全撤离的通道、路线，保证安全通道、出口的畅通。

有关单位应当定期检测、维护其报警装置和应急救援设备、设施，使其处于良好状态，确保正常使用。

第五十六条 受到自然灾害危害或者发生事故灾难、公共卫生事件的单位，应当立即组织本单位应急救援队伍和工作人员营救受害人员，疏散、撤离、安置受到威胁的人员，控制危险源，标明危险区域，封锁危险场所，并采取其他防止危害扩大的必要措施，同时向所在地县级人民政府报告；对因本单位的问题引发的或者主体是本单位人员的社会安全事件，有关单位应当按照规定上报情况，并迅速派出负责人赶赴现场开展劝解、疏导工作。

突发事件发生地的其他单位应当服从人民政府发布的决定、命令，配合人民政府采取的应急处置措施，做好本单位的应急救援工作，并积极组织人员参加所在地的应急救援和处置工作。

（十）《中华人民共和国特种设备安全法》（自 2014 年 1 月 1 日施行）

为了加强特种设备安全工作，预防特种设备事故，保障人身和财产安全，促进经济社会发展，我国制定了《中华人民共和国特种设备安全法》。特种设备的生产（包括设计、制造、安装、改造、修理）、经营、使用、检验、检测和特种设备安全的监督管理，适用本法。

本办法所称特种设备，是指对人身和财产安全有较大危险性的锅炉、压力容器（含气瓶）、压力管道、电梯、起重机械、客运索道、大型游乐设施、场（厂）内专用机动车辆，以及法律、行政法规规定适用本法的其他特种设备。

国家对特种设备实行目录管理。特种设备目录由国务院负责特种设备安全监督管理的部门制定，报国务院批准后执行。

电力企业涉及使用锅炉、压力容器（含气瓶）、压

力管道、电梯、起重机械等特种设备，应该执行本法的相关要求，包括：

第三条 特种设备安全工作应当坚持安全第一、预防为主、节能环保、综合治理的原则。

第四条 国家对特种设备的生产、经营、使用，实施分类的、全过程的安全监督管理。

第七条 特种设备生产、经营、使用单位应当遵守本法和其他有关法律、法规，建立、健全特种设备安全和节能责任制度，加强特种设备安全和节能管理，确保特种设备生产、经营、使用安全，符合节能要求。

第八条 特种设备生产、经营、使用、检验、检测应当遵守有关特种设备安全技术规范及相关标准。

特种设备安全技术规范由国务院负责特种设备安全监督管理的部门制定。

第十三条 特种设备生产、经营、使用单位及其主要负责人对其生产、经营、使用的特种设备安全负责。

特种设备生产、经营、使用单位应当按照国家有关规定配备特种设备安全管理人员、检测人员和作业人员，并对其进行必要的安全教育和技能培训。

第十四条 特种设备安全管理人员、检测人员和作业人员应当按照国家有关规定取得相应资格，方可从事相关工作。特种设备安全管理人员、检测人员和作业人员应当严格执行安全技术规范和管理制度，保证特种设备安全。

第十五条 特种设备生产、经营、使用单位对其生产、经营、使用的特种设备应当进行自行检测和维护保养，对国家规定实行检验的特种设备应当及时申报并接受检验。

第三十二条 特种设备使用单位应当使用取得许可生产并经检验合格的特种设备。

禁止使用国家明令淘汰和已经报废的特种设备。

第三十三条 特种设备使用单位应当在特种设备投入使用前或者投入使用后三十日内，向负责特种设备安全监督管理的部门办理使用登记，取得使用登记证书。登记标志应当置于该特种设备的显著位置。

第三十四条 特种设备使用单位应当建立岗位责任、隐患治理、应急救援等安全管理制度，制定操作规程，保证特种设备安全运行。

第三十五条 特种设备使用单位应当建立特种设备安全技术档案。安全技术档案应当包括以下内容：

（1）特种设备的设计文件、产品质量合格证明、安装及使用维护保养说明、监督检验证明等相关技术资料和文件；

（2）特种设备的定期检验和定期自行检查记录；

（3）特种设备的日常使用状况记录；

（4）特种设备及其附属仪器仪表的维护保养记录；

（5）特种设备的运行故障和事故记录。

第三十七条 特种设备的使用应当具有规定的安全距离、安全防护措施。

与特种设备安全相关的建筑物、附属设施，应当符合有关法律、行政法规的规定。

第三十九条 特种设备使用单位应当对其使用的特种设备进行经常性维护保养和定期自行检查，并做出记录。

特种设备使用单位应当对其使用的特种设备的安全附件、安全保护装置进行定期校验、检修，并做出记录。

第四十条 特种设备使用单位应当按照安全技术规范的要求，在检验合格有效期届满前一个月向特种设备检验机构提出定期检验要求。

特种设备检验机构接到定期检验要求后，应当按照安全技术规范的要求及时进行安全性能检验。特种设备使用单位应当将定期检验标志置于该特种设备的显著位置。

未经定期检验或者检验不合格的特种设备，不得继续使用。

第四十一条 特种设备安全管理人员应当对特种设备使用状况进行经常性检查，发现问题应当立即处理；情况紧急时，可以决定停止使用特种设备并及时报告本单位有关负责人。

特种设备作业人员在作业过程中发现事故隐患或者其他不安全因素，应当立即向特种设备安全管理人员和单位有关负责人报告；特种设备运行不正常时，特种设备作业人员应当按照操作规程采取有效措施保证安全。

第四十二条 特种设备出现故障或者发生异常情况，特种设备使用单位应当对其进行全面检查，消除事故隐患，方可继续使用。

第四十四条 锅炉使用单位应当按照安全技术规范的要求进行锅炉水（介）质处理，并接受特种设备检验机构的定期检验。

从事锅炉清洗，应当按照安全技术规范的要求进行，并接受特种设备检验机构的监督检验。

第四十五条 电梯的维护保养应当由电梯制造单位或者依照本法取得许可的安装、改造、修理单位进行。

电梯的维护保养单位应当在维护保养中严格执行安全技术规范的要求，保证其维护保养的电梯的安全性能，并负责落实现场安全防护措施，保证施工安全。

电梯的维护保养单位应当对其维护保养的电梯的安全性能负责；接到故障通知后，应当立即赶赴现场，并采取必要的应急救援措施。

第四十六条 电梯投入使用后，电梯制造单位应当对其制造的电梯的安全运行情况进行跟踪调查和了解，对电梯的维护保养单位或者使用单位在维护保养和安全运行方面存在的问题，提出改进建议，并提供必要的技术帮助；发现电梯存在严重事故隐患时，应当及时告知电梯使用单位，并向负责特种设备安全监督管理的部门报告。电梯制造单位对调查和了解的情况，应当做出记录。

第四十七条 特种设备进行改造、修理，按照规定需要变更使用登记的，应当办理变更登记，方可继续使用。

第四十八条 特种设备存在严重事故隐患，无改造、修理价值，或者达到安全技术规范规定的其他报废条件的，特种设备使用单位应当依法履行报废义务，采取必要措施消除该特种设备的使用功能，并向原登记的负责特种设备安全监督管理的部门办理使用登记证书注销手续。

第七十条 特种设备发生事故后，事故发生单位应当按照应急预案采取措施，组织抢救，防止事故扩大，减少人员伤亡和财产损失，保护事故现场和有关证据，并及时向事故发生地县级以上人民政府负责特种设备安全监督管理的部门和有关部门报告。

（十一）《中华人民共和国道路交通安全法》（自2011年4月22日修订）

为了维护道路交通秩序，预防和减少交通事故，保护人身安全，保护公民、法人和其他组织的财产安全及其他合法权益，提高通行效率，我国制定了《中华人民共和国道路交通安全法》。对于电厂等电力项目应满足下列要求：

第二十七条 铁路与道路平面交叉的道口，应当设置警示灯、警示标志或者安全防护设施。无人看守的铁路道口，应当在距道口一定距离处设置警示标志。

（十二）《中华人民共和国劳动合同法》（自2013年7月1日施行）

为了完善劳动合同制度，明确劳动合同双方当事人的权利和义务，保护劳动者的合法权益，构建和发展和谐稳定的劳动关系，我国制定了《中华人民共和国劳动合同法》。

第八条 用人单位招用劳动者时，应当如实告知劳动者工作内容、工作条件、工作地点、职业危害、安全生产状况、劳动报酬，以及劳动者要求了解的其他情况；用人单位有权了解劳动者与劳动合同直接相关的基本情况，劳动者应当如实说明。

第十七条 劳动合同应当具备以下条款：……（八）劳动保护、劳动条件和职业危害防护……

第三十二条 劳动者拒绝用人单位管理人员违章指挥、强令冒险作业的，不视为违反劳动合同。

劳动者对危害生命安全和身体健康的劳动条件，

有权对用人单位提出批评、检举和控告。

第三十八条 ……用人单位以暴力、威胁或者非法限制人身自由的手段强迫劳动者劳动的，或者用人单位违章指挥、强令冒险作业危及劳动者人身安全的，劳动者可以立即解除劳动合同，不需事先告知用人单位。

（十三）《中华人民共和国防洪法》（自 1998 年 1 月 1 日施行）

为了防治洪水，防御、减轻洪涝灾害，维护人民的生命和财产安全，保障社会主义现代化建设顺利进行，我国制定了《中华人民共和国防洪法》。根据该法，建设项目的选址和建设应符合下列防洪要求：

第六条 任何单位和个人都有保护防洪工程设施和依法参加防汛抗洪的义务。

第二十二条 河道、湖泊管理范围内的土地和岸线的利用，应当符合行洪、输水的要求。

禁止在河道、湖泊管理范围内建设妨碍行洪的建筑物、构筑物，倾倒垃圾、渣土，从事影响河势稳定、危害河岸堤防安全和其他妨碍河道行洪的活动。

第二十七条 建设跨河、穿河、穿堤、临河的桥梁、码头、道路、渡口、管道、缆线、取水、排水等工程设施，应当符合防洪标准、岸线规划、航运要求和其他技术要求，不得危害堤防安全、影响河势稳定、妨碍行洪畅通；其工程建设方案未经有关水行政主管部门根据前述防洪要求审查同意的，建设单位不得开工建设。

前款工程设施需要占用河道、湖泊管理范围内土地，跨越河道、湖泊空间或者穿越河床的，建设单位应当经有关水行政主管部门对该工程设施建设的位置和界限审查批准后，方可依法办理开工手续；安排施工时，应当按照水行政主管部门审查批准的位置和界限进行。

第三十三条 在洪泛区、蓄滞洪区内建设非防洪建设项目，应当就洪水对建设项目可能产生的影响和建设项目对防洪可能产生的影响做出评价，编制洪水影响评价报告，提出防御措施。洪水影响评价报告未经有关水行政主管部门审查批准的，建设单位不得开工建设。

在蓄滞洪区内建设的油田、铁路、公路、矿山、电厂、电信设施和管道，其洪水影响评价报告应当包括建设单位自行安排的防洪、避洪方案。建设项目投入生产或者使用时，其防洪工程设施应当经水行政主管部门验收。

在蓄滞洪区内建造房屋应当采用平顶式结构。

第三十四条 大中城市，重要的铁路、公路干线，大型骨干企业，应当列为防洪重点，确保安全。

第三十五条 ……在防洪工程设施保护范围内，禁止进行爆破、打井、采石、取土等危害防洪工程设施安全的活动。

二、行政条例

（1）《电力设施保护条例》（国务院令〔1987〕第239号，2011年1月8日施行）。

（2）《安全生产许可证条例》（国务院令〔2014〕第653号，2014年7月29日施行）。

（3）《电力安全事故应急处置和调查处理条例》（国务院令〔2011〕第599号，2011年9月1日施行）。

（4）《使用有毒物品作业场所劳动保护条例》（国务院令〔2002〕第352号，2002年5月12日施行）。

（5）《建设工程安全生产管理条例》（国务院令〔2003〕第393号，2004年2月1日施行）。

（6）《劳动保障监察条例》（国务院令〔2004〕第423号，2004年12月1日施行）。

（7）《生产安全事故报告和调查处理条例》（国务院令〔2007〕第493号，2007年6月1日施行）。

（8）《特种设备安全监察条例》（国务院令〔2009〕第549号，2009年5月1日施行）。

（9）《铁路安全管理条例》（国务院令〔2013〕第639号，2014年1月1日施行）。

（10）《危险化学品安全管理条例》（国务院令〔2011〕第591号，2011年12月1日施行）。

（11）《地质灾害防治条例》（国务院令〔2003〕第394号，2004年3月1日施行）。

（12）《电力监管条例》（国务院令〔2005〕第432号，2005年5月1日施行）。

（13）《易制毒化学品管理条例》（国务院令〔2005〕第445号，2005年11月1日施行）。

（14）《建设工程质量管理条例》（国务院令〔2000〕第279号，2000年1月30日施行）。

（15）《建设工程勘察设计管理条例》（国务院令〔2005〕第445号，2005年11月1日施行）。

（16）《女职工劳动保护特别规定》（国务院令〔2012〕第619号，2012年4月18日施行）。

（17）《国务院关于修改〈工伤保险条例〉的决定》（国务院令〔2011〕第586号，2011年1月1日施行）。

（18）《国务院关于进一步加强企业安全生产工作的通知》（国发〔2010〕23号，2010年7月19日施行）。

（19）《国务院关于全面加强应急管理工作的意见》（国发〔2006〕24号，2006年6月15日施行）。

（20）《国务院办公厅关于加强电力安全工作的通知》（国办发〔2003〕98号，2003年12月5日施行）。

（21）《关于加强和改进消防工作的意见》（国发〔2011〕46号，2011年12月30日施行）。

（22）《国务院办公厅关于进一步做好防雷减灾工

作的通知》（国办发明电〔2006〕28号，2006年7月5日施行）。

（23）《国务院关于进一步加强防震减灾工作的意见》（国发〔2010〕18号，2010年6月9日施行）。

三、部门规章

（1）《安全评价机构管理规定》（国家安全生产监督管理总局令第22号，2009年10月1日施行）。

（2）《建设项目安全设施"三同时"监督管理办法》（国家安全生产监督管理总局令第36号，根据77号令修改，2015年5月1日施行）。

（3）《危险化学品重大危险源监督管理暂行规定》（国家安全生产监督管理总局令第40号，根据79号令修改，2015年7月1日施行）。

（4）《危险化学品生产企业安全生产许可证实施办法》（国家安全生产监督管理总局令第41号，根据79、89号令修改，2017年6月6日施行）。

（5）《危险化学品输送管道安全管理规定》（国家安全生产监督管理总局令第43号，根据79号令修改，2015年7月1日施行）。

（6）《安全生产培训管理办法》（国家安全生产监督管理总局令第44号，2012年3月1日施行）。

（7）《危险化学品登记管理办法》（国家安全生产监督管理总局令第53号，2012年7月1日施行）。

（8）《危险化学品安全使用许可证实施办法》（国家安全生产监督管理总局令第57号，根据79、89号令修改，2015年7月1日施行）。

（9）《化学品物理危险性鉴定与分类管理办法》（国家安全生产监督管理总局令第60号，2013年9月1日施行）。

（10）《生产安全事故应急预案管理办法》（国家安全生产监督管理总局令第88号，2016年7月1日施行）。

（11）《建设项目职业病防护设施"三同时"监督管理办法》（国家安全生产监督管理总局令90号，2017年5月1日施行）。

（12）《国家能源局关于印发〈电力企业应急预案管理办法〉的通知》（国能安全〔2014〕508号，2014年11月27日施行）。

（13）《电力安全生产监督管理办法》（国家发展和改革委员会令第21号，2015年3月1日施行）。

（14）《关于加强重大工程安全质量保障措施的通知》（国家发展和改革委员会等7部门发改投资〔2009〕3183号，2009年12月14日施行）。

（15）《建设工程消防监督管理规定》（中华人民共和国公安部令第106号，公安部令第119号修订，2012年11月1日施行）。

（16）《突发环境事件应急管理办法》（环境保护部令第34号，2015年6月5日施行）。

（17）《电力生产事故调查暂行规定》（国家电力监管委员会令〔2004〕第4号，2005年3月1日施行）。

（18）《防止电力生产事故的二十五项重点要求》（国家能源局国能安全〔2014〕161号，2014年4月15日施行）。

（19）《建筑起重机械安全监督管理规定》（中华人民共和国建设部令第166号，2008年6月1日施行）。

第三节 标准、规范

一、国家标准、规范

GB 50201《防洪标准》

GB 50187《工业企业总平面设计规范》

GB 50660《大中型火力发电厂设计规范》

GB 50049《小型火力发电厂设计规范》

GB 50041《锅炉房设计规范》

GB 5083《生产设备安全卫生设计总则》

GB 50348《安全防范工程设计规范》

GB/T 12801《生产过程安全卫生要求总则》

GB/T 13861《生产过程危险和有害因素分类与代码》

GB 50058《爆炸危险环境电力装置设计规范》

GB18306《中国地震动参数区划图》

GB 50191《构筑物抗震设计规范》

GB 50011《建筑抗震设计规范（附条文说明）（2016年版）》

GB 50223《建筑工程抗震设防分类标准》

GB 50007《建筑地基基础设计规范》

GB 50010《混凝土结构设计规范》

GB 50316《工业金属管道设计规范》

GB 50019《工业建筑供暖通风与空气调节设计规范》

GB 50264《工业设备及管道绝热工程设计规范》

GB 50351《储罐区防火堤设计规范》

GB 12158《防止静电事故通用导则》

GB 15577《粉尘防爆安全规程》

GB 150.1～150.4《压力容器》

GB/T 151《热交换器》

GB 10892《固定的空气压缩机 安全规则和操作规程》

GB/T 12145《火力发电机组及蒸汽动力设备水汽质量》

GB/T 14285《继电保护和安全自动装置技术规程》

GB 18218《危险化学品重大危险源辨识》

GB 21668《危险货物运输车辆结构要求》

GB 19517《国家电气设备安全技术规范》

GB 50974《消防给水及消火栓系统技术规范》

GB 50229《火力发电厂与变电站设计防火规范》

GB 50084《自动喷水灭火系统设计规范》

GB 50219《水喷雾灭火系统技术规范》

GB 50193《二氧化碳灭火系统设计规范（2010 年版）》

GB 50370《气体灭火系统设计规范》

GB 50116《火灾自动报警系统设计规范》

GB 50160《石油化工企业设计防火规范》

GB 26164.1《电业安全工作规程 第 1 部分：热力和机械》

GB/T 13869《用电安全导则》

GB/T 7409.3《同步电机励磁系统 大、中型同步发电机励磁系统技术要求》

GB/T 4208《外壳防护等级（IP 代码）》

GB 26860《电力安全工作规程 发电厂和变电站电气部分》

GB/T 50065《交流电气装置的接地设计规范》

GB 13955《剩余电流动作保护装置安装和运行》

GB 14050《系统接地的型式及安全技术要求》

GB/T 7064《隐极同步发电机技术要求》

GB 4387《工业企业厂内铁路、道路运输安全规程》

GB 50016《建筑设计防火规范》

GB 50222《建筑内部装修设计防火规范》

GB 50057《建筑物防雷设计规范》

GB 50034《建筑照明设计标准》

GB 50177《氢气站设计规范》

GB 4962《氢气使用安全技术规程》

GB 50217《电力工程电缆设计规范》

GB 50260《电力设施抗震设计规范》

GB/T 29639《生产经营单位生产安全事故应急预案编制导则》

GB 2893《安全色》

GB 2894《安全标志及其使用导则》

GB/T 2893.1《图形符号 安全色和安全标志 第 1 部分：安全标志和安全标记的设计原则》

GB 4053.1《固定式钢梯及平台安全要求 第 1 部分：钢直梯》

GB 4053.2《固定式钢梯及平台安全要求 第 2 部分：钢斜梯》

GB 4053.3《固定式钢梯及平台安全要求 第 3 部分：工业防护栏杆及钢平台》

GB 50017《钢结构设计规范》

GB 50046《工业建筑防腐蚀设计规范》

GB 6067.1《起重机械安全规程 第 1 部分：总则》

GB 6067.5《起重机械安全规程 第 5 部分：桥式和门式起重机》

GB 15052《起重机 安全标志和危险图形符号总则》

GB/T 8196《机械安全 防护装置 固定式和活动式防护装置设计与制造一般要求》

GB/T 7144《气瓶颜色标志》

GB/T 50087《工业企业噪声控制设计规范》

GB/T 50064《交流电气装置的过电压保护和绝缘配合设计规范》

GB 50065《交流电气装置的接地设计规范》

GB 50169《电气装置安装工程 接地装置施工及验收规范》

GB/T 8905《六氟化硫电气设备中气体管理和检测导则》

GB 50764《电厂动力管道设计规范》

GB 14784《带式输送机 安全规范》

GB 50040《动力机器基础设计规范》

GB 50054《低压配电设计规范》

GB 50060《3kV～110kV 高压配电装置设计规程》

GBZ/T 205《密闭空间作业职业危害防护规范》

GB 8958《缺氧危险作业安全规程》

GB 50029《压缩空气站设计规范》

GB/T 21509《燃煤烟气脱硝技术装备》

GB 50074《石油库设计规范》

二、电力行业标准、规范

DL 5053《火力发电厂职业安全设计规程》

DL 5009.1《电力建设安全工作规程 第 1 部分：火力发电》

DL/T 5427《火力发电厂初步设计文件内容深度规定》

DL/T 1123《火力发电企业生产安全设施配置》

DL 755《电力系统安全稳定导则》

DL/T 692《电力行业紧急救护技术规范》

DL/T 5032《火力发电厂总图运输设计技术规程》

DL/T 5035《发电厂供暖通风与空气调节设计规范》

DL/T 5046《火力发电厂废水治理设计技术规程》

DL 5068《发电厂化学设计规范》

DL 5022《火力发电厂土建结构设计技术规程》

DL/T 5094《火力发电厂建筑设计规程》

DL/T 335《火电厂烟气脱硝（SCR）系统运行技术规范》

DL/T 5428《火力发电厂热工保护系统设计技术规定》

DL/T 438《火力发电厂金属技术监督规程》

DL/T 441《火力发电厂高温高压蒸汽管道蠕变监督规程》

DL/T 715《火力发电厂金属材料选用导则》

DL/T 774《火力发电厂热工自动化系统检修运行维护规程》

DL/T 892《电站汽轮机技术条件》

DL/T 1083《火力发电厂分散控制系统技术条件》

DL/T 5227《火力发电厂辅助系统（车间）热工自动化设计技术规定》

DL 647《电站锅炉压力容器检验规程》

DL/T 435《电站煤粉锅炉膛防爆规程》

DL/T 959《电站锅炉安全阀技术规程》

DL/T 612《电力行业锅炉压力容器安全监督规程》

DL/T 852《锅炉启动调试导则》

DL/T 1091《火力发电厂锅炉炉膛安全监控系统技术规程》

DL/T 5121《火力发电厂烟风煤粉管道设计技术规程》

DL/T 970《大型汽轮发电机非正常和特殊运行及维护导则》

DL 5027《电力设备典型消防规程》

DL/T 5054《火力发电厂汽水管道设计规范》

DL/T 5072《火力发电厂保温油漆设计规程》

DL/T 5142《火力发电厂除灰设计技术规程》

DL/T 5145《火力发电厂制粉系统设计计算技术规定》

DL/T 5203《火力发电厂煤和制粉系统防爆设计技术规程》

DL/T 5339《火力发电厂水工设计规范》

DL/T 5188《火力发电厂辅助机器基础隔振设计规程》

DL/T 5153《火力发电厂厂用电设计技术规程》

DL/T 5175《火力发电厂热工控制系统设计技术规定》

DL/T 5182《火力发电厂热工自动化就地设备安装、管路及电缆设计技术规定》

DL/T 5187.1《火力发电厂运煤设计技术规程　第1部分：运煤系统》

DL/T 5187.2《火力发电厂运煤设计技术规程　第2部分：煤尘防治》

DL/T 5187.3《火力发电厂运煤设计技术规程　第3部分：运煤自动化》

DL/T 895《除灰除渣系统运行导则》

DL/T 5196《火力发电厂石灰石-石膏湿法烟气脱硫系统设计规程》

DL/T 5480《火力发电厂烟气脱硝设计技术规程》

DL/T 5204《发电厂油气管道设计规程》

DL/T 5352《高压配电装置设计技术规程》

DL/T 1036《变电设备巡检系统》

DL/T 5044《电力工程直流电源系统设计技术规程》

DL/T 572《电力变压器运行规程》

DL/T 5390《发电厂和变电站照明设计技术规定》

DL/T 924《火力发电厂厂级监控信息系统技术条件》

DL/T 724《电力系统用蓄电池直流电源装置运行与维护技术规程》

DL/T 5394《电力工程地下金属构筑物防腐技术导则》

DL/T 1040《电网运行准则》

DL/T 869《火力发电厂焊接技术规程》

DL/T 246《化学监督导则》

DL/T 595《六氟化硫电气设备气体监督导则》

DL/T 639《六氟化硫电气设备运行、试验及检修人员安全防护导则》

DL/T 617《气体绝缘金属封闭开关设备技术条件》

DL/T 603《气体绝缘金属封闭开关设备运行维护规程》

DL/T 995《继电保护和电网安全自动装置检验规程》

DL/T 1056《发电厂热工仪表及控制系统技术监督导则》

DL/T 1049《发电机励磁系统技术监督规程》

DL/T 1055《发电厂汽轮机、水轮机技术监督导则》

DL/T 587《继电保护和安全自动装置运行管理规程》

DL/T 1054《高压电气设备绝缘技术监督规程》

DL/T 5707《电力工程电缆防火封堵施工工艺导则》

DL/T 664《带电设备红外诊断应用规范》

DL/T 820《管道焊接接头超声波检验技术规程》

三、国家安全生产管理局标准、规范

AQ 3014《液氯使用安全技术要求》

AQ 3018《危险化学品储罐区作业安全通则》

AQ 3035《危险化学品重大危险源安全监控通用技术规范》

AQ 4224《仓储业防尘防毒技术规范》

AQ 4273《粉尘爆炸危险场所用除尘系统安全技术规范》

AQ/T 3044《氨气检测报警仪技术规范》

AQ/T 3047《化学品作业场所安全警示标志规范》

AQ/T 3052《危险化学品事故应急救援指挥导则》

AQ/T 4270《用人单位职业病危害现状评价技术

导则》

AQ/T 4274《局部排风设施控制风速检测与评估技术规范》

AQ/T 8011《安全培训机构基本条件》

AQ/T 9008《安全生产应急管理人员培训及考核规范》

AQ/T 9009《生产安全事故应急演练评估规范》

第四节 工作内容及程序

根据国家安全生产监督管理总局令第 36 号《建设项目安全设施"三同时"监督管理暂行办法》(根据国家安全生产监督管理总局令第 77 号修改，以下简称《办法》)，生产经营单位是建设项目安全设施建设的责任主体。建设项目安全设施必须与主体工程同时设计、同时施工、同时投入生产和使用(以下简称"三同时")。安全设施投资应当纳入建设项目概算。

一、初步可行性研究（厂址选择）阶段

新建火力发电厂、变电站等电力工程在厂（站）址选择时，应根据项目所处地区的地质、地震、水文、气象等自然条件和厂（站）址周边环境对厂（站）址的安全的影响，全面考虑防范措施，并应符合 GB 50660《大中型火力发电厂设计规范》和 DL 5053《火力发电厂职业安全设计规程》等对厂（站）址选择、规划及总平面布置方面的要求。

二、可行性研究阶段

根据《办法》第七条第二款中有关"生产、储存危险化学品（包括使用长输管道输送危险化学品）的建设项目"的规定，电力工程中的火力发电项目（包括燃煤、燃气、垃圾焚烧、生物质燃烧）由于不可避免需要储存和使用危险化学品，项目在可行性研究阶段，应开展建设项目安全预评价。根据《办法》第八条的规定，上述安全预评价工作应当委托具有相应资质的安全评价机构进行。

根据《办法》第九条的要求，对于不涉及储存和使用危险化学品的其他电力工程，生产经营单位应当对其安全生产条件和设施进行综合分析，形成书面报告备查。

电力工程建设项目在可行性研究报告中应有职业安全的篇章，满足 GB 50660《大中型火力发电厂设计规范》和 DL 5053《火力发电厂职业安全设计规程》等有关规定，落实职业安全预评价报告提出的相关要求。

建设项目安全预评价的相关要求见本书"第十章 职业安全预评价报告编制要点"。

三、初步设计及施工图设计阶段

根据《办法》第九条的规定，生产经营单位在建设项目初步设计时，应当委托有相应资质的初步设计单位对建设项目安全设施同时进行设计，编制安全设施设计。安全设施设计必须符合有关法律、法规、规章和国家标准或者行业标准、技术规范的规定，并尽可能采用先进适用的工艺、技术和可靠的设备、设施。对于开展安全预评价的建设项目，安全设施设计还应当充分考虑建设项目安全预评价报告提出的安全对策措施。

安全设施设计单位、设计人应当对其编制的设计文件负责。

新建、扩建和改建的火力发电工程在初步设计阶段应编制职业安全专篇作为初步设计文件的重要组成部分，其内容深度应满足电力行业编制 DL/T 5427《火力发电厂初步设计内容深度规定》的要求。

新建、扩建和改建的其他电力工程，在初步设计阶段应提出内容符合要求的职业安全和职业卫生篇章。职业安全和职业卫生的设计应落实在各专业设计中。

对于开展安全预评价的建设项目安全设施设计完成后，生产经营单位应当按照《办法》第五条的规定向安全生产监督管理部门提出审查申请，并提交下列文件资料：

(1)建设项目审批、核准或者备案的文件；

(2)建设项目安全设施设计审查申请；

(3)设计单位的设计资质证明文件；

(4)建设项目安全设施设计；

(5)建设项目安全预评价报告及相关文件资料；

(6)法律、行政法规、规章规定的其他文件资料。

对于不需要开展安全预评价的电力工程建设项目安全设施设计，由建设单位组织审查，形成书面报告备查。

施工图设计阶段，各相关专业应根据审定的初步设计和安全设施进行设计，根据国家现行法规、规程规范和标准要求，对各工艺系统及建筑结构等所涉及的职业安全具体防护设施及措施进行详细设计。

四、建设项目安全设施施工和竣工验收

根据《办法》第十七条的规定，建设项目安全设施的施工应当由取得相应资质的施工单位进行，并与建设项目主体工程同时施工。

根据《办法》第二十二条的规定，对于开展安全预评价的建设项目安全设施竣工或者试运行完成后，生产经营单位应当委托具有相应资质的安全评价机构对安全设施进行验收评价，并编制建设项目安全验收评价报告。

建设项目安全验收评价报告应当符合国家标准或者行业标准的规定。

根据《办法》第二十三条的规定，建设项目竣工投入生产或者使用前，生产经营单位应当组织对安全设施进行竣工验收，并形成书面报告备查。安全设施竣工验收合格后，方可投入生产和使用。

电力工程各设计阶段职业安全工作流程图如图1-1所示。

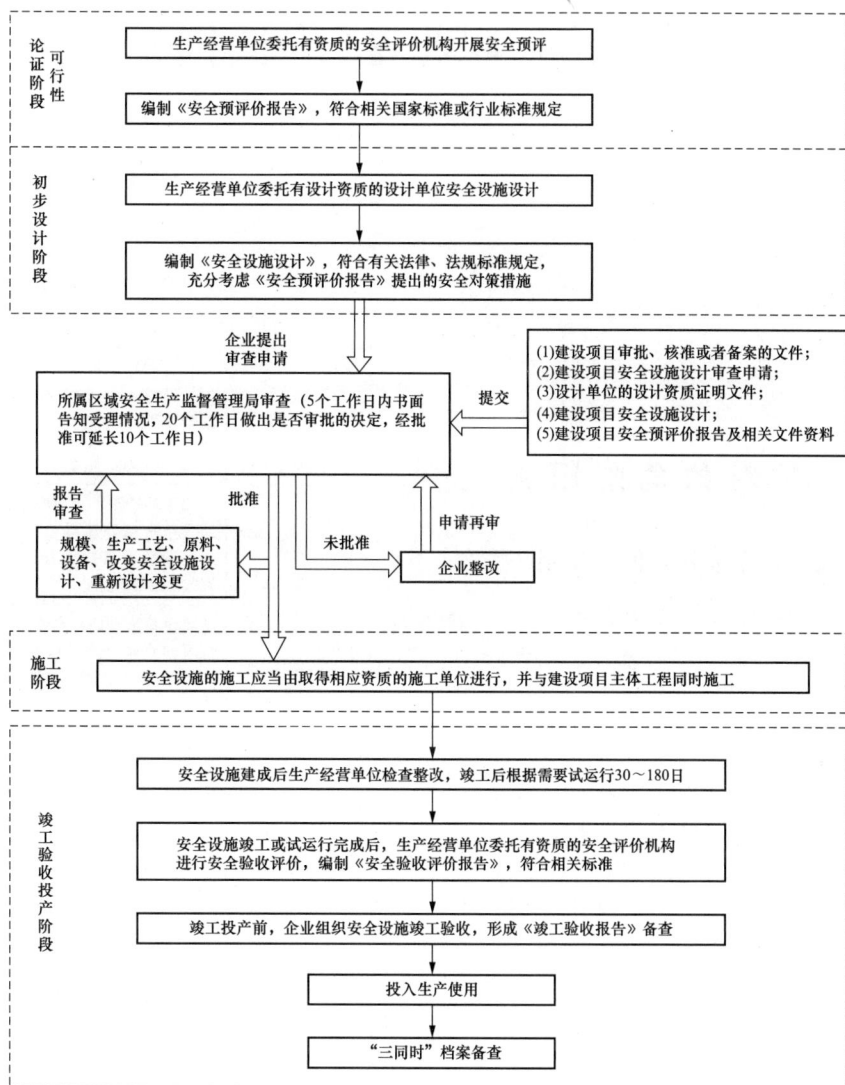

图 1-1 电力工程各设计阶段职业安全工作流程图

第二章

火力发电厂职业安全危险因素

本章主要对火力发电厂从物料、厂址规划、周边环境及厂区总平面布置方面进行危险有害因素的分析,对火力发电厂各生产系统在生产过程、特种设备及有限空间作业场所等方面进行危险有害因素的分析。

第一节　物料的危险因素

一、火力发电厂主要物料使用及副产物产生情况

(一)燃煤电厂

燃煤电厂主要原料为煤,锅炉点火或助燃需用少量轻柴油;烟气的脱硫通常使用石灰石作为还原剂,烟气脱硝通常使用液氨或尿素作为还原剂;发电机冷却需要使用氢气,锅炉补给水处理、废水处理过程需要使用盐酸、氢氧化钠、次氯酸钠等,生产过程中产生高温高压汽水等。燃煤电厂的副产品一般有粉煤灰、渣、脱硫石膏、废催化剂等,主要物料使用及副产物产生情况见表2-1。

表 2-1　　燃煤电厂主要物料使用及副产物产生情况

序号	物料名称	用　途	储存(包装)形式
1	煤	燃煤电厂主要燃料	散货堆积
2	轻柴油	点火、助燃油	柴油储罐
3	抗燃油(磷酸三甲苯酯)	汽轮机调节系统及保安系统的执行机构油动机的供油	桶装
4	透平油	电厂汽轮机润滑系统	桶装
5	变压器油	电厂变压器系统	封装
6	氢气	用于发电机冷却	储氢罐;钢质气瓶;厂内管道输送

续表

序号	物料名称	用　途	储存(包装)形式
7	液氨	烟气脱硝还原剂;凝结水、给水采用加氨校正处理	氨罐;厂内管道输送
8	尿素	烟气脱硝还原剂	罐装、袋装
9	盐酸	锅炉补给水处理系统;凝结水精处理系统;工业废水处理系统调节废水 pH 值	罐装
10	氢氧化钠	锅炉补给水处理系统;凝结水精处理系统;工业废水处理系统调节废水 pH 值	罐装
11	次氯酸钠	用于循环水系统杀微生物、灭藻	罐装
12	硫酸	锅炉补给水处理系统;凝结水精处理系统;工业废水处理系统调节废水 pH 值	罐装
13	联氨	给水化学除氧	罐装
14	乙炔	检修时乙炔焊割	气瓶
15	六氟化硫	电气设备的气体绝缘体	—
16	氧气	置换气体	钢质气瓶
17	氮气	置换气体	钢质气瓶
18	石灰石粉	烟气脱硫还原剂	石灰石粉:筒仓
19	粉煤灰	锅炉燃煤副产品	筒仓
20	炉渣	锅炉燃煤副产品	
21	石膏	烟气脱硫副产品	散货堆积
22	高温高压汽水	生产过程中产生	管道、容器

(二)燃机电厂

燃机电厂主要原料为天然气,其主要成分为甲烷。一些环保要求较高的地区也需要对排放烟气进行脱硝,通常使用液氨或尿素作为还原剂;发电机冷却需

要使用氢气；锅炉补给水处理、废水处理过程需要使用盐酸、氢氧化钠、次氯酸钠等；生产过程中产生高温高压汽水等，基本无副产品产生。燃机电厂主要物料使用情况见表2-2。

表2-2 燃机电厂主要物料使用情况

序号	物料名称	用 途	储存（包装）形式
1	天然气	燃气电厂主要燃料	一般厂内不储存，设调压站
2	抗燃油（磷酸三甲苯酯）	汽轮机调节系统及保安系统的执行机构油动机的供油	桶装
3	透平油	电厂汽轮机润滑系统	桶装
4	变压器油	电厂变压器系统	封装
5	氢气	用于发电机冷却	储氢罐；钢质气瓶；厂内管道输送
6	液氨或氨水	凝结水、给水采用加氨校正处理；烟气脱硝还原剂	氨罐
7	尿素	烟气脱硝还原剂	罐装、袋装
8	盐酸	锅炉补给水处理系统；凝结水精处理系统；工业废水处理系统调节废水pH值	罐装
9	氢氧化钠	锅炉补给水处理系统；凝结水精处理系统；工业废水处理系统调节废水pH值	罐装
10	次氯酸钠	用于循环水系统杀微生物、灭藻	罐装
11	硫酸	锅炉补给水处理系统；凝结水精处理系统；工业废水处理系统调节废水pH值	罐装
12	联氨	给水化学除氧	罐装
13	乙炔	检修时乙炔焊割	气瓶
14	六氟化硫	电气设备的气体绝缘体	—
15	氧气	置换气体	钢质气瓶
16	氮气	置换气体	钢质气瓶、管道输送
17	高温高压汽水	生产过程中产生	管道、容器

（三）生活垃圾焚烧电厂

生活垃圾焚烧电厂的原料垃圾中含有大量的有机物，垃圾降解过程中，在生物的作用下产生沼气，其主要成分为甲烷，还含有硫化氢等；锅炉点火或助燃需用少量轻柴油或天然气；生产过程中产生高温高压

汽水等；烟气净化过程中，会用到氨水或尿素、消石灰、活性炭粉等；水处理、废水处理过程需要使用盐酸、氢氧化钠、次氯酸钠等。生活垃圾焚烧发电厂的副产品一般有飞灰、炉渣等，主要物料使用及副产物产生情况见表2-3。

表2-3 生活垃圾焚烧电厂主要物料使用及副产物产生情况及储存形式

序号	物料名称	用 途	储存（包装）形式
1	城市生活垃圾	垃圾发电厂主要燃料	封闭储存
2	轻柴油或天然气	点火、助燃油	柴油储罐
3	抗燃油（磷酸三甲苯酯）	汽轮机调节系统及保安系统的执行机构油动机的供油	桶装
4	透平油	电厂汽轮机润滑系统	桶装
5	变压器油	电厂变压器系统	封装
6	氢气	用于发电机冷却	储氢罐；钢质气瓶；厂内管道输送
7	液氨或氨水	烟气脱硝还原剂；凝结水、给水采用加氨校正处理	氨罐
8	尿素	烟气脱硝还原剂	罐装、袋装
9	盐酸	锅炉补给水处理系统；凝结水精处理系统；工业废水处理系统调节废水pH值	罐装
10	氢氧化钠	锅炉补给水处理系统；凝结水精处理系统；工业废水处理系统调节废水pH值	罐装
11	次氯酸钠	用于循环水系统杀微生物、灭藻	罐装
12	硫酸	锅炉补给水处理系统；凝结水精处理系统；工业废水处理系统调节废水pH值	罐装
13	联氨	给水化学除氧	罐装
14	乙炔	检修时乙炔焊割	气瓶
15	六氟化硫	电气设备的气体绝缘体	—
16	氧气	置换气体	钢质气瓶
17	氮气	置换气体	钢质气瓶、管道输送
18	消石灰	烟气脱硫还原剂	消石灰粉；筒仓
19	活性炭	烟气中酸性气体的吸附	筒仓
20	螯合剂	用于飞灰固化	罐装

续表

序号	物料名称	用 途	储存（包装）形式
21	飞灰	垃圾电厂副产品	筒仓或固化
22	炉渣	垃圾电厂副产品	散货堆积
23	高温高压汽水	生产过程中产生	管道、容器
24	二噁英	生活垃圾焚烧过程中产生	
25	硫化氢	生活垃圾降解、污水处理池中，会产生硫化氢气体	
26	甲烷	生活垃圾降解中产生	

（四）生物质燃烧发电电厂

生物质燃烧发电电厂的原料通常包括农作物，如秸秆、麦草、木屑等；锅炉点火或助燃需用少量轻柴油或天然气；生产过程中产生高温高压汽水等；烟气净化过程中，会用到氨水或尿素等；水处理、废水处理过程需要使用盐酸、氢氧化钠、次氯酸钠、氨等。生物质发电厂的副产品一般有飞灰、炉渣等，主要物料使用及副产物产生情况及储存形式见表 2-4。

表 2-4 生物质燃烧发电电厂主要物料使用及副产物产生情况及储存形式

序号	物料名称	用 途	储存（包装）形式
1	秸秆、麦草、木屑等	生物质发电厂主要燃料	封闭储存
2	轻柴油或天然气	点火、助燃油	柴油储罐
3	抗燃油（磷酸三甲苯酯）	汽轮机调节系统及保安系统的执行机构油动机的供油	桶装
4	透平油	电厂汽轮机润滑系统	桶装
5	变压器油	电厂变压器系统	封装
6	氢气	用于发电机冷却	储氢罐；钢质气瓶；厂内管道输送
7	氨水	烟气脱硝还原剂；凝结水、给水采用加氨校正处理	氨罐
8	尿素	烟气脱硝还原剂	罐装、袋装
9	盐酸	锅炉补给水处理系统；凝结水精处理系统；工业废水处理系统调节废水 pH 值	罐装
10	氢氧化钠	锅炉补给水处理系统；凝结水精处理系统；工业废水处理系统调节废水 pH 值	罐装

续表

序号	物料名称	用 途	储存（包装）形式
11	次氯酸钠	用于循环水系统杀微生物、灭藻	罐装
12	硫酸	锅炉补给水处理系统；凝结水精处理系统	罐装
13	联氨	给水化学除氧	罐装
14	乙炔	检修时乙炔焊割	气瓶
15	六氟化硫	电气设备的气体绝缘体	—
16	氧气	置换气体	钢质气瓶
17	氮气	置换气体	钢质气瓶、管道输送
18	消石灰	烟气脱硫还原剂	消石灰粉：筒仓
19	飞灰	垃圾电厂副产品	筒仓或固化
20	炉渣	垃圾电厂副产品	散货堆积
21	高温高压汽水	生产过程中产生	管道、容器

二、主要物料的危险因素

1. 煤

煤属可燃物质，在不需外界火源作用下，会在常温空气中由自发的物理和化学作用放出热量，当放出热量多于向周围环境散失的热量时，就会因热量蓄积导致温度逐渐升高，当达到自燃点时会燃烧而引起火灾。煤粉或含煤粉的块煤比纯煤块更加容易自燃。在卸煤、输煤的过程中，很多部位会产生煤尘，如磨煤机、转运站、煤仓间等。如果煤尘在空气中达到一定浓度，在外界高温、碰撞、摩擦、振动、明火、电火花的作用下会引起爆炸，爆炸后产生的气浪会使沉积的风尘飞扬，造成二次爆炸事故。

影响煤粉爆炸的因素很多，如挥发分含量、煤粉细度、气体混合物的浓度、温度、湿度、输送煤粉的气体中氧气的成分比例等。

（1）一般认为，挥发分大于 10%，其值越大，越易爆炸，挥发分大于 25% 的煤粉（如烟煤），很容易自燃，爆炸的可能性大大增加。

（2）煤粉越细越容易自燃和爆炸，粒径小于 80μm 的易于燃爆。

（3）煤粉浓度是影响煤粉爆炸的重要因素。煤粉浓度大于 $3 \sim 4 kg/m^3$（空气）或小于 $0.32 \sim 0.47 kg/m^3$（空气）时不容易爆炸。因为煤粉浓度太高，氧浓度太小；而煤粉浓度太低，缺少可燃物。

（4）煤粉的着火温度：$500 \sim 530 ℃$。自燃温度：$140 \sim 350 ℃$。

2. 天然气

天然气是存在于地下岩石储集层中以烃为主体的混合气体的统称，空气相对密度约 0.65，具有无色、无味、无毒的特性，不溶于水。

天然气主要成分烷烃，其中甲烷占绝大多数，另有少量的乙烷、丙烷和丁烷，此外一般有硫化氢、二氧化碳、氮、水气和少量一氧化碳及微量的稀有气体（如氦和氩等）。

气体相对密度：0.7～0.75。

爆炸极限：5%～15%。

燃点：650℃。

天然气在空气中含量达到一定程度后会使人窒息。天然气不像一氧化碳那样具有毒性，它本质上是对人体无害的。不过如果天然气处于高浓度的状态，并使空气中的氧气不足以维持生命的话，还是会致人死亡的，毕竟天然气不能用于人类呼吸。作为燃料，天然气也会因发生爆炸而造成人员伤亡。

虽然天然气的空气相对密度小于 1 而容易发散，但是当天然气在房屋或帐篷等封闭环境里聚集的情况下，达到一定的比例时，就会触发威力巨大的爆炸。爆炸可能会夷平整座房屋，甚至殃及邻近的建筑。

液化天然气（liquefied natural gas，LNG）的形成：先将气田生产的天然气净化处理，再经超低温（－162℃）常压液化就形成液化天然气。LNG 气液之间常压状态下的临界温度是－162℃。

皮肤接触液化天然气可引起冻伤。

3. 生活垃圾

垃圾物理组分：有机物，如厨余、纸类、塑料、布类、竹木类等；无机物，如玻璃、金属、尘土等。生活垃圾主要由碳、氮、氢、氧、硫、氯等元素组成，并含有各类金属元素，如铅、铬、汞、铁、铜等。在堆放和燃烧过程中，可通过分解、氧化等反应，产生硫化物、二噁英、氯化氢、氟化氢、一氧化碳等有害物质。长时间堆放，内部积热，散发出令人讨厌的恶臭气味，影响作业人员身体健康，并产生易燃物质甲烷、硫化氢等气体，遇火源有发生火灾爆炸的危险。

4. 生物质燃料

生物质燃料通常是指将生物质材料燃烧作为燃料，一般主要是农林废弃物（如秸秆、麦草、锯末、甘蔗渣、稻糠等）。

生物质燃料具有挥发分高、燃点低、易燃烧的特点。进行堆垛存储，还容易发生自燃现象。明火等点火源管理不当，有引发物料堆发生火灾的危险。

5. 轻柴油

火电厂启动锅炉用油和柴油发电机用油采用轻柴油。轻柴油属于石油产品。

熔点：－18℃。

沸点：282～338℃。

闪点：≥55℃。

爆炸极限：1.5%～6.5%。

轻柴油为稍有黏性的棕色液体，具有易燃、易爆、易产生静电、易受热沸腾、易受热膨胀突溢、易蒸发等特性。遇明火、高热或与氧化剂接触，有引起燃烧爆炸的危险。若遇高热，容器内压增大，有开裂和爆炸的危险。

皮肤接触柴油可引起接触性皮炎、油性痤疮，吸入可引起吸入性肺炎。能经胎盘进入胎儿血中。柴油废气可引起眼、鼻刺激症状，头晕及头痛。

6. 抗燃油（磷酸三甲苯酯）

抗燃油主要用于汽轮机调速系统。抗燃油是一种燃点较高的纯磷酸盐脂液体，具有优良的抗燃性、抗氧化和润滑性。

抗燃油为无色或淡黄色的透明油状液体。不溶于水，溶于醇、苯等多数有机溶剂。

沸点：420℃。

闪点：＞110℃。

引燃温度：385℃。

抗燃油可燃。受热分解产生剧毒的氧化磷烟气，与氧化剂能发生强烈反应。

抗燃油含有五氧化二磷，对人体有一定的腐蚀性和毒性。大量口服先出现恶心、呕吐、腹泻，后出现肌肉疼痛，继之迅速出现肢体发麻和肌无力，可引起足、腕下垂。损害以运动神经为主。重者可出现咽喉肌肉、眼肌和呼吸肌麻痹。可因呼吸麻痹而致死，也可经皮肤、呼吸道吸收。

7. 透平油

透平油主要用于电厂汽轮机润滑系统，透平油的密度为 0.75～0.95g/cm³，比水轻又不溶于水，透平油的闪点（开口）一般高于150℃，燃点低的只有200℃，属可燃物品，储运、使用过程应注意防止外流污染环境和着火燃烧。油系统如果发生泄漏，并且周围有未保温或保温不好的热体，极易发生汽轮机油系统着火事故。

8. 变压器油

变压器油是以石油润滑油馏分为原料，经酸、碱（或溶剂）精制和白土处理并加入抗氧化剂制得的产品。变压器油的主要作用：绝缘作用、散热作用、消弧。

变压器油的闪点不小于140℃，燃点为165～180℃，自燃点为 332℃，变压器油具有可燃性，如变压器在运行、检修中变压器油泄漏，遇明火、电火花或高温物体，可能导致火灾事故的发生。

9. 高温、高压汽水

火电厂热力系统中有大量承压管道和压力容器

（如除氧器、高低压加热器、疏水扩容器等），其中流动着大量高参数蒸汽和水，具有极高的能量。当承压管道或压力容器破裂爆炸时，管道或容器内的蒸汽膨胀，特别是水的汽化膨胀，生成大量湿蒸汽，立即向四周扩散，不但会造成现场人员烫伤，同时由于湿热蒸汽迅速膨胀，导致事故现场空气中氧气含量减少，也会引起窒息事故。

10. 石灰石

石灰石在电厂作为脱硫还原剂使用，其主要成分是碳酸钙，为白色固体，不溶于水，与酸反应产生使石灰变混浊的气体二氧化碳。在转运、卸料等过程中外溢的石灰石粉尘通过呼吸道吸入，人体会出现不良反应，人体皮肤接触石灰石浆液易发生灼伤。

11. 氢氧化钙

氢氧化钙别名为熟石灰或消石灰。

氢氧化钙一般在垃圾电厂和生物质电厂作为脱除酸性气体使用。

氢氧化钙是一种白色粉末状固体，微溶于水。氢氧化钙是强碱，具有较强的腐蚀性，其粉尘或悬浮液滴对黏膜有刺激作用，虽然程度上不如氢氧化钠重，但也能引起喷嚏和咳嗽，和碱一样能使脂肪乳化，从皮肤吸收水分、溶解蛋白质、刺激及腐蚀组织。

12. 尿素

烟气脱硝还原剂也使用尿素。尿素为无色或白色针状或棒状结晶体，工业或农业品为白色略带微红色固体颗粒，有刺鼻性气味。尿素遇明火、高热可燃。与次氯酸钠、次氯酸钙反应生成有爆炸性的三氯化氮。受高热分解放出有毒的气体。尿素微毒，对眼睛、皮肤和黏膜有刺激作用。

13. 飞灰

燃煤电厂燃烧后产生粉煤灰，其主要化学成分有二氧化硅、氧化铝、三氧化铁、氧化钙和三氧化硫等，属一般固废。粉煤灰可用作水泥、砂浆、混凝土的掺合料，并成为水泥、混凝土的组分，粉煤灰作为原料可代替黏土作为生产水泥熟料的原料，制造烧结砖、蒸压加气混凝土、泡沫混凝土、空心砌砖、烧结或非烧结陶粒，铺筑道路等。

生活垃圾焚烧的飞灰中，含有二噁英类及重金属类，如铜（Cu）、锌（Zn）、铅（Pb）、铬（Cr）、镍（Ni）、汞（Hg）、镉（Cd）等有害物质，根据《国家危险废物名录》生活垃圾焚烧的飞灰列为危险废物编号HW18，废物代码为 802-002-18，危险特征为"T"，属于有毒性的废物。

煤炭、生活垃圾、秸秆等燃烧产生的灰、渣中碱金属的含量相对较高，因此，烟气在高温时（450℃以上）具有较高的腐蚀性。此外，飞灰的熔点较低，易产生结渣的问题。如果灰分变成固体和半流体，运行

中就很难清除，就会阻碍管道中从烟气至蒸汽的热量传输。严重时甚至会堵塞烟气通道，将烟气堵在锅炉中，引起爆炸事故。

14. 主要危险化学品

（1）氢气。特点如下：

1）火电厂主要用于发电机冷却。

2）无色、无臭的气体，很难液化。液态氢无色透明。极易扩散和渗透。微溶于水。

3）燃烧性：易燃。

4）闪点：＜−50℃。

5）引燃温度：400℃。

6）爆炸极限：4%～75%。

7）危险特性：与空气混合能形成爆炸性混合物，遇热或明火即会发生爆炸。氢气的空气相对密度小于1，在室内使用和储存时，漏气上升滞留屋顶不易排出，遇火星会引起爆炸。氢气与氟、氯、溴等卤素会剧烈反应。

（2）液氨。特点如下：

1）火电厂主要用在化学水处理系统和脱硝用还原剂。

2）液氨，又称为无水氨，有强烈的刺激性气味。20℃、891kPa下即可液化，并放出大量的热。液氨在温度变化时，体积变化的系数很大，极易溶于水，与酸发生放热中和反应。腐蚀钢、铜、黄铜、铝、锡、锌及其合金。

3）燃烧性：易燃。

4）沸点：−33.5℃。

5）闪点：无资料。

6）引燃温度：651℃。

7）爆炸极限：15%～30.2%。

8）与空气混合能形成爆炸性混合物，遇明火、高热能引起燃烧爆炸。与氟、氯等能发生剧烈的化学反应。若遇高热，容器内压增大，有开裂和爆炸的危险。

9）轻度吸入氨，中毒表现有鼻炎、咽炎、气管炎、支气管炎。患者有咽灼痛、咳嗽、咳痰或咯血、胸闷和胸骨后疼痛等。

（3）盐酸。特点如下：

1）火电厂主要用在水处理系统使用。

2）无色或浅黄色透明液体，有刺鼻的酸味。工业品含氯化氢不低于31%，在空气中发烟。与水混溶，与碱发生放热中和反应。

3）燃烧性：不可燃。

4）沸点：108.58℃（20.22%）。

5）盐酸本品不可燃，与活泼金属反应，生成氢气会引起燃烧或爆炸。

6）具有较强的腐蚀性。接触其蒸汽或烟雾，可引起急性中毒，出现眼结膜炎，鼻及口腔黏膜有烧灼感、鼻衄、齿龈出血，气管炎等。误服可引起消化道灼伤、

溃疡形成，有可能引起胃穿孔、腹膜炎等。眼和皮肤接触可致灼伤。慢性影响：长期接触，引起慢性鼻炎、慢性支气管炎、牙齿酸蚀。

（4）氢氧化钠。特点如下：

1）火电厂主要用在水处理系统。

2）纯品为无色透明晶体。工业品含少量碳酸钠和氯化钠，为无色至青白色棒状、片状、粒状、块状固体，统称固碱。浓溶液俗称液碱。吸湿性强。从空气中吸收水分的同时，也吸收二氧化碳。易溶于水，并放出大量热。与酸发生中和反应并放热。

3）燃烧性：不可燃。

4）熔点：318.4℃。

5）沸点：1390℃。

6）氢氧化钠与酸发生中和反应并放热。遇潮时对铝、锌、锡有腐蚀性，并放出易燃易爆氢气。本品不会燃烧，遇水和水蒸气大量放热，形成腐蚀性溶液。

7）本品有强烈刺激和腐蚀性。皮肤和眼直接接触可引起灼伤；误服可造成消化道灼伤，黏膜糜烂、出血和休克。

（5）硫酸。特点如下：

1）火电厂主要用在水处理系统。

2）纯品为无色油状液体。工业品因含杂质而呈黄、棕等色。与碱发生放热中和反应。本品不可燃，与活泼金属反应生成易于燃烧爆炸的氢气。

3）熔点：10.5℃。

4）沸点：330.0℃。

5）酸性腐蚀品。危险特性：浓硫酸遇水大量放热，可发生飞溅，与易燃物和可燃物接触发生剧烈反应，甚至燃烧，遇电石、高氯酸、硝酸盐、金属粉末等剧烈反应发生燃烧或爆炸。

6）稳定性：稳定。

7）禁忌物：还原剂、易燃可燃物。

8）健康危害：对皮肤、黏膜等组织有强烈刺激和刺激性，吸入后可引起肺水肿甚至死亡。误服可灼伤口腔、胃及食道。眼与其接触可引起全眼失明，皮肤与其接触可引起化学灼伤。

（6）联氨。特点如下：

1）火电厂主要用在给水化学除氧。

2）联氨（脂肪胺），无色发烟液体，微有特殊的氨臭味。

3）燃烧性：可燃。

4）熔点：1.4℃。

5）沸点：113.5℃。

6）闪点：72.8℃。

7）引燃温度：无资料。

8）爆炸极限：2.9%～98%。

9）稳定，遇明火、高热可燃。具有强还原性。与

氧化剂能发生强烈反应，引起燃烧或爆炸。遇氧化汞、金属钠、氯化亚锡、2，4-二硝基氯化苯剧烈反应。

10）具有强碱性和吸湿性。可引起肝脏损害，对皮肤、眼有强烈的刺激，吞咽、吸入气管可能致命，对水生生物有毒害。

（7）乙炔。特点如下：

1）火电厂主要用于氧炔焊割。

2）无色无臭气体，工业品有使人不愉快的大蒜气味。微溶于水。

3）燃烧性：易燃。

4）熔点：−81.8℃。

5）沸点：−83.8℃。

6）闪点：<−50℃。

7）引燃温度：305℃。

8）爆炸极限：2.1%～80%。

9）乙炔极易燃烧爆炸。与空气混合能形成爆炸性混合物，遇明火、高热能引起燃烧爆炸。与氧化剂接触会猛烈反应。与氟、氯等接触会发生剧烈的化学反应。能与铜、银、汞等的化合物生成爆炸性物质。

10）乙炔具有弱麻醉作用。高浓度吸入可引起单纯窒息。

（8）六氟化硫。特点如下：

1）在火电厂主要用作电气设备的气体绝缘体。

2）无色无味的气体，微溶于水。

3）气体相对密度：5.11。

4）熔点：−51℃。

5）六氟化硫气体在空气中下沉且不易扩散。该气体在电气设备中经电晕、火花及电弧放电作用会产生多种有毒、腐蚀性气体及固体分解产物。该气体由于制造中会有各种杂质，可能混有一些有毒物质，如出厂检验、现场检查不严格，混入有毒物质后可能引起人员中毒。SF_6 是重气体，特别在室内有可能引起窒息问题。

6）在有限空间内积聚会引起人员窒息；对人体呼吸系统黏膜及皮肤等有一定的危害，一般中毒后会出现不同程度的流泪、打喷嚏、流涕、鼻腔咽喉有热辣感，出现发音嘶哑、咳嗽、头晕、恶心、胸闷、颈部不适等症状。

（9）次氯酸钠。特点如下：

1）在火电厂主要用于杀微生物、灭藻。

2）微黄色溶液，有似氯气的气味。易溶于水。

3）燃烧性：不可燃。

4）熔点：−6℃。

5）沸点：102.2℃。

6）固态次氯酸钠为白色粉末，在空气中极不稳定，受热后迅速自行分解，在碱性状态时较稳定。一般工业品是无色或淡黄色液体，含有效氯为 100～

140g/L。易溶于水生成烧碱和次氯酸，次氯酸再分解生成氯化氢和新生氧，因新生氧的氧化能力很强，所以次氯酸钠是强氧化剂。

7）次氯酸钠放出的游离氯气可引起中毒，也可引起皮肤病。其溶液有腐蚀性，能伤害皮肤。

（10）氧气。特点如下：

1）常温常压下为无色、无味、无臭的气体。能被液化和固化，液态氧呈天蓝色，固态氧是蓝色晶体。微溶于水。液氧接触油品、油脂等有机易燃物易发生爆炸。

2）气体相对密度：1.105。

3）本品不可燃，能助燃，与易燃物气体、可燃液体蒸气、可燃粉尘能形成爆炸性混合物，遇火源能导致燃烧爆炸事故。

4）人如果在大于 0.05MPa（半个大气压）的纯氧环境中，对所有的细胞都有毒害作用，吸入时间过长，就可能发生"氧中毒"。

（11）氮气。特点如下：

1）不可燃气体。氮气用于置换，本品不燃，若遇高热，容器内压增大，有开裂和爆炸的危险。

2）空气中氮气含量过高，使吸入氧气分压下降，引起缺氧窒息。吸入氮气浓度高，最初感觉胸闷、气短，继而烦躁不安、兴奋、神情恍惚，称之为"氮酩酊"，可进入昏迷状态。

（12）二噁英类。特点如下：

1）生活垃圾焚烧、燃烧五氯酚或三氯苯酚处理过的木材都可产生二噁英。二噁英性质稳定，土壤中的半衰期为 12 年，气态二噁英在空气中光化学分解的半衰期为 8.3 天，在人体内降解缓慢，半衰期估计为 7～11 年，其主要蓄积在脂肪组织中。

2）二噁英类是一种含氯、有剧毒的有机化合物，其分子构成较繁多，各种异构体的毒性有所差异，其中毒性最强的是 2、3、7、8-四氯二苯并对二噁英，

其急性毒性相当于氰化钾的 1000 倍。它可经皮肤、黏膜、呼吸道、消化道进入体内，可造成免疫力下降、内分泌紊乱，高浓度二噁英可引起人的肝、肾损伤及生殖毒性。暴露在含有二噁英类的环境中，可引起皮肤痤疮、头痛、失聪、忧郁、失眠等症状，并可能导致染色体损伤、心力衰竭等。其最大危险是具有不可逆的致畸、致癌、致突变毒性。

（13）硫化氢。特点如下：

1）生活垃圾降解过程中、污水处理池中，会产生硫化氢气体。

2）无色气体，有特殊的臭味（臭蛋味）。溶于水。与碱发生放热中和反应。

3）熔点：−85.5℃。

4）沸点：−60.4℃。

5）闪点：<−50℃。

6）爆炸极限：4.0%～46.0%。

7）极易燃，与空气混合能形成爆炸性混合物，遇明火、高热能引起燃烧爆炸。气体比空气重，能在较低处扩散到相当远的地方，遇火源会着火回燃。

8）窒息性气体，是一种强烈的神经毒物，对眼和呼吸道有刺激作用。急性中毒出现眼和呼吸道刺激症状，急性气管、支气管炎或支气管周围炎，支气管肺炎，意识障碍等。重者意识障碍程度达深昏迷或呈植物状态，出现肺水肿、心肌损害、多脏器衰竭。眼部刺激引起结膜炎和角膜损害。高浓度（1000mg/m³ 以上）吸入可发生猝死。

三、主要危险化学品分类信息及危险性类别

依据《危险化学品目录（2015 版）》及其附件《危险化学品分类信息表》，火电厂涉及的列入《危险化学品目录（2015 版）》的主要危险化学品分类信息及危险性类别见表2-5。

表 2-5 　　　　　　　主要危险化学品分类信息及危险性类别

序号	品名	别名	英文名	CAS 号	危险性类别	备注
1	氢气	氢	hydrogen	1333-74-0	易燃气体，类别 1 加压气体	
2	氨	液氨；氨气	ammonia；liquid ammonia	7664-41-7	易燃气体，类别 2 加压气体 急性毒性-吸入，类别 3* 皮肤腐蚀/刺激，类别 1B 严重眼损伤/眼刺激，类别 1 危害水生环境-急性危害，类别 1	
3	盐酸	氢氯酸	hydrochloric acid；muriatic acid	7647-01-0	皮肤腐蚀/刺激，类别 1B 严重眼损伤/眼刺激，类别 1 特异性靶器官毒性-一次接触，类别 3（呼吸道刺激） 危害水生环境-急性危害，类别 2	

续表

序号	品名	别名	英文名	CAS 号	危险性类别	备注
4	氢氧化钠		sodium hydroxide solution（not less than 30%）	1310-73-2	皮肤腐蚀/刺激，类别 1A 严重眼损伤/眼刺激，类别 1	
5	硫酸		sulphuric acid	7664-93-9	皮肤腐蚀/刺激，类别 1A 严重眼损伤/眼刺激，类别 1	
6	水合肼（含肼≤64%）	水合联氨	hydrazine hydrate with not more than 64% hydrazine, by mass; diamide hydrate	10217-52-4	急性毒性-经口，类别 3* 急性毒性-经皮，类别 3* 急性毒性-吸入，类别 3* 皮肤腐蚀/刺激，类别 1B 严重眼损伤/眼刺激，类别 1 皮肤致敏物，类别 1 致癌性，类别 2 危害水生环境-急性危害，类别 1 危害水生环境-长期危害，类别 1	
7	乙炔	电石气	acetylene；carbide gas；ethyne	74-86-2	易燃气体，类别 1 化学不稳定性气体，类别 A 加压气体	
8	六氟化硫		sulphur hexafluoride	2551-62-4	加压气体 特异性靶器官毒性-一次接触，类别 3（麻醉效应）	
9	次氯酸钠	次氯酸钠溶液（含有效氯＞5%）	sodium hypochlorite solution, containing more than 5% available chlorine	7681-52-9	皮肤腐蚀/刺激，类别 1B 严重眼损伤/眼刺激，类别 1 危害水生环境-急性危害，类别 1 危害水生环境-长期危害，类别 1	
10	柴油（闭杯闪点≤60℃）		light diesel oil		易燃液体，类别 3	
11	磷酸三甲苯酯（抗燃油）	磷酸三甲酚酯；增塑剂 TCP	tricresyl phosphate, with more than 3% ortho isomer；tritolyl phosphate；plasticizer TCP	1330-78-5	生殖毒性，类别 1B 特异性靶器官毒性-一次接触，类别 1 特异性靶器官毒性-反复接触，类别 1 危害水生环境-急性危害，类别 1 危害水生环境-长期危害，类别 1	
12	2，3，7，8-四氯二苯并对二噁英	二噁英；2，3，7，8-TCDD；四氯二苯二噁英	2，3，7，8-tetrachlorodibenzo-1,4-dioxin；2，3，7，8-etrachlorodibenzo-para-dioxin	1746-01-6	急性毒性-经口，类别 1 急性毒性-经皮，类别 1 皮肤腐蚀/刺激，类别 2 严重眼损伤/眼刺激，类别 2 生殖细胞致突变性，类别 2 致癌性，类别 1A 生殖毒性，类别 1B 特异性靶器官毒性-一次接触，类别 1 特异性靶器官毒性-反复接触，类别 1 危害水生环境-急性危害，类别 1 危害水生环境-长期危害，类别 1	剧毒
13	天然气（富含甲烷的）	沼气	natural gas, with a high methane content	8006-14-2	易燃气体，类别 1 加压气体	
14	一氧化氮		nitric oxide；nitrogen monoxide	10102-43-9	氧化性气体，类别 1 加压气体 急性毒性-吸入，类别 3 皮肤腐蚀/刺激，类别 1 严重眼损伤/眼刺激，类别 1 特异性靶器官毒性-一次接触，类别 1	
15	一氧化碳		carbon monoxide	630-08-0	易燃气体，类别 1 加压气体 急性毒性-吸入，类别 3* 生殖毒性，类别 1A 特异性靶器官毒性-反复接触，类别 1	

续表

序号	品名	别名	英文名	CAS 号	危险性类别	备注
16	硫化氢		hydrogen sulphide	7783-06-4	易燃气体，类别 1 加压气体 急性毒性-吸入，类别 2* 危害水生环境-急性危害，类别 1	

注 1. "CAS 号"指美国化学文摘社对化学品的唯一登记号。

　　2. 本表所列英文名为化学品的常用英文名。命名是按国际纯粹化学和应用化学联合会（IUPAC）推荐使用的命名原则进行的。

　　3. 危险性分类说明：

　　　（1）根据《化学品分类和标签规范》系列标准和现有数据，对化学品进行物理危险、健康危害和环境危害分类，限于目前掌握的数据资源，难以包括该化学品所有危险和危害特性类别，企业可以根据实际掌握的数据补充化学品的其他危险性类别。

　　　（2）化学品的危险性分类限定在《目录》危险化学品确定原则规定的危险和危害特性类别内，化学品还可能具有确定原则之外的危险和危害特性类别。

　　　（3）分类信息表中标记"*"的类别，是指在有充分依据的条件下，该化学品可以采用更严格的类别。例如，序号 498"1, 3-二氯-2-丙醇"，分类为"急性毒性-经口，类别 3*"，如果有充分依据，可分类为更严格的"急性毒性-经口，类别 2"。

　　　（4）对于危险性类别为"加压气体"的危险化学品，根据充装方式选择液化气体、压缩气体、冷冻液化气体或溶解气体。

第二节　厂址危险因素

一、气象灾害

高耸的建筑物、构筑物、设备设施在雷雨季节，如防雷设施未按照标准进行设计或失效，有可能遭受直击雷、地滚雷、雷电感应等雷电的袭击，有可能产生火灾爆炸、设备倒塌损坏、人员电击伤害事故。

厂址所在地如有极端高温，极端低温，则作业人员会受到高低温伤害，同时相对湿度大的地区，对电厂安全作业也会带来不利影响。

遇台风、龙卷风等大风天气，有可能产生设备吹落、建（构）筑物倒塌，造成高处坠落或者高处伤人等，并有可能引发二次事故（火灾爆炸、电击伤害等）。

此外，还存在暴雪、冰雹、风暴潮等气象灾害。

二、洪涝灾害

雨季时如遇到暴雨成灾，工程地面标高不合适，堤坝毁坏或排涝设施不足，会产生洪涝灾害。

三、地质灾害

建设工程本身可能遭受人工边坡崩塌、滑坡、地（路）基不均匀沉降、基坑崩塌等地质灾害。如果施工过程中未进行相应的工程治理，运行过程中未加强监测和防护，可能造成建（构）筑物的坍塌。

对于海边电厂，海水对混凝土结构、钢筋混凝土结构中的钢筋具中等以上强度的腐蚀性；地基土对混凝土结构、钢筋混凝土结构中的钢筋具有强腐蚀性。若不采取相应的防腐措施，可能会使地基引腐蚀损坏

导致建筑物倒塌。

若抗震设计不当，遭遇强地震时容易造成厂房倒塌等事故。

四、盐雾

电厂若处在盐雾区，盐雾对电气设备的危害严重，主要对室外线路、绝缘子、金属结构影响大。盐附着绝缘子，影响绝缘子绝缘，严重时可导致绝缘子爆裂；盐对普通建筑角钢有腐蚀，如果不采取抗腐蚀措施，建筑物将受到腐蚀。

五、邻近企业不安全因素

厂址邻近处若存在严重火灾、爆炸危险及泄漏的危险化学品生产、经营、储存使用的企业，对本厂的安全也会造成影响。

厂址与邻近的企业、村庄如未保持安全防护距离，也会造成互相安全影响。

第三节　总平面布置及建（构）筑物危险因素

一、总平面布置

安全、防火间距不符合要求；平面布置不符合当地风向和建筑物朝向要求等，当发生火险时容易对其他建筑造成不利影响及不利于人员及时疏散。

厂区内功能分区不清，动力设施、储运设施布局不合理，人流、物流未能分开等，生产区危险有害因素易对非生产区人员造成伤害，比如运输车辆易对非操作区人员造成车辆伤害等。

厂区内道路的交通安全标识的设置不规范或有缺

陷（无标识、标识不清晰、标识不规范、标识选用不当、标识位置缺陷、其他标识缺陷等）时，可能危及运营安全。

二、建（构）筑物

如果由于设计缺陷，载荷计算有误，标准达不到要求；选材不当，钢材不能满足环境要求而变形损坏；无防腐措施或措施不当，钢结构腐蚀变形；地基处理不到位，地基承载力达不到设计要求；随意变更设计图纸，使屋面强度达不到要求，或者增加了屋面载荷，导致对屋面结构不利；施工质量差和运行维护不到位造成超载；抗震措施未达到要求或失效等原因，均有可能导致建筑物坍塌等事故发生。

第四节　生产系统危险因素

燃煤电厂、燃气轮机电厂、垃圾焚烧电厂、生物质燃烧电厂等火力发电厂各生产系统均存在危险因素，各类电厂的汽轮机发电系统、电气系统、化学水处理系统、水工系统、除灰渣系统等危险因素基本相似，主要区别在燃料系统、锅炉燃烧系统。

一、燃煤电厂生产系统危险因素

（一）燃煤储运设备及其系统

燃煤储运设备及其系统的危险因素主要包括火灾、爆炸，机械伤害，高处坠落等方面。

1. 火灾、爆炸

输煤设备检修时，违章动火或者防火措施不到位、消防设备有缺陷等情况下，掉落的高温电焊焊渣、切割下来的高温金属件等点燃积尘等，可能引发火灾。

燃煤具有"自燃"的特性，如果燃煤长时间堆积在煤场内，特别是封闭式煤罐内，也无相应的防范措施时，有可能发生堆煤自燃火灾事故，带火上煤危及输煤胶带的安全。输煤系统除尘器运行管理和维护不到位，除尘器除尘管内积煤，日久会发生自燃而引燃输煤胶带。

煤仓间、转运站等有限空间内，除尘设施故障或未投入，造成煤尘飞扬，达到煤尘爆炸极限，并且由于电气设备短路放电、电焊焊渣落入、违章动火等情况下，可能发生煤尘爆炸事故。

煤中遗留雷管，导火线等易爆物品时，可能引发爆炸事故。

2. 机械伤害

输煤系统内分布有大量的转动机械，当这些转动机械未设防护栏或者转动机械设备外漏的转动部分未设置防护罩等时，容易发生机械伤害事故。其主要原因如下：

（1）作业人员衣着不符合规定，违章跨越胶带机

时，所穿服装被卷入而发生机械伤害。

（2）系统内所有盖板、钢板网、围栏、扶梯材料不符合规定，围栏、扶梯高度达不到要求或者未按规定设置、制作等情况下，容易导致机械伤害。

（3）转动机械设备未设必要的闭锁装置、带式输送机未设置拉线开关、无启动预报装置、无防止误启动装置等，或者虽设置上述设施，但出现故障等情况下，也可发生机械伤害。

3. 高处坠落

现场存在配煤筒仓、输煤栈桥等，如果无防护设施或人员违章将造成高处坠落伤害。

（二）制粉设备及其系统

因设计、安装、检修不合理、运行时误操作，都会造成制粉系统局部积煤、积粉，并且没有相应的防护措施，长期积存煤粉，逐步氧化，就会发生自燃，导致火灾。

制粉系统启动、停运和断煤过程中，给煤量和风量相对变化较大，磨煤机出口温度不易掌握，操作不当，当煤粉浓度达到爆炸极限，如遇明火，就会引发爆炸。

制粉系统运行时，操作不当造成磨煤机出口煤粉温度失控超过允许值会引起爆炸。

原煤着火自燃或煤中含有易燃易爆物（如雷管、导火线、炸药等），进入磨煤机时，如遇明火也易发生爆炸；制粉系统爆炸时，强大的冲击波将使温度很高的煤粉喷出，引起电缆和可燃物着火，会造成重大火灾事故。

原煤含水量较大时，运行中操作不当，造成煤粉较"湿"，易粘在制粉系统管道设备上，造成自燃和爆炸。

（三）燃油输送系统

燃油输送系统的危险因素主要包括火灾、爆炸，窒息、中毒等方面。

1. 火灾、爆炸

设计中未按照规范要求设置防火堤，及设置围墙或围栏，在油罐区发生泄漏事故或火灾爆炸事故时，不能防止液体漫流或火灾蔓延，可能导致事故扩大。

油罐冒顶或油罐开裂，可能引起火灾或爆炸。

油罐放油或燃油设备检修时，在管道沟内蒸发出来的油气聚积，遇明火发生燃烧或爆炸。

油泵的轴封盘根温度过高或电动机损坏，温度过高，引起油品燃烧发生火灾。

油管路、阀门、法兰、油泵盘根泄漏渗油，遇明火或保温不良的高温管道可能引起火灾或爆炸。

因静电、雷电、撞击、摩擦、电气设备等产生火花，引起油系统着火。

工作失误，没有严格执行安全工作规程、燃油输送系统防火措施和有关明火作业制度，引起着火或

爆炸。

2. 窒息、中毒

燃油的装卸和储存过程中逸散油气有可能造成油气中毒。

燃油的泄漏及油品燃烧都会产生大量的有害气体，这也会对人员造成危害，严重者甚至造成人员的中毒、窒息。

（四）锅炉设备及其系统

锅炉设备及其系统的危险因素主要包括火灾、爆炸，机械伤害等方面。

1. 火灾、爆炸

（1）锅炉炉膛爆炸。

当炉膛内的可燃气体或可燃粉尘与空气混合物达到一定浓度时，遇到明火，就会爆炸。通常炉膛爆炸是指正压性爆炸，即炉膛或尾部烟道内积存的燃料和空气的混合物达到一定浓度并被引燃时所造成的急剧而不可控制的燃烧，导致烟气体积瞬间增大，因炉膛空间不能泄压，造成炉墙倒塌，水冷壁、包覆管、刚性梁及炉顶等设备严重损坏。

另一种爆炸是负压性爆炸，即运行中的锅炉发生突然熄火，送风机又突然停转，炉膛热负荷急剧降低，而引风机强力抽吸，使炉膛负压徒增而呈真空状态，造成内凹变形、裂缝或设备严重损坏。

（2）锅炉尾部烟道再燃烧。

锅炉在启动过程中或长时间低负荷运行时，因炉膛温度过低，风、煤、油配合调整不当，燃烧工况不良，造成大量的可燃物残留在烟道中，当温度和氧量适合时，即引起再燃烧，烧毁空气预热器等尾部烟道内的设备。

（3）锅炉承压部件爆漏。

1）超温超压。锅炉的受热面管壁在高温烟气中受热，如果得不到管内介质可靠的冷却，其炉内受热面管壁运行温度超过理论计算温度或厂家规定的极限壁温。

2）受热面腐蚀。锅炉受热面腐蚀导致管壁减薄和裂纹损坏，因涉及范围大，一旦发生异常，导致重复爆漏事故。

3）"四管"爆漏。锅炉"四管"是指水冷壁、过热器、再热器和省煤器。

2. 机械伤害

锅炉辅机主要包括磨煤机、给煤机、送风机、引风机、一次风机等，锅炉辅机设备的损坏主要包括设备磨损、腐蚀、机械零件整体断裂等，将直接影响到锅炉的正常运行。辅机设备的振动会引发零件失效。

3. 其他

停炉进入锅炉炉膛清灰、清焦、检修前，未按 GB 26164.1《电业安全工作规程 第 1 部分：热力和机械》

要求查明燃烧室内焦渣、热灰积存情况，发生砸、烫伤事故。

（五）汽轮机设备及其系统

汽轮机系统存在着油系统火灾、压力容器和压力管道爆炸等事故。巡查、检修作业时，存在灼烫、高处坠落、机械伤害、物体打击等危险。

1. 汽轮机油系统火灾

汽轮机的润滑油管道大部分布置在高温管道、热体、电气设备附近，一旦油管道发生泄漏，压力油喷到高温管道、热体、电气设备易引起火灾。

油管道法兰、阀门及轴承、调速系统等汽轮机油系统设备因制造质量差、安装工艺和运行维护不佳等原因发生泄漏，渗透至下部蒸汽管、阀门的保温层引发火灾。

压力油管、表管等防震、防磨措施不到位，以至由于振动疲劳或磨损破裂引起汽轮机油喷射到高温热体，导致火灾。

油系统管道材质和焊接质量低劣等原因，致使在运行中开裂漏油，遇明火或高温热体引起火灾。

油系统渗漏油部位或其附近动用明火，且明火作业时未采取有效防范措施，致使泄漏积聚的油遇明火着火。油系统周围的热力管道或其他热体的保温不完整，或保温层表面温度超标，致使漏油喷射到热力管道或其他热体的保温缺损或者薄弱部位引发火灾。

未将需要焊接的油管道与运行或停备状态的油系统有效断开，也未对施焊油管道进行冲洗，也未确认管道内部有无油、油气情况下实施焊接，焊火花引燃汽轮机油或引爆油蒸气与空气混合形成的可燃气体，引起火灾。

2. 压力容器和压力管道爆炸

在汽机房内布置有主蒸汽压力管道、给水管道和大量的抽汽、再热蒸汽、带压的疏水等管道，以及高压加热器和低压加热器等压力容器，如果运行中对这些压力管道和压力容器操作、维护不当，就会造成爆炸事故。导致压力管道和压力容器爆炸的因素有：

（1）设备本身不能满足生产的要求。设备的设计、生产、安装、使用未经过有资质的单位检验，不能及时发现设备本身存在的缺陷，而在故障状态下投入运行。

（2）设备的安全阀、压力表、温度计、液压计以及异常报警装置等安全辅助设施不能正常投入运行，运行人员不能即时监视、调整设备的运行参数和不能及时发现设备的异常情况，则容易造成超温、超压。

（3）压力设备的热工保护和压力设备的安全阀不能正常动作，异常情况下不能切除运行的压力设备或释放压力设备的内部压力，导致设备超压。运行人员操作不当等导致设备超压。

3. 物体打击、高处坠落、灼烫等伤害

检修人员对汽轮机系统进行检修时，由于作业人员安全意识不强或防护设施不完善，有可能对作业人员造成物体打击、高处坠落、灼烫；汽轮机系统的高温汽水管道如爆破，将会对人体造成灼烫；汽轮机调节系统采用抗燃油，其具有腐蚀性及毒性，职工在维修、装卸、运行操作中直接接触抗燃油，将造成身体伤害；汽轮机设备及其系统有大量的高温汽水管道，这些汽水管道如因保温设施不完善，会对作业人员造成高温及热辐射危害；在汽轮机设备及其系统等密闭狭窄空间进行检修作业，如因通风不良或操作不当，会造成作业人员的窒息事故或人员碰撞伤害；泵等转动机械缺乏必要的防护罩或防护栏杆，职工巡检及操作时易遭受机械伤害。

（六）发电机、电气设备及其系统

发电机、电气设备及其系统的危险因素主要包括火灾、爆炸，电伤等方面。

1. 火灾、爆炸

（1）发电机。发电机由于制造质量不良、检修质量低劣、运行中操作维护不当、自然灾害、发电机定子铁芯间绝缘破坏、发热、绝缘老化等，造成定子线圈绝缘击穿，水冷却系统断水、漏水、水质不合格，发展成匝间短路、相间短路或接地短路，甚至烧坏铁芯，引起火灾。

发电机非全相运行，定子绕组中的负序电流过大会使转子带来额外损耗，造成转子温升的提高引起过热，甚至烧损。转子匝间短路，保护开关拒动，烧毁发电机转子。

定转子间气隙内存在焊渣、铜屑、螺钉和检修工具等，引起扫膛，使定转子绕组严重受损。

定子内冷水系统故障，造成定子绕组超温，损毁绝缘造成短路。

发电机运行中存在轴电压，如原有绝缘隔离措施失效，可能产生较大的轴电流，使主轴和机组其他部件磁化。

励磁系统一次电流回路、整流回路、控制部分故障，灭磁开关拒动、误动，灭磁时产生过电压，严重时将烧毁转子绝缘及整流器元件。

发电机由于安装、检修不当，密封油系统故障，造成发电机密封不良，机内氢气外漏，引起爆炸和火灾，造成机毁人亡。

机内氢气湿度过高，造成绝缘水平降低，从而引起转子护环应力腐蚀发生氢脆。

发电机与封闭母线隔氢装置故障，造成氢气进入封闭母线，检测装置没有及时报警或报警人员没有及时处理，氢气含量超标，易发生封闭母线氢爆事故，可造成机毁人亡。

在发电机电压幅值、相位、频率与电力系统相差过大情况下，由于人为误操作或自动装置误动作将该发电机并入电力系统，造成发电机非同期并列，产生巨大冲击电流。强大的电动力效应，将使发电机定子绕组变形、扭弯、绝缘崩裂、甚至将定子绕组毁坏，同时，使机组发生强烈的振动，并引起电力系统电压下降，严重时会引起系统振荡，甚至瓦解。

（2）变压器。主变压器、启动/备用变压器及厂用变压器容量大、电压等级高，当变压器及厂用变压器近区发生突然短路故障，在变压器绕组内流过很大的短路电流，如果变压器的抗短路能力差，可使变压器损坏；当变压器进入空气或水后，将使变压器等设备绝缘性能变劣，耐电强度降低，从而导致绝缘击穿事故的发生，同时变压器所用的绝缘材料以及变压器油都是可燃物质，易引起火灾爆炸。

（3）电缆。电缆敷设场所附近常有高温汽、水、烟、风管道，经常有高温对其作用。电缆的绝缘材料遇到高温或外界火源很容易被引燃，电缆一旦失火会很快蔓延，波及临近电缆和电气设备。电缆火灾的原因主要包括以下几种：

1）设计计算失误，导致电缆截面积过小，运行中经常超负荷过热等原因，使电缆绝缘老化、绝缘强度降低，引起电缆间或相对地击穿短路起火。

2）电缆敷设时由于曲率半径过小，致使电缆绝缘机械损坏或电缆受外界机械损伤（如施工挖断等），造成短路、弧光闪络引燃电缆。

3）汽轮机油系统或锅炉燃油系统附近敷设的电缆，当油系统着火后容易被引燃。

4）靠近炉膛入孔、灰孔和防爆门附近敷设的电缆，当炉膛发生爆炸等情况下，将其引燃。

5）电缆运行中温度较高，中间接头的温度更高。在高温作用下，绝缘材料逐渐老化，很容易发生绝缘击穿事故。接头容易氧化而引起发热，甚至闪弧引燃电缆。

6）汽轮机油系统喷油着火、浸油电气设备（变压器等）故障喷油起火等情况下，带火焰的油流入电缆沟或流往电缆排架上，引起电缆着火。

7）电缆受酸、碱、盐、水及其他腐蚀性气体或液体的侵蚀，使电缆绝缘强度降低，绝缘层击穿产生的电弧，引燃绝缘层和填料。

8）电缆终端头及中间接因电缆附件的设计缺陷、施工安装质量不良或运行维护不当造成密封不良，进水、汽潮湿或灌注的绝缘剂不符合要求，内部留有气孔等时，使绝缘强度降低，导致绝缘短路击穿，电弧引起电缆爆炸。

9）啮齿动物啃咬，破坏电缆绝缘层，造成电缆短路起火。

10）检修过程中，如果电缆沟道无封盖或封盖不严，电焊渣火花容易落入电缆沟道内，易使电缆着火。

2. 电伤

接地网接地电阻不符合要求，接地网的接触电压和跨步电压未限制安全数值，接地网的防腐措施不到位等均会引发人身或设备事故。

接地线设计不符合要求，如截面积过小等，使其不能满足热稳定和均压要求，容易发生电伤害；接地线连接不符合要求，采用焊接的接地线，其搭接长度不够、焊接质量低劣时，接地线电阻过大，不利于保护人身安全，易发生触电伤害；接地线材质不符合要求（如铝导线等），机械强度不够，导致受损或腐蚀，起不到应有的保护作用。

避雷设施不健全或设计不符合要求；电气设备未有效接地或接地不符合规定；接地体腐蚀损坏，或者防雷接地电阻过大，容易发生雷击或过电压伤害事故。

开关柜"五防"[防止误分、合断路器，防止带负荷分、合隔离开关，防止带电挂（合）接地线（接地开关），防止带地线送电，防止误入带电间隔]功能不全，易引起误操作或无防护措施造成人员误入带电间隔，发生人身触电事故。

电气设备名称、编号双标志不全或者错误，导致维护、检修人员误入间隔或误登带电设备，造成人员触电伤亡。

不遵守安全工作规程规定，违章作业，强行解锁、移除防护栏杆，引起触电伤亡事故。

检修等作业过程中，人与电气设备带电部位安全距离不足，人体过分接近带电设备，造成触电伤亡事故。

检修人员使用绝缘不合格的安全工器具和防护用品触电；检修时安全技术措施不完善，危险点分析不足，安全措施不到位导致触电；检修结束人员未撤离，联系不周误送电，安全措施不到位引起反送电，都有可能造成人员触电伤亡事故的发生。

（七）热工自动化设备及其系统

热工自动化设备及其系统主要有以下危险因素：

1. 分布式控制系统（DCS）系统故障

当DCS系统发生故障，即出现机组保护装置拒动或误动、自动调节装置失常、电源故障、分散控制系统失灵、测温装置指示错误、测压装置指示错误等故障时，运行人员失去对机组监控操作手段，机组运行处于失控状态，或者错误信息会误导运行人员，导致对机组运行工况误判断，造成人为误操作。因此，DCS系统故障具有造成人员伤害或设备重大损坏的可能性。

2. 通信网络、程序破坏

计算机病毒、恶意代码等通过网络侵入自动控制系统，并以各种形式对系统发起恶意破坏和攻击，特别集团式攻击时，容易出现一次系统事故、大面积停电事故、二次系统的崩溃或瘫痪，以及有关信息管理系统（SIS、MIS等）的瘫痪，致使机组的正常控制系统遭到破坏，出现指令失效等，运行人员对机组失去正常控制；通信设备本身故障都会引起通信受阻引起人员伤亡或者重大设备损坏。

3. 自动调节装置、测压装置、测温装置故障

由于执行机构故障或信号传输相关组件故障引起自动调节装置不能正常工作，将会造成机组自动调节失控，危急机组安全运行。测压装置和测温装置由于元件本身故障或信号传输故障将对机组运行工况误判断，造成人为误操作。

（八）化学水处理设备及其系统

化学水处理设备及其系统主要有化学伤害、火灾、坠落及淹溺伤害等方面。

1. 化学伤害

化学水处理系统使用具有强烈刺激性、有毒和腐蚀性的酸、碱及氨等多种有害物质，一旦设备管线、阀门泄漏，作业人员安全防护不到位，造成皮肤接触，易导致化学灼伤等。化学清洗过程的废液若设备、管线、法兰、阀门密封不严导致废液泄漏，溅落人员、设备上，会造成腐蚀设备、人员伤害。

2. 火灾

化学水车间存在相应数量的电气设备及电缆，如果防火措施不到位，可能引发火灾。

3. 坠落及淹溺伤害

化学水系统防护设施（如护栏、扶手等）出现问题，则会发生高处坠落事故。化学水沟、池、坑、井等较多，若盖板、栏杆等缺失，易发生淹溺事故。

（九）制氢（供氢）设备及其系统

制氢（供氢）设备及其系统的主要危险是火灾、爆炸。氢气是可燃气体，制氢装置及附属设备发生泄漏，将导致氢气外泄，遇有明火或静电火花将产生火灾和爆炸，严重威胁设备及人身的安全。

制氢站区域未设计防雷、防静电设施；电气未使用防爆电器；违章动火或动火作业时安全措施不完善；放空管未采取防雷、防静电措施，放空时产生的静电火花或雷击可能引起放空管着火；保安工作不到位，运行或检修人员将火种带进生产区域使用；运行操作或设备检修时未按要求使用铜制工具；制氢站运行及检修人员安全意识不强，穿钉子鞋进入氢站等，都有可能使制氢站发生火灾和爆炸，带来严重的后果。

（十）水工设备及其系统

水工设备及其系统主要存在淹溺、高处坠落、机械伤害、触电等危险因素。

1. 淹溺、高处坠落

水工系统中存在冷却塔水池、排污井、水沟等，这些场所周围若未设置护栏、封盖或这些防护设施不符合要求等情况下，容易发生坠落及落水淹溺。冷却塔在维护中有高处坠落危险。

2. 机械伤害

水工系统转动设备若外漏转动部分未设防护罩时，容易发生机械伤害事故。

3. 触电

用电设备和电气设备接地不当或损坏，容易发生触电事故。

（十一）除灰渣设备及其系统

除灰渣设备及其系统主要有电伤及火灾等危险因素。

1. 电伤及火灾

电除尘器各种电气设备如防护措施不当，可能发生触电伤害事故。

空气压缩机的电气控制系统故障或电源绝缘损坏、接地不良，可引发触电事故和电气火灾。

灰渣系统存在相当数量的电气设备及电缆，如果防火措施不到位，极易发生火灾。

2. 压缩空气罐爆破

除灰系统一般采用正压浓相气力输送系统，设有空气压缩机。空气压缩机的安全保护系统失效时有超压"爆机"的危险；空气压缩机冷却系统如出现故障，有可能引起轴承过热而引发空气压缩机故障停机。

压缩机频繁启动会造成压缩机电动机损坏。压缩空气罐超压，会发生物理性爆炸事故，引起物体打击。

3. 机械伤害

除灰渣系统中使用排渣机等不少机械设备，这些设备运行时如防护措施不当或失效，可能发生机械伤害事故。

4. 车辆交通事故

灰渣运输有大量的车辆往返，运输频繁，有可能发生车辆事故；车辆在厂外运灰道路上行驶时，由于连续疲劳驾驶或车辆故障，以及灾害性天气原因有可能发生车辆交通事故。运灰道路如果出现自然毁坏或人工破坏，出现坑洞等隐患时，可能发生运灰车辆交通事故。

5. 高温烫伤

除渣系统如采用干排渣系统时，有高温烫伤的危险。

（十二）脱硫设备及其系统

脱硫设备及其系统存在腐蚀、火灾、淹溺、坠落、化学灼伤、机械伤害及其他伤害。

1. 腐蚀

在不设烟气-烟气再热器（GGH）时，排入烟囱的烟气为吸收塔出口的饱和或过饱和净烟气。其 SO_2 浓度很低，但含有大量的水蒸气和少量的 SO_3 气体。此时，烟囱内烟气的温度仍处在酸露点以下，会对烟囱内壁产生腐蚀作用，并且腐蚀速率随硫酸浓度和烟囱壁温的变化而变化。

2. 火灾

如果烟气脱硫系统不设 GGH，脱硫烟气的温度为 50℃左右，湿度很大并处于饱和状态，在排烟过程中，由于扩容和散热作用，在烟道内壁上会有大量的凝结酸水，烟道内壁长期处于浸泡状态，容易发生因高温烟气通入脱硫塔中而使其内衬胶受损。

脱硫塔进行检修时，如果在塔内违章动火，容易引起衬胶火灾事故。进口烟气超温可能导致衬胶玻璃鳞片及除雾器损坏。

脱硫系统存在相当数量的电缆及电气设备，如果防火措施不到位，可能存在引发火灾。

3. 淹溺、坠落

石灰石浆液系统中有浆液池等设施。如果管理不到位，浆液池未设置护栏、封盖不严密等情况下，容易发生作业人员坠落浆液池淹溺事故。

石灰石粉仓、脱硫塔、平台、走台、升降口、吊装口等如未设置护栏，有高处坠落危险。

4. 化学灼伤、机械伤害及其他危险

石灰石浆液对人体皮肤有腐蚀伤害作用，若生产过程不注意防护，易造成化学灼伤。

石灰石浆液系统有大量的循环浆液泵等转动机械，如果转动部件缺少挡护装置，容易发生机械伤害。

系统内分布有大量不同电压等级电气设备、电缆等，如果防护措施不到位或绝缘设置不满足要求等情况下，容易发生触电伤害事故。

（十三）脱硝设备及其系统

脱硝设备及其系统主要有灾害、爆炸、烫伤、冻伤、中毒、机械伤害等危险因素。

1. 火灾、爆炸

该系统火灾及爆炸危险有害因素主要来自于氨。氨的火灾危险性为甲类，且具有爆炸危险性。氨由于泄漏等原因与空气的混合物达到一定浓度，并遇到火源后，可能产生燃烧及爆炸事故。

在检修时，对液氨罐置换不彻底，罐内残留液氨或氨气，遇火可能发生爆炸。

进入选择性催化还原脱硝技术（SCR）反应器内进行检修时，如违章动火，可能引发火灾、爆炸。

2. 烫伤、冻伤

在脱硝还原剂制备过程中使用蒸汽来加热氨蒸发器内的热水。高温蒸汽在使用过程中可能发生泄漏，对现场操作者造成灼烫伤害；员工意外接触未加隔热防护装置的高温蒸汽管道表面，可能造成烫伤。

液氨系统泄漏或人员操作不当，人体接触或吸入会造成灼伤或腐蚀伤害，特别是对人的眼睛和呼吸系统。

一般液氨可作致冷剂，接触液氨可引起严重冻伤。

3. 中毒

氨为有毒物质。由于液氨储罐及其附件爆炸、泄漏，空气中氨的浓度超过安全值，可能导致人员的中毒，甚至死亡。液氨罐体在检修清洗作业时，人员有可能进入工艺槽罐或液氨储罐内部作业，如果内部氨浓度没有降低到安全范围，可能导致人员中毒或窒息。

4. 机械伤害及其他

脱硝系统中有风机、泵类等转动机械设备。在运行和检修过程中如果操作不当会造成机械伤害。

在巡检、维修过程中，也有可能造成作业人员触电、物体打击、机械伤害、高处坠落等事故的发生。

系统内分布有大量不同电压等级的电气设备、电缆等，如果防护措施不到位或绝缘设置不满足要求等情况下，容易发生触电伤害事故。

二、燃气轮机电厂生产系统危险因素

燃气轮机电厂生产过程存在的主要危险因素存在于天然气供应系统、燃气轮机系统、汽轮机系统、锅炉系统、电气系统、化学水处理系统、水工系统等，主要危险因素为火灾、爆炸、触电、高处坠落、淹溺、机械伤害、物体打击、车辆伤害、起重伤害、灼烫、中毒、窒息和腐蚀等。其中汽轮机系统、锅炉系统、电气系统、化学水处理系统、水工系统等产生的危险因素与燃煤电厂相似，可参照燃煤电厂生产系统危险有害因素。

（一）天然气系统火灾、爆炸

天然气是易燃、易爆的物质，属于甲类火灾危险性物质。天然气泄漏后，极易扩散到空气中，形成蒸气云，遇火源或高温热源极易发生爆炸。

设备、管道被腐蚀，密封件失效，仪器、仪表故障，人为误操作，外界干扰等均是造成燃气泄漏的因素。泄漏燃气遇到站区内火源如施工动火、雷电、静电火花等，易被引燃，引起火灾、爆炸，对周围建筑物、人身安全构成威胁。

（二）燃气轮机设备及其系统危险因素

燃气轮机在启动过程"热挂"、压气机在启动和停机过程中的喘振、点火失败、燃烧故障、燃气轮机大轴弯曲、燃气轮机轴瓦烧坏、燃气轮机严重超速、燃气轮机通流部分损坏、润滑油温度高、燃气轮机排气温差大等均会危及人身安全。

三、垃圾焚烧电厂生产系统危险因素

垃圾焚烧电厂生产过程存在的主要危险因素存在于垃圾接收、储存与输送系统，垃圾焚烧系统，汽轮机系统，电气系统，化学水处理系统，废水处理系统，灰渣处理系统及水工系统等，其中汽轮机系统、电气系统、化学水处理系统、灰渣处理系统及水工系统等产生的危险因素与燃煤电厂相似，可参照燃煤电厂生产系统危险有害因素。

（一）垃圾接收、储存与输送系统

垃圾接收、储存与输送系统包括垃圾称量设施、垃圾卸料平台、垃圾卸料门、垃圾池、垃圾抓斗起重机、除臭设施和渗沥液导排等垃圾池内的其他必要设施。

1. 火灾、爆炸

在垃圾储存过程中，由于垃圾中含有大量的有机物，垃圾降解过程中，在生物的作用下产生沼气，其主要成分为甲烷，还含有硫化氢等。垃圾发酵过程也会产生一定的热量。硫化氢、甲烷均易燃，能与空气形成爆炸性混合物，遇高热、明火和摩擦、撞击的火花能引起着火、爆炸。

2. 机械伤害

垃圾接收、储存与输送系统内分布有抓斗起重机等转动机械，当这些转动机械未设防护栏或者转动机械设备外漏的转动部分未设置防护罩等时，容易发生机械伤害事故。其主要原因如下：

（1）作业人员衣着不符合规定，违章跨越胶带机时，所穿衣物被卷入而发生机械伤害。

（2）系统内所有盖板、钢板网、围栏、扶梯材料不符合规定，围栏、扶梯高度达不到要求或者未按规定设置、制作等情况下，容易导致机械伤害。

（3）转动机械设备未设必要的闭锁装置、无防止误启动装置等，或者虽设置上述设施，但出现故障等情况下，也可发生机械伤害。

（4）相关机械设备由于腐蚀造成损坏，给运行人员带来伤害。

3. 高处坠落

系统内存在高位布置的设施，如果无防护设施或人员违章将造成高处坠落伤害。

4. 窒息、中毒

在垃圾储存过程中，由于垃圾中含有大量的有机物，垃圾降解过程中，在生物的作用下产生沼气，其主要成分为甲烷，还含有硫化氢等。如不采取防护措施或防护不当，会造成运行人员的中毒或窒息。

（二）垃圾焚烧系统

垃圾焚烧系统包括垃圾进料装置、焚烧装置、驱动装置、出渣装置、燃烧空气装置、辅助燃烧装置及其他辅助装置。

本系统的危险因素与燃煤电厂相似，可参考本节"一、燃煤电厂生产系统危险因素"的"（四）锅炉设备及其系统"。

（三）汽轮机系统

与燃煤电厂相似，可参考本节"一、燃煤电厂生产系统危险因素"的"（五）汽轮机设备及其系统"。

（四）发电机、电气设备及其系统

与燃煤电厂相似，可参考本节"一、燃煤电厂生产系统危险因素"的"（六）发电机、电气设备及其系统"。

（五）热工自动化设备及其系统

与燃煤电厂相似，可参考本节"一、燃煤电厂生产系统危险因素"的"（七）热工自动化设备及其系统"。

（六）烟气净化系统

与燃煤电厂相比，生活垃圾焚烧电厂的烟气净化系统大多使用活性炭作为烟气净化的吸附剂，使用和储存活性炭时，当活性炭的粉尘接触遇明火有轻度的爆炸性，在空气中易缓慢地发热和自燃，可能引起火灾。

其他危险因素与燃煤电厂相似，可参考本节"一、燃煤电厂生产系统危险因素"的"（十二）脱硫设备及其系统"和"（十三）脱硝设备及其系统"。

（七）灰渣处理系统

与燃煤电厂相似，可参考本节"一、燃煤电厂生产系统危险因素"的"（十一）除灰渣设备及其系统"。

（八）化学水处理、废水处理系统

与燃煤电厂相比，生活垃圾焚烧电厂废水处理系统的垃圾渗沥液池存在爆炸危险：垃圾渗滤液池室内甲烷、硫化氢、氢气、氨等易燃、易爆气体与空气的混合物达到爆炸极限后，如果沿玻璃钢材质的排风管流动，并在流动过程中与风管摩擦产生静电火花，将会引发爆炸。

其他危险因素与燃煤电厂相似，可参考本节"一、燃煤电厂生产系统危险因素"的"（八）化学水处理设备及其系统"。

（九）其他系统

生活垃圾焚烧电厂的制氢（供氢）设备及其系统、水工设备及其系统及特种设备和有限作业空间的危险因素与燃煤电厂相似，可参考相关部分。

四、生物质燃烧发电厂生产系统危险因素

生物质燃烧发电厂生产过程存在的主要危险因素存在于燃料堆放输送系统、锅炉燃烧系统、汽轮机系统、电气系统、化学水处理系统、废水处理系统、灰

渣处理系统及水工系统等，其中汽轮机系统、电气系统、化学水处理系统、废水处理系统、灰渣处理系统及水工系统等产生的危险因素与燃煤电厂相似，可参照燃煤电厂生产系统危险有害因素。

（一）燃料输送系统

生物质燃料输送系统有两种形式：一是在收购点不破碎，将整的生物质燃料（如秸秆等）直接打包，在电厂内进行破碎；二是在收购点内将生物质燃料破碎成锅炉进料需要的尺寸，在电厂内只需进行散包即可。

生物质燃料捆抓斗起重机从运输车或是生物质燃料库中抓取生物质燃料包后将其运送到待料平台上，在待料平台运行过程中对生物质燃料包进行解绳，解绳后的生物质燃料包进入到散包机中进行散包。如果是破碎好的生物质燃料散包，则直接进入带式输送机送到炉前料仓，最后进入炉膛燃烧。如果是没有破碎的生物质燃料，则散包后生物质燃料进入到破碎机进行破碎，破碎后进入带式输送机被送入炉前料仓，最后传送给螺旋自动给料机，通过给料机压入密封的进料通道，输送到炉床最后进入炉膛燃烧。

燃料输送系统主要设备包括轮式电液抓斗堆垛机、液压铲运机、固定式电液叠臂卸车喂料机、抓斗起重机、链板输送机、刀辊切草机、输送皮带；辅助设备有电磁除铁器、电子皮带秤、卫生除尘系统等。燃料输送系统示意图如图 2-1 所示。

1. 火灾

长期储备大量燃料，给生物质发电机组稳定经济运行带来极大好处，但这些挥发分大、燃点低的生物质燃料，在其堆积存储过程中容易发生生物化学反应，产生大量热量积聚并引发自燃。

在生物质燃料收集、储存过程中，涉及运输车辆和燃料的露天或非露天堆放，如果运输车辆进入燃料堆场时，易产生火花部位未加装防护装置，排气管未装设防火帽，或机动车在燃料堆场内加油，燃料堆场没有做好防雷措施等，均会引起火灾。

2. 机械伤害

生物质燃料输送系统涉及大量的传动机械设备，当这些运转机械未设防护栏、转动机械设备外漏的转动部分未设置防护罩、应设有连锁的设备未设置连锁或连锁故障、人员操作不当等，都容易发生机械伤害事故。

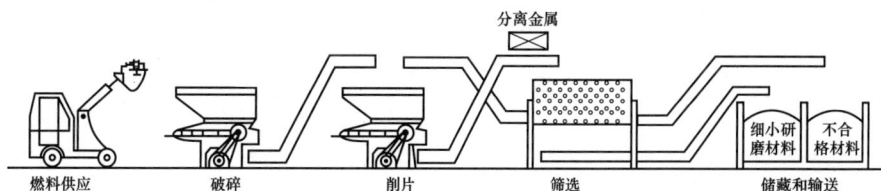

图 2-1　燃料输送系统示意图

3. 触电

为实施机械设备连锁等控制，生物质燃料输送系统需要配备电气控制设施，布设相应的电缆等，如设计和运行不当，可能会造成触电。

4. 车辆运输伤害

生物质燃料运输来厂送货的车辆多，厂区因生产需要，特种车辆多，现场临时作业人员多，易发生人员撞伤、车辆碰撞等伤害。

（二）锅炉燃烧系统

生物质燃料直接燃烧的锅炉根据生物质燃料和辅助燃料的特性及其混烧比例，宜选择层燃炉或循环流化床锅炉。燃烧系统包括给料设备、锅炉、烟风系统、点火系统、锅炉辅助系统等。

本系统的危险因素与燃煤电厂相似，可参考本节"一、燃煤电厂生产系统危险因素"的"（四）锅炉设备及其系统"。

（三）汽轮机系统

与燃煤电厂相似，可参考本节"一、燃煤电厂生产系统危险因素"的"（五）汽轮机设备及其系统"。

（四）发电机、电气设备及其系统

与燃煤电厂相似，可参考本节"一、燃煤电厂生产系统危险因素"的"（六）发电机、电气设备及其系统"。

（五）热工自动化设备及其系统

与燃煤电厂相似，可参考本节"一、燃煤电厂生产系统危险因素"的"（七）热工自动化设备及其系统"。

（六）烟气净化系统

与燃煤电厂相似，可参考本节"一、燃煤电厂生产系统危险因素"的"（十二）脱硫设备及其系统"和"（十三）脱硝设备及其系统"。

（七）灰渣处理系统

与燃煤电厂相似，可参考本节"一、燃煤电厂生产系统危险因素"的"（十一）除灰渣设备及其系统"。

（八）化学水处理、废水处理系统

与燃煤电厂相似，可参考本节"一、燃煤电厂生产系统危险因素"的"（八）化学水处理设备及其系统"。

（九）其他系统

生物质燃烧发电厂的制氢（供氢）设备及其系统、水工设备及其系统及特种设备和有限作业空间的危险因素与燃煤电厂相似，可参考相关部分。

第五节 特种设备危险因素

根据中华人民共和国主席令第 4 号《中华人民共和国特种设备安全法》和中华人民共和国国务院令第 549 号《特种设备安全监察条例》，特种设备是指"涉及生命安全、危险性较大的锅炉、压力容器（含气瓶，下同）、压力管道、电梯、起重机械、客运索道、大型游乐设施和场（厂）内专用机动车辆"。电厂涉及其中的锅炉、压力容器、压力管道、电梯、起重机械和场（厂）内专用机动车辆这六大类设备。这些设备一般具有在高压、高温、高空、高速条件下运行的特点，对人身和财产安全有较大危险性。

一、锅炉

锅炉是具有高温、高压的特种设备之一。根据 GB 6441《企业职工伤亡事故分类》，将危险因素分为 20 类，而锅炉在运行中可能生产的危险为起重伤害、触电、高处坠落、锅炉爆炸、其他爆炸等。由于超压、失水等原因引起的锅炉爆炸事故最为危险，爆炸引起大气浪的冲击和大量沸水的飞溅，不仅锅炉本体遭受毁坏，而且周围的设备和建筑物也会受到严重的破坏，甚至引起人员伤亡。锅炉涉及的爆炸事故主要有爆管事故、炉膛爆炸、锅炉爆炸。

二、压力容器

承压气瓶（氢气、二氧化碳、氮气、乙炔、氧气等各类气瓶）等，如果安全附件失效、过载运行或由于超压、碰撞、腐蚀、金属材料疲劳、蠕变出现裂缝，以及制造、安装施工质量差，均有可能发生爆破。

三、压力管道

主蒸汽管道、主给水管道等压力管道是火力发电厂设备的最重要组成部分，其运行的安全性不但关系到电厂企业能否长周期正常安全生产，更关系到人民生命与财产。压力管道由于错用材料、制造、安装、焊接质量差、金属材料出现裂纹均有可能发生爆炸、爆破的危险性。

四、电梯

使用电梯的过程中会由于设备故障、安全装置失效、牵引绳强度不够等原因而造成电梯坠落事故；电梯在故障维修过程中还有可能造成物体打击；电梯维修工程中电梯门处未设置警示标识，可能造成人员误入坠落；还有可能发生由于停电造成人员受困电梯事故等。

五、起重机械

火电厂在施工、安装、调试、试验、维护时多处使用起重机械。起重作业存在作业方式多样、多人配合的作业、作业条件复杂多变等诸多危险因素，起重机的不安全状态、人的不安全行为、环境因素、安全卫生管理缺陷等因素都有可能造成起重伤害事故的发生。如汽轮机、发电机等大型设备检修、维护时多处使用起重机械，操作过程中操作人员注意力不集中、安全意识不强、违章操作、管理不善等都有可能造成起重伤害事故。

起重伤害事故包括起重作业（包括吊运、安装、检修、试验）中发生的重物（包括吊具、吊重或吊臂）坠落、夹挤、物体打击、起重机倾翻、触电等事故。

六、厂内专用机动车辆

火电厂内有很多叉车、翻斗车、运输车等专用机动车辆，若厂区未实行人货分流，车辆未按指定的时间、路线行驶，厂内车辆车速过快、无限速标识，厂区道路地面不平或宽度、转弯半径不够，司机违章、疲劳驾驶或者车辆制动装置不灵等都可能发生车辆伤害事故。

第六节　有限空间作业场所危险因素

对火电厂而言，有限空间分为三类：第一类为封闭、半封闭设备，如锅炉、储罐、压力容器等；第二类为地下有限空间，如地下通道、建筑孔桩、生活污水处理装置等；第三类为地上有限空间，如储仓室、水平烟道等。

进入有限空间作业时，如未采取安全隔绝、通风、置换及监测监护等措施，易发生触电、机械伤害、高处坠落、窒息中毒，甚至爆炸火灾等事故。

如原来盛装爆炸性液体的储罐进行焊接等明火作业时，未事先进行充分的通风和清扫，使得聚积在容器内的爆炸性混合气体浓度达到爆炸范围，遇焊接明火，引发爆炸。或者误用氧气进行通风和吹扫，致使实施电焊等明火作业时火势失控引起火灾。

堆放水处理用氨、盐酸等化学药品的储藏间，如果无通风设施或通风设施发生故障，室内往往化学品浓度很高，容易对作业人员的健康产生危害。

进入曾存放可燃性化学品、有毒化学品的有限空间进行作业前，未进行充分的通风或作业过程中通风供氧措施不到位，使得作业人员因缺氧而造成窒息。

有一些有限空间，如生活污水处理站等在运行过程中可能产生硫化氢、甲烷等有毒气体，作业人员下井检修时如果没采取必要的防护措施，也会发生中毒、窒息等。

第三章

重大危险源辨识及检测监控

本章主要依据《危险化学品重大危险源监督管理暂行规定》（国家安监总局令〔2011〕40号），介绍了危险化学品重大危险源辨识方法及评估与安全管理要求，并概要介绍危险化学品重大危险源检测监控及应急设备和措施。

第一节 危险化学品重大危险源辨识、评估与安全管理

一、危险化学品重大危险源辨识

（一）重大危险源辨识依据

（1）GB 18218《危险化学品重大危险源辨识》；

（2）《危险化学品重大危险源监督管理暂行规定》（国家安监总局令〔2011〕40号）。

（二）危险化学品临界量的确定

依据 GB 18218《危险化学品重大危险源辨识》，危险化学品重大危险源辨识依据是危险化学品的危险特性及其数量。火电厂内可能涉及的主要危险化学品的临界量值见表 3-1。若一种危险化学品具有多种危险性，按其中最低的临界量确定。

表 3-1 火电厂涉及的危险化学品名称及临界量

序号	类别	危险化学品名称和说明	临界量（t）
1	易燃气体	甲烷、天然气	50
2		氢	5
3		液化石油气（含丙烷、丁烷及其混合物）	50
4		乙炔	1
5	毒性气体	氨	10
6		硫化氢	5
7		氯	5

续表

序号	类别	危险化学品名称和说明	临界量（t）
8	毒性气体	煤气（CO，CO 和 H_2、CH_4 的混合物等）	20
9		汽油	200
10	易燃液体	极易燃液体：沸点不大于 35℃且闪点小于 0℃的液体；保存温度一直在其沸点以上的易燃液体	10
11		高度易燃液体：闪点小于 23℃的液体（不包括极易燃液体）；液态退敏爆炸品	1000
12		易燃液体：闪点大于等于 23℃且小于 61℃的液体	5000

（三）危险化学品重大危险源的辨识指标

单元内存在危险化学品的数量等于或超过表 3-1 规定的临界量，即被定为重大危险源。单元内存在的危险化学品的数量依据处理危险化学品种类的多少区分为以下两种情况：

（1）单元内存在的危险化学品为单一品种，则该危险化学品的数量即为单元内危险化学品的总量，若等于或超过相应的临界量，则定为重大危险源。

（2）单元内存在的危险化学品为多品种时，则按式（3-1）计算，若满足式（3-1），则定为重大危险源：

$$q_1/Q_1 + q_2/Q_2 + \cdots + q_n/Q_n \geqslant 1 \qquad (3-1)$$

式中 q_1，q_2，$\cdots q_n$——每种危险化学品实际存在量，t；

Q_1，Q_2，$\cdots Q_n$——与各危险化学品相对应的临界量，t。

（四）危险化学品重大危险源分级方法

1. 分级指标

采用单元内各种危险化学品实际存在（在线）量与其在 GB 18218《危险化学品重大危险源辨识》中规定的临界量比值，经校正系数校正后的比值之和 R 作为分级指标。

2. R 的计算方法

$$R = \alpha \left(\beta_1 \frac{q_1}{Q_1} + \beta_2 \frac{q_2}{Q_2} + \cdots + \beta_n \frac{q_n}{Q_n} \right) \quad (3-2)$$

式中　$q_1, q_2, \cdots, q_n$——每种危险化学品实际存在（在线）量，t；

$\quad\quad Q_1, Q_2, \cdots, Q_n$——与各危险化学品相对应的临界量，t；

$\quad\quad \beta_1, \beta_2, \cdots, \beta_n$——与各危险化学品相对应的校正系数；

$\quad\quad \alpha$——该危险化学品重大危险源厂区外暴露人员的校正系数。

3. 校正系数 β 的取值

根据单元内危险化学品的类别不同，设定校正系数 β 值，见表 3-2。

表 3-2　　　校正系数 β 取值表

危险化学品类别	剧毒气体	毒性气体（氨）	爆炸品	易燃气体	其他类危险化学品
β	4	2	2	1.5	1

4. 校正系数 α 的取值

根据重大危险源的厂区边界向外扩展 500m 范围内常住人口数量，设定厂外暴露人员校正系数 α 值，见表 3-3。

表 3-3　　　校正系数 α 取值表

厂外可能暴露人员数量	α
100 人以上	2.0
50～99 人	1.5
30～49 人	1.2
1～29 人	1.0
0 人	0.5

5. 分级标准

重大危险源根据其危险程度，分为一级、二级、三级和四级，一级为最高级别。

根据计算出来的 R 值，按表 3-4 确定危险化学品重大危险源的级别。

表 3-4　　　危险化学品重大危险源级别和 R 值的对应关系

危险化学品重大危险源级别	R 值
一级	$R \geqslant 100$
二级	$100 > R \geqslant 50$
三级	$50 > R \geqslant 10$
四级	$R < 10$

二、重大危险源评估与安全管理

（一）重大危险源评估

依据《危险化学品重大危险源监督管理暂行规定》（国家安监总局令〔2011〕40 号），对危险化学品重大危险源评估要求：

（1）危险化学品单位应当对重大危险源进行安全评估并确定重大危险源等级。危险化学品单位可以组织本单位的注册安全工程师、技术人员或者聘请有关专家进行安全评估，也可以委托具有相应资质的安全评价机构进行安全评估。

依照法律、行政法规的规定，危险化学品单位需要进行安全评价的，重大危险源安全评估可以与本单位的安全评价一起进行，以安全评价报告代替安全评估报告，也可以单独进行重大危险源安全评估。

（2）重大危险源有下列情形之一的，应当委托具有相应资质的安全评价机构，按照有关标准的规定采用定量风险评价方法进行安全评估，确定个人和社会风险值：

1）构成一级或者二级重大危险源，且毒性气体实际存在（在线）量与其在 GB 18218《危险化学品重大危险源辨识》中规定的临界量比值之和大于或等于 1 的；

2）构成一级重大危险源，且爆炸品或液化易燃气体实际存在（在线）量与其在 GB 18218《危险化学品重大危险源辨识》中规定的临界量比值之和大于或等于 1 的。

（3）重大危险源安全评估报告应当客观公正、数据准确、内容完整、结论明确、措施可行，并包括下列内容：

1）评估的主要依据；

2）重大危险源的基本情况；

3）事故发生的可能性及危害程度；

4）个人风险和社会风险值（仅适用定量风险评价方法）；

5）可能受事故影响的周边场所、人员情况；

6）重大危险源辨识、分级的符合性分析；

7）安全管理措施、安全技术和监控措施；

8）事故应急措施；

9）评估结论与建议。

（4）有下列情形之一的，危险化学品单位应当对重大危险源重新进行辨识、安全评估及分级：

1）重大危险源安全评估已满三年的；

2）构成重大危险源的装置、设施或者场所进行新建、改建、扩建的；

3）危险化学品种类、数量、生产、使用工艺或者储存方式及重要设备、设施等发生变化，影响重大危

险源级别或者风险程度的;

4)外界生产安全环境因素发生变化,影响重大危险源级别和风险程度的;

5)发生危险化学品事故造成人员死亡,或者 10 人以上受伤,或者影响到公共安全的;

6)有关重大危险源辨识和安全评估的国家标准、行业标准发生变化的。

（二）危险化学品重大危险源安全管理

危险化学品重大危险源安全管理应满足以下要求:

（1）危险化学品单位应当建立完善重大危险源安全管理规章制度和安全操作规程,并采取有效措施保证其得到执行。

（2）危险化学品单位应当根据构成重大危险源的危险化学品种类、数量、生产、使用工艺（方式）或者相关设备、设施等实际情况,建立健全安全监测监控体系,完善控制措施。

（3）危险化学品单位应当按照国家有关规定,定期对重大危险源的安全设施和安全监测监控系统进行检测、检验,并进行经常性维护、保养,保证重大危险源的安全设施和安全监测监控系统有效、可靠运行。维护、保养、检测应当做好记录,并由有关人员签字。

（4）危险化学品单位应当明确重大危险源中关键装置、重点部位的责任人或者责任机构,并对重大危险源的安全生产状况进行定期检查,及时采取措施消除事故隐患。事故隐患难以立即排除的,应当及时制定治理方案,落实整改措施、责任、资金、时限和预案。

（5）危险化学品单位应当对重大危险源的管理和操作岗位人员进行安全操作技能培训,使其了解重大危险源的危险特性,熟悉重大危险源安全管理规章制度和安全操作规程,掌握本岗位的安全操作技能和应急措施。

（6）危险化学品单位应当在重大危险源所在场所设置明显的安全警示标识,写明紧急情况下的应急处置办法。

（7）危险化学品单位应当将重大危险源可能发生的事故后果和应急措施等信息,以适当方式告知可能受影响的单位、区域及人员。

（8）危险化学品单位应当制定重大危险源事故应急预案演练计划,并进行事故应急预案演练。

（9）危险化学品单位应当对辨识确认的重大危险源及时、逐项进行登记建档。重大危险源档案应当包括下列文件、资料:

1)辨识、分级记录;

2)重大危险源基本特征表;

3)涉及的所有化学品安全技术说明书;

4)区域位置图、平面布置图、工艺流程图和主要

设备一览表;

5)重大危险源安全管理规章制度及安全操作规程;

6)安全监测监控系统、措施说明、检测、检验结果;

7)重大危险源事故应急预案、评审意见、演练计划和评估报告;

8)安全评估报告或者安全评价报告;

9)重大危险源关键装置、重点部位的责任人、责任机构名称;

10)重大危险源场所安全警示标识的设置情况;

11)其他文件、资料。

（10）危险化学品单位在完成重大危险源安全评估报告或者安全评价报告后 15 日内,应当填写重大危险源备案申请表,连同重大危险源档案材料,报送所在地县级人民政府安全生产监督管理部门备案。

（11）危险化学品单位新建、改建和扩建危险化学品建设项目,应当在建设项目竣工验收前完成重大危险源的辨识、安全评估和分级、登记建档工作,并向所在地县级人民政府安全生产监督管理部门备案。

第二节　危险化学品重大危险源检测监控及应急设备和措施

一、重大危险源检测监控

重大危险源检测监控应满足以下要求:

（1）定为重大危险源的化学品储罐应配备温度、压力、液位、流量、组分等信息的不间断采集和监测系统以及可燃气体和有毒有害气体泄漏检测报警装置,并具备信息远传、连续记录、事故预警、信息存储等功能。

（2）定为重大危险源的化学品储罐及制备系统应装备满足安全生产要求的自动化控制系统。储罐的温度、压力、液位等信号送到控制系统,当储罐内温度或压力高时报警。当储罐罐体温度过高时自动淋水装置启动,对罐体自动喷淋减温。

（3）定为重大危险源的化学品储存及制备系统周边应设有有毒有害气体泄漏检测器,并显示大气中有毒有害气体的浓度。当检测器测得大气中有毒有害气体浓度过高时,在控制室发出警报,同时送出信号到火灾报警系统,由火灾报警系统启动相应的消防设备。

（4）定为重大危险源的化学品储存场所或者设施,设置视频监视探头,并接入全厂闭路电视监视系统。

（5）安全检测监控系统符合国家标准或者行业标准的规定。

二、应急设备及应急措施

应急设备及应急措施应满足以下要求：

（1）应当在重大危险源所在场所设置明显的安全警示标识，写明紧急情况下的应急处置办法。

（2）定为重大危险源的化学品储存场所或者设施，配备便携式浓度检测设备、空气呼吸器、化学防护服、堵漏器材等应急器材和设备；涉及易燃易爆气体或者易燃液体蒸气的重大危险源，还应当配备一定数量的便携式可燃气体检测设备。

（3）设置安全淋浴器、洗眼器，1座安全淋浴器及洗眼器其服务范围为半径15m。

（4）设置逃生风向标，逃生风向标应安装在储存场所最高处，并应方便观察。

（5）危险化学品单位应当依法制定重大危险源事故应急预案，建立应急救援组织或者配备应急救援人员，配备必要的防护装备及应急救援器材、设备、物资，并保障其完好和方便使用；配合地方人民政府安全生产监督管理部门制定所在地区涉及本单位的危险化学品事故应急预案。应急救援预案至少应包括以下内容：

1）企业危险源基本情况及周边环境概况；

2）应急机构人员及其职责；

3）危险辨识与评价；

4）应急设备与设施；

5）应急能力评价与资源；

6）应急响应、报警、通信联络方式；

7）事故应急程序与行动方案；

8）事故后的恢复与程序；

9）培训与演练。

第四章

厂址选择、规划及厂区总平面布置的职业安全要求

电厂厂址的选择、总体规划，应根据项目所处地区的地质、地震、水文、气象等自然条件，同时应结合厂址周边工矿企业对项目安全的影响，全面考虑防范措施。

厂区总平面布置的设计是根据国家产业政策和工程建设标准，工艺要求及物料流程，以及建厂地区地理、环境、交通等条件，合理选定厂址，统筹处理场地和安排各设施的空间位置，系统处理物流、人流、能源流和信息流的设计工作。在选定的场地内，合理确定建筑物、构筑物、交通运输线路和设施、出入口的最佳空间位置。厂区总平面布置的设计原则和技术要求：技术先进、生产安全、节约资源、保护环境、布置合理。

厂址选择、规划及厂区总平面布置应严格遵守国家有关安全及环境保护的法律、法规的规定，同时应满足 DL/T 5032《火力发电厂总图运输设计技术规程》、GB 50660《大中型火力发电厂设计规范》、GB 50187《工业企业总平面设计规范》、GB 50260《电力设施抗震设计规范》、GB 50229《火力发电厂与变电站设计防火规范》、GB 50016《建筑设计防火规范》等的相关要求。

第一节 厂址选择及规划

一、自然条件的限制性规定

（一）火力发电厂厂址自然条件的限制性规定

（1）火力发电厂厂址选择应根据项目所处地区的地质、地震、水文、气象等自然条件，全面考虑防范措施。对地质灾害易发区，应进行地质灾害危险性评估，提出建设场地适宜性的评价意见，采取相应的防范措施。抗震设防标准必须按照《中华人民共和国减灾法》和国家颁布的《中国地震动参数区划图》确定，根据工程具体条件，必要时应进行地震安全性评价。

（2）严禁将厂址选择在强烈岩溶发育、滑坡、泥石流的地区或发展断裂地带以及地震基本烈度为 9 度以上地震区；单机容量为 300MW 及以上或全厂规划容量为 1200MW 及以上的发电厂，不宜建在 50 年超越概率 10%的地震动峰值加速度为 0.4g、地震基本烈度为 9 度的地区。当地震基本烈度为 9 度时重要电力设施宜建在硬场地的地区。选址应满足 GB 50260《电力设施抗震设计规范》的要求，应选择在对抗震有利的地段避开对抗震不利和危险的地段。

（3）厂区位置应处于地质构造相对稳定的地段，远离活动断裂，并与活动性大断裂保持足够的安全距离，其安全距离应根据活动断裂的等级、规模、产状、性质、覆盖层厚度、地震动峰值加速度等因素综合确定。

（4）火力发电厂厂区位置应避开地质灾害易发区、采空区影响范围，以及岩溶发育、滑坡、泥石流的区域。确实无法避开时，在可行性研究阶段应进行地质灾害危险性评估工作，综合评价地质灾害危险性的程度，提出建设场地适宜性的评价意见，并应采取相应的防范措施。

（5）选择（或地处）在台风、大风、暴雨（雪）、雷电、冰雹、沙尘暴、高温热浪等气象灾害多发区域新建、扩建、改建和技术改造的火电厂，厂区规划、主要建（构）筑物和有特殊要求的车间布置，应采取必要的措施，防止气象灾害以及由其引发的山洪、滑坡等次生、衍生灾害对项目的影响。

（二）储灰场场址自然条件的限制性规定

（1）储灰场场址应符合 GB 18599《一般工业固体废物储存、处置场污染控制标准》的相关要求。

（2）禁止选在江河、湖泊、水库最高水位线以下的滩地和洪泛区。禁止选在自然保护区、风景名胜区和其他需要特别保护的区域。

（3）应避开断层、断层破碎带、溶洞区，以及天然滑坡或泥石流影响区。应选在满足承载力要求的地基上，以避免地基下沉的影响，特别是不均匀或局部下沉的影响。

（4）储灰场宜适当靠近厂区，应利用附近的沟谷、荒地、劣地和废弃矿井或塌陷区，应不占或少占用耕地、园地和林地，不占用江河、湖泊的蓄洪和行洪区，宜避免迁移居民，避免置于居民区上游。

（5）当采用山谷储灰场时，应考虑其泄洪构筑物对下游的影响，并充分利用现有的或当地规划的防排洪设施。当利用水域岸旁滩、洼地或海涂堆存灰渣时，不得污染水体、阻塞航道和影响河流泄洪。

（三）取、弃土场自然条件的限制性规定

（1）取、弃土场的设置应满足 GB 50433《开发建设项目水土保持技术规范（附条文说明）》的相关要求。不得影响周边公共设施、工业企业、居民点等的安全。应根据地形、地质、地震和水文条件确定实施方案，并应采取避免塌方的有效措施。

（2）严禁在县级以上人民政府划定的崩塌和滑坡危险区、泥石流易发区内设置取土（石、料）场。

（3）禁止在对重要基础设施、人民群众生命财产安全及行洪安全有重大影响的区域布设弃土（石、渣）场。

（4）涉及河道的，应符合治导规划及防洪行洪的规定，不得在江河、湖泊、建成水库及河道管理范围内布设弃土（石、渣）场。

（5）弃土（石、渣）场不宜布设在流量较大的沟道，否则应进行防洪论证。

（6）在山丘区宜选择荒沟、凹地、支毛沟，平原区宜选择凹地、荒地，风沙区应避开风口和易产生风蚀的地方。在山区、丘陵区选取、弃土场，应分析诱发崩塌、滑坡和泥石流的可能性。

二、燃煤电厂厂址选择及规划

（一）周边工矿企业对厂址的影响

（1）电厂厂址宜避免与具有发生严重火灾、爆炸危险及泄漏的危险化学品生产、经营、储存使用的企业毗邻，避免企业所排出的废气、废水、废渣等有害物质的影响。当无法避免时，必须根据国家有关规定要求，保持足够的安全距离。

（2）火力发电厂厂区与附近的核电厂、化工厂、炼油厂、石油或天然气储罐、低中放射性废物处置场、核技术利用放射性废物库等潜在危险源之间的距离，应符合下列规定：

1）火力发电厂与核电厂的距离应符合 GB 6249《核动力厂环境辐射防护规定》的有关规定。

核电厂周围设置非居住区，非居住区的半径（以反应堆为中心）不得小于 0.5km。

核电厂非居住区周围设置限制区，限制区的半径（以反应堆为中心）一般不得小于 5km。

2）与化工厂、炼油厂的距离应符合 GB 50160《石油化工企业设计防火规范》的有关规定。

石油化工企业与相邻工厂或设施的防火间距不应小于表 4-1 的规定。高架火炬的防火间距应根据人或设备允许的辐射热强度计算确定，对可能携带可燃液体的高架火炬的防火间距不应小于表 4-1 的规定。

3）与石油或天然气站场的距离应符合 GB 50183《石油天然气工程设计防火规范》的有关规定。

石油或天然气站场与周围居住区、相邻厂矿企业、交通线等的防火间距不应小于表 4-2 的规定。

表 4-1　　　　石油化工企业与相邻工厂或设施的防火间距　　　　（m）

相 邻 工 厂 或 设 施		防 火 间 距				
		液化烃罐组（罐外壁）	甲、乙类液体罐组（罐外壁）	可能携带可燃液体的高架火炬（火炬中心）	甲、乙类工艺装置或设施（最外侧设备外缘或建筑物的最外轴线）	全厂性或区域性重要设施（最外侧设备外缘或建筑物的最外轴线）
居民区、公共福利设施、村庄		150	100	120	100	25
相邻工厂（围墙或用地边界线）		120	70	120	50	70
厂外铁路	国家铁路线（中心线）	55	45	80	35	—
	厂外企业铁路线（中心线）	45	35	80	30	—
国家或工业区铁路编组站（铁路中心线或建筑物）		55	45	80	35	25
厂外公路	高速公路、一级公路（路边）	35	30	80	30	—
	其他公路（路边）	25	20	60	20	—
变配电站（围墙）		80	50	120	40	25
架空电力线路（中心线）		1.5 倍塔杆高度	1.5 倍塔杆高度	80	1.5 倍塔杆高度	—

续表

相邻工厂或设施	防火间距				
	液化烃罐组（罐外壁）	甲、乙类液体罐组（罐外壁）	可能携带可燃液体的高架火炬（火炬中心）	甲、乙类工艺装置或设施（最外侧设备外缘或建筑物的最外轴线）	全厂性或区域性重要设施（最外侧设备外缘或建筑物的最外轴线）
Ⅰ、Ⅱ国家架空通信线路（中心线）	50	40	80	40	—
通航江、河、海岸边	25	25	80	20	—
地区埋地输油管道 原油及成品油（管道中心）	30	30	60	30	30
地区埋地输油管道 液化烃（管道中心）	60	60	80	60	60
地区埋地输气管道（管道中心）	30	30	60	30	30
装卸油品码头（码头前沿）	70	60	120	60	60

注 1. 本表中相邻工厂指除石油化工企业和油库以外的工厂。

2. 括号内指防火间距起止点。

3. 当相邻设施为港区陆域、重要物品仓库和堆场、军事设施、机场等，对石油化工企业的安全距离有特殊要求时，应按有关规定执行。

4. 丙类可燃液体罐组的防火距离，可按甲、乙类可燃液体罐组的规定减少25%。

5. 丙类工艺装置或设施的防火距离，可按甲、乙类工艺装置或设施的规定减少25%。

6. 地面敷设的地区输油（输气）管道的防火距离，可按地区埋地输油（输气）管道的规定增加50%。

7. 当相邻工厂围墙内为非火灾危险性设施时，其与全厂性或区域性重要设施防火间距最小可为25m。

8. 表中"—"表示无防火间距要求或执行相关规范。

表4-2　　　　　　　　　石油或天然气站场区域布置防火间距　　　　　　　　　（m）

序号		1	2	3	4	5	6
名称		相邻工矿企业	工业企业铁路线	公路（其他公路）	35kV 及以上独立变电站	架空电力线路	
						35kV 及以上	35kV 以下
油品站场、天然气站场	一级	70	40	25	60	1.5 倍杆高且不小于30m	1.5 倍杆高
	二级	60	35	20	50		
	三级	50	30	15	40		
	四级	40	25	15	40		
	五级	30	20	10	30	1.5 倍杆高	
液化石油气和天然气凝液站场	一级	60	55	30	80	40	1.5 倍杆高
	二级	60	50	30	80		
	三级	50	45	25	70		
	四级	50	40	25	60	1.5 倍杆高且不小于30m	
	五级	40	35	20	50	1.5 倍杆高	
可能携带可燃液体的火炬		80	80	60	120	80	80

注 1. 表中数值是指石油天然气站场内甲、乙类储罐外壁与周围相邻厂矿企业、交通线等的防火间距，油处理设备、装卸区、容器、厂房与序号1～4的防火间距可按本表减少25%。单罐容量小于或等于50m³的直埋卧式油罐与序号1～6的防火间距可减少50%，但不得小于15m（五级油品站场与其他公路的距离）除外。

2. 油品站场当仅储存丙$_A$或丙$_A$和丙$_B$油品时，序号1的距离可减少25%，当储存丙$_A$类油品时，可不受本表限制。

3. 表中35kV 及以上独立变电站是指变电站内单台变压器容量在10000kVA以上的变电站，小于10000kVA 的35kV变电站防火间距可按本表减少25%。

4. 注1～3所述折减不得迭加。

5. 放空管可按本表中可能携带可燃液体的火炬间距减少50%。

6. 防火间距的起算点按 GB 50183—2015《石油天然气工程设计防火规范》附录 B 执行。

4）与低、中水平放射性废物处置场的距离不应低于 HJ/T 5.2《核设施环境保护管理导则放射性固体废物浅地层处置环境影响报告书的格式与内容》规定的评价范围的半径——以处置场为中心半径为 10km 的区域。

5）与核技术利用放射性废物库的距离不应低于 HJ/T 10.1《辐射环境保护管理导则　核技术应用项目　环境影响报告书（表）的内容和格式》规定的评价范围的半径。

（二）厂址对附近居民及其他设施的影响

（1）发电厂的总体规划应根据气象和地形等因素，减少发电厂排放的粉尘、废气、废水、灰渣对环境的污染。

（2）厂址宜在全年最小频率风向的上风侧，应避免对厂外居民区及其他设施的污染影响。

（3）储灰场选址应确定其与常住居民居住场所、农用地、地表水体、高速公路、交通主干道（国道或省道）、铁路、飞机场、军事基地等敏感对象之间合理的位置关系。依据环境影响评价结论确定场址的位置及其与周围人群的距离，并经具有审批权的环境保护行政主管部门批准，并可作为规划控制的依据。

（三）总图运输设计

1. 铁路运输

（1）发电厂的铁路应避开地震时可能发生崩塌大面积滑坡泥石流地裂和错位的危险地段。

（2）发电厂铁路专用线的设计，应符合 DL/T 5032《火力发电厂总图运输设计技术规程》的要求。铁路专用线与沿线城镇建设、农田水利、交通运输及工业企业相协调，便于合作建设，共同使用，避免与主要人流、货流交叉，减少安全隐患。

（3）为确保安全运行，合理控制线路的限制坡度、最小曲线半径、路基面宽度、道岔及主要线路的轨型。

（4）当电厂点火及助燃油的运输方式必须采用铁路运输时，卸油铁路线的布置应符合下列要求：

1）铁路卸油线应为尽端式，宜位于厂区边缘地带。

2）铁路卸油线应为平直线，确有困难时，可设在半径不小于 600m 的曲线上。

3）卸油线中心线至厂内卸煤线中心线间距对于甲B、乙类油品不应小于 15m，对于丙类油品不应小于 10m；至机车走行线中心线间距不应小于 15m。

4）铁路卸油线上列车的始端车位车钩中心线至前方铁路道岔警冲标的安全距离不应小于 31m；终端车位车钩中心线至装卸线车挡的安全距离不应小于 20m。

5）卸油栈台应设置在铁路卸油设施的一侧，铁路卸油线的中心线至卸油栈台边缘的距离，自轨面算

起 3m 以下不应小于 2m，3m 以上不应小于 1.85m。

6）卸油地段线路应采用整体结构，并设蒸汽清洗设施及排油沟。

（5）当发电厂酸碱及材料确需采用铁路运输时，酸碱线和材料线的布置宜和卸油设施共用一条尽端式线路，分别设置卸车段，应使机车不通过卸油区。

线路宜设计为平直线，并采用暗道床或轨枕板。周围应有排水沟。卸酸碱地段应做防腐处理。材料线段宜设卸货栈台和相应的堆场。

2. 公路运输

（1）发电厂厂外道路的设计，应符合 DL/T 5032《火力发电厂总图运输设计技术规程》和 GBJ 22《厂矿道路设计规范》的要求。

（2）厂外道路设计，宜绕避地质不良地段、地下活动采空区、地震时可能发生崩塌大面积滑坡泥石流地裂和错位的危险地段，并不宜穿越无安全措施的爆破危险地段。应选择在对抗震有利的地段，避开对抗震不利和危险的地段。

（3）当进厂道路与铁路线平交时，应设置有看守的道口及其他安全设施。

（4）通过居民区或接近厂、居住区的厂外道路，其平面布线受地形或其他条件限制时，可设置限制速度标识，并可按该限制速度采用相应的极限最小圆曲线半径。

在平坡或下坡的长直线段的尽头处，不得采用小半径的曲线，如受地形或其他条件限制需要采用小半径的曲线时，应设置限制速度标识，并应在弯道外侧设置挡车堆等安全措施。

（5）在工程艰巨的山岭、重丘区，四级厂外道路的最大纵坡可增加 1%；辅助道路的最大纵坡可增加 2%，但应设置相应的安全设施。在海拔 2000m 以上地区，不得增加；在寒冷冰冻、积雪地区，坡度不应大于 8%。

（6）与发电厂相衔接的重要厂外道路的设计洪水频率宜采用 50 年一遇。

3. 水路运输

燃料以水路运输为主的火电厂，其码头和港址的选择及安全设施设计应符合 JTS 165《海港总体设计规范》和 JTJ 212《河港工程总体设计规范（附条文说明）》等规范要求。

三、燃机电厂站址选择及规划

（1）燃机电厂的厂址选择应根据电力规划、天然气管网规划、燃料供应条件、城（镇）规划、水源、与相邻矿企业关系、地区自然条件、交通运输、环境保护和建设计划等因素综合考虑。符合 DL/T 5174《燃气-蒸汽联合循环电厂设计规定》的规定要求。

（2）严禁将厂址选在滑坡、岩溶发育程度高的地区或发震断裂地带及地震基本烈度为9度以上的地震区，应避开有危岩、滚石和泥石流的地段。

（3）选择厂址时，应避开空气经常受悬浮固体颗粒物严重污染的地区。

（4）选择厂址时，应根据天然气管网规划及天然气输气站的布局，使输气管道距离短、连接方便。为燃机电厂的燃气安全输送创造良好的条件。

四、垃圾焚烧电厂厂址选择及规划

（1）垃圾焚烧电厂厂址选择及规划应符合 CJJ 90《生活垃圾焚烧处理工程技术规范》和 GB 50187《工业企业总平面设计规范》的要求。

（2）厂址选择应综合考虑垃圾焚烧电厂的服务区域、服务区的垃圾转运能力、运输距离、预留发展等因素。

（3）厂址应选择在生态资源、地面水系、机场、文化遗址、风景区等敏感目标少的区域。

（4）厂址条件应符合下列要求：

1）厂址应满足工程建设的工程地质条件和水文地质条件，不应选在发震断层、滑坡、泥石流、沼泽、流砂及采矿陷落区等地区。

2）厂址不应受洪水、潮水或内涝的威胁；必须建在该地区时，应有可靠的防洪、排涝措施。其防洪标准应符合 GB 50201《防洪标准》的有关规定。

3）厂址与服务区之间应有良好的道路交通条件。

4）厂址选择时，应同时确定灰渣处理与处置的场所。

5）厂址应有满足生产、生活的供水水源和污水排放条件。

6）厂址附近应有必须的电力供应。对于利用垃圾焚烧热能发电的垃圾焚烧厂，其电能应易于接入地区电力网。

7）对于利用垃圾焚烧热能供热的垃圾焚烧电厂，厂址的选择应考虑热用户分布、供热管网的技术可行性和经济性等因素。

（5）厂址选择、规划的其他具体要求。

垃圾焚烧电厂厂址选择、规划的其他具体要求可参考本章"第一节 厂址选择及规划"中"一、自然条件的限制性规定"和"二、燃煤电厂的厂址选择及规划"部分。

五、生物质燃烧发电厂址选择及规划

（1）生物质电厂厂址选择及规划应符合 GB 50187《工业企业总平面设计规范》的要求，参照 GB 50762《秸秆发电厂设计规范》。

（2）发电厂的厂址选择应根据地区土地利用规划、城镇总体规划及区域生物质分布、现有生产量、可供应量，并结合厂址的自然环境条件、建设条件和社会条件等因素，经技术经济综合评价后确定。

（3）厂址条件应符合下列要求：

1）宜选择在生物质丰产区的城镇附近，应有保证发电厂连续运行的生物质燃料用量。

2）应利用荒地和劣地，不得占用基本农田，不宜占用一般农田。应按规划容量确定用地范围，按近期建设规模征用。

3）不得设在危岩、滑坡、岩溶强烈发育、泥石流地段、发震断裂带以及地震时易发生滑坡、山崩和地陷地段。

4）选择在地基承载力较高、宜采用天然地基的地段。

5）应避让重点保护的文化遗址和风景区，不宜设在居民集中的居住区内和有开发价值的矿藏上，并应避开拆迁大量建筑物的地区。

6）宜设在城镇、居民点和重点保护的文化遗址及风景区常年最小频率风向的上风侧。

7）城市建成区、环境质量不能达到要求且无有效削减措施，或可能造成敏感区环境保护目标不能达到相应标准要求的区域，不得新建发电厂。

（4）灰渣应全部综合利用，不设永久储灰场。厂址选择时，可结合灰渣综合利用实际情况，按下列原则选定周转或事故备用干式储灰场：

1）储灰场容量不宜超过6个月的电厂设计灰渣量。

2）储灰场选择应本着节约耕地的原则，不占、少占或缓占耕地、果园和树林，避免迁移居民。宜选用山谷、洼地、荒地、滩地、塌陷区和废矿坑等，并宜靠近厂区。

3）储灰场选择应满足环境保护的要求，并应符合下列规定：

a．应选在工业区和居民集中区主导风向下风侧，场界距居民集中区 500m 以外；

b．禁止选在江河、湖泊、水库最高水位线以下的滩地和洪泛区；

c．禁止选在自然保护区、风景名胜区和其他需要特别保护的区域。

（5）确定发电厂厂址标高和防洪、防涝堤顶标高时，应符合下列规定：

1）厂址标高应高于重现期为50年一遇的洪水位。当低于该水位时，厂区必须有防洪围堤或其他可靠的防洪设施，并应在初期工程中按规划规模一次建成。

发电厂的防洪，应结合工程具体情况，做好防排洪（涝）规划，充分利用现有的防排洪（涝）设施。当必须新建时，经比选可因地制宜采用防洪（涝）堤、排洪（涝）沟和挡水围墙等构筑物。同时，要防止破坏山体，注意水土保持。

2）主厂房区域的室外地坪设计标高，应高于 50 年一遇的洪水位以上 0.5m。厂区其他区域的场地标高不得低于 50 年一遇的洪水位。

厂址标高高于设计水位，但低于浪高时可采取以下措施：厂外布置排泄洪渠道；厂内加强排水系统的设置；布置防浪围墙，墙顶标高按浪高确定。

3）对位于江、河、湖旁的发电厂，其防洪堤的堤顶标高，应高于 50 年一遇的洪水位 0.5m。当受风、浪、潮影响较大时，尚应再加重现期为 50 年的浪爬高。防洪堤的设计应征得当地水利部门的同意。

4）对位于海滨的发电厂，其防洪堤的堤顶标高，应按 50 年一遇的高水位或潮位，加重现期 50 年累积频率 1% 的浪爬高和 0.5m 的安全超高确定。

5）在以内涝为主的地区建厂时，防涝围堤堤顶标高应按 50 年一遇的设计内涝水位加 0.5m 的安全超高确定。当难以确定设计内涝水位时，可采用历史最高内涝水位；当有排涝设施时，则按设计内涝水位加 0.5m 的安全超高确定。围堤应在初期工程中一次建成。

6）对位于山区的发电厂，应考虑防山洪和排山洪的措施，防排洪设施可按频率为 1% 的标准设计。

（6）发电厂的总体规划，应符合下列规定：

1）应以厂区为中心，在满足工艺流程的情况下，按规划容量合理确定厂址的规划结构和发展方向，集约、节约用地。

2）厂区宜靠近生物质燃料收储区域。

3）收储站宜布置在公路或水路交通便利的地带，收购半径不宜大于 15km，收购站距厂区不宜大于 40km。

4）妥善处理厂内与厂外、生产与生活、生产与施工的关系。

5）合理利用自然地形、地质条件，减少工程的土石方工程量。

6）收储站距居民点不应小于 100m。

（7）厂址选择、规划的其他具体要求。

生物质电厂厂址选择、规划的其他具体要求可参考本节"一、自然条件的限制性规定"和"二、燃煤电厂的厂址选择及规划"部分。

第二节　厂区总平面布置

一、厂区总平面布置的原则

（1）发电厂的主要生产建筑物设备应根据厂区的地质和地形选择对抗震有利的地段进行布置，避开不利地段。发电厂厂外的管、沟不宜布置在遭受地震时可能发生崩塌、大面积滑坡、泥石流、地裂和错动等

危险地段，并应避开洞穴和欠固结填土区。发电厂水准基点的布置应避开对抗震不利地段。

（2）改建、扩建的工业企业总平面设计必须合理利用、改造现有设施，并应减少改建、扩建工程施工对生产的影响。

二、燃煤电厂厂区总平面布置

（一）厂区总平面布置

（1）火力发电厂厂区总平面布置，应符合 GB 50187《工业企业总平面设计规范》、GB 50229《火力发电厂与变电站设计防火规范》、GB 50660《大中型火力发电厂设计规范》、GB 50016《建筑设计防火规范》和 DL/T 5032《火力发电厂总图运输设计技术规程》等的有关标准、规范的规定。

（2）厂区总平面布置应考虑防爆、防振、防噪声。在满足工艺要求的前提下，宜使防振、防噪声要求高的建筑物远离振动源和噪声源。

（3）生产过程中有易燃或爆炸危险的建（构）筑物和储存易燃、可燃材料的仓库等，宜布置在厂区的边缘地带。

（4）生产区主要通道宽度，应按规划容量并根据通道两侧建（构）筑物防火和卫生要求、工艺布置、人流和车流、各类管线敷设宽度、绿化美化设施布置、竖向布置以及预留发展用地等经计算确定。

（5）主要建筑物和有特殊要求的主要车间的朝向，应为自然通风和自然采光提供良好条件。汽机房、办公楼等建筑物，宜避免西晒。有风沙、积雪的地区，宜采取措施减少有害影响。

（6）主厂房、点火油罐区、液氨区及储煤场周围应设置环形消防车道，其他重点防火区域周围宜设置消防车道。对单机容量为 300MW 及以上的机组，在炉后与除尘器之间应设置单车道。消防车道可利用交通道路。当山区及扩建燃煤电厂的主厂房、点火油罐区、液氨区及储煤场周围设置环形消防车道有困难时，可沿长边设置尽端式消防车道，并应设回车道或回车场。回车场的面积不应小于 12m×12m；供大型消防车使用时，回车场的面积不应小于 18m×18m。

（7）主厂房应至少在固定端和扩建端各布置一处消防车登高操作场地，在汽机房长边墙外侧每两台机组之间应布置一处消防车登高操作场地。建筑高度大于 24m 的厂内其他建筑物应至少沿一个长边，或周边长度的 1/4 且不小于一个长边长度的底边连续布置消防车登高操作场地。消防车登高操作场地的长度和宽度分别不应小于 15m 和 10m。

（8）消防车道的净宽度不应小于 4.0m，坡度不宜大于 8%。道路上空遇有管架、栈桥等障碍物时，其净高不宜小于 5.0m，在困难地段不应小于 4.5m。

（9）厂区的出入口不应少于两个，其位置应便于消防车出入。

（10）厂区围墙内的建（构）筑物与围墙外其他建（构）筑物的间距，应符合 GB 50016《建筑设计防火规范》的有关规定。

（二）厂区重点防火区域划分

（1）厂区应划分重点防火区域。重点防火区域的划分重点防火区域的划分及区域内的主要建（构）筑物应根据 GB 50229《火力发电厂与变电站设计防火规范》的规定确定，详见表 4-3。

表 4-3　重点防火区域及区域内的主要建（构）筑物

重点防火区域	区域内主要建（构）筑物
主厂房区	主厂房、除尘器、吸风机室、烟囱、脱硫装置、靠近汽机房的各类油浸变压器
配电装置区	配电装置的带油电气设备、网络控制楼或继电器室
点火油罐区	供卸油泵房、储油罐、含油污水处理站
储煤场区	储煤场、转运站、卸煤装置、运煤隧道、运煤栈桥、筒仓
氢气站、供氢站区	制氢间、氢气罐
液氨区	液氨储罐、配电间
消防水泵房区	消防水泵房、蓄水池
材料库区	一般材料库、特种材料库、材料棚库

（2）重点防火区域之间的电缆沟（电缆隧道）、运煤栈桥、运煤隧道及油管沟应采取防火分隔措施。

（三）消防站的布置

（1）消防站应布置在厂区的适中位置，避开主要人流道路，保证消防车能方便、快速地到达火灾现场。

（2）消防站车库正门应朝向厂区道路，距厂区道路边缘不宜小于 15.0m。

（3）油浸变压器与汽机房、屋内配电装置楼、主控楼、集中控制楼及网控楼的间距不应小于 10m；当符合 GB 50229—2006《火力发电厂与变电站设计防火规范》中 5.3.10 的规定时，其间距可适当减小。

（4）厂区采用阶梯式竖向布置时，可燃液体储罐区不宜毗邻布置在高于全厂重要设施或人员集中场所的台阶上。确需毗邻布置在高于上述场所的台阶上时，应采取防止火灾蔓延和可燃液体流散的措施。

（四）点火油罐区的布置

（1）应单独布置。

（2）点火油罐区四周，应设置 1.8m 高的围墙；当利用厂区围墙作为点火油罐区的围墙时，该段厂区围墙应为 2.5m 高的实体围墙。

（3）点火油罐区的设计，应符合 GB 50074《石油库设计规范》的有关规定。

（五）氢气站、供氢站的布置

（1）宜布置为独立建（构）筑物；

（2）氢气站、供氢站四周，应设置不低于 2.5m 高的不燃烧体实体围墙；

（3）氢气站、供氢站的设计，应符合 GB 50177《氢气站设计规范》的有关规定。

（六）液氨区的布置

（1）液氨区应单独布置在通风条件良好的厂区边缘地带，避开人员集中活动场所和主要人流出入口，并宜位于厂区全年最小频率风向的上风侧。

（2）液氨区应设置不低于 2.2m 高的不燃烧体实体围墙；当利用厂区围墙作为氨区的围墙时，该段围墙应采用不低于 2.5m 高的不燃烧体实体围墙。

（3）液氨储罐应设置防火堤，防火堤的设置应符合 GB 50016《建筑设计防火规范》及 GB 50351《储罐区防火堤设计规范》的有关规定。

（七）厂区管线与电力线路的综合布置

（1）甲、乙、丙类液体管道和可燃气体管道宜架空敷设；沿地面或低支架敷设的管道不应妨碍消防车的通行。

（2）甲、乙、丙类液体管道和可燃气体管道不得穿过与其无关的建筑物、构筑物、生产装置及储罐区等。

（3）架空电力线路不应跨越用可燃材料建造的屋顶及甲、乙类建筑物、构筑物；不应跨越甲、乙、丙类液体储罐区及可燃气体储罐区。

（八）厂外设施的总平面布置

（1）取排水管线及取、排水口布置应符合 GB 50660《大中型火力发电厂设计规范》和 DL/T 5032《火力发电厂总图运输设计技术规程》的要求：

1）火力发电厂取水口位置应选择在岸滩稳定地段，且应避免泥沙、草木、冰凌、漂流杂物、排水回流等影响。取水口应避开水生物的养殖区。

2）沿江和海边的水工建筑，受潮位、风浪、水流、气候等条件的影响较大，应结合工艺要求和沿途自然条件确定取水建筑的位置以及隧道、管线、沟渠等的布置。

3）当从水库取水时，水库防洪标准不应低于 100 年一遇设计、1000 年一遇校核，当水库防洪标准不能满足电厂取水要求时，应论证采取其他措施保证火力发电厂取水可靠。

4）循环水管线的规划走向，应满足城乡规划和土地利用总体规划的要求，统筹规划，并不影响扩建。循环水管线的路径，并力求缩短管线长度，减少水头损失。管线宜沿现有公路与热力管线、灰渣管线集中布置，并应减少与公路或铁路的交叉。

5）远离厂区的水泵房应考虑必要的通信、交通和生活设施。

6）排水口应设在取水口下游，避免循环水排水对附近水域的有害影响。

（2）储灰场和灰管线的设施的布置应符合 DL/T 5032《火力发电厂总图运输设计技术规程》的要求：

1）储灰场宜适当靠近厂区，应利用附近的沟谷、荒地、劣地和地矿采空或塌陷区。

2）当利用水域岸旁滩、洼地或海涂堆存灰渣时，不得污染水体，滩地储灰场的围堤设计，不能阻塞航道和影响河流泄洪。

3）采用山谷储灰场时，应考虑其泄洪构筑物对下游的影响，并充分利用现有的或当地规划的防排洪设施。

4）灰管线宜沿现有道路或河网边缘敷设，宜选择高差小、跨越及转弯少的地段，并应减少对农业耕作的影响。

当采用汽车或船舶输送灰渣时，应充分考虑公路或河道通过能力和对环境产生的污染影响，并采取相应的措施。

5）结合工程具体情况，宜为灰渣综合利用创造条件。综合利用场地的位置，应按灰渣运输方式、成品外运和环境保护等要求确定。

三、燃机电厂的总平面布置

（一）燃机电厂厂区总平面布置的一般规定

（1）燃机电厂厂区总平面布置应符合 GB 50187《工业企业总平面设计规范》、GB 50229《火力发电厂与变电站设计防火规范》、GB 50016《建筑设计防火规范》和 DL/T 5174《燃气-蒸汽联合循环电厂设计规定》的规定。

（2）燃机电厂的主厂房布置应适应电力生产的工艺流程要求及按设备形式确定，并做到设备布局和空间利用合理，管线连接短捷、整齐，厂房内部设施布置紧凑、恰当，巡回检查的通道畅通，为燃机电厂的安全运行、检修维护创造良好的条件。

（3）主厂房内的空气质量、通风、采光、照明和噪声等应符合现行有关标准的规定；设备布置应采取相应的防护措施，符合防火、防爆、防尘、防潮、防腐、防冻、防噪声等有关要求。

（4）主厂房布置应根据燃机电厂总体规划要求，考虑扩建的可能性。

（5）主厂房及其内部的设备、表盘、管道和平台扶梯等色调应柔和协调。平台扶梯及栏杆应齐全、可靠，符合设计和规程要求。

（6）主厂房布置应注意到厂区地形、设备特点和施工条件等影响，合理安排。在有两台及以上机组连续施工时，主厂房布置应具有平行连续施工的条件，以确保运行和施工安全。

（二）防火分区

依据 DL/T 5174《燃气-蒸汽联合循环电厂设计规定》的要求，燃机电厂内各车间可组成一个防火分区，具体防火分区如下：

（1）燃气轮机厂房或联合循环发电机组厂房。

（2）卸油区域、油罐区、油处理区。

（3）天然气调压站。

（4）辅助建筑、附属建筑。

（5）易爆、易燃的危险场所。

（6）地下建筑。

（7）重点防火区域之间的天然气管道、电缆沟（电缆隧道）及油管沟应采取防火分隔措施。

（三）燃气轮机及其辅助设备布置

（1）燃气轮机可采用室内或室外布置。对环境条件差、严寒地区或对设备噪声有特殊要求的燃机电厂，其燃气轮机宜采用室内布置；燃气轮机采用外置式燃烧器，也宜采用室内布置。

（2）单轴配置的大容量联合循环发电机组，宜室内布置。

（3）燃气轮机的相关辅助设备应就近布置在其周围。当燃气轮机室外布置时，辅助设备应根据环境条件和设备本身的要求设置防雨、伴热或加热设施。

（四）余热锅炉及其辅助设备布置

（1）余热锅炉宜露天布置。当燃机电厂地处严寒地区时，余热锅炉可室内布置或采用紧身封闭。

（2）余热锅炉的辅助设备、附属机械及余热锅炉本体的仪表、阀门等附件露天布置时，应根据环境条件和设备本身的要求考虑采取防雨、防冻、防腐等措施。

（五）汽轮机布置

（1）汽轮机应室内布置。当汽轮机为轴向或侧向排汽时，汽轮机应低位布置；当汽轮机为垂直向下排汽时，汽轮机应高位布置。

（2）辅助设备布置应符合以下规定：

1）汽轮机的主油箱、油泵及冷油器等设备宜布置在汽机房零米层并远离高温管道。

2）对汽轮机主油箱及油系统必须考虑防火措施。

3）在主厂房外侧的适当位置，应设置事故油箱（坑），其布置标高和油管道的设计，应能满足事故时排油畅通的需要。事故油箱（坑）的容积不应小于一台最大机组油系统的油量。事故放油门应布置在安全及便于快速操作的位置，并有 2 条人行通道可以到达。

（六）控制室布置

（1）联合循环燃机电厂，宜设机炉电集中控制室。集中控制室宜布置在汽机房侧的集控楼内，或布置在 2 套或 4 套联合循环机组中间的集控楼建筑内。

（2）集控楼宜分层布置自动控制设备、计算机室、继电器室、电缆夹层、空调设备及其他工艺设施和必要的生活设施等。

（3）集控楼内应有良好的空调、照明、防尘、防振和防噪声等措施。

（4）集控楼及集中控制室的出入口应不少于2个，集控室净空高度应不小于3.2m。

四、垃圾焚烧电厂的总平面布置

（一）垃圾焚烧电厂总平面布置的一般规定

（1）垃圾焚烧电厂总平面布置，应符合GB 50187《工业企业总平面设计规范》、GB 50229《火力发电厂与变电站设计防火规范》、GB 50016《建筑设计防火规范》和CJJ 90《生活垃圾焚烧处理工程技术规范》的规定。

（2）垃圾焚烧电厂的全厂总图布置，应根据厂址所在地区的自然条件，结合生产、运输、环境保护、职业卫生与劳动安全、职工生活，以及电力、通信、热力、给水、排水、污水处理、防洪、排涝等设施环境，特别是垃圾热能利用条件，经多方案综合比较后确定。

（3）焚烧厂的各项用地指标应符合《城市生活垃圾处理和给水与污水处理工程项目建设用地指标》的有关规定及当地土地、规划等行政主管部门的要求。

（4）垃圾焚烧厂人流和物流的出、入口设置，应符合城市交通的有关要求，并应方便车辆的进出。人流、物流应分开，并应做到通畅。

（5）垃圾焚烧厂应考虑必要的生活服务设施，并应考虑社会化服务的可能性，避免重复建设。

（二）垃圾焚烧电厂的总平面布置

（1）垃圾焚烧电厂应以垃圾焚烧厂房为主体进行布置，其他各项设施应按垃圾处理流程及各组成部分的特点，结合地形、风向、用地条件，按功能分区合理布置，并应考虑厂区的立面和整体效果。

（2）油库、油泵房的设置应符合GB 50156《汽车加油加气站设计与施工规范（2014版）》的有关规定。

（3）燃气系统应符合GB 50028《城镇燃气设计规范》的有关规定。

（4）地磅房应设在垃圾焚烧厂内物流出入口处，并应有良好的通视条件，与出入口围墙的距离应大于一辆最长车的长度且宜为直通式。

（5）总平面布置应有利于减少垃圾运输和处理过程中的恶臭、粉尘、噪声、污水等对周围环境的影响，防止各设施间的交叉污染。

（6）厂区各种管线应合理布置、统筹安排，且应符合各专业管线技术规范的要求。

（三）厂区道路

（1）垃圾焚烧厂区道路的设置，应满足交通运输和消防的需求，并与厂区竖向设计、绿化及管线敷设相协调。

（2）垃圾焚烧厂区主要道路的行车路面宽度不宜小于6m。垃圾焚烧厂房周围应设宽度不小于4m的环形消防车道，厂区道路路面宜采用水泥混凝土或沥青混凝土，道路的荷载等级应符合GBJ 22《厂矿道路设计规范》的有关规定。

（3）通向垃圾卸料平台的坡道按JTG B01《公路工程技术标准》执行，为双向通行时，宽度不宜小于7m；单向通行时，宽度不宜小于4m。坡道中心圆曲线半径不宜小于15m，纵坡不应大于8%。圆曲线处道路的加宽应根据通行车型确定。

（4）垃圾焚烧电厂宜设置应急停车场，应急停车场可设在厂区物流出入口附近处。

（四）绿化

（1）垃圾焚烧电厂的绿化布置，应符合全厂总图设计要求，合理安排绿化用地，并考虑厂区美化的要求。

（2）厂区的绿地率应控制在30%以内。

（3）厂区绿化应结合当地的自然条件，选择适宜的植物。

（五）垃圾焚烧电厂总平面布置的其他具体要求

垃圾焚烧电厂总平面布置的其他具体要求可参考本节的"一、厂区总平面布置的原则"和"二、燃煤电厂总平面布置"。

五、生物质燃烧发电厂的总平面布置

（一）总平面布置的一般规定

（1）生物质电厂总平面布置应符合GB 50187《工业企业总平面设计规范》、GB 50229《火力发电厂与变电站设计防火规范》、GB 50016《建筑设计防火规范》、GB 50762《秸秆发电厂设计规范》、GB 50049《小型火力发电厂设计规范》的规定。

（2）生物质电厂的厂区及收储站的规划，应根据生产工艺、运输、防火、防爆、环境保护、卫生、施工和生活等方面的要求，结合厂区地形、地质、地震和气象等自然条件进行统筹安排，合理布置，工艺流程顺畅，检修维护方便，有利施工，便于扩建。发电厂附近应设若干个燃料收储站，负责电厂燃料的收购和储存。

（3）厂区及收储站的规划设计应符合下列规定：

1）厂区及收储站应按合理区域生物质燃料量确定规划容量和本期建设规模，统一规划，分期建设。

2）扩建发电厂的厂区规划，应结合老厂的生产工艺系统和平面布置特点进行统筹安排，合理利用现有设施，减少拆迁，并避免扩建施工对生产的影响。

3）环境空间组织，应功能分区明确，布局集中紧凑，空间尺度合适，满足安全运行，方便检修。

4）建（构）筑物宜按生产性质和使用性质采用联

合建筑、成组和合并布置。

5）厂区规划应以主厂房为中心进行合理布置。

6）在地形复杂地段，可结合地形特征，选择合适的建筑物、构筑物平面布局，建筑物、构筑物的主要长轴宜沿自然等高线布置。

7）根据地震烈度需要设防的发电厂，建筑场地宜布置在有利地段，建筑物体形宜简洁规整。

（4）主要建筑物的方位，宜结合区位条件、日照、自然通风和天然采光等因素确定。

（5）厂区绿化的布置应符合下列规定：

1）绿化主要地段，应规划在进厂主干道的两侧，厂区主要出入口及行政办公区，主厂房、主要辅助建筑及秸秆仓库、露天堆场、半露天堆场的周围。

2）屋外配电装置场地的绿化，应满足电气设备安全距离的要求。

3）绿地率宜为15%～20%。

（二）主厂房布置

主厂房布置应满足下列要求：

（1）满足工艺流程，道路通畅，与外部进出厂管线连接短捷。

（2）采用直流供水时，主厂房宜靠近取水口。

（3）主厂房的固定端，宜朝向厂区主要出入口。

（4）汽机房的朝向，应使高压输电线出线顺畅。炎热地区，宜使汽机房面向夏季盛行风向。

（5）当自然地形坡度较大时，锅炉房宜布置在地形较高处。

（6）根据总体规划要求，预留扩建条件。

（三）冷却塔或冷却水池的布置

冷却塔或冷却水池的布置宜符合下列规定：

（1）冷却塔或冷却水池，宜靠近汽机房布置，并应满足最小防护距离的要求。

（2）发电厂一期工程的冷却塔，不宜布置在厂区扩建端。

（3）冷却塔或冷却水池，不宜布置在屋外配电装置及主厂房的冬季盛行风向上风侧。

（4）机力通风冷却塔单侧进风时，其长边宜与夏季盛行风向平行，并应注意其噪声对周围环境的影响。

（四）生物质燃料仓库、露天堆场、半露天堆场的布置

生物质燃料仓库、露天堆场、半露天堆场的布置，应符合下列规定：

（1）生物质燃料仓库、露天堆场、半露天堆场宜布置在炉侧或炉前。

（2）生物质燃料仓库宜采取集中或成组布置。

（3）露天堆场、半露天堆场宜集中布置在厂区边缘。单堆容量超过20000t时，宜分设堆场，各堆场间的防火间距不应小于相邻较大堆场与四级耐火等级建

筑的间距。露天堆场、半露天堆场应有完备的消防系统和防止火灾快速蔓延的措施。

（4）生物质燃料输送系统的建筑物布置，应满足生产工艺的要求，并应缩短输送距离，减少转运，降低提升高度。

（5）秸秆仓库、露天堆场或半露天堆场的布置，宜靠近厂区物料运输入口，并应位于厂区常年最小频率风向的上风侧。

（6）燃料堆垛的长边应当与当地常年主导风向平行。

（五）收储站内生物质燃料仓库、半露天堆场、露天堆场的布置

收储站内生物质燃料仓库、半露天堆场、露天堆场的布置应符合下列规定：

（1）半露天堆场或露天堆场单堆不宜超过20000t。超过20000t时，应采取多堆布置。

（2）生物质燃料仓库宜集中成组布置，半露天堆场或露天堆场宜集中布置。

（3）露天堆场垛顶披檐到结顶应当有滚水坡度。

（4）生物质燃料仓库、半露天堆场、露天堆场应位于站区常年最小频率风向的上风侧。

（5）站区宜设实体围墙，围墙高为2.2m。

（6）收储站的标高宜按20年一遇防洪标准的要求加0.5m的安全超高确定。场地坡度不应小于0.5%。坡度大于3%时，宜采取阶梯布置。

（六）总平面布置的其他具体要求

生物质电厂总平面布置的其他具体要求可参考本节的"一、厂区总平面布置的原则"和"二、燃煤电厂总平面布置"。

第三节　建（构）筑物的防火间距

一、燃煤电厂建（构）筑物的防火间距

（一）一般规定

火电厂建（构）筑物的布置及其间距的确定，应符合GB 50016《建筑设计防火规范》、GB 50229《火力发电厂与变电站设计防火规范》、GB 50660《大中型火力发电厂设计规范》和DL/T 5032《火力发电厂总图运输设计技术规程》的规定。

（二）建（构）筑物的防火间距

（1）燃煤电厂各建（构）筑物的防火间距不应小于表4-4的规定。高层厂房之间及与其他厂房之间的防火间距，应在表4-4规定的基础上增加3m。表4-4中的各建（构）筑物耐火等级见"第五章　建（构）筑物的安全防护要求""第二节　建（构）筑物的防火防爆设计"中"一、火灾危险性分类、耐火等级"的表5-3。

表4-4　燃煤电厂建（构）筑物之间的防火间距 (m)

建（构）筑物、设备名称	乙类建筑 耐火等级 一、二级	丙、丁、戊类建筑 一、二级	丙、丁、戊类建筑 三级	屋外配电装置	露天卸煤装置或储煤场	氢气站或供氢站	氢气罐 总容积 V(m³) $V\leq1000$	氢气罐 $1000<V\leq10000$	点火油罐区储油罐 罐区总容量 V(m³) $V\leq1000$	点火油罐区储油罐 $1000<V\leq5000$	办公、生活建筑（单层或多层）二、三级	办公、生活建筑 三级	铁路中心线 厂外	铁路中心线 厂内	厂外道路（路边）	厂内道路（路边）主要	厂内道路（路边）次要
乙类建筑 耐火等级 一、二级	10	10	12	25	8	12	12	15	15(20)	20(25)	25	25	—	—	—	—	—
丙、丁、戊类建筑 耐火等级 一、二级	10	10	12	10	8	12	12	15	15(20)	20(25)	10	12	—	—	—	—	—
丙、丁、戊类建筑 耐火等级 三级	12	12	14	12	10	14	15	20	20(25)	25(30)	12	14	—	—	—	—	—
屋外配电装置	25	10	12	—	15	25(褐煤)	25	30	25	25	10	12	—	—	—	—	—
主变压器或屋外厂用变压器 单台油量(t) ≥5, ≤10	25	12	15	—	25(褐煤)	25	25	30	28(40)	32(50)	15	20	—	—	—	—	—
主变压器… >10, ≤50	25	15	20	—	25(褐煤)	25	25	30	28(40)	32(50)	20	25	—	—	—	—	—
主变压器… >50	25	20	25	—	25(褐煤)	25	25	30	28(40)	32(50)	25	30	—	—	—	—	—
露天卸煤装置或储煤场	8	8	10	15	—	15	20	25	25(30)	30(40)	8	10	—	—	—	—	—
氢气站或供氢站	12	12	14	25(褐煤)	15	—	15	15	20(25)	25(30)	25(褐煤)	25(褐煤)	30	20	15	10	5
氢气罐 总容积 V(m³) $V\leq1000$	12	12	15	25	20	15	—	—	20	25	20(25)	25(32)	25	20	15	10	5
氢气罐 $1000<V\leq10000$	15	15	20	30	25	15	—	—	25	30	20(25)	25(32)	25	20	15	10	5
点火油罐区储油罐 罐区总容量(m³) $V\leq1000$	15(20)	15(20)	20(25)	25	25(30)	20(25)	20	25	—	—	20(25)	25(32)	30(35)	20(25)	15(20)	10(15)	5(10)
点火油罐区储油罐 $1000<V\leq5000$	20(25)	20(25)	25(30)	—	30(40)	25(30)	25	30	—	—	25(32)	32(38)	30	20	15	15	10

续表

建（构）筑物、设备名称	乙类建筑 耐火等级 二、三级	丙、丁、戊类建筑 耐火等级 一、二级	丙、丁、戊类建筑 耐火等级 三级	屋外配电装置	露天卸煤装置或储煤场	氢气站或供氢站	氢气罐 总容积 V（m³） V≤1000	氢气罐 1000<V≤10000	点火油罐区储油罐 罐区总容量 V≤1000	点火油罐区储油罐 1000<V≤5000	办公、生活建筑（单层或多层）耐火等级 二、三级	办公、生活建筑 三级	铁路中心线 厂外	铁路中心线 厂内	厂外道路（路边）	厂内道路（路边）主要	厂内道路（路边）次要
液氨罐总容积 V（m³） V≤50	30	24（丙、丁类）/14	17	34	25	30	24		24（30）		30		25	20	20	15	10
50<V≤200（单罐容积 V（m³））	34	27（丙、丁类）/15	19	38	25	34	27		27（34）		34		25	20			
200<V≤500	38	30（丙、丁类）/17	21	42	27	38	30		30（38）		38		30	25			
500<V≤1000	42	34（丙、丁类）/19	23	45	30	42	34	30	34（42）		42		35	30			
办公、生活建筑（单层或多层）耐火等级 一、二级	25	10	12	10	8（褐煤 25）	25	25	30	20（25）	25（32）	6	7	—	—			
三级	25	12	14	12	10				25（32）	32（38）	7	8	—	—			

注
1. 防火间距应按相邻建（构）筑物外墙之间的最近距离确定。
2. 表外油浸变压器同丙、丁、戊类建（构）筑物的防火间距；屋外油浸变压器之间的防火间距，当外墙有凸出的燃烧构件时，应从其凸出部分外缘算起；建（构）筑物与屋外配电装置的防火间距应从构架算起；不包括汽机房、屋内配电装置楼、主控制楼、集中控制楼及网络控制楼。
3. 氢气罐与氢气罐之间的防火间距，不应小于相邻较大氢气罐的直径。
4. 氢气罐总容积应按其水容积（m^3）和工作压力（绝对压力）的乘积计算。
5. 点火油罐之间，点火油罐与建筑物之间的防火间距应符合 GB 50074《石油库设计规范》的规定。点火油罐储存乙类可燃液体，其防火间距应采用括号内数值。
6. 液氨储罐与建（构）筑物的防火间距应按本表液氨容积较大者确定。
7. 液氨储罐与厂外铁路和厂外道路的防火间距。厂外铁路是指企业专用线，厂外道路是指三级、四级公路。

（2）甲、乙类厂房与重要公共建筑的防火间距不宜小于 50m。

（3）当同一座主厂房呈凵形或山形布置时，相邻两翼之间的防火间距，应符合 GB 50016《建筑设计防火规范》中厂房的防火间距的有关规定。

（三）燃料油（气）罐区与其他建（构）筑物的防火间距

（1）燃料油（气）罐与其他建（构）筑物的防火间距确定应符合 GB 50074《石油库设计规范》、GB 50183《石油天然气工程设计防火规范》、GB 50229《火力发电厂与变电站设计防火规范》和 DL/T 5032《火力发电厂总图运输设计技术规程》等有关标准的规定外，还应符合 GB 50016《建筑设计防火规范》的规定。

（2）油库与周围居住区、工矿企业、交通线等的安全距离不得小于表 4-5 的规定。

（3）企业附属石油库与厂内建（构）筑物，交通线等的安全距离，不得小于表 4-6 的规定。

（4）石油库内建（构）筑物、设施之间的防火距离（储罐与储罐之间的距离除外），不应小于表 4-7 的规定。

表 4-5 石油库与库外居住区、公共建筑物、工矿企业、交通线等的安全距离 （m）

序号	石 油 库	石油库等级	库外建（构）筑物和设施名称				
			居住区和公共建筑物	工矿企业	国家铁路线	工业企业铁路线	道路
1	甲B、乙类液体地上罐组；甲B、乙类覆土立式油罐；无油气回收设施的甲B、乙A类液体装卸码头	一	100（75）	60	60	35	25
		二	90（45）	50	55	30	20
		三	80（40）	40	50	25	15
		四	70（35）	35	50	25	15
		五	50（35）	30	50	25	15
2	丙类液体地上罐组；丙类覆土立式油罐；乙B、丙类和采用油气回收设施的甲B、乙A类液体装卸码头；无油气回收设施的甲B、乙A类液体铁路或公路罐车装车设施；其他甲B、乙类液体设施	一	75（50）	45	45	26	20
		二	68（45）	38	40	23	15
		三	60（40）	30	38	20	15
		四	53（35）	26	38	20	15
		五	38（35）	23	38	20	15
3	覆土立式油罐；乙B、丙类和采用油气回收设施的甲B、乙A类液体铁路或公路罐车装车设施；其他丙类液体设施	一	50（50）	30	30	18	18
		二	45（45）	25	28	15	15
		三	40（40）	20	25	15	15
		四	35（35）	18	25	15	15
		五	25（25）	15	25	15	15

注 1. 工矿企业指除石油化工企业、石油库、油气田的油品站场和长距离输油管道的站场以外的企业。其他设施指油气回收设施、泵站、灌桶设施等设置有易燃和可燃液体、气体设备的设施。

2. 表中的安全距离，库内设施有防火堤的储罐区应从防火堤中心线算起，无防火堤的覆土立式油罐应从罐室出入口等孔口算起。无防火堤的覆土卧式油罐从储罐外壁算起；装卸设施应从装卸车（船）时鹤管口的位置算起；其他设备布置在房间内的，应从房间外墙轴线算起；设备露天布置的（包括设在棚内），应从设备外缘算起。

3. 表中括号内数字为石油库与少于 100 人或 30 户居住区的安全距离。居住区包括石油库的生活区。

4. Ⅰ、Ⅱ级毒性液体的储罐等设施与库外居住区、公共建筑物、工矿企业、交通线的最小安全距离，应按相应火灾危险性类别和所在石油库的等级在本表规定的基础上增加 30%。

5. 特级石油库中，非原油类易燃和可燃液体的储罐等设施与库外居住区、公共建筑物、工矿企业、交通线的最小安全距离，应在本规定的基础上增加 20%。

6. 铁路附属石油库与国家铁路线及工业企业铁路线的距离，应按 GB 50074《石油库设计规范》中铁路机车走行线的规定执行。

表 4-6 　　　　　　　　　　　石油库与厂内建（构）筑物、交通线等的安全距离　　　　　　　　　　　　（m）

库内建筑物（构）筑物		液体类别	甲类生产厂房	甲类物品库房	乙、丙、丁、戊类生产厂房及物品库房耐火等级			明火或散发火花的地点	厂内铁路	厂内道路	
					一、二	三	四			主要	次要
油罐（V 为罐区总容量，m³）	V≤50	甲B、乙	25	25	12	15	20	25	25	15	10
	50<V≤200		25	25	15	20	25	30	25	15	10
	200<V≤1000		25	25	20	25	30	35	25	15	10
	1000<V≤5000		30	30	25	30	35	40	25	15	10
	V≤250	丙	15	15	12	15	20	20	20	10	5
	250<V≤1000		20	20	15	20	25	25	20	10	5
	1000<V≤5000		25	25	20	25	30	35	20	15	5
	5000<V≤25000		30	30	25	30	40	40	20	15	10
油泵房、灌油间		甲B、乙	12	15	12	14	16	30	12	10	5
		丙	12	12	10	12	14	15	12	8	5
桶装液体库房		甲B、乙	15	20	12	15	25	30	15	10	5
		丙	12	15	10	12	15	15	12	8	5
汽车罐车装卸设施		甲B、乙	14	14	15	16	18	30	20	15	15
		丙	10	10	10	12	14	15	12	8	5
其他生产性建筑物		甲B、乙	12	12	10	12	14	25	10	3	3
		丙	9	9	8	9	10	15	8	3	3

注　1. 当甲B、乙类易燃和可燃液体与丙类可燃液体混存时，丙A类可燃液体可按其容量的 50%折算计入油罐区总容量。

　　2. 对于埋地卧式油罐和储存丙B类油品的油罐，本表距离（与厂内次要道路的距离除外）可减少 50%，但不得小于 10m。

　　3. 表中未注明的企业建（构）筑物与库内建（构）筑物的安全距离，应按 GB 50016《建筑设计防火规范》规定的防火距离执行。

　　4. 企业附属石油库的甲B、乙类易燃和可燃液体储罐总容量大于 5000m³，丙A类可燃液体储罐总容量大于 25000m³ 时，企业附属石油库与本企业建（构）筑物、交通线等的安全距离，应符合表 4-2 石油库与库外居住区、公共建筑物、工矿企业、交通线等的安全距离的规定。

表 4-7 　　　　　　　　　　　　　石油库内建（构）筑物、设施之间的防火距离　　　　　　　　　　　　　（m）

序号	建（构）筑物和设施名称		易燃和可燃液体泵房		灌桶间		汽车罐车装卸设施		铁路罐车装卸设施		液体装卸码头		桶装液体库房	
			甲B、乙类液体	丙类液体	甲B、乙类液体	丙类液体	甲B、乙类液体	丙类液体	甲B、乙类液体	丙类液体	甲B、乙类液体	丙类液体	甲B、乙类液体	丙类液体
			10	11	12	13	14	15	16	17	18	19	20	21
1	外浮顶储罐、内浮顶储罐、覆土立式油罐、储存丙类液体的立式固定顶储罐	V≥50000	20	15	30	25	30/23	23	30/23	23	50	35	30	25
2		5000<V<50000	15	11	19	15	20/15	15	20/15	15	35	25	20	15
3		1000<V≤5000	11	9	15	11	15/11	11	15/11	11	30	23	15	11
4		V≤1000	9	7.5	11	9	11/9	11	11	11	26	23	11	9

续表

序号	建(构)筑物和设施名称		易燃和可燃液体泵房		灌桶间		汽车罐车装卸设施		铁路罐车装卸设施		液体装卸码头		桶装液体库房	
			甲B、乙类液体	丙类液体	甲B、乙类液体	丙类液体	甲B、乙类液体	丙类液体	甲B、乙类液体	丙类液体	甲B、乙类液体	丙类液体	甲B、乙类液体	丙类液体
			10	11	12	13	14	15	16	17	18	19	20	21
5	储存甲B、乙类液体的立式固定顶储罐	$V>5000$	20	15	25	20	25/20	20	25/20	20	50	35	25	20
6		$1000<V\leqslant5000$	15	11	20	15	20/15	15	20/15	15	40	30	20	15
7		$V\leqslant1000$	12	10	15	11	15/11	11	15/11	11	35	30	15	11
8	甲B、乙类液体地上卧式储罐		9	7.5	11	8	11/8	8	11/8	8	25	20	11	8
9	覆土卧式油罐、丙类液体地上卧式储罐		7	6	8	6	8/6	6	8/6	6	20	15	8	6
10	易燃和可燃液体泵房	甲B、乙类液体	12	12	12	12	15/15	12	8/8	8	15	15	12	12
11		丙类液体	12	9	12	9	15/11	8	8/6	6	15	11	12	9
12	灌桶间	甲B、乙类液体	12	12	12	12	15/11	12	15/11	11	15	15	12	12
13		丙类液体	12	9	12	9	15/11	8	15/11	11	15	11	12	9
14	汽车罐车装卸设施	甲B、乙类液体	15/15	15/11	15/11	15/11	—	—	15/11	15/11	15	15	15/11	15/11
15		丙类液体	11	8	11	8	—	—	15/11	11	15	11	11	8
16	铁路罐车装卸设施	甲B、乙类液体	8/8	8/6	15/11	15/11	15/11	15/11	按GB 50074—2014《石油库设计规范》中 8.1 要求执行		20/20	20/15	8/8	8/8
17		丙类液体	6	6	11	11	15/11	11			20	15	8	8
18	液体装卸码头	甲B、乙类液体	15	15	15	15	15	15	20/20	20	按GB 50074—2014《石油库设计规范》中 8.3 要求执行		15	15
19		丙类液体	15	11	15	11	15	11	20/15	15			15	11
20	桶装液体库房	甲B、乙类液体	12	12	12	12	15/11	11	8/8	8	15	15	12	12
21		丙类液体	12	9	12	10	15/11	8	8/8	8	15	11	12	10
22	隔油池	150m³及以下	15/7.5	10/5	20/10	15/7.5	20/15	15/7.5	25/19	20/10	25/19	20/10	15/7.5	10/5
23		150m³及以上	20/10	15/7.5	25/12.5	20/10	25/19	20/10	30/23	25/12.5	30/25	25/12.5	20/10	15/7.5

序号	建(构)筑物和设施名称		隔油池		消防车库、消防泵房	露天变配电站变压器、柴油发电机间		独立变配电室	办公用房、中心控制室、宿舍、食堂等人员集中场所	铁路机车走行线	有明火及散发火花的建(构)筑物及地点	油罐车库	库区围墙	其他建(构)筑物	河(海)岸边
			150m³及以下	150m³及以上		10kV及以下	10kV及以上								
			22	23	24	25	26	27	28	29	30	31	32	33	34
1	外浮顶储罐、内浮顶储罐、覆土立式油罐、储存丙类液体的立式固定顶储罐	$V\geqslant50000$	25	30	40	40	50	40							
2		$5000<V<50000$	19	23	26	25	30	25	60	35	35	28	25	25	30
3		$1000<V\leqslant5000$	15	19	23	19	23	19	38	19	26	23	11	19	30
4		$V\leqslant1000$	11	15	19	15	23	11	23	19	26	15	6	11	20

续表

序号	建(构)筑物和设施名称		隔油池 150m³及以下	隔油池 150m³及以上	消防车库、消防泵房	露天变配电站变压器、柴油发电机间 10kV及以下	露天变配电站变压器、柴油发电机间 10kV及以上	独立变配电室	办公用房、中心控制室、宿舍、食堂等人员集中场所	铁路机车走行线	有明火及散发火花的建(构)筑物及地点	油罐车库	库区围墙	其他建(构)筑物	河(海)岸边
			22	23	24	25	26	27	28	29	30	31	32	33	34
5	储存甲B、乙类液体的立式固定顶储罐	$V>5000$	25	30	35	32	39	32	50	25	35	30	15	25	30
6		$1000<V\leq5000$	20	25	30	25	30	25	40	25	35	25	10	20	30
7		$V\leq1000$	15	20	25	20	20	15	30	25	35	20	8	15	20
8	甲B、乙类液体地上卧式储罐		11	15	19	15	23	11	23	19	25	15	6	11	20
9	覆土卧式油罐、丙类液体地上卧式储罐		8	11	15	11	15	8	18	15	20	11	4.5	8	20
10	易燃和可燃液体泵房	甲B、乙类液体	15/7.5	20/10	30	15	20	15	30	15	20	15	10	12	18
11		丙类液体	10/5	15/7.5	15	10	10	10	20	12	15	12	5	10	10
12	灌桶间	甲B、乙类液体	20/10	25/12.5	12	15	20	15	40	20	20	15	10	10	10
13		丙类液体	15/7.5	20/10	10	10	10	10	25	15	15	12	5	10	10
14	汽车罐车装卸设施	甲B、乙类液体	20/15	25/19	15/15	20/15	30/23	15/11	30/23	20/15	30/23	20	15/11	15/11	10
15		丙类液体	15/7.5	20/10	12	10	10	10	20	15	20	15	5	11	10
16	铁路罐车装卸设施	甲B、乙类液体	25/19	30/23	15/15	20/15	30/23	20/15	30/23	20/15	30/23	20	15/11	15/11	10
17		丙类液体	20/10	25/12.5	12	10	20	10	20	15	20	15	5	10	10
18	液体装卸码头	甲B、乙类液体	25/19	30/23	25	20	30	15	45	20	40	20	—	15	—
19		丙类液体	20/10	25/12.5	10	10	20	10	30	15	30	15	—	12	—
20	桶装液体库房	甲B、乙类液体	15/7.5	20/10	15	15	20	12	40	15	20	15	5	10	10
21		丙类液体	10/5	15/7.5	15	10	10	10	25	15	20	15	5	10	10
22	隔油池	150m³及以下	—	—	20/15	15/11	20/15	15/11	30/23	15/7.5	30/23	15/11	10/5	15/7.5	10
23		150m³及以上	—	—	25/19	20/15	30/23	20/15	40/30	20/10	40/30	20/15	10/5	15/7.5	10

注　1. V指储罐单罐容量，单位为 m³。

2. 序号 14 中，分子数字为未采用油气回收设施的汽车罐车装卸设施与建(构)筑物或设施的防火距离，分母数字为采用油汽回收设施的汽车罐车装卸设施与建(构)筑物或设施的防火距离。

3. 序号 16 中，分子数字为用于装车作业的铁路与建(构)筑物或设施的防火距离，分母数字为采用油汽回收设施的汽车罐车装卸设施或仅用于卸车作业的铁路线与建(构)筑物的防火距离。

4. 序号 14 与序号 16 相交数字的分母，仅适用于相邻装车设施均采用油汽回收设施的情况。

5. 序号 22、23 中的隔油池，是指设置在罐组防火堤外的隔油池。其中分母数字为有盖板的密闭隔油池与建(构)筑物或设施的防火距离，分子数字为无盖板的隔油池与建(构)筑物或设施的防火距离。

6. 罐组专用变配电间和机柜间与石油库内各建(构)筑物或设施的防火距离，应与易燃和可燃液体泵房相同，但变配电间和机柜间的门窗应位于易燃液体设备的爆炸危险区域之外。

7. 焚烧式可燃气体回收装置应按有明火及散发火花的建(构)筑物及地点执行，其他形式的可燃气体回收处理装置应按甲、乙类液体泵房执行。

8. I、II级毒性液体的储存、设备和设施与石油库内其他建(构)筑物、设施之间的防火距离，应按相应火灾危险性类别在本表规定的基础上增加 30%。

9. "—"表示没有防火距离。

（5）地上储罐组内相邻储罐之间的防火间距不应小于表4-8的规定。

（四）制（供）氢站与其他建（构）筑物的防火间距

（1）制（供）氢站与其他建（构）筑物的防火间距应符合 GB 50229《火力发电厂与变电站设计防火规范》的规定。站内各设施、设备之间的防火间距，还应符合 GB 50177《氢气站设计规范》的规定。

（2）氢气站、供氢站、氢气罐与建筑物、构筑物的防火间距，不应小于表4-9的规定。

（3）氢气站、供氢站、氢气罐与铁路、道路的防火间距，不应小于表4-10的规定。

表4-8　　　　　　　　　　地上储罐组内相邻储罐之间的防火间距

储存液体类别	单罐容量不大于300m³，且总容量不大于1000m³的立式储罐组	固定顶油罐（V为单罐容量，m³）			外浮顶、内浮顶储罐	卧式储罐
		≤1000	1000<V<5000	≥5000		
甲$_B$、乙类	2m	0.75D	0.6D		0.4D	0.8m
丙$_A$类	2m	0.4D			0.4D	0.8m
丙$_B$类	2m	2m	5m	0.4D	0.4D与15m的较小值	0.8m

注　1. 表中 D 为相邻储罐中较大储罐的直径。

　　2. 储存不同类别液体的储罐、不同形式的储罐之间的防火间距，应采用较大值。

表4-9　　　　　　氢气站、供氢站、氢气罐与建筑物、构筑物的防火间距　　　　　　（m）

建筑物、构筑物		氢气站或供氢站	氢气罐总容积 V（m³）			
			≤1000	1000<V≤10000	10000<V≤50000	>50000
其他建筑物耐火等级	一、二级	12	12	15	20	25
	三级	14	15	20	25	30
	四级	16	20	25	30	35
民用建筑		25	25	30	35	40
重要公共建筑		50	50			
35～500kV且每台变压器为10000kVA以上室外变配电站以及总油量超过5t的总降压站		25	25	30	35	40
明火或散发火花的地点		30	25	30	35	40
架空电力线		≥1.5倍电杆高度	≥1.5倍电杆高度			

注　1. 防火间距应按相邻建筑物、构筑物的外墙、凸出部分外缘、储罐外壁的最近距离计算。

　　2. 固定容积的氢气罐，总容积按其水容量（m³）和工作压力（绝对压力）的乘积计算。

　　3. 总容积不超过20m³的氢气罐与所属厂房的防火间距不限。

　　4. 与高层厂房之间的防火间距，应按本表相应增加3m。

　　5. 氢气罐与氢气罐之间的防火间距，不应小于相邻较大罐直径。

表4-10　　氢气站、供氢站、氢气罐与铁路、道路的防火间距　　（m）

铁路、道路		氢气站、供氢站	氢气罐
厂外铁路线（中心线）	非电力牵引机车	30	25
	电力牵引机车	20	20
厂内铁路钱索（中心线）	非电力牵引机车	20	20
	电力牵引机车		15
厂外道路（相邻侧路边）		15	15
厂内道路（相邻侧路边）	主要道路	10	10
	次要道路	5	5
围墙		5	0

注　防火间距应从氢气站、供氢站建筑物、构筑物的外墙、凸出部分外缘及氢气罐外丝壁计算。

（4）氢气罐或罐区之间的防火间距，应符合下列规定：

1）湿式氢气罐之间的防火间距，不应小于相邻较大罐（罐径较大者，下同）的半径。

2）卧式氢气罐之间的防火间距，一般不小于相邻较大罐直径的2/3；立式罐之间、球形罐之间的防火间距，不应小于相邻较大罐的直径。

3）卧式、立式、球形氢气罐与湿式氢气罐之间的防火间距，应按其中较大者确定。

4）一组卧式或立式或球形氢气罐的总容积，不应超过30000m³。组与组的防火间距，卧式氢气罐不小于相邻较大罐长度的一半；立式、球形罐不应小于相邻较大罐的直径，并不应小于10m。

（五）脱硝还原剂储区及氨气制备区与其他建（构）筑物的防火间距

（1）脱硝还原剂储区及氨气制备区的布置及其与其他建（构）筑物的间距的确定，应符合 DL/T 5480《火力发电厂烟气脱硝设计技术规程》、GB 50229《火力发电厂与变电站设计防火规范》和 GB 50016《建筑设计防火规范》等的有关标准的规定。

（2）液氨区与邻近居住区或村镇和学校、公共建筑、相邻工业企业或设施、交通线、临近江河湖泊岸边以及明火、散发火花地点和液氨区外建（构）筑物或设施等之间的防火间距不应小于表 4-11 的规定。

（3）液氨区与厂内屋外配电装置之间的防火间距可按表 4-11 中有关与室外变、配电站防火间距的规定

执行。

（4）液氨区与厂内露天卸煤装置外缘或储煤场边缘之间的防火间距可按表 4-11 有关稻草、麦秸、芦苇、打包废纸等材料堆场防火间距的 40% 确定，且不应小于 15m。储存褐煤时可按表 4-11 有关稻草、麦秸、芦苇、打包废纸等材料堆场防火间距的 65% 确定，且不应小于 25m。

（5）液氨区与循环水系统冷却塔相邻布置时，液氨储罐与循环水系统冷却塔的防火间距不应小于 30m。液氨储罐与辅机冷却水系统冷却塔的防火间距不应小于 30m。

（6）液氨区内各设施与围墙和道路之间的防火间距不应小于表 4-12 的规定。

表 4-11　　　　　　　　液氨区与相邻建（构）筑物或设施等之间的防火间距　　　　　　　　（m）

建（构）筑物、设施			卸氨区	液氨储罐			
总几何容积 V（m³）				$30<V\leq50$	$50<V\leq200$	$200<V\leq500$	$500<V\leq1000$
单罐几何容积 V（m³）				$V\leq20$	$V\leq50$	$V\leq100$	$V\leq200$
居住区、村镇、学校、影剧院、体育馆等重要公共建筑（最外侧建筑物外墙）			30.0	34.0	37.0	52.0	67.0
工业企业（最外侧建筑物外墙）			15.0	20.0	22.0	26.0	30.0
明火或散发火花地点，室外变、配电站（围墙）			25.0	34.0	37.0	41.0	45.0
民用建筑，甲、乙类液体储罐，甲、乙类仓库（厂房），稻草、麦秸、芦苇、打包废纸等材料堆场			25.0	30.0	34.0	37.0	41.0
丙类液体储罐、可燃气体储罐、丙、丁类厂房（仓库）			15.0	24.0	26.0	30.0	34.0
助燃气体储罐、木材等材料堆场			15.0	20.0	22.0	26.0	30.0
其他建筑	耐火等级	一、二级	10.0	13.0	15.0	16.0	19.0
		三级	12.0	16.0	19.0	20.0	22.0
		四级	14.0	20.0	22.0	26.0	30.0
厂外公路、道路（路边）	高速、Ⅰ、Ⅱ级，城市快速		15.0	20.0	25.0		
	Ⅲ、Ⅳ级		15.0	20.0			
架空电力线（中心线）			1.5 倍杆高				
架空通信线（中心线）	Ⅰ、Ⅱ级		15.0	22.0	30.0		
	Ⅲ、Ⅳ级		1.5 倍杆高				
厂外铁路（中心线）	国家铁路线		40.0	45.0	52.0	60.0	
	厂外企业铁路专用线		25.0	25.0	30.0	35.0	
国家或工业区铁路编组站（铁路中心线或建筑物）			40.0	45.0	52.0	60.0	
通航江、河、海岸边			20.0	25.0			
装卸油品码头（码头前沿）			45.0	52.0			
地区输气管道（管道中心）	埋地		22.0				
	地面		34.0				

续表

建（构）筑物、设施		卸氨区	液氨储罐			
总几何容积 V（m³）			$30<V\leqslant50$	$50<V\leqslant200$	$200<V\leqslant500$	$500<V\leqslant1000$
单罐几何容积 V（m³）			$V\leqslant20$	$V\leqslant50$	$V\leqslant100$	$V\leqslant200$
地区输气管道	原油及成品油（管道中心）埋地		22.0			
	原油及成品油（管道中心）地面		34.0			
	液化烃（管道中心）埋地		45.0			
	液化烃（管道中心）地面		67.0			

注 1. 防火间距应按本表液氨储罐总几何容积或单罐几何容积较大者确定，并应从距建筑物外墙最近的储罐外壁、堆垛外缘算，括号内指防火间距起止点。

2. 居住区、村镇是指1000人或300户以上者，以下者按本表民用建筑执行。

3. 当相邻设施为港区陆域、重要物品仓库和堆场、军事设施、机场、火药或炸药及其制品厂房（仓库）、花炮厂房（仓库）等，对电厂液氨区的安全距离有特殊要求时，应按有关规定执行。

4. 室外变电站、配电站指电压为35～500kV且每台变压器容量在10MVA以上的室外变电站、配电站以及工业的变压器总油量大于5t的室外降压变电站。

5. 表中甲、乙类液体储罐（固定顶）按总储量大于或等于200m³，小于1000m³考虑；丙类液体储罐按总储量大于或等于1000m³，小于5000m³考虑。

6. 表中可燃气体储罐（固定容积）按总储量小于1000m³考虑，助燃气体储罐（固定容积）按总储量小于或等于1000m³考虑，总储量等于储罐实际几何容积（m³）和设计储存压力（绝对压力，10⁵Pa）的乘积计算）。

7. 表中稻草、麦秸、芦苇、打包废纸等材料堆场按总储量小于或等于10000t考虑；木材等材料堆场按总储量小于或等于10000m³考虑。

8. 高层厂房（仓库）与电液氨区的防火间距应符合本表规定，且不应小于13m。

9. 液氨区与厂内铁路专用线的防火间距可按本表与厂外企业铁路专用线的防火间距相应减少5m。

表 4-12　　　　　　　　　　液氨区内各设施与围墙和道路之间的防火间距　　　　　　　　　　（m）

项　　目			液氨区内各设施						备注
			汽车卸氨鹤管	卸氨压缩机	液氨储罐	液氨输送泵	液氨蒸发器	氨气缓冲罐	
围墙	液氨区围墙		10	10	10	5	5	5	—
	厂区围墙（中心线）或用地边界线		15	15	20	15	15	15	
道路（路边）	液氨区内道路		—	—	12	5	5	5	—
	液氨区外道路	主要	15	15	15	15	15	10	
		次要	10	10	10	10	10	5	

注 1. 防火间距应从距建筑物外墙最近的储罐外壁算，括号内防火间距起止点。

2. 液氨区外道路特指位于发电厂内道路。当液氨区外道路指位于发电厂外的道路时，其内生产区与区外道路的防火间距不应小于表4-13氢气站、供氢站、氢气罐与建筑物、构筑物的防火间距的规定。

3. 当液氨储罐总几何容积不大于1000m³时按本表规定执行，当液氨储罐总几何容积大于1000m³，防火间距按GB 50160《石油化工企业设计防火规范》执行（详见表4-7石油库与库外居住区、公共建筑物、工矿企业、交通线等的安全距离）。

4. 表中"—"表示无防火间距要求。

（7）液氨储罐与厂内消防泵房（外墙）、消防水池（罐）取水口之间的防火间距不应小于30m。

（8）液氨储罐区沿防火堤修建排水沟时，沟壁的外侧与防火堤内堤脚线的距离不应小于0.5m。

（9）液氨储罐分组布置时，组与组之间相邻储罐的净距不应小于20m，相邻罐组防火堤脚线之间，应留有宽度不小于7m的消防空地。

（10）液氨储罐距离水体的距离，应满足防洪、安全卫生防护以及城镇水域岸线规划控制蓝红管理要求。

（11）尿素区内建（构）筑物的火灾危险性分类及其耐火等级应按丙类二级，防火间距应符合 GB 50229《火力发电厂与变电站设计防火规范》和 DL/T 5032《火力发电厂总图运输设计技术规程》的规定，详见表4-4（发电厂各建筑物、构筑物的最小间距）。

（12）液氨系统设备布置的防火间距宜按表 4-13 的规定执行。设备间距未做规定时，其布置应满足设备运行、维护及检修的需要，设备之间的净空应确保大于 1.5m。

表 4-13　液氨系统设备布置的防火间距　（m）

项目	控制室、值班室	汽车卸氨鹤管	卸氨压缩机	液氨储罐	液氨输送泵	液氨蒸发器	氨气缓冲罐
控制室、值班室							
汽车卸氨鹤管	15.0						
卸氨压缩机	9.0						
液氨储罐	15.0	9.0	7.5				
液氨输送泵	9.0						
液氨蒸发器	15.0	9.0		…			
氨气缓冲罐	9.0	9.0					

注　1. 液氨储罐的间距不应小于相邻较大罐的直径，单罐容积不大于 200m³ 的储罐的间距超过 1.5m 时，可取 1.5m。

　　2. 系统设备的防火间距基于半露天布置，且是指设备外壁。

　　3. 本表适用的液氨储罐总几何容积小于或等于 1000m³，当液氨储罐总几何容积大于 1000m³ 时，防火间距按照 GB 50160《石油化工企业设计防火规范》执行。

　　4. 表中"…"表示无防火间距要求，未做规定部分按照 GB 50160《石油化工企业设计防火规范》执行。

（13）氨水区氨水储罐的火灾危险性分类宜按丙类液体，其与其他建筑的防火间距不应小于表 4-14 的规定。

表 4-14　氨水区氨水储罐（区）的防火间距

类别	一个罐区或堆场的总容量 V（m³）	建筑物				室外变电站、配电站
		一、二级		三级	四级	
		高层民用建筑	群房、其他建筑			
丙类液体储罐（区）	5≤V<250	40	12	15	20	24
	250≤V<1000	50	15	20	25	28
	1000≤V<5000	60	20	25	30	32
	5000≤V<25000	70	25	30	40	40

二、燃机电厂建（构）筑物的防火间距

（1）燃机电厂建（构）筑物的布置及其间距的确定，应符合 GB 50229《火力发电厂与变电站设计防火规范》、GB 50016《建筑设计防火规范》和 DL/T 5032《火力发电厂总图运输设计技术规程》、DL/T 5174《燃气-蒸汽联合循环电厂设计规定》等的有关标准的规定。

（2）燃气轮机或联合循环发电机组（房）、余热锅炉（房）、天然气调压站、燃油处理室及与其他建（构）筑物之间的最小间距应符合表 4-15 的规定，其他各建、构筑物之间最小间距应符合 DL/T 5032《火力发电厂总图运输设计技术规程》的规定。

表 4-15　燃机电厂主要建（构）筑物之间的最小间距　（m）

序号	建（构）筑物名称		丙、丁、戊类建筑耐火等级		燃气轮机（房）、余热锅炉	天然气调压站	燃油处理室		主变压器或屋外厂用变压器油量（t/台）				屋外配电装置	自然通风冷却塔
			一、二级	三级			原油	重油	≤10	大于10且小于等于50	>50			
1	燃气轮机或联合循环发电机组（房）、余热锅炉（房）		10	12	—	30	30	10	12	15	20	10	20
2	天然气调压站		12	14	30	—	12	12		25		25	20
3	燃油处理室	原油	12	14	30	12				25		25	20
		重油	10	12	10	12			12	15	20	10	20

序号	建（构）筑物名称		机力通风冷却塔	露天卸煤装置或储煤场	供氢站	储氢罐	行政生活福利建筑		铁路中心线		厂外道路（路边）	厂内道路（路边）		围墙
							一、二级	三级	厂外	厂内		主要	次要	
1	燃气轮机或联合循环发电机组（房）、余热锅炉（房）		35	15	12	12	10	12	5	5	无出口1.5，有出口无引道3，有引道7~9			5
2	天然气调压站		35	15	褐煤25	12	12	25		31	20	15	10	15	5
3	燃油处理室	原油	35	15		12	12	25		30	20	15	10	15	5
		重油	35	15		12	12	10		5	5	无出口1.5，有出口无引道3，有引道7~9			5

三、垃圾焚烧电厂建（构）筑物的防火间距

垃圾焚烧电厂建（构）筑物的布置及其防火间距的确定，应符合 GB 50016《建筑设计防火规范》、GB 50229《火力发电厂与变电站设计防火规范》、GB 50049《小型火力发电厂设计规范》和 DL/T 5032《火力发电厂总图运输设计技术规程》的规定。具体要求可参考本节"一、燃煤电厂建（构）筑物的防火间距"部分。

四、生物质燃烧发电厂建（构）筑物的防火间距

电厂各建（构）筑物之间的防火间距应满足 GB 50762《秸秆发电厂设计规范》的要求，不应小于表4-16的规定。表4-16中的建筑物耐火等级见"第五章建（构）筑物的安全防护要求"中"第二节 建（构）筑物的防火防爆设计"的"（五）生物质电厂火灾危险性分类、耐火等级"表5-8。

表4-16　　生物质燃烧发电厂各建（构）筑物的最小间距

序号	建筑物名称	丙、丁、戊类建筑耐火等级			屋外配电装置	自然通风冷却塔	机力通风冷却塔	露天卸生物质燃料装置或秸秆堆场 W（t）			行政生活服务建筑		厂外道路（路边）	厂内道路（路边）		围墙
		一、二级	三级	四级				$10 \leq W < 5000$	$5000 \leq W < 10000$	$W \geq 10000$	一、二级	三级		主要	次要	
1	丙、丁、戊类建筑耐火等级（一、二级）	10	12	—	10	15~30[c]	35	15	20	25	10	12	无出口时1.5，有出口无引道时3，有引道时7~9			5
2	三级	12	14	—	12			20	25	30	12	14				
	四级							25	30	40						
3	屋外配电装置	10	12	—	—						10	12	1.5			—
4	主变压器或屋外厂用变压器油量（t/台） ≤10	12	15	—		25~40[d]	40~60[b]	50			15	20	—			—
5	>10,50	15	20	—							20	25	—			—
6	自然通风冷却塔	15~30[c]			25~40[d]	0.45~0.5D[a]	40	25~30			30		25	10		10
7	机力通风冷却塔	15~30[c]			40~60[b]	40	40	40~45			35		35	15		15
8	露天卸生物质燃料装置或秸秆堆场 W（t）	15	20	30	50	25~30	40~45				25		15	10	5	5
		12	14								30					
		12	15								40					
9	行政生活服务建筑（一、二级）	10	12	—	10	30	35				6	7	有出口时3，无出口时1.5			5
10	三级	12	14	—	12						7	8				
11	围墙	5	5	—	—	10	15	5			5		2	1.0		—

注　1. 堆场与甲类厂房（仓库）以及民用建筑的防火间距，应根据建筑物的耐火等级分别按本表的规定增加25%，且不应小于25m；与明火与散发火花点的防火距离，应按本表四级耐火等级建筑的相应规定增加25%。

　　2. 机力通风冷却塔之间的间距：当盛行风向平行于塔群长边方向时，根据塔群前后错列的情况，可取0.5~1.0倍塔长；当盛行风向垂直于塔群长边方向且两列塔呈一字形布置时，塔端净距不得小于9m。

[a] D为逆流式自然通风冷却塔进风口下缘塔筒直径（人字柱与水面交点处直径）。取相邻较大塔直径。冷却塔布置，当采用非塔群布置时，塔间距宜为0.45D，困难情况下可适当缩减，但不应小于4倍标准进风口的高度。采用塔群布置时，塔间距宜为0.5D，有困难时可适当缩减，但不应小于0.45D。当间距小于0.5D时，应要求冷却塔采取减少风的负压荷载的措施。

[b] 在非严寒地区采用40m，严寒地区采用有效措施后可小于60m。

[c] 自然通风冷却塔（机力通风冷却塔）与主控制楼、单元控制楼、计算机室等建筑物采用30m，其余建（构）筑物均采用15~20m（除水工设施等采用15m外，其他均采用20m）。

[d] 冷却塔零米（水面）外壁至屋外配电装置构架边净距，当冷却塔位于屋外配电装置冬季盛行风向的上风侧时为40m，位于冬季盛行风向的下风侧时为25m。

第四节　厂内管线、铁路/道路、出入口及围墙

一、燃煤电厂厂内管线、铁路/道路、出入口及围墙

（一）燃煤电厂厂内管线布置

1. 一般规定

（1）厂内管线、铁路/道路、出入口及围墙综合布置应从整体出发，结合规划容量、厂区总平面布置、竖向布置和绿化设计以及布置、工艺系统、道路运输安全等方面综合考虑，相互协调，交叉合理。管线综合布置应符合 DL/T 5032《火力发电厂总图运输设计技术规程》和 GB 50187《工业企业总平面设计规范》等有关标准的规定。

（2）管线布置可采取直埋、沟（隧）道及架空等三种敷设方式。管线敷设方式应根据管线内介质的性质、工艺和材质要求、生产安全、交通运输、施工检修和厂区条件等因素，结合工程的具体情况，经技术经济比较后综合确定，并应符合下列规定：

1）氢气管、煤气管、压缩空气管、天然气管、供油管、热力管等宜架空敷设，当条件不具备时可采用地沟敷设。氢气管、煤气管、天然气管不宜地沟敷设。

2）酸液和碱液管可敷设在地沟内，也可架空敷设。

3）对发生事故时有可能扩大灾害的管道，不宜同沟敷设。

4）根据具体条件，厂区内的电缆可采用直埋、地沟、排管、隧道或架空敷设。电缆不应与其他管道同沟敷设。

5）除给、排水管外上述管线在不影响安全运行和交通的条件下，宜采用多管道综合管架敷设。

（3）在满足安全生产和便于检修条件下，可将不同用途而互无影响的管线同沟、同壁或叠放布置，也可沿建（构）筑物或其他支架上敷设。

（4）架空管线及地下管线的布置还应符合下列要求：

1）当管道发生故障时，不致发生次生灾害，特别是防止污水渗入生活给水管道和有害、易燃气体渗入其他沟道和地下室内，不应危及邻近建（构）筑物基础的安全。

2）避免遭受机械损伤和腐蚀。

3）避免管道内液体冻结。

4）电缆沟及电缆隧道应防止地面水、地下水及其他管沟内的水渗入，并应防止各类水倒灌入电缆沟及电缆隧道内。

5）管、沟布置应与道路或建筑红线相平行，一般宜布置在道路行车部分外。主要管、沟应布置在用户较多的道路一侧，或将管线分类布置在道路两侧。管线布置时，各种废水及污水管道宜尽量与上水管道分开，并沿道路两侧布置或其间留有必要的安全防护距离。管线综合布置宜按下列顺序自建筑红线向道路侧布置：①电信电缆、电力电缆；②热力管道；③压缩空气、氢气、氮气及煤气等管道；④生产及生活等上水管道；⑤工业废水管道；⑥生活污水管道；⑦消防水管道；⑧雨水排水管道；⑨照明及电信杆柱。

（5）具有毒性、易燃、易爆、可燃性质的管线和沟道，应禁止穿越与其无关的建（构）筑物、生产装置及储罐区等。

2. 地下管线

（1）地下管线的布置应符合下列要求：

1）各种管线不应穿越可燃、易燃液体及气体沟道；

2）非绝缘管线不宜穿越电缆沟、隧道，必须穿越时应有绝缘措施。

（2）地下管线交叉布置时，应符合以下技术要求：

1）可燃、易燃气体管道除热力管道外应在其他管道上面交叉通过；

2）具有酸性或碱性的腐蚀性介质管道，应布置在其他管沟下面；

3）电缆应在热力管道下面其他管道上面通过；热力管道应在可燃气体管道及给水管道上面交叉布置。

（3）地下管线、管沟不得布置在建（构）筑物的基础压力影响范围内，并不宜平行敷设在道路下面。当布置受限、用地困难时，可将不需经常检修或检修时不需大开挖的管道、管沟平行敷设在道路路面或路肩下面，但 6 度及以上地震区不应布置在主要道路行车道内。

（4）不宜或不应敷设在同一沟道内的管线可按表 4-17 确定。

表 4-17　不宜或不应同沟敷设的管线

管线名称	不宜同沟	不应同沟
煤气管	供水管、热力管	燃油管、酸碱管、电缆
暖气管	燃油管	冷却水管、煤气管、天然气管、酸碱管、电缆
供水管	排水管、高压电力电缆	燃油管、煤气管、天然气管、酸碱管、电缆
燃油管	给水管、压缩空气管	煤气管、天然气管、酸碱管、电缆
电力、通信、电缆	压缩空气管	煤气管、天然气管、燃油管、酸碱管

（5）通行和半通行隧道的顶部设安装孔时，孔壁应高出设计地面 0.15m。并应加设盖板。两人孔最大间距一般不宜超过 75m。且在隧道变断面处，不通行时，间距还应减小，一般至安装孔最大距离为 20~30m。

（6）地下管线至与其平行的建（构）筑物、铁路、道路及其他管线的水平距离，应根据工程地质、基础形式、检查井结构、管线埋深、管道直径、管内输送物质的性质等因素综合确定。

地下管线之间最小水平净距见表 4-18。

地下管线与建（构）筑物之间的最小水平净距见表 4-19。

表 4-18　　　　　　　　　地下管线之间最小水平净距　　　　　　　（m）

管线名称	供水管	排水管	煤气管	采暖管	压缩空气管	氢气管	天然气管	通信电缆	电力电缆	电缆沟	油管	酸、碱、氯管
供水管	—	1.0~1.5	0.8~1.2	0.8~1.2	1.0~1.5	1.0~1.5	1.0~1.5	0.8~1.0	0.8~1.0	1.0~1.5	1.0~1.5	1.0~1.5
排水管	1.0~1.5	—	0.6~1.0	1.0~1.2	0.8~1.2	0.8~1.2	1.0~1.5	0.8~1.0	0.8~1.0	1.0~1.5	1.0~1.5	1.0~1.5
煤气管	0.8~1.2	0.6~1.0	—	1.0	1.0	1.2	1.2	1.0	1.0	1.0	1.0	1.5
采暖管	0.8~1.2	1.0~1.2	1.0	—	1.0	1.2	1.2	0.8	1.0	1.0	1.2	1.2
压缩空气管	1.0~1.5	0.8~1.2	1.0	1.0	—	1.5	1.5	0.8	1.0	1.0	1.5	1.2
氢气管	1.0~1.5	1.0~1.5	1.2	1.2	1.5	—	1.5	0.8	1.0	1.5	1.5	1.5
天然气管	1.0~1.5	0.8~1.0	1.2	1.2	1.5	1.5	—	0.8	1.0	1.5	1.5	1.5
通信电缆	0.8~1.0	0.8~1.0	1.0	0.8	0.8	0.8	0.8	—	0.5	0.5	1.0	1.2
电力电缆	0.8~1.0	1.0~1.5	1.0	1.0	1.0	1.0	1.0	0.5	—	0.5	1.0	1.5
电缆沟	1.0~1.5	1.0~1.5	1.0	1.0	1.0	1.5	1.5	0.5	0.5	—	1.0	1.2
油管	1.0~1.5	1.0~1.5	1.0	1.2	1.5	1.5	1.5	1.0	1.0	1.0	—	1.5
酸、碱、氯管	1.0~1.5	1.0~1.5	1.5	1.2	1.2	1.5	1.5	1.2	1.5	1.2	1.5	—

注　1. 表列净距均自管壁、沟壁或防护设施的外缘或最外一根电缆算起。

2. 表列同一栏内有两个数值者，当供水管直径大于 200mm 时，排水管直径大于 800m 时用大值，反之则用小值。

3. 生活给水管与生产、生活污水排水管间的水平净距，应按表列数据增加 50%。

4. 煤气管是指低压煤气管，对高、中压煤气管的间距应按 GB 50187《工业企业总平面设计规范》执行。

5. 110kV 及 220kV 电力电缆，应按表列数值增加 50%。

6. 采暖管沟可与非易燃、易爆的压缩空气或其他惰性气体管以及电力、通信电缆沟并列双沟布置。

7. 表中划"—"者由工艺需要根据施工、运行维护及沉降因素而定。

8. 高压电力电缆与控制电力电缆的间距由工艺需要决定。

表 4-19　　　　　　　地下管线与建（构）筑物之间的最小水平净距　　　　　　（m）

管线名称	建（构）筑物基础外沿	照明、通信柱杆中心线	管架基础外沿	围墙基础外沿	铁路中心线	道路	排水沟外沿
供水管	2.0~3.0	0.8~1.0	0.8~1.0	1.0	3.3~3.8	0.8~1.0	0.8~1.0
排水管	1.5~2.5	0.8~1.0	0.8~1.0	1.0	3.8~4.8	0.8~1.0	0.8~1.0
煤气管	3.0	0.8	0.8	1.0	4.8	0.8	0.8
采暖管	1.0	0.6	0.6	0.8	3.8	0.6	0.6
压缩空气管	1.5	0.8	0.8	1.0	3.3	0.8	0.8
氢气管、天然气管		0.8	0.8	1.0	3.3	0.8	0.8
通信电缆	0.5	0.5	0.5	0.5	3.3	0.8	0.8
电力电缆（35kV 及以下）	0.6	0.5	0.5	0.5	3.8	1.0	1.0

续表

管线名称	建（构）筑物基础外沿	照明、通信柱杆中心线	管架基础外沿	围墙基础外沿	铁路中心线	道路	排水沟外沿
油管	3.0	1.0	2.0	1.5	3.8	1.0	1.0
酸、碱、氯管	3.0	1.0	2.0	1.5	3.8	1.0	1.0

注　1. 表列净距应自管壁或防护设施的外沿或最后一根电缆算起，城市型道路自路面边缘算起，公路型时自路肩边缘算起。

2. 表列同一栏内列有两个数值者，当压力水管直径大于200mm时，自流水管直径大于800mm时用大值，反之用小值。

3. 煤气管是指低压煤气管，对高、中压煤气管，地下管线与建（构）筑物最小水平间距应按GB 50187《工业企业总平面设计规范》执行。

4. 氢气管道距有地下室的建筑物基础外沿和通行沟道的外沿的水平净距为3.0m；距无地下室的建筑物基础外沿水平净距为2.0m，燃气电厂天然气管道与建（构）筑物的最小水平净距按DL/T 5174《工业企业总平面设计规范》执行。

5. 高压线柱杆或铁塔（外边沿）距各类地下管线的距离，按表列照明、通信柱杆距离增加50%。

6. 当管线埋深大于邻近建（构）筑物的基础埋深时，应根据土壤条件对表列数值进行校正。

（7）地下管线（或管沟）穿越铁路、道路时，应符合下列要求：

1）管顶至铁路轨底的垂直净距不应小于1.2m；

2）管顶至道路路面结构层底垂直净距不应小于0.5m；

3）穿越铁路、道路的管线当不能满足上述要求时，应加防护套管（或管沟），其两端应伸出铁路路肩或路堤坡脚以外，且不得小于1m。当铁路路基或道路路边有排水沟时，其套管应延伸出排水沟沟边1m。

3. 地上（含架空）管线

（1）地上管线布置，应符合下列要求：

1）燃油管、可燃气体管，不应在与其无生产联系的建筑物外墙或屋顶敷设；不应在存放易燃、可燃物料的堆场和仓库区通过。

2）架空电力线路，不应跨越爆炸危险场所。不应跨越屋顶为易燃材料的建筑物，不宜跨越其他主要建筑物。

3）沿建（构）筑物外墙架设的管线，宜管径较小，不产生推力，且建（构）筑物的生产与管内介质相互不能引起腐蚀、易燃等的危险。

4）不影响交通运输、人流通行、消防及检修，并应注意对厂容的影响。

5）不影响建筑物的自然通风和采光以及门窗的使用。

（2）架空管架（管线）与建（构）筑物之间的最小水平净距，不宜小于表4-20要求。

表4-20　架空管架（管线）与建（构）筑物之间的最小水平净距　（m）

序号	建（构）筑物名称	最小水平净距
1	建筑物有门窗的墙壁外边或凸出部分外边	3.0
2	建筑物无门窗的墙壁外边或凸出部分外边	1.5

续表

序号	建（构）筑物名称	最小水平净距
3	铁路中心线	3.8 或按建筑限界
4	道路	1.0
5	人行道外沿	0.5
6	厂区围墙（中心线）	1.0
7	照明、通信杆柱中心	1.0

注　1. 表中距离除注明者外，管架从最外边线算起；道路为城市型时，自路面边缘算起；道路为公路型时，自路肩边级算起。

2. 本表不适用于低架式、地面式及建筑物支撑式。

3. 易燃及可燃液体、可燃气体与液化石油气及可燃气体介质管道的管架与建筑物、构筑物之间最小水平净距应符合有关规范的规定。

（3）架空管架（管线）跨越铁路、道路的垂直净距，不宜小于表4-21要求。

表4-21　架空管架（管线）跨越铁路、道路的垂直净距　（m）

序号	名　称	最小垂直净距
1	铁路（从轨顶算起）	5.5（并不小于铁路建筑限界）
2	易燃及可燃液体、液化石油气和可燃气体管道，其他一般管线	5.5
3	道路（从路拱算起）	5.0
4	人行道（从路面算起）	2.5

注　1. 表中距离除注明外，管线自防护设施的外缘算起，管架自最低部分算起。

2. 有大件运输要求或在检修期间有大型起吊设施通过的道路，应根据需要确定；在困难地段，最小垂直净距可采用4.5m。

3. 架空管线、管架跨越电气化铁路的最小垂直净距为6.55m。

（二）厂内铁路/厂内道路

（1）厂内铁路、厂内道路的设计，应遵循 GBJ 22《厂矿道路设计规范》、GB 50012《Ⅲ、Ⅳ级铁路设计规范》、JTG B01《公路工程技术标准》、GB 4387《工业企业厂内铁路、道路运输安全规程》，同时应符合 GB 50187《工业企业总平面设计规范》、DL/T 5032《火力发电厂总图运输设计技术规程》的要求。

（2）厂内铁路设计，应符合下列要求：

1）厂内车站应设在平直的线路上，必须在坡道上时，其坡度不得大于 1.5%。在困难条件下，可设在不大于 2.5% 的坡道上，但必须采取防溜措施。站线曲线半径在困难条件下不得小于 400m；仅有 2～3 条配线时，曲线半径不得小于 300m。

2）厂内铁路线路最小曲线半径应符合表 4-22 的规定，最大纵向坡度应符合表 4-23 的规定。危险物品装卸线的曲线半径不得小于 500m。

铁路局机车进厂取送车的专用线，应按铁道部有关铁路技术标准执行。

表 4-22　厂内铁路线路最小曲线半径　（m）

铁路名称	最小曲线半径	
	一般条件	困难条件
厂内正线	300	200
联络线	300	180
装卸线	500	300
其他线	200	180

表 4-23　厂内铁路线路最大纵向坡度　（%）

线路名称		最大纵坡	
		一般条件	困难条件
厂内正线和联系络线	蒸汽机车	15	20
	内燃与电力机车	20	25
装卸线		0	1.5
液体槽车、液体金属和熔渣罐车停放线		0	0

3）尽头线的终端，应设置车挡和车挡表示器。车挡后面的安全距离，露天不小于 15m，车间内不小于 6m。上述距离内，严禁修建建（构）筑物或安装设备。

4）电力电线路与铁路接近或交叉时的距离应符合下列规定：

a. 接近或平行时，电杆（塔）外缘至线路中心线的水平距离：10kV 以下架空电力线路，不小于 3m；35kV 架空电力线路，不小于电杆（塔）高加 3m。

b. 电力线路跨越铁路（非电力牵引区段）时，电杆内侧距铁路中心线的水平距离不得小于 5m，其导线最大弛度的最低点距钢轨顶面的距离：110kV 及以下电力线路不得小于 7.5m；154～220kV 的电力线路不得小于 8.5m；330kV 的电力线路不得小于 9.5m。

c. 为避免低压电力线路跨越高压电力线路，便于设备维修管理，10kV 及以下的电力线路，尽量由地下穿过铁路。

5）通信、信号架空线弛度最低点至地面、轨面的距离应符合下列规定：

a. 在区间，距地面不少于 3m；

b. 在站内，距地面不少于 3.5m；

c. 跨越道路，距路面不小于 5.5m；

d. 跨越铁路，距钢轨顶面不小于 7m。

6）厂内道路与铁路线路交叉时，应设置道口。道口的设置应符合 GB 4387《工业企业厂内铁路、道路运输安全规程》的有关规定。新建厂的铁路线路与道路交叉点，受地形等条件限制，采用平面交叉危及行车安全时，应设置立体交叉。

7）现有工厂符合上述情况和事故多发的道口，应逐步改造为立体交叉，不能设置立体交叉时，对人流量和高峰小时人流量较大的道口，应设置人行天桥或地道，并附设引导栏杆。

（3）发电厂厂内道路的设计，应符合下列规定：

1）发电厂厂内各种道路的主要技术指标可采用表 4-24 的规定。

表 4-24　厂内道路主要技术指标

路面宽度（m）	主干道	7.0
	次干道	6.0～7.0
	支道	3.5～4.0
	引道	
	人行道	1.0～2.0
最小转弯半径（m）	受场地限制时（如升压站内）	6.0
	行驶单辆汽车（4～8t）	9.0
	行驶单辆汽车（10～15t）	12.0
	单辆4～8t汽车拖带一辆2～3t挂车	12.0
	载重15～25t平板挂车	15.0
	载重40～60t平板挂车	18.0
最大纵坡（%）	主干道	6.0
	次干道	8.0
	支道、引道	9.0
计算行车速度（km/h）	主干道	15
	次干道	15

续表

最小计算视距（m）	会车视距	30
	停车视距	15
	交叉口停车视距	20

注　1．主干道—厂区主要入口通往主厂房或办公楼的入厂主要道路。

2．次干道—连接各生产区的道路及主厂房四周之环行道路。

3．支道—车辆和行人都较少的道路以及消防道路等。

4．引道—车间、仓库等出入口与主、次干道或支道相连接的道路。

5．人行道—只有行人来往的道路。

6．车间引道宽度应与车间大门宽度相适应，转弯半径不小于6m。

7．在场地困难时，次干道最大纵坡可增加1%；主干道、支道、引道可增加2%，但在海拔2000m以上地区不得增加；在寒冷、冰冻、积雪地区不应大于8%。

2）厂内道路边缘至建（构）筑物的最小距离应符合表4-25的规定。

表4-25　　　　厂内道路边缘至建
（构）筑物的最小距离　　（m）

序号	建（构）筑物名称	最小距离
1	建（构）筑物外面：面向道路一侧无出入口；面向道路一侧有出入口，但不通行汽车；面向道路一侧有出入口，且通行汽车	1.50 3.00 6.00～9.00（根据车型）
2	标准轨距铁路（中心线）	3.75
3	各种管架及构筑物支架（外边缘）	1.00
4	照明电杆（中心线）	0.50
5	围墙（内边缘）	1.00

注　表中距离：城市型道路自路面边缘算起；公路型道路自路肩边缘算起；照明电杆自路面边缘算起。

3）厂区主要出入口处主干道行车部分的宽度，宜与相衔接的进厂道路一致，或采用7m；主厂房周围的环行道路宽度，宜采用7m，困难情况下，也可采用6m；次要道路的宽度宜为4m，困难情况下也可采用3.5m；通向建筑物出入口处的人行引道的宽度宜与门宽相适应。

依靠水路运输，并建有重件码头的大型发电厂，从重件码头引桥至主厂房周围环行道路之间的道路标准，应根据大件运输方式合理确定，其宽度宜采用6～7m。

4）当人行道的边缘至准轨铁路中心线的距离小于3.57m时，其靠近铁路线路侧应设置防护栏杆。

5）跨越道路上空架设管线距路面的最小净高不得小于5m，现有低于5m的管线在改建、扩建时应予以解决。

跨越道路上空的建（构）筑物（含桥梁、隧道等）距路面的最小净高，应采用行驶车辆的最大高度或车辆装载物料后的最大高度另加0.5～1m的安全间距，并不宜小于5m。如有足够依据确保安全通行时，净空高度可小于5m，但不得小于4.5m。跨越道路上空的建（构）筑物（含桥梁、隧道等）以及管线，应增设限高标识和限高设施。

（4）厂内消防车道的布置应符合下列规定：

1）主厂房区、点火油罐区及储煤场区周围应设置环形消防车道，其他重点防火区域周围宜设置消防车道。

2）消防车道可利用交通道路，车道宽度不应小于4.0m；当山区燃煤电厂的主厂房区、点火油罐区及储煤场区周围设置环形消防车道有困难时，可沿长边设置尽端式消防车道，并应设回车道或回车场。回车场的面积不应小于12m×12m；供大型消防车使用时，回车场的面积不应小于18m×18m。

3）道路上空遇有管架、栈桥等障碍物时，其净高不应小于4.5m。

4）应避免与铁路平交。必须平交时，应设备用车道，且两车道之间的距离不应小于进入厂内最长列车的长度。

（三）出入口

（1）厂区的出入口设置应满足DL/T 5032《火力发电厂总图运输设计技术规程》、GB 50187《工业企业总平面设计规范》和GB 50229《火力发电厂与变电站设计防火规范》的要求。

（2）厂区至少应设两个出入口，厂区主要出入口宜设在厂区固定端，出入口应使人流、车流分隔，避免生产与施工相互干扰，有利于交通安全。

当采用汽车运煤和灰渣时，可设专用的出入口。

铁路大门不得兼作人流出入口。

发电厂扩建期间，宜设施工专用的出入口。

（3）厂区主要出入口的路面标高，宜高出厂外路面标高。当低于厂外路面标高时，应有可靠的截、排水设施，以防厂区受洪涝影响。

（4）当发电厂需设消防车库必须与汽车库合建时，两者均应有独立的出入口，便于车辆出入、避免与主要人流通道交叉。消防车出口的布置应使消防车驶出时便于进入厂区主要干道。

（5）液氨区在厂外独立布置时，生产区和辅助区至少应各设置1个对外出入口。液氨储罐附近的厂内建筑物出入口设置宜背向液氨储罐。

（6）制（储）氢站、油罐区，由于汽车来往频繁，汽车排气管可能喷出火花，若穿行生产区极不安全；而且，随车人员大多是外单位的，情况比较复杂。为了厂区的安全与防火，上述设施应靠厂区边缘布置，设围墙与厂区隔开，并设独立出入口直接对外，或远离厂区独立设置。

（四）围墙

（1）围墙设计应满足 DL/T 5032《火力发电厂总图运输设计技术规程》的要求。

（2）厂区周边、变压器场地、屋外配电装置区、燃油设施区、制（供）氢站、液氨区、氨水区、天然气调压站及天然气前置模块周围应设置围墙或围栅，其结构形式及高度宜按表 4-26 的有关规定。

表 4-26　围墙或围栅结构形式及高度

名称	结构形式	高度（m）	说明
厂区周边围墙	非燃烧体实体围墙	2.2	有装饰要求时，可设 2.2m 高围栅
变压器场地、天然气前置模块	围栅	1.5	同厂区周边围墙合并时，合并处按厂区周边围墙标准设置
屋外配电装置区、氨水区	围栅	1.8	
天然气调压站	非燃烧体实体围墙或围栅	1.8	同厂区周边围墙合并时，合并处设 2.2m 高非燃烧体实体围墙
燃油设施区	非燃烧体实体围墙	1.8	同厂区周边围墙合并时，合并处设 2.5m 高非燃烧体实体围墙
制（供）氢站区	非燃烧体实体围墙	2.5	
液氨区	非燃烧体实体围墙	2.2	

二、燃机电厂厂内管线、道路、出入口及围墙

（一）燃机电厂厂内管线

（1）燃机电厂厂内管线布置应符合 DL/T 5174《燃气-蒸汽联合循环电厂设计规定》的规定。

（2）管线综合布置应从整体出发，结合规划容量、总平面布置、竖向布置及绿化统一规划，使管线与建（构）筑物之间在平面和竖向上相互协调。

（3）当燃机电厂分期建设时，本期管线宜集中布置，并按规划容量留有足够的管线走廊。主要管线宜避免穿越扩建场地。

（4）管线敷设有直埋、沟（隧）道及架空三种方式。应根据自然条件，管内介质、管径、运行维护及施工等因素，经技术经济比较后确定敷设方式，并符合下列要求：

1）生产、生活、消防给水管和雨水、污水排水管宜直埋敷设。

2）燃油管、热力管及压缩空气管宜架空或地沟敷设。

3）电缆宜采用架空敷设，也可采用地沟、排管、直埋及隧道方式敷设。地下水位、水质受海水影响地段不应采用排管和直埋方式敷设。

4）天然气管、氢气管宜架空或直埋敷设。

5）酸、碱管宜地沟敷设。

6）厂区管线之间及与建（构）筑物的最小间距，应符合表 4-27～表 4-29 的规定。

7）电缆沟及电缆隧道在进入建筑物处或在适当的地段应设防火隔墙，电缆隧道的防火墙上应设防火门。

8）地下沟道集中地段宜采用综合管沟敷设。不宜同沟敷设的管线用沟道隔墙分隔。电缆不应与其他管线同沟敷设。

9）可架空敷设的管线宜采用综合架空敷设。

（5）架空管线与道路、铁路交叉时，应符合下列要求：架空管线在跨越厂区道路时应保持 4.5～5.0m 的净空，对人行道路应保持净空 2.2m，有大件运输要求的道路或在检修期间有大型超吊设施通过时，应根据需要确定。天然气管在跨越道路时应采用套管方式，套管下缘应满足净空要求。

架空管线在跨越铁路时，一般管线应保持离轨面 5.5m 的净空，当为易燃或可燃液体、气体管道时，应保持 6m 的净空。当采用电力机车牵引时，管线与铁路轨顶应保持 6.55m 的净空距离。

表 4-27　　　　　　　　　　　　　厂区地下管线与建（构）筑物的最小水平净距　　　　　　　　　　　　　　（m）

序号	管线名称	供水管	排水管	天然气管	采暖管	压缩空气管	乙炔管、氧气管	氢气管	通信电缆	电力电缆	电缆沟	油管	酸、碱、氯管
1	供水管	—	1.0～1.5	1.5～2.0	0.8～1.2	1.0～1.5	1.0～1.5	1.0～1.5	0.8～1.0	0.8～1.0	1.0～1.5	1.0～1.5	1.0～1.5
2	排水管	1.0～1.5	—	1.5～2.0	1.0～1.2	0.8～1.2	0.8～1.2	1.0～1.5	0.8～1.0	1.0～1.5	1.0～1.5	1.0～1.5	1.0～1.5
3	天然气管	1.5～2.0	1.5～2.0	—	2.0	2.0	2.5	2.0	2.0	2.0	2.0	2.0	2.0
4	采暖管	0.8～1.2	1.0～1.2	2.0	—	1.0	1.2	1.2	0.8	1.0	1.0	1.2	1.2

续表

序号	管线名称	供水管	排水管	天然气管	采暖管	压缩空气管	乙炔管、氧气管	氢气管	通信电缆	电力电缆	电缆沟	油管	酸、碱、氯管
5	压缩空气管	1.0～1.5	0.8～1.2	2.0	1.0	—	1.5	1.5	0.8	1.0	1.0	1.5	1.2
6	乙炔管、氧气管	1.0～1.5	0.8～1.2	2.5	1.2	1.5	—	1.5	0.8	1.0	1.5	1.5	1.5
7	氢气管	1.0～1.5	1.0～1.5	2.0	1.2	1.5	1.5	—	0.8	1.0	1.5	1.5	1.5
8	通信电缆	0.8～1.0	0.8～1.0	2.0	0.8	0.8	0.8	0.8	—	0.5	0.5	1.0	1.2
9	电力电缆	0.8～1.0	1.0～1.5	2.0	1.0	1.0	1.0	1.0	0.5		0.5	1.0	1.5
10	电缆沟	1.0～1.5	1.0～1.5	2.0	1.0	1.0	1.5	1.5	0.5	0.5		1.0	1.2
11	油管	1.0～1.5	1.0～1.5	2.0	1.2	1.5	1.5	1.5	1.0	1.0	1.0		1.5
12	酸、碱、氯管	1.0～1.5	1.0～1.5	2.0	1.2	1.2	1.5	1.5	1.2	1.5	1.2	1.5	

注　1. 表列净距均自管壁、沟壁或防护设施的外缘或最外一根电缆算起。

2. 表列同一栏内列有两个数值者，当供水管直径大于 200m 时，排水管直径大于 800mm 时用大值，反之用小值。

3. 生活给水管与生产、生活污水排水管间的水平净距，应按本表增加 50%。

4. 110kV 和 220kV 电力电缆，应按本表列数值增加 50%。

5. 乙炔管与同一使用目的的氧气管可同沟敷设，但需用砂埋填，且两管间距不应小于 250mm。

6. 采暖管沟可与非易燃、易爆的压缩空气或其他惰性气体管沟以及电力、通信电缆沟并列双沟布置。

7. 高压电力电缆与控制电力电缆的间距由工艺需要决定。

表 4-28　　　　　厂区地下管线与建（构）筑物的最小水平净距　　　　　（m）

序号	管线名称	建（构）筑物基础外沿	照明、通信柱杆中心线	管架基础外沿	围墙基础外沿	铁路中心线	道路 [a]	排水沟外沿
1	供水管	2.0～3.0	0.8～1.0	0.8～1.0	1.0	3.3～3.8	0.8～1.0	0.8～1.0
2	排水管	1.5～2.5	0.8～1.0	0.8～1.0	1.0	3.3～4.8	0.8～1.0	0.8～1.0
3	天然气管	6.0	1.5	2.0	1.5	6.0	1.0	1.5
4	采暖管	1.0	0.6		3.8		0.8	0.8
5	压缩空气管	1.5	0.8	0.8	1.0	3.3	0.8	0.8
6	乙炔管、氢气管		0.8	0.8	1.0	3.3	0.8	0.8
7	通信电缆	0.5		0.5	1.0	3.3	1.0	1.0
8	电力电缆（35kV 及以下）	0.6	0.5	0.5	0.5	3.8	1.0	1.0
9	油管	3.0	1.0	2.0	1.5	3.8	1.0	1.0
10	酸、碱、氯管	3.0	1.0	2.0	1.5	3.8	1.0	1.0

注　1. 表列同一栏内列有两个数值者，当压力水管直径大于 20m 时，自流水管直径大于 800mm 时用大值，反之用小值。

2. 乙炔、氢气管道距地下室建筑物基础外沿和通行沟道外沿的水平净距为 3.0m，距无地下室建筑物基础外沿水平净距为 2.0m。

3. 高压线柱杆或铁塔（外边沿）距各类地下管线的距离，按表列照明、通信柱杆距离增加 50%。

4. 当管线埋深大于邻近建（构）筑物的基础埋深时，应根据土壤条件对表列数值进行校正。

a　表列净距应自管壁或防护设施的外沿或最外一根电缆算起，城市型道路自路面边缘算起，公路型道路自路肩边缘算起。

表 4-29 厂区架空原油、天然气管与
建（构）筑物之间的最小水平净距 （m）

序号	名称	原油管、天然气管
1	甲类生产厂房	10
2	丙、丁、戊类生产厂房	6.0
3	铁路中心线	6.0
4	道路路面边缘	1.5
5	厂区围墙（中心线）	1.5
6	照明及通信杆柱（中心线）	1.0

（二）燃机电厂厂内道路

燃机电厂厂内道路设计，按 GBJ 22《厂矿道路设计规范》执行，并符合下列规定：

（1）厂内各建筑物之间，应根据生产、消防和生活的需要设置行车道路。

（2）主设备区、配电装置区、油罐区、燃油处理室及天然气调压站周围应设环行道路或消防车通道。

（3）厂区主要出入口处主干道行车部分路面宽宜采用 6～7m，主设备区周围的环行道路路面宽采用 6m，厂内大件运输道路路面宽宜采用 6m，厂区支道路面宽宜采用 3.5～4m。

（4）厂内道路宜采用水泥混凝土或沥青路面。

（5）厂内道路主要技术指标按表 4-30 执行。

表 4-30 厂内道路主要技术指标 （m）

路面宽度ª	主干道	6～7
	次干道	6
	支道	3.5～4
	人行道	1～2
最小转弯半径	受场地限制时（如开关场地）	6
	载重 4～8t 单辆汽车	9
	载重 10～15t 单辆汽车	12
	单辆汽车带一辆挂车	12
	50t 汽车吊	12
	100～150t 汽车吊	15
	15～25t 大平板挂车	15
最大纵坡（%）	主干道	6
	次干道	8
	支道、引道	9

续表

最小计算视距	会车视距	30
	停车视距	15
	交叉口停车视距	20

注 1. 主干道为厂区主要入口通往主设备区或办公楼的入口主要道路。

2. 次干道为主设备区四周环形道路及连接各生产区的道路。

3. 支道为车辆和行人都较少的道路以及消防道路等。

4. 引道为车间、仓库出入口与主、次干道或支道相连接的道路。

5. 人行道为仅供人行的道路。

ª 车间引道宽度应与车间大门宽度相适应，转弯半径不小于 6m。

（三）燃机电厂围墙及出入口

（1）厂区围墙除有装饰性要求并有其他安全措施外，应为实体围墙，高度宜为 2.2m。

（2）屋外配电装置、天然气调压站布置在厂内时宜设置 1.8m 高的围栅，布置在厂外时应设置 2.2m 高的实体围墙。

（3）油罐区应设有防火堤或防火墙。

（4）燃机电厂厂区至少应设计两个出入口。

（5）集控楼及集中控制室的出入口应不少于 2 个。

三、垃圾焚烧电厂的厂内管线、道路、出入口及围墙

垃圾焚烧电厂厂内管线、道路、出入口及围墙的相关要求可参考本书第四章"厂址选择、规划及厂区总平面布置的职业安全要求"的"第四节 厂内管线、铁路/道路、出入口及围墙"的"一、燃煤电厂厂内管线、铁路/道路、出入口及围墙"部分。

四、生物质燃烧发电厂的厂内管线、道路、出入口及围墙

（1）电厂地下管线的布置应符合 GB 50049《小型火力发电厂设计规范》的有关规定。

生物质燃烧发电厂的厂内管线相关要求可参考本书第四章"厂址选择、规划及厂区总平面布置的职业安全要求"的"第四节 厂内管线、铁路/道路、出入口及围墙"的"一、燃煤电厂厂内管线、铁路/道路、出入口及围墙"部分。

（2）厂区道路的布置应符合下列规定：

1）应满足生产和消防的要求，并应与竖向布置和管线布置相协调。

2）主厂房、生物质燃料仓库、露天堆场、半露天堆场、屋外配电装置周围应设环形道路。

3）厂内道路宜采用混凝土路面或沥青路面。

4）厂内生物质燃料运输道路宽度宜为 7～9m，其他主要道路宽度宜为 6m，次要道路宽度宜为 4m，人行道路宽度不宜小于 lm。采用汽车运输燃料和灰渣的发电厂，应有专用的燃料运输出入口，出入口宜面向燃料来源方向，其出入口道路的行车部分宽度宜为 7～9m。

（3）厂外道路的布置应符合下列规定：

1）发电厂的主要进厂公路，应分别与通向城镇和秸秆收储站的现有公路相连接，宜短捷，并应避免与铁路线交叉。当其平交时，应设置道口及其他安全设施。

2）进厂主干道的行车部分宽度，宜为 7～9m。

3）厂区与厂外供水建筑，水源地、码头、储灰场之间，应有道路连接。

（4）出入口及围墙布置应符合下列规定：

1）发电厂采用汽车运输燃料和灰渣时，宜设专用的出入口。发电厂扩建时，宜设计有施工专用的出入口。

2）厂区围墙高度宜为 2.2m。屋外配电装置区域周围厂内部分应设有 1.8m 高的围栅，变压器场地周围应设置 1.5m 高的围栅。

第五章

建（构）筑物的安全防护要求

电厂建（构）筑物的安全防护，首先应贯彻执行国家防震减灾方针政策，使电力设施经抗震设防后，减轻电力设施的地震破坏，避免人员伤亡，减少经济损失。同时针对建（构）筑物的火灾危险性及其耐火等级，从全局出发，统筹兼顾，系统提出建（构）筑物的防火、防爆措施设计，并对建（构）筑物防高处坠落、建筑物内通道、建筑物室内外装修设计进行综合、全面的防护设计，在保证电厂安全、经济运行的同时，为劳动者创造安全的工作条件和环境。

建（构）筑物的安全防护设计应严格遵守国家有关安全的法律、法规的规定，同时应满足 GB 50260《电力设施抗震设计规范》、GB 50229《火力发电厂与变电站设计防火规范》、GB 50016《建筑设计防火规范》、GB 50660《大型火力发电厂设计规范》、GB 50187《工业企业总平面设计规范》等的相关要求。

第一节 建（构）筑物的抗震设计

一、抗震等级及建筑场地的选择

（一）一般规定

（1）在抗震设防烈度为 6 度及以上地区建设的火电厂，其建（构）筑物必须进行抗震设计。

（2）对于建造在地震基本烈度为 6、7、8 度和 9 度地区的火电厂建（构）筑物，应严格按照 GB 50011《建筑抗震设计规范（附条文说明）（2016 版）》、GB 50191《构筑物抗震设计规范》和 GB 50260《电力设施抗震设计规范》的规定，采取有效的抗震和减害措施。建造在抗震设防烈度大于 9 度地区的火电厂，其建（构）筑物的抗震设计应按有关专门规定执行。

（3）建（构）筑物的抗震设计，应达到当遭受高于本地区抗震设防烈度预估的罕遇地震影响时，不致倒塌或发生危及生命的严重破坏的目标。

（二）抗震等级

（1）地震影响。建筑所在地区遭受的地震影响，

采用相应于抗震设防烈度的设计基本地震加速度和特征周期表征。抗震设防烈度和设计基本地震加速度取值的对应关系，应符合表 5-1 的规定。设计基本地震加速度为 0.15g 和 0.30g 地区内的建筑，除规范另有规定外，应分别按抗震设防烈度 7 度和 8 度的要求进行抗震设计。

表 5-1 抗震设防烈度和设计基本地震加速度值的对应关系

抗震设防烈度	6	7	8	9
设计基本地震加速度值	0.05g	0.10（0.15）g	0.20（0.35）g	0.40g

（2）混凝土结构抗震等级。电力设施建筑物的混凝土结构抗震等级应根据设防烈度结构类型和框架抗震墙高度按表 5-2 确定。

表 5-2 混凝土结构抗震等级

类型	框架结构		框架—抗震墙（抗震支撑）			主控制楼、配电装置楼	运煤栈桥
设防烈度	高度（m）	等级	高度（m）	等级		等级	等级
				框架	抗震墙		
6	≤25	四	≤50	四	三	三	三
	>25	三	>50	三	三		
7	≤35	三	≤60	三	二	二	三
	>35	二	>60	二	二		
8	≤35	二	<50	二	一	二	二
	>35	一	50~80	一	一		
9			≤25	一	一	一	一
			>25	一	一		

注 1. "一、二、三、四级"即抗震等级为一、二、三、四级。
2. 本表适用于现浇和装配整体式的钢筋混凝土结构。
3. 表中房屋高度指室外地面到檐口的高度。
4. 表中设防烈度指调整后的烈度。
5. 主控制楼配电装置楼和运煤栈桥等均指框架结构。

当设防烈度为 9 度且采用主厂房框架结构时应论证其抗震性能的可靠性，其抗震等级应为一级。

主厂房框架结构当抗震等级为一级，对还需提高 1 度设防时仍应按抗震等级为一级设计。

当设防烈度为 8 度时，房屋高度小于或等于 12m，规则的框架结构，其抗震等级可降低一级采用。

当框架结构的抗震等级为一级时应采用现浇钢筋混凝土结构。

当设防烈度为 6 度时建筑物平面立面布置宜规则，结构体系宜合理，非结构构件的连接应牢靠，对易倒、易坏部位尚应采取加强措施。

（三）建筑场地的选择

（1）选择建筑场地时，应根据工程需要，掌握地震活动情况、工程地质和地震地质的相关资料，对抗震有利、不利和危险地段做出综合评价。对不利地段应提出避开要求；当无法避开时应采取有效措施，对危险地段，严禁建造甲、乙类的建筑，不应建造丙类的建筑。

（2）建筑场地应按下列原则确定为有利、不利、危险地段：

1）坚硬土或开阔平坦密实均匀的中硬土地段为有利地段。

2）软弱土、液化土，条状突出的山嘴，高耸孤立的山丘，非岩质的陡坡，河岸和边坡边缘，平面分布上成因、岩性、状态明显不均匀的古河道、断层破碎带、暗埋的塘浜沟谷及半填半挖地基为不利地段。

3）地震时可能发生滑坡、崩塌、地陷、地裂、泥石流等及发震断裂带上可能发生地表位错的地段为危险地段。

二、燃煤电厂建（构）筑物抗震设计

（一）主厂房

（1）主厂房结构的防震缝，应按 GB 50011《建筑抗震设计规范（附条文说明）》进行确定。

（2）主厂房结构，当不同体系之间的连接走道不能采用防震缝分开时，应采用一端简支一端滑动。

（3）主厂房框架的纵向结构，可根据设防烈度的大小采用不同的抗震措施。当为 8 度或 9 度时，宜采用钢筋混凝土框架和抗震墙结构。当设置抗震墙时，框架梁柱的联结宜采用刚结构。

（4）主厂房外侧柱列的抗震措施，可根据结构布置、设防烈度、场地条件、荷载大小等因素，选择框架结构或框架-抗震支撑体系。

（5）抗震墙或抗震支撑宜集中布置在每一柱列伸缩区段的中部，使结构的刚度中心接近质量中心，并宜在框架柱列上对称布置。

（6）抗震墙和抗震支撑应沿全高设置，沿高度方向不宜出现刚度突变。

（7）框架-抗震墙结构采用装配整体式楼（屋）盖时，楼（屋）盖与抗震墙应可靠连接。对大柱距的厂房宜设置现浇钢筋网混凝土面层。板与梁应通过板缝钢筋连成整体。

（8）框架结构中，围护墙和隔墙宜采用轻质墙或与框架柔性连接的墙板，当设防烈度为 8 度时应采用柔性连接的墙板。

（9）当设防烈度为 9 度时，主厂房的抗震设计应符合下列要求：

1）采用轻型屋面钢屋架和钢煤斗；

2）不应布置突出屋面的天窗，在厂房单元两端的第一柱间不应设置天窗；

3）重要电力设施的主体结构，可采用钢结构。

（10）外包角钢混凝土空腹式梁柱杆件的抗震应符合下列规定：

1）当按地震作用组合时，双肢柱肢杆的轴压比限值可按 GB 50010《混凝土结构设计规范》中框架柱的轴压比限值增加 0.05，但不得大于 0.90。

2）肢杆中全部角钢的最小配筋率宜为 1.5%。

3）双肢柱肢杆及腹杆的箍筋直径不应小于 $\phi10mm$，间距不应小于 100mm。

（11）屋盖结构应为自重轻、重心低、整体性强的结构，屋架和柱顶、屋面板与屋架、支撑和主体结构（天窗架屋架）之间的连接应牢固。各连接处均应使屋盖系统抗震能力得到充分利用，并不应采用无端屋架或屋面梁的山墙承重方案。

（12）屋盖的抗震构造应符合下列规定：

1）屋架与柱连接，当设防烈度为 8 度时宜采用螺栓连接，当设防烈度为 9 度时宜采用钢板铰。

屋架与支座采用螺栓连接时，应将螺杆与螺帽焊牢。屋架端头的支承垫板厚度不宜小于 16mm。

2）有檩屋盖的檩条应与屋架（屋面梁）焊牢，并保证支承长度。采用双脊檩时，应在跨度 1/3 处互相拉结。压型钢板等轻型屋盖应与檩条拉结牢固。

3）当设防烈度为 8 度或 9 度时，大型屋面板端头底面的预埋件宜采用角钢，并与主筋焊牢。

（二）主控制楼配电装置楼

（1）主控制楼、配电装置楼的抗震设计应从选型、布置和构造等方面采取加强整体性措施。

（2）主控制楼、配电装置楼可根据设防烈度和场地类别选用抗震结构形式。

（3）钢筋混凝土构造柱可按 GB 50011《建筑抗震设计规范（附条文说明）》的规定，结合具体结构特点设置，并宜采用加强型构造柱。

（4）当基础设置在软弱黏性土、液化土、严重不均匀土层上时，尚应设置基础圈梁。

（5）当设防烈度为 8 度或 9 度时，楼梯宜采用现浇钢筋混凝土结构。

（6）主控制楼、配电装置楼与相邻建筑物之间宜用防震缝分隔，缝宽宜为 50～100mm。

（三）运煤栈桥

运煤栈桥的抗震设计应满足以下要求：

（1）当设防烈度为 8 度或 9 度时，不应采用砖墙承重的结构形式。

（2）栈桥与相邻建筑物之间应设防震缝。

（3）斜栈桥可在低侧设置纵向抗震墙或抗震支撑，或由各支柱自身抗震。当斜栈桥在低侧设置纵向抗震结构时，纵向地震作用效应可全部由抗震结构承担。

当斜栈桥由各支柱自身抗震时，纵向可按排架进行抗震计算，其强度应满足抗震要求。

（4）进行栈桥的地震作用效应和其他荷载效应的组合时，应符合下列规定：

1）应按 GB 50011《建筑抗震设计规范（附条文说明）》的规定计算风荷载作用效应。

2）当设防烈度为 8 度或 9 度时，对于跨度等于和大于 24m 的栈桥，在进行水平地震作用计算时，应同时计入竖向地震作用。

（四）非结构构件

非结构构件抗震设计应满足以下要求：

（1）非结构构件抗震设计，应符合 GB 50011《建筑抗震设计规范（附条文说明）》的要求。

（2）非结构构件，包括建筑非结构构件和建筑附属机电设备，自身及其与结构主体的连接，应进行抗震设计。

（3）框架结构的围护墙和隔墙，应估计其设置对结构抗震的不利影响，避免不合理设置而导致主体结构的破坏。

（4）建筑结构中，设置连接幕墙、围护墙、隔墙、女儿墙、雨篷、商标、广告牌、顶篷支架、大型储物架等建筑非结构构件的预埋件、锚固件的部位，应采取加强措施，以承受建筑非结构构件传给主体结构的地震作用。

（5）非承重墙体的材料、选型和布置，应根据烈度、房屋高度、建筑体型、结构层间变形、墙体自身抗侧力性能的利用等因素，综合分析后确定采取相应的抗震措施。

（6）多层砌体结构中，非承重墙体等建筑非结构构件应符合下列要求：烟道、风道、垃圾道等不应削弱墙体，当墙体被削弱时，应对墙体采取加强措施；不宜采用无竖向配筋的附墙烟囱或出屋面的烟囱。

（7）各类顶棚的构件与楼板的连接件，应能承受顶棚、悬挂重物和有关机电设施的自重和地震附加作用；其锚固的承载力大于连接件的承载力。

三、燃机电厂建（构）筑物抗震设计

燃机电厂的抗震设计必须贯彻预防为主的方针，对于按规定需设防的建（构）筑物，必须按照 GB 50011《建筑抗震设计规范（附条文说明）》、GB 50191《构筑物抗震设计规范》和 GB 50260《电力设施抗震设计规范》有关抗震设计规范要求，采取有效的减震措施。

相关要求可参照本章的"第一节 建（构）筑物的抗震设计"的"一、抗震等级及建筑场地的选择"和"二、燃煤电厂建（构）物抗震设计"中的具体内容。

四、垃圾焚烧电厂建（构）筑物抗震设计

（一）一般规定

（1）在抗震设防烈度为 6 度及以上地区建设的垃圾焚烧电厂，其建（构）筑物必须进行抗震设计。

（2）对于建造在地震基本烈度为 6、7、8 度和 9 度地区的垃圾焚烧电厂建（构）筑物，应严格按照 GB 50011《建筑抗震设计规范（附条文说明）》、GB 50191《构筑物抗震设计规范》、GB 50260《电力设施抗震设计规范》和 CJJ 90《生活垃圾焚烧处理工程技术规范》的规定，采取有效的抗震和减害措施。建造在抗震设防烈度大于 9 度地区的垃圾焚烧电厂，其建（构）筑物的抗震设计应按有关专门规定执行。

（3）建（构）筑物的抗震设计，应达到当遭受高于本地区抗震设防烈度预估的罕遇地震影响时，不致倒塌或发生危及生命的严重破坏的目标。

（二）抗震等级

垃圾焚烧电厂建（构）筑物的抗震等级参照本章"第一节 建（构）筑物的抗震设计"的"一、抗震等级及建筑场地的选择"。

柱顶高度大于 30m，且有重级工作制起重机厂房的钢筋混凝土框架结构，和框架剪力墙结构中的框架部分，其抗震等级宜按照相应的抗震等级规定提高一级。

（三）垃圾焚烧电厂建（构）筑物抗震设计的其他要求

（1）垃圾焚烧电厂的场地选择和建（构）筑物抗震设计参照本章"第一节 建（构）筑物的抗震设计"的"一、抗震等级及建筑场地的选择"和"二、燃煤电厂建（构）物抗震设计"中的具体内容。

（2）垃圾焚烧电厂的结构设计应满足 CJJ 90—2009《生活垃圾焚烧处理工程技术规范》中"14.2 结构"的规定。

五、生物质燃烧发电厂建（构）筑物抗震设计

（一）一般规定

（1）抗震设防烈度可采用中国地震动参数区划图的基本烈度。对已编制抗震设防区划的城市，可按批准的抗震设防烈度或设计地震动参数进行抗震设防。

（2）抗震设防烈度为 6 度及以上地区的建筑，必须进行抗震设计。

（3）对于建造在地震基本烈度为 6、7、8 度和 9 度地区的生物质电厂建（构）筑物，应严格按照 GB 50011《建筑抗震设计规范（附条文说明）》、GB 50191《构筑物抗震设计规范》、GB 50260《电力设施抗震设计规范》的规定，采取有效的抗震和减害措施。建造在抗震设防烈度大于 9 度地区的电厂，其建（构）筑物的抗震设计应按有关专门规定执行。

（二）抗震等级

建（构）筑物的抗震设防类别，除一般材料库（棚）、厂区围墙等次要附属建（构）筑物属于丁类外，主厂房、空冷岛建筑、主要生产建（构）筑物、辅助厂房和其他非生产建筑物等一般均应属于丙类。

生物质电厂建（构）筑物的抗震等级参照本章"第一节　建（构）筑物的抗震设计"的"一、抗震等级及建筑场地的选择"。

（三）生物质燃烧发电电厂建（构）筑物抗震设计的其他要求

（1）生物质电厂的场地选择和建（构）筑物抗震设计参照本章"第一节　建（构）筑物的抗震设计"的"一、抗震等级及建筑场地的选择"和"二、燃煤电厂建（构）物抗震设计"中的具体内容。

（2）生物质电厂的结构设计可参照 GB 50762—2012《秸秆发电厂设计规范》中"15　建筑和结构"的要求。

第二节　建（构）筑物的防火、防爆设计

一、火灾危险性分类、耐火等级

（一）燃煤电厂火灾危险性分类、耐火等级

（1）火力发电厂建（构）筑物的火灾危险性分类及其耐火等级按照 GB 50229《火力发电厂与变电站设计防火规范》、GB 50016《建筑设计防火规范》和 DL/T 5032《火力发电厂总图运输设计技术规程》执行。

（2）燃煤电厂建（构）筑物的火灾危险性分类及其耐火等级应按表 5-3 执行。

表 5-3　燃煤电厂建（构）筑物的火灾危险性分类及其耐火等级

建（构）筑物名称	火灾危险性分类	耐火等级
主厂房（汽机房、除氧间、集中控制楼、煤仓间、锅炉房）	丁	二级
吸风机室	丁	二级
除尘构筑物	丁	二级
烟囱	丁	二级
空冷平台	戊	二级
脱硫工艺楼、石灰石制浆楼、石灰石制粉楼、石膏库	戊	二级
脱硫控制楼	丁	二级
吸收塔	戊	三级
增压风机室	戊	二级
屋内卸煤装置	丙	二级
碎煤机室、运煤转运站及配煤楼	丙	二级
封闭式运煤栈桥、运煤隧道	丙	二级
筒仓、干煤棚、解冻室、室内储煤场	丙	二级
输送不燃烧材料的转运站	戊	二级
输送不燃烧材料的栈桥	戊	二级
供、卸油泵房及栈台（柴油、重油、渣油）	丙	二级
油处理室	丙	二级
主控制楼、网络控制楼、微波楼、网络继电器室	丙	一级
屋内配电装置楼（内有每台充油量大于60kg的设备）	丙	二级
屋内配电装置楼（内有每台充油量不大于60kg的设备）	丁	二级
油浸变压器室	丙	一级
岸边水泵房、循环水泵房	戊	二级
灰浆、灰渣泵房	戊	二级
灰库	戊	三级
生活、消防水泵房、综合水泵房	戊	二级
稳定剂室、加药设备室	戊	二级
取水建（构）筑物	戊	二级
冷却塔	戊	三级
化学水处理室、循环水处理室	戊	二级
供氢站、制氢站	甲	二级
启动锅炉房	丁	二级
空气压缩机室（无润滑油或不喷油螺杆式）	戊	二级

续表

建（构）筑物名称	火灾危险性分类	耐火等级
空气压缩机室（有润滑油）	丁	二级
热工、电气、金属试验室	丁	二级
天桥	戊	二级
变压器检修间	丙	二级
雨水、污（废）水泵房	戊	二级
检修车间	戊	二级
污（废）水处理构筑物	戊	二级
给水处理构筑物	戊	二级
电缆隧道	丙	二级
柴油发电机房	丙	二级
氨区控制室	丁	二级
卸氨压缩机室	乙	二级
液氨气化间	乙	二级
特种材料库	丙	二级
一般材料库	戊	二级
材料棚库	戊	二级
推煤机库	丁	二级

注 当特种材料库储存氢、氧、乙炔等气瓶时，火灾危险性应按储存火灾危险性较大的物品确定。

（3）燃煤电厂建筑物构件的燃烧性能和耐火极限，应符合 GB 50016《建筑设计防火规范》的有关规定，见表 5-4。

表 5-4 不同耐火等级厂房和仓库建筑构件的燃烧性能和耐火极限 （h）

构件名称		耐火等级			
		一级	二级	三级	四级
墙	防火墙	不燃性 3.00	不燃性 3.00	不燃性 3.00	不燃性 3.00
	承重墙	不燃性 3.00	不燃性 2.50	不燃性 2.00	难燃性 0.50
	楼梯间和前室的墙电梯井的墙	不燃性 2.00	不燃性 2.00	不燃性 1.50	难燃性 0.50
	疏散走道两侧的隔墙	不燃性 1.00	不燃性 1.00	不燃性 0.50	难燃性 0.25
	非承重外墙房间间隔	不燃性 0.75	不燃性 0.50	难燃性 0.50	难燃性 0.25
柱		不燃性 3.00	不燃性 2.50	不燃性 2.00	难燃性 0.50
梁		不燃性 2.00	不燃性 1.50	不燃性 1.00	难燃性 0.50

续表

构件名称	耐火等级			
	一级	二级	三级	四级
楼板	不燃性 1.50	不燃性 1.00	不燃性 0.75	难燃性 0.50
屋顶承重构件	不燃性 1.50	不燃性 1.00	难燃性 0.50	可燃性
疏散楼梯	不燃性 1.50	不燃性 1.00	不燃性 0.75	可燃性
吊顶（包括吊顶搁栅）	不燃性 0.25	难燃性 0.25	难燃性 0.15	可燃性

（4）主厂房的锅炉房可采用无防火保护的金属承重构件。

（5）主厂房地上部分防火分区的最大允许建筑面积应符合以下规定：

1）600MW 级及以下机组不应大于 6 台机组的建筑面积；

2）600MW 级以上机组、1000MW 级机组不应大于 4 台机组的建筑面积；

3）其地下部分不应大于 1 台机组的建筑面积。

（6）当屋内卸煤装置的地下部分与地下转运站或运煤隧道连通时，其防火分区的最大允许建筑面积不应大于 3000m²。

（7）每座室内储煤场最大允许占地面积不应大于 50000m²。每个防火分区面积不宜大于 12000m²，当防火分区面积大于 12000m² 时，防火分区之间应采用宽度不小于 10m 的通道或高度大于堆煤表面高度 3m 的防火墙进行分隔。

（8）承重构件为不燃烧体的主厂房及运煤栈桥，其非承重外墙为不燃烧体时，其耐火极限不限；为难燃烧体时，其耐火极限不应小于 0.50h。

（9）除氧间与煤仓间或锅炉房之间应设置不燃烧体的隔墙。汽机房与合并的除氧煤仓间或锅炉房之间应设置不燃烧体的隔墙。隔墙的耐火极限不应小于 1.00h。

（10）集中控制室、主控制室、网络控制室、汽机控制室、锅炉控制室和计算机房，其顶棚和墙面应采用 A 级装修材料，其他部位应采用不低于 B1 级的装修材料。

（11）发电厂建筑物内电缆夹层的内墙应采用耐火极限不小于 1.00h 的不燃烧体。

（12）封闭式栈桥、转运站等运煤建筑围护结构应采用不燃性材料，当未设置自动灭火系统时，其钢结构应采取防火保护措施。

（13）室内储煤场采用钢结构时，应符合下列规定：

1）堆煤表面距离钢结构构件小于等于 3m 范围内的钢结构承重构件应采取防火保护措施，且耐火极限不应小于 2.50h；

2）堆煤表面下与煤接触的混凝土挡墙应采取隔热措施。

（14）其他厂房的层数和防火分区的最大允许建筑面积应符合 GB 50016《建筑设计防火规范》的有关规定，详见表 5-5。

表 5-5 厂房层数和每个防火分区的最大允许建筑面积 （m²）

生产过程中的火灾危险性类别	厂房耐火等级	最多允许层数	每个防火分区的最大允许建筑面积			
			单层厂房	多层厂房	高层厂房	地下或半地下厂房（包括地下或半地下室）
甲	一级	宜采用单层	4000	3000	—	—
	二级		3000	2000	—	—
乙	一级	不限	5000	4000	2000	—
	二级	6	4000	3000	1500	—
丙	一级	不限	不限	6000	3000	500
	二级	不限	8000	4000	2000	500
	三级	2	3000	2000	—	—
丁	一、二级	不限	不限	不限	4000	1000
	三级	3	4000	2000	—	—
	四级	1	1000	—	—	—
戊	一、二级	不限	不限	不限	6000	1000
	三级	3	5000	3000	—	—
	四级	1	1500	—	—	—

注 1. 防火分区之间应采用防火墙分隔。除甲类厂房外的一、二级耐火等级厂房，当其防火分区的建筑面积大于本表规定，且设置防火墙确有困难时，可采用防火卷帘或防火分隔水幕分隔。采用防火卷帘时，应符合 GB 50016—2014《建筑设计防火规范》6.5.3 的规定；采用防火分隔水幕时，应符合 GB 50084《自动喷水灭火系统设计规范》的规定。

2. 厂房内的操作平台、检修平台，当使用人触少于 10 人时，平台的面积可不计入所在防火分区的建筑面积内。

3. "—"表示不允许。

（二）燃机电厂火灾危险性分类、耐火等级

（1）燃气轮机或联合循环发电机组（房）、余热锅炉（房）、天然气调压站、燃油处理室在生产过程中的火灾危险性及耐火等级应按 DL/T 5174《燃气-蒸汽联合循环电厂设计规定》划分，见表 5-6。

表 5-6 主要建（构）筑物在生产过程中的火灾危险性及其最低耐火等级

序号	建（构）筑物名称		火灾危险性分类	最低耐火等级
1	燃气轮机或联合循环发电机组（房）		丁	二级
2	余热锅炉（房）		丁	二级
3	天然气调压站		甲	二级
4	燃油处理室	原油	甲	二级
		重油	丙	二级

（2）燃机电厂其他辅助建（构）筑物在生产过程中的火灾危险性及其最低耐火等级应按 GB 50229《火力发电厂与变电站设计防火规范》划分，见表 5-7。

表 5-7 燃机电厂各建（构）筑物的火灾危险性分类及其最低耐火等级

序号	建（构）筑物名称	火灾危险性分类	最低耐火等级
1	空气压缩机室（无润滑油或不喷油螺杆式）	戊	二级
2	空气压缩机室（有润滑油）	丁	二级
3	天桥	戊	二级
4	天桥（下面设置电缆夹层时）	丙	二级
5	变压器检修间	丙	二级
6	排水、污水泵房	戊	二级
7	检修间	戊	二级
8	进水建筑物	戊	二级
9	给水处理构筑物	戊	二级
10	污水处理构筑物	戊	二级
11	电缆隧道	丙	二级
12	特种材料库	丙	二级
13	一般材料库	戊	二级
14	材料棚库	戊	三级
15	消防车库	丁	二级

注 1. 除本表规定的建（构）筑物外，其他建（构）筑物的火灾危险性及耐火等级应符合 GB 50016《建筑设计防火规范》的有关规定。

2. 油处理室处理重油及柴油时，为丙类；处理原油时，为甲类。

（三）垃圾焚烧电厂火灾危险性分类、耐火等级

（1）垃圾焚烧电厂建（构）筑物的火灾危险性分

类及其耐火等级按照 GB 50229《火力发电厂与变电站设计防火规范》、DL/T 5032《火力发电厂总图运输设计技术规程》、CJJ 90《生活垃圾焚烧处理工程技术规范》执行。

（2）垃圾焚烧电厂厂房的生产类别应属于丁类，建筑耐火等级不应低于二级。

（3）垃圾焚烧炉采用轻柴油燃料启动点火及辅助燃料时，日用油箱间、油泵间应为丙类生产厂房，建筑耐火等级不应低于二级。布置在厂房内的房间，应设置防火墙与其他房间隔开。

（4）垃圾焚烧炉采用气体燃料启动点火及辅助燃料时，燃气调压间应属于甲类生产厂房，其建筑耐火等级不应低于二级，并应符合 GB 50028《城镇燃气设计规范》的有关规定。

（5）垃圾焚烧电厂厂房的防火分区面积，应按 GB 50016《建筑设计防火规范》的有关规定进行划分。汽轮发电机间与焚烧间合并建设时，应采用防火墙分隔。

（6）建（构）筑物构件的燃烧性能和耐火极限参照本节"一、火灾危险性分类、耐火等级及防火分区"的"（一）燃煤电厂火灾危险性分类、耐火等级"。

（7）厂房的层数和每个防火分区的最大允许建筑面积参照本节"一、火灾危险性分类、耐火等级及防火分区"的"（一）燃煤电厂火灾危险性分类、耐火等级"。

（四）生物质燃烧发电电厂火灾危险性分类、耐火等级

（1）生物质燃烧发电电厂建（构）筑物的火灾危险性分类及其耐火等级按照 GB 50229《火力发电厂与变电站设计防火规范》、GB 50762《秸秆发电厂设计规范》和 DL/T 5032《火力发电厂总图运输设计技术规程》的有关规定执行。

（2）生物质燃烧发电电厂建（构）筑物的火灾危险性分类及其耐火等级，不应低于表 5-8 的有关规定。

表 5-8　　生物质燃烧发电电厂建（构）筑物在生产过程中的火灾危险性及其耐火等级

序号	建（构）筑物名称	火灾危险性分类	最低耐火等级
1	主厂房（汽机房、除氧间、锅炉房）	丁	二级
2	吸风机室	丁	二级
3	除尘构筑物	丁	二级
4	烟囱	丁	二级
5	秸秆仓库	丙	二级
6	破碎室	丙	二级

续表

序号	建（构）筑物名称	火灾危险性分类	最低耐火等级
7	转运站	丙	二级
8	运料栈桥	丙	二级
9	活底料仓	丙	二级
10	汽车卸料沟	丙	二级
11	电气控制楼（主控制楼、网络控制楼）、继电器室	戊	二级
12	屋内配电装置楼（内有每台充油量大于60kg的设备）	丙	二级
13	屋内配电装置楼（内有每台充油量小于或等于60kg的设备）	丁	二级
14	屋外配电装置	丙	二级
15	变压器室	丙	二级
16	总事故储油池	丙	二级
17	岸边水泵房	戊	二级
18	灰浆、灰渣泵房、沉灰池	戊	二级
19	生活、消防水泵房	戊	二级
20	稳定剂室、加药设备室	戊	二级
21	进水建筑物	戊	二级
22	冷却塔	戊	三级
23	化学水处理室、循环水处理室	戊	三级
24	启动锅炉房	丁	二级
25	储氧罐	乙	二级
26	空气压缩机室（有润滑油）	丁	二级
27	热工、电气、金属实验室	丁	二级
28	天桥	戊	二级
29	天桥（下设电缆夹层时）	丙	二级
30	排水、污水泵房	戊	二级
31	各分场维护间	戊	二级
32	污水处理构筑物	戊	二级
33	原水净化构筑物	—	—
34	电缆隧道	丙	二级
35	柴油发电机房	丙	二级
36	办公楼	—	三级
37	一般材料库	戊	二级
38	材料库棚	戊	三级

续表

序号	建（构）筑物名称	火灾危险性分类	最低耐火等级
39	汽车库	丁	二级
40	消防车库	丁	二级
41	警卫传达室	—	三级
42	自行车棚	—	四级

注　1. 除本表规定的建（构）筑物外，其他建（构）筑物的火灾危险性及耐火等级应符合 GB 50016《建筑设计防火规范》的有关规定。

　　2. 电气控制楼，当不采取防止电缆着火后延燃的措施时，火灾危险性应为丙类。

（3）建（构）筑物构件的燃烧性能和耐火极限参照本节"一、火灾危险性分类、耐火等级及防火分区"的"（一）燃煤电厂火灾危险性分类、耐火等级"。

（4）厂房的层数和每个防火分区的最大允许建筑面积参照本节"一、火灾危险性分类、耐火等级及防火分区"的"（一）燃煤电厂火灾危险性分类、耐火等级"。

二、建（构）筑物的防火、防爆设计

（一）一般规定

建（构）筑物的防火设计应满足 GB 50229《火力发电厂与变电站设计防火规范》、GB 50016《建筑设计防火规范》、DL/T 5094《火力发电厂建筑设计规程》和 DL/T 5174《燃气-蒸汽联合循环电厂设计规定》的规定。

（二）燃煤电厂建（构）筑物的防火、防爆设计

（1）燃煤电厂重点防火区域之间的电缆沟（电缆隧道）、运煤栈桥、运煤隧道及油管沟应采取防火分隔措施。

（2）承重构件为不燃烧体的主厂房及运煤栈桥，其非承重外墙为不燃烧体时，其耐火极限不应小于 0.25h；为难燃烧体时，其耐火极限不应小于 0.5h。

（3）除氧间与煤仓间或锅炉房之间的隔墙应采用不燃烧体。汽机房与合并的除氧煤仓间或锅炉房之间的隔墙应采用不燃烧体。隔墙的耐火极限不应小于 1h。

（4）汽轮机头部主油箱及油管道阀门外缘水平 5m 范围内的钢梁、钢柱应采取防火隔热措施进行全保护，其耐火极限不应小于 1h。

汽轮发电机为岛式布置或主油箱对应的运转层楼板开孔时，应采取防火隔热措施保护其对应的屋面钢结构；采用防火涂料防护屋面钢结构时，主油箱上方楼面开孔水平外缘 5m 范围所对应的屋面钢结构承重构件的耐火极限不应小于 0.5h。

（5）集中控制室、主控制室、网络控制室、汽机控制室、锅炉控制室和计算机房的室内装修应采用不燃烧材料。

（6）主厂房电缆夹层的内墙应采用耐火极限不小于 1h 的不燃烧体。电缆夹层的承重构件，其耐火极限不应小于 1h。

（7）当栈桥、转运站等运煤建筑设置自动喷水灭火系统或水喷雾灭火系统时，其钢结构可不采取防火保护措施。

（8）当干煤棚或室内储煤场采用钢结构时，堆煤高度范围内的钢结构应采取有效的防火保护措施，其耐火极限不应小于 1h。

（9）其他厂房的层数和防火分区的最大允许建筑面积应符合 GB 50016《建筑设计防火规范》的有关规定。

（10）主厂房区、点火油罐区及储煤场区周围应设置环形消防车道，其他重点防火区域周围宜设置消防车道。

（11）厂区围墙内的建（构）筑物与围墙外其他工业或民用建（构）筑物的间距，应符合 GB 50016《建筑设计防火规范》的有关规定。

（12）主厂房及辅助厂房的室外疏散楼梯和每层出口平台，均应采用不燃烧材料制作，其耐火极限不应小于 0.25h，在楼梯周围 2m 范围内的墙面上，除疏散门外，不应开设其他门窗洞口。

主厂房各车间隔墙上的门均应采用乙级防火门。

主厂房疏散楼梯间内部不应穿越可燃气体管道、蒸汽管道和甲、乙、丙类液体的管道。

主厂房与天桥连接处的门应采用不燃烧材料制作。

主厂房的电梯应能供消防使用，在首层的电梯井外壁上应设置供消防队员专用的操作按钮。电梯轿厢的内装修应采用不燃烧材料，且其内部应设置专用消防对讲电话。电梯井和电梯机房的墙应采用不燃烧体。

（13）变压器室、配电装置室、发电机出线小室、电缆夹层、电缆竖井等室内疏散门应为乙级防火门，但上述房间中间隔墙上的门可为不燃烧材料制作的双向弹簧门。

（14）蓄电池室、通风机室、充电机室以及蓄电池室前套间通向走廊的门，均应采用向外开启的乙级防火门。

（15）当汽机房侧墙外 5m 以内布置有变压器时，在变压器外轮廓投影范围外侧各 3m 内的汽机房外墙上不应设置门、窗和通风孔；当汽机房侧墙外 5～10m 范围内布置有变压器时，在上述外墙上可设甲级防火门。变压器高度以上可设防火窗，其耐火极限不应小于 0.90h。

（16）液氨储罐应设置防火堤,防火堤及隔堤的设置应符合下列规定:

1）液氨储罐四周应设高度为1.0m的不燃烧体实体防火堤(以墙内设计地坪标高为准);

2）防火堤必须采用不燃烧材料建造,且必须密实、闭合,应能承受所容纳液体的静压及温度变化的影响,且不应渗漏,储罐基础应采用不燃烧材料;

3）防火堤(土堤除外)应采取在堤内培土或喷涂隔热防火涂料等保护措施;

4）沿防火堤修建排水沟时,沟壁的外侧与防火堤内堤脚线的距离不应小于0.5m;

5）防火堤内地面应采用现浇混凝土地面,并应坡向四周,设置坡度不宜小于0.5%,当储罐泄漏物有可能污染地下水或附近环境时,防火堤内地面应采取防渗漏措施;

6）每一储罐组的防火堤应设置不少于2处越堤人行踏步或坡道,并应设置在不同方位上;

7）防火堤的选型与构造应符合GB 50351《储罐区防火堤设计规范》的有关规定。

（17）电缆沟及电缆隧道在进出主厂房、主控制楼、配电装置室时,在建筑物外墙处应设置防火墙。电缆隧道的防火墙上应采用甲级防火门。

电缆沟(隧)道通过厂区围墙或和建(构)筑物的交接处,应设防火隔断(防火隔墙或防火门),其耐火极限不应低于4h。隔墙上穿越电缆的空隙应采用非燃材料密封。

（18）当管道穿过防火墙时,管道与防火墙之间的缝隙应采用防火材料填塞。当直径大于或等于32mm的可燃或难燃管道穿过防火墙时,除填塞防火材料外,还应采取阻火措施。

（19）当柴油发电机布置在其他建筑物内时,应采用防火墙与其他房间隔开,并应设置单独出口。

（20）特种材料库与一般材料库合并设置时,二者之间应设置防火墙。

（21）发电厂建筑中二级耐火等级的丁、戊类厂(库)房的柱、梁均可采用无保护层的金属结构,但使用甲、乙、丙类液体或可燃气体的部位,应采用防火保护措施。

（22）火力发电厂内各类建筑物的室内装修应按GB 50222《建筑内部装修设计防火规范》执行。

（23）有爆炸危险性建筑物防火、防爆设计应符合以下规定:

1）点火油罐区是易燃、易爆区,其四周应设置1.8m高的围栅;当利用厂区围墙作为点火油罐区的围墙时,该段厂区围墙应为2.5m高的实体围墙。

点火油罐区的火灾探测器及相关连接件应为防爆型。

点火油罐区的设计应符合GB 50074《石油库设计规范》的有关规定。

2）油泵房属于丙类厂房,室内空气不应循环使用,应设置机械通风系统,其排风道不应设在墙体内,并不宜穿过防火墙;当必须穿过防火墙时,应在穿墙处设置防火阀。通风设备应采用防爆式。

3）蓄电池室、供氢站、供(卸)油泵房、油处理室、汽车库及运煤(煤粉)系统建(构)筑物严禁采用明火取暖。

制氢站和供氢站有爆炸危险房间与无爆炸危险房间之间,应采用耐火极限不低于3h的不燃烧体防爆防护墙隔开,并设置通向室外的安全出口。

4）运煤建筑采用机械通风时,通风设备的电机应采用防爆型。

5）氢冷式发电机组的汽机房应设置排氢装置;当排氢装置为电动或有电动执行器时,应具有防爆和直联措施。

6）联氨间、制氢间的电解间及储氢罐间应设置排风装置。当采用机械排风时,通风设备应采用防爆型,风机应与电机直接连接。

7）柴油发电机房通风系统的通风机及电机应为防爆型,并应直接连接。

（24）屋外油浸变压器及屋外配电装置与各建(构)筑物的防火间距应符合GB 50229《火力发电厂与变电站设计防火规范》的规定要求。具体见本书第六章"火电厂生产工艺系统安全防护设施""第五节电气部分"的"三、电气设备、设施防火防爆"中"(四)变压器及其他带油电气设备"。

（25）防火门、窗和防火卷帘的防火设计,应符合GB 50016《建筑设计防火规范》的规定。

1）防火门的设计应符合下列规定:

设置在建筑内经常有人通行处的防火门宜采用常开防火门。常开防火门应能在火灾时自行关闭,并且更具有信号反馈的功能。

除允许设置常开防火门的位置外,其他位置的防火门均应采用常闭防火门。常闭防火门在其明显位置设置"保持防火门关闭"等提示标志。

除管井检修门外,防火门应具有自行关闭功能。双扇防火门应具有按顺序自行关闭的功能。

防火门应能在内外两侧手动开启。

设置在建筑变形缝附近时,防火门应设置在楼房较多的一侧,并应保证防火门开启时门扇不跨越变形缝。

防火门关闭后应具有防烟性能。

2）设置在防火墙、防火隔墙上的防火窗,应采用不可开启的窗扇或具有火灾时能自行关闭的功能。防火窗应符合GB 16809《防火窗》的有关规定。

3）防火分隔部位设置防火卷帘时，应符合下列规定：

防火卷帘应具有火灾时靠自重自动关闭功能。

防火卷帘的耐火极限不应低于 GB 50016《建筑设计防火规范》对所设置部位墙体的耐火极限要求。

当防火卷帘的耐火极限符合 GB/T 7633《门和卷帘的耐火试验方法》有关耐火完整性和耐火隔热性的判定条件时，可不设置自动喷水灭火系统保护。当防火卷帘的耐火极限仅符合 GB/T 7633《门和卷帘的耐火试验方法》有关耐火完整性的判定条件时，应设置自动喷水灭火系统保护。自动喷水灭火系统的设计应符合 GB 50084《自动喷水灭火系统设计规范》的规定，但火灾延续时间不应小于该防火卷帘的耐火极限。

防火卷帘应具有防烟性能，与楼板、梁、墙、柱之间的空隙应采用防火封堵材料封堵。

需在火灾时自动降落的防火卷帘，应具有信号反馈的功能。

（三）燃机电厂建（构）筑物的防火、防爆设计

（1）燃机电厂内各建（构）筑物及设备的防火间距不应小于表 5-6 的规定。

（2）厂房的防火、防爆设计：

1）有爆炸危险的厂房休息室、办公室，可毗邻厂房外墙布置，但应采用一、二级耐火等级建筑，并采用耐火极限不低于 3h 的非燃烧体防护墙隔开。其出入口直通室外。

2）使用和储存易燃、易爆液体厂房内的地下管沟，不应与相邻厂房的管沟相通，下水道应设水封或隔油设施。

3）天然气调压站、供氢站、油处理室等建筑地坪面层材料应选用不发火材料。

4）防火门自行关闭后，应能从任何一面手动开启；电缆室、电缆竖井等处的门，应选用耐火极限不低于 36min 的防火门。

5）厂房的安全疏散口不应少于 2 个，安全疏散口的距离，应符合防火安全的要求。

（3）在主厂房外侧的适当位置，应设置事故油箱（坑），其布置标高和油管道的设计，应能满足事故时排油畅通的需要。事故油箱（坑）的容积不应小于一台最大机组油系统的油量。

（4）油罐区应设有防火堤或防火墙。

（5）电缆沟及电缆隧道在进入建筑物处或在适当的地段应设墙，电缆隧道的防火墙上应设防火门。

（四）垃圾焚烧电厂建（构）筑物的防火、防爆设计

（1）垃圾焚烧厂的防火设计应符合 GB 50229《火力发电厂与变电站设计防火规范》、GB 50016《建筑设计防火规范》和 CJJ 90《生活垃圾焚烧处理工程技术规范》中的有关规定。

（2）垃圾焚烧电厂的建（构）筑物的防火、防爆设计可参照本节"二、建（构）筑物的防火、防爆设计"部分选用。

（五）生物质燃烧发电厂建（构）筑物的防火、防爆设计

（1）生物质电厂的防火设计应符合 GB 50229《火力发电厂与变电站设计防火规范》和 GB 50016《建筑设计防火规范》的有关规定，参照 GB 50762《秸秆发电厂设计规范》的有关规定。

（2）电厂中跨越建筑物的天桥及运料栈桥，其结构构件均应采用不燃烧材料。

（3）生物质燃料破碎站及转运站、运料栈桥等运料建筑的钢结构应采取防火保护措施。运料栈桥为敞开或半敞开结构时，其钢结构也可不采取防火保护措施。

（4）厂内燃料的储存宜采用露天堆场或半露天堆场的形式。生物质燃料仓库、露天堆场和半露天堆场的设计，应符合 GB 50016《建筑设计防火规范》的有关规定。秸秆仓库内防火墙上开设的洞口，可采用火灾时可自动关闭的防火卷帘或自动喷水的防火水幕进行分隔。

（5）生物质电厂的建（构）筑物的防火、防爆设计可参照本节的"二、建（构）筑物的防火、防爆设计"部分选用。

（六）建（构）筑物的排烟设计

（1）建（构）筑物的排烟设计应符合 GB 51251《建筑防烟排烟系统技术标准》的要求。

（2）建筑高度小于等于 50m 的工业建筑，其防烟楼梯间及其前室、消防电梯前室及合用前室宜采用自然通风方式的防烟系统。当防烟楼梯间的前室、合用前室符合下列要求时，楼梯可不设置防烟设施：

1）敞开的阳台或凹廊作为前室或合用前室；

2）设有不同朝向的可开启外窗的前室或合用前室，且前室两个不同朝向的可开启外窗面积分别不小于 2.0m²，合用前室分别不小于 3.0m²。

（3）建筑高度小于等于 50m 的工业建筑，当前室或合用前室采用机械加压送风系统，且其加压送风口设置在前室的顶部或正对前室入口的墙面上时，楼梯间可采用自然通风方式。当前室的加压送风口的设置不在前室的顶部或正对前室入口的墙面上时，防烟楼梯间应采用机械加压送风系统。

（4）建筑高度大于 50m 的工业建筑，其防烟楼梯间、消防电梯前室及合用前室应采用机械加压送风方式的防烟系统。

（5）建筑高度大于 100m 的高层建筑，其送风系统应竖向分段独立设置，且每段高度不应超过 100m。

（6）当防烟楼梯间采用机械加压送风方式的防烟系统时，楼梯间应设置机械加压送风设施，前室可不设机械加压送风设施，但合用前室应设机械加压送风设施。防烟楼梯间的楼梯间与合用前室的机械加压送风系统应分别独立设置。

（7）带裙房的高层建筑的防烟楼梯间及其前室、消防电梯前室或合用前室，当裙房高度以上部分利用可开启外窗进行自然通风，裙房等高范围内不具备自然通风条件时，该高层建筑不具备自然通风条件的前室、消防电梯前室或合用前室应设置局部机械加压送风系统。

（8）地下室、半地下室楼梯间与地上部分楼梯间均需设置机械加压送风系统时，宜分别独立设置。当受建筑条件限制，与地上部分的楼梯间共用机械加压送风系统时，应分别计算地上、地下的加压送风量，相加后作为共用加压送风系统风量，且应采取有效措施满足地上、地下的送风量的要求。

（9）当地上部分利用可开启外窗进行自然通风时，楼梯间的地下部分应采用机械加压送风系统。

（10）不能满足自然通风条件的封闭楼梯间，应设置机械加压送风系统，当封闭楼梯间位于地下且不与地上楼梯间共用时，可不设置机械加压送风系统，但应在首层设置不小于 $1.2m^2$ 的可开启外窗或直通室外的门。

（11）自然通风设施和机械加压送风设施应按GB 51251《建筑防烟排烟系统技术标准》的要求设置。

三、安全疏散

（一）一般规定

（1）厂房的安全疏散设计应满足 GB 50016《建筑设计防火规范》、GB 50229《火力发电厂与变电站设计防火规范》和 DL/T 5094《火力发电厂建筑设计规程》的规定。

（2）厂房内任一点至最近安全出口的直线距离应符合 GB 50016《建筑设计防火规范》的规定，不应大于表 5-9 的直线距离。

表 5-9　　　厂房内任一点至最近
安全出口的直线距离　　　（m）

生产过程中的火灾危险性类别	耐火等级	单层厂房	多层厂房	高层厂房	地下或半地下厂房（包括地下或半地下室）
甲	一、二级	30	25	—	—
乙	一、二级	75	50	30	—
丙	一、二级	80	60	40	30
	三级	60	40	—	—

续表

生产过程中的火灾危险性类别	耐火等级	单层厂房	多层厂房	高层厂房	地下或半地下厂房（包括地下或半地下室）
丁	一、二级	不限	不限	50	45
	三级	60	50	—	—
	四级	50	—	—	—
戊	一、二级	不限	不限	75	60
	三级	100	75	—	—
	四级	60	—	—	—

（3）厂房内疏散楼梯、走道、门的各自总净宽度，应根据疏散人数按每 100 人的最小疏散净宽度不小于表 5-10 的规定计算确定。

表 5-10　　厂房内疏散楼梯、走道和
门的每 100 人最小疏散净宽度

厂房层数（层）	1～2	3	≥4
最小疏散净宽度（m/百人）	0.60	0.80	1.00

但疏散楼梯的最小净宽度不宜小于 1.10m，疏散走道的最小净宽度不宜小于 1.40m，门的最小净宽度不宜小于 0.90m。当每层疏散人数不相等时，疏散楼梯的总净宽应分层计算，下层楼梯总净宽度应按该层及以上疏散人数最多一层的疏散人数计算。

首层外门的总净宽度应按该层及以上疏散人数最多一层的疏散人数计算，且该门的最小净宽度不应小于 1.20m。

（二）燃煤电厂建（构）筑物的安全疏散

（1）燃煤电厂建（构）筑物的安全疏散设计应满足 GB 50229《火力发电厂与变电站设计防火规范》的要求。

（2）主厂房的安全疏散应符合以下规定：

1）汽机房、除氧间、煤仓间、锅炉房、集中控制楼的安全出口均不应少于 2 个。上述安全出口可利用通向相邻车间的乙级防火门作为第二安全出口，但每个车间地面层至少必须有 1 个直通室外的安全出口。

2）汽机房、除氧间、煤仓间、锅炉房最远工作地点到直通室外的安全出口或疏散楼梯的距离不应大于 75m；集中控制楼最远工作地点到直通室外的安全出口或楼梯间的距离不应大于 50m。

3）主厂房至少应有 1 个能通至各层和屋面且能直接通向室外的封闭楼梯间，其他疏散楼梯可为敞开式楼梯；集中控制楼至少应设置 1 个通至各层的封闭楼梯间。

4）主厂房室外疏散楼梯的净宽不应小于 0.9m，楼梯坡度不应大于 45°，楼梯栏杆高度不应低于 1.1m。主厂房室内疏散楼梯净宽不宜小于 1.1m，疏散走道的净宽不宜小于 1.4m，疏散门的净宽不宜小于 0.9m。

5）集中控制室的房间疏散门不应少于 2 个，当房间位于两个安全出口之间，且建筑面积小于等于 120m² 时可设置 1 个。

6）主厂房的带式输送机层应设置通向汽机房、除氧间屋面或锅炉平台的疏散门。

（3）其他建（构）筑物的安全疏散应符合以下规定：

1）碎煤机室和转运站应至少设置 1 个通至主要各层的楼梯，该楼梯应采用不燃性隔墙与其他部分隔开，楼梯可采用钢楼梯，但其净宽不应小于 0.9m、坡度不应大于 45°。运煤栈桥安全出口的间距不应超过 150m。

2）卸煤装置的地下室两端及运煤系统的地下建筑物尽端，应设置通至地面的安全出口。地下室安全出口的间距不应超过 60m。

3）室内煤场的安全出口不应少于 2 个，矩形煤场的安全出口的数量应与防火分区相对应。

4）主控制楼、配电装置楼各层及电缆夹层的安全出口不应少于 2 个，其中 1 个安全出口可通往室外楼梯。配电装置楼内任一点到最近安全出口的最大疏散距离不应超过 30m。

5）配电装置室房间内任一点到房间疏散门的直线距离不应大于 15m。

6）电缆隧道两端均应设通往地面的安全出口；当其长度超过 100m 时，安全出口的间距不应超过 75m。

7）控制室的房间疏散门不应少于 2 个，当建筑面积小于 120m² 时可设 1 个。

8）每座空冷平台的室外楼梯不宜少于 2 个。室外楼梯的设计应符合 GB 50229—2006《火力发电厂与变电站设计防火规范》中 5.1.4 的规定。

（4）建筑构造的安全疏散应符合以下规定：

1）主厂房电梯应能供消防使用并应符合消防电梯的要求。除锅炉房消防电梯外，消防电梯应设置前室。

2）主厂房及辅助厂房的室外疏散楼梯应符合下列规定：

a．室外疏散楼梯和平台，均应采用不燃性材料制作，其耐火极限不应低于 0.25h。

b．除疏散门外，楼梯周围 2m 内的墙面上不应设置门、窗、洞口。疏散门不应正对梯段。

c．通向室外楼梯的疏散门应采用乙级防火门，并应向室外开启。

3）变压器室、配电装置室等室内疏散门应为甲级

防火门，电子设备间、发电机出线小室、电缆夹层、电缆竖井等室内疏散门应为乙级防火门；上述房间中间隔墙上的门应采用乙级防火门。

4）主厂房各车间隔墙上的门均应采用乙级防火门。

5）主厂房煤仓间带式输送机层应采用耐火极限不小于 1.00h 的防火隔墙与其他部位隔开，隔墙上的门均应采用乙级防火门。

6）集中控制室应采用耐火极限分别不低于 2.00h 和 1.50h 的防火隔墙和楼板与其他部位分隔，隔墙上的门窗应采用乙级防火门窗。

7）主厂房疏散楼梯间内部不应穿越可燃气体管道，蒸汽管道，甲、乙、丙类液体的管道和电缆或电缆槽盒。

8）主厂房与天桥连接处的门洞，应设置防止火势蔓延的措施，门应采用不燃性材料制作。

9）蓄电池室、充电机室以及蓄电池室前套间通向走廊的门，均应采用向外开启的乙级防火门。

10）当汽机房、屋内配电装置楼、主控制楼、集中控制楼及网络控制楼的墙外 5m 以内布置有变压器时，在变压器外轮廓投影范围外侧各 3m 内的上述建筑物外墙上不应设置门、窗、洞口和通风孔，且该区域外墙应为防火墙；当建筑物墙外 5～10m 范围内布置有变压器时，在上述外墙上可设置甲级防火门，变压器高度以上可设防火窗，其耐火极限不应小于 0.90h。

11）电缆沟及电缆隧道在进出主厂房、主控制楼、配电装置室时，在上述建筑物外墙处应设置防火墙。电缆隧道的防火墙上应采用甲级防火门。

12）当管道穿过防火墙时，管道与防火墙之间的缝隙应采用防火封堵材料填实。当直径大于或等于 32mm 的可燃或难燃管道穿过防火墙时，除填塞防火封堵材料外，还应在防火墙两侧的管道上采取阻火措施。

13）柴油发电机房宜独立设置，柴油储罐或油箱应布置在柴油发电机房外。当柴油发电机房与其他建筑物合建时，应符合下列规定：

a．宜布置在建筑的首层，并应设置单独安全出口；

b．应采用耐火极限不低于 2.00h 的防火隔墙和 1.50h 的不燃性楼板与其他部位分隔，门应采用甲级防火门。

14）丙类特种材料库贴邻一般材料库设置时，应采用耐火极限不低于 2.00h 的防火隔墙与一般材料库分隔并设置独立的安全出口。

15）火力发电厂内各类建筑物的室内装修防火设计应按 GB 50222《建筑内部装修设计防火规范》执行。

16）运煤栈桥下方布置丁、戊类场所时，应符合

下列规定:

a. 应采用耐火极限不低于2.00h的不燃性外墙和耐火极限不低于1.00h的不燃性屋顶;

b. 运煤栈桥水平投影范围内的厂房外墙开口部位上方应设置挑出长度不小于1m、耐火极限不低于1.00h的防火挑檐。

17)空冷平台下方布置变压器时,变压器水平轮廓外2m投影范围内的空冷平台承重构件的耐火极限不应低于1.00h;空冷平台下方布置空冷配电间时,空冷配电间应符合GB 50229—2006《火力发电厂与变电站设计防火规范》中5.3.16的1～3款的规定。

18)发电厂建筑物与消防车登高操作场地相对应的范围内,应设置直通室外的楼梯或直通楼梯间的入口。

19)厂房、仓库的外墙应在每层的适当位置设置可供消防救援人员进入的窗口,且每个防火分区不应少于2个,设置的位置应与消防车登高操作场地相对应。

20)供消防人员进入的窗口的净高度和净宽度均不应小于1.0m,下沿距室内地面不宜大于1.2m。窗口的玻璃应易于破碎,并应设置在室外易于识别的明显标识。

（三）燃机电厂建（构）筑物的安全疏散

（1）厂房的安全疏散设计应满足GB 50016《建筑设计防火规范》、GB 50229《火力发电厂与变电站设计防火规范》和DL/T 5174《燃气-蒸汽联合循环电厂设计规定》的规定。

（2）主厂房的疏散楼梯,不应少于两个,其中应有一个楼梯直接通向室外出入口,另一个可为室外楼梯。

（3）其他安全疏散设计可参照本节的"三、安全疏散"的"（一）一般规定"和"（二）燃煤电厂建（构）筑物的安全疏散"。

（四）垃圾焚烧建（构）筑物的安全疏散

（1）一般规定。参照本节的"三、安全疏散"的"（一）一般规定"。

（2）建（构）筑物的安全疏散。

1）设置在垃圾焚烧厂房的中央控制室、电缆夹层和长度大于7m的配电装置室,应设两个安全出口。

2）垃圾焚烧厂房的疏散楼梯梯段净宽不应小于1.1m,疏散走道净宽不应小于1.4m,疏散门的净宽不应小于0.9m。

3）疏散用的门及配电装置室和电缆夹层的门,应向疏散方向开启;当门外为公共走道或其他房间时,应采用丙级防火门。配电装置室的中间门,应采用双向弹簧门。

4）其他建（构）筑物的安全疏散可参考本节的

"三、安全疏散"的"（一）一般规定"和"（二）燃煤电厂建（构）筑物的安全疏散"部分选用。

（五）生物质电厂建（构）筑物的安全疏散

（1）一般规定。参照本节的"三、安全疏散"的"（一）一般规定"。

（2）建（构）筑物的安全疏散。

1）转运站和分料仓至少应设置一个安全出口,安全出口可采用敞开式金属梯,其净宽不小于0.8m,倾斜角度不应大于45°。与其相连的栈桥不得作为安全出口。栈桥长度超过200m时,还应加设中间安全出口。

2）集中控制室和电子设备间的出入口不应少于两个,其净空高度不宜低于3.2m。

3）其他建（构）筑物的安全疏散可参考本节的"三、安全疏散"的"（一）一般规定"和"（二）燃煤电厂建（构）筑物的安全疏散"部分选用。

第三节　建（构）筑物的防坠落设计

一、一般规定

根据DL 5053—2012《火力发电厂职业安全设计规程》,建（构）筑物的防坠落设计应满足以下一般规定:

（1）火电厂建（构）筑物的阳台、外廊、室内回廊、内天井、上人屋面、室外楼梯、平台及楼面开孔等临空处应设置防护栏杆,具体设计按照DL/T 5094《火力发电厂建筑设计规程》及其他相关标准执行。

（2）对有人员停留或通过的室内外平台、台阶、通道或工作面,当其高度超过0.70m并侧面临空时,应设防护栏杆及防滑等防护措施。

（3）当设置直通屋面的外墙爬梯时,爬梯应有安全防护措施。

二、建筑设计的防高空坠落安全措施

根据DL 5053《火力发电厂职业安全设计规程》和DL/T 5094《火力发电厂建筑设计规程》,建筑设计的防高处坠落安全措施应具体满足以下要求:

（1）平台及楼梯孔周围应设置护沿和栏杆,吊物孔周围应加设护沿,并可设活动栏杆,以及根据需要设置盖板。各种设备孔洞、穿楼面管道的周围应设护沿,护沿高度不宜小于150mm。

建筑物内临空处应设置防护栏杆,栏杆应以坚固、耐久的材料制作。当临空高度在20m以下时,栏杆高度不应低于1050mm;当临空高度在20m及以上时,栏杆高度不应低于1200mm。栏杆构造应符合GB

4053.3《固定式钢梯及平台安全要求　第 3 部分：工业防护栏杆及钢平台》的有关规定。

（2）楼梯的设计应符合下列规定：

1）钢筋混凝土主要楼梯的净宽度不应小于1100mm，每梯段踏步数目不宜小于 3 级，且不应大于 18 级。

楼梯梯井宽度宜为 150～200mm。

主要楼梯的坡度不宜超过38°，次要楼梯可放宽至 43°。

楼梯梯段改变方向时，转向平台深度不应小于梯段宽度，并不应小于 1200mm，当有搬运大型物件需要时应适量加宽。不改变行进方向的楼梯平台，其深度不应小于 3 步踏步的宽度。当有门开向楼梯平台或有其他凸出物时，应适当增加平台的深度。

楼梯净高：楼梯平台上部及下部过道处的净高不应小于 2m，梯段净高不宜小于 2.20m。

楼梯扶手高度自踏步前缘线量起不宜小于 0.90m。靠楼梯井一侧水平扶手长度超过 0.5m 时，其高度不应小于 1.05m。

2）作业梯、检修梯等金属斜梯，其梯段宽度不应小于 700mm，坡度不宜大于 60°。室外疏散金属斜梯净宽不应小于 800mm，坡度不应大于 45°。

3）楼梯应设有防滑措施。钢筋混凝土梯段设防滑条；钢梯踏步板宜采用花纹钢板；露天和易积灰地段宜采用栅格式踏步。

4）主要疏散楼梯应能天然采光和自然通风，并宜靠外墙设置。

（3）屋面构造设计应符合下列规定：

1）檐口高度大于 6m 的建筑物，应设屋面检修孔或上屋面的钢梯。直钢梯安全防护应符合 GB 4053.1《固定式钢梯及平台安全要求　第 1 部分：钢直梯》的有关规定。

2）建筑物的上人屋面，应设置女儿墙或栏杆。建筑高度小于 20m 时，女儿墙或栏杆的净高不应低于 1050mm；建筑高度超过 20m 时，女儿墙或栏杆的净高不应低于 1200mm。

（4）主厂房的防坠落设计：

1）底层、除氧器层、煤仓间各层及管道层其楼地面开孔四周应设混凝土护沿，高度不应低于 150mm。楼梯口处宜设置反坡。

2）主厂房室内第二安全出口的楼梯可采用金属梯，但其净宽度不应小于 900mm，倾斜角度不应大于 45°，主厂房室外疏散楼梯的净宽不应小于 800mm，楼梯坡度不应大于 45°，楼梯栏杆高度不应低于 1100mm。

（5）网络继电器楼各层及电缆夹层的安全出口不应少于 2 个。其中一个安全出口可通往室外楼梯。当采用室外楼梯时，楼梯净宽不应小于 900mm，倾斜角

度不应大于 45°。

（6）运煤和除灰建筑防坠落设计。

1）运煤系统。

a．运煤系统各建筑物内的楼梯、平台、坑池和孔洞等周围，均应设置栏杆或盖板。楼梯、平台均应采取防滑措施。

b．操作人员工作位置在坠落基准面在 2m 以上时，必须在生产设施上配置带有防坠落的护栏、护板或安全圈的平台，且不宜采用直爬梯。

c．运煤建筑各层的起吊孔应设盖板和活动栏杆。无盖板时，应设固定栏杆。起吊设备的极限位置应能到达起吊孔的正上方。

d．运转层通往煤斗层、值班室和吊车的楼梯及通道的宽度不宜小于 800mm。

e．设有桥式抓斗的干煤棚，在吊车梁处宜设置纵向通道，其宽度不应小于 600mm，通道外侧应设栏杆，并设置通往司机室的钢梯及平台。

f．敞开式、露天式运煤栈桥应设 1200～1300mm 高的栏板。敞开式栈桥屋面挑檐宽度宜适当加大。

2）除灰渣系统。

a．除灰渣系统中灰库、渣库库顶、操作平台（高度大于 1m）应设置安全栏杆；平台、走台（步道）、升降口、吊装孔、闸门井和坑池边等有坠落危险处，应设栏杆、盖板、踢脚板及防滑措施。

b．除灰系统沉渣池及排污池周围应设安全栏杆。

（7）水工设施及建（构）筑物。

1）水工设施。

a．室内水池、排水沟、集水坑应设置防护栏杆或盖板。

b．敞开式取水、排水沟道、排洪沟、冷却塔水池、回水沟口及储水池应设栏杆。

c．地下水泵房、高位水箱（池）应设爬梯；爬梯超过 2m 时，2m 以上的爬梯应设围栏。

2）水工建（构）筑物。

a．冷却塔及其他高耸水工建（构）筑物的爬梯应设封闭护栏或护圈，高度超过 100m 的冷却塔，其爬梯中间应设置间歇平台，平台及塔顶应设防护栏杆。机力通风冷却塔人孔处，应设有检修平台及活动栏杆。

b．空冷岛楼梯、步道和工作平台周围应设置不低于 1.20m 的防护栏杆。

c．火电厂作业码头的边沿，应设有不低于 200mm 的防护台。

（8）脱硫系统：石灰石粉仓、箱罐顶部及脱硫塔的旋转爬梯等应设置防护栏杆；平台、走台（步道）、升降口、吊装孔和坑池边等有坠落危险处，应设防护栏杆、盖板和踢脚板。

三、固定式钢梯及平台防高处坠落安全设计

（1）固定式钢直梯防高处坠落安全设计应符合GB 4053.1《固定式钢梯及平台安全要求 第 1 部分：钢直梯》的要求。

固定式钢斜梯应符合 GB 4053.2《固定式钢梯及平台安全要求 第 2 部分：钢斜梯》的要求。

固定式工业防护栏杆及钢平台应符合 GB 4053.3《固定式钢梯及平台安全要求 第 3 部分：工业防护栏杆及钢平台》的要求。

（2）固定式钢直梯应与其固定的结构表面平行并尽可能垂直水平面设置。当受条件限制不能垂直水平面时，两梯梁中心线所在平面与水平面倾角应在 75°～90°范围内。

（3）固定式钢直梯梯段高度及保护应满足以下要求：

1）单段梯高宜不大于 10m，攀登高度大于 10m 时宜采用多段梯，梯段水平交错布置，并设梯间平台，平台的垂直间距宜为 6m。单段梯及多段梯的梯高均应不大于 15m。

2）梯段高度大于 3m 时宜设置安全护笼。单梯段高度大于 7m 时，应设置安全护笼。当攀登高度小于 7m，但梯子顶部在地面、地板或尾顶之上高度大于 7m 时，也应设置安全护笼。

3）当护笼用于多段梯时，每个梯段应与相邻的梯段水平交错并有足够的间距，设有适当空间的安全进、出引导平台，以保护使用者的安全。

（4）固定式钢斜梯与水平面的倾角应在 30°～75°范围内，优选倾角为 30°～35°，偶尔性进处的最大倾角宜为 42°。经常性双向通行的最大倾角宜为 38°。

（5）固定式钢斜梯梯高应满足以下要求：

1）梯高宜不大于 5m，大于 5m 时宜设梯间平台（休息平台），分段设梯。

2）单梯段的梯高应不大于 6m，梯级数宜不大于 16。

（6）固定式钢斜梯内侧净宽度应满足以下要求：

1）斜梯内侧净宽度单向通行的净宽度宜为 600mm，经常性单向通行及偶尔双向通行净宽度宜为 800mm，经常性双向通行净宽度宜为 1000mm。

2）斜梯内侧净宽度应不小于 450mm，宜不大于 1100mm。

（7）固定式钢斜梯通行空间应满足以下要求：

1）在斜梯使用者上方，由踏板突缘前端到上方障碍物沿梯梁中心线垂直方向测量距离应不小于 1200mm。

2）在斜梯使用者上方，由踏板突缘前端到上方障碍物的垂直距离应不小于 2000mm。

（8）在固定式钢平台、通道或工作面上可能使用工具、机器部件或物品场合，应在所有敞开边缘设置带踢脚板的防护栏杆。

（9）在酸洗等危险设备上方或附近的平台、通道或工作面的敞开边缘，均应设置带踢脚板的防护栏杆。

（10）固定式钢平台扶手应满足以下要求：

1）梯宽不大于 1100mm 两侧封闭的斜梯，应至少一侧有扶手，宜设在下梯方向的右侧。

2）梯宽不大于 1100mm 一侧敞开的斜梯，应至少在敞开一侧装有梯子扶手。

3）梯宽不大于 1100mm 两边敞开的斜梯，应在两侧均安装梯子扶手。

4）梯宽大于 1100mm 但不大于 2200mm 的斜梯，无论是否封闭，均应在两侧安装扶手。

5）梯宽大于 2200mm 的斜梯，除在两侧安装扶手外，在梯子宽度的中线处应设置中间栏杆。

6）梯子扶手中心线应与梯子的倾角线平行。梯子封闭边扶手的高度由踏板突缘上表面到扶手的上表面垂直测量应不小于 860mm，不大于 960mm。

7）斜梯敞开边的扶手高度应不低于 GB 4053.3《固定式钢梯及平台安全要求 第 3 部分：工业防护栏杆及钢平台》中规定的栏杆高度。

（11）固定式钢平台防护栏杆高度应满足以下要求：

1）当平台、通道及作业场所距基准面高度小于 2m 时，防护栏杆高度应不低于 900mm。

2）在距基准面高度大于等于 2m 并小于 20m 的平台、通道及作业场所的防护栏杆高度应不低于 1050mm。

3）在距基准面高度不小于 20m 的平台、通道及作业场所的防护栏杆高度应不低于 1200mm。

（12）钢平台的平台尺寸应满足以下要求：

1）工作平台的尺寸应根据预定的使用要求及功能确定，但应不小于通行平台和梯间平台（休息平台）的最小尺寸。

2）通行平台的无障碍宽度应不小于 750mm，单人偶尔通行的平台宽度可适当减小，但应不小于 450mm。

3）梯间平台（休息平台）的宽度应不小于梯子的宽度，且对直梯应不小于 700mm，斜梯应不小于 760mm，两者取较大值。梯间平台（休息平台）在行进方向的长度应不小于梯子的宽度，且对直梯应不小于 700mm，斜梯应不小于 650mm，两者取较大值。

（13）钢平台的平台上方空间应满足以下要求：

1）平台地面到上方障碍物的垂直距离应不小于 2000mm。

2）对于仅限单人偶尔使用的平台，上方障碍物

的垂直距离可适当减少，但应不小于1900mm。

（14）工作平台和梯间平台（休息平台）的地板应水平设置。通行平台地板与水平面的倾角应不大于10°，倾斜的地板应采取防滑措施。

第四节 建筑物内通道设计

一、燃煤电厂建（构）筑物的通道设计

（1）燃煤电厂建筑物内通道设计应满足 DL/T 5094《火力发电厂建筑设计规程》、GB 50229《火力发电厂与变电站设计防火规范》和GB 50016《建筑设计防火规范》的规定。

（2）主厂房应按生产需要和防火要求，组织水平交通：

1）主厂房各车间（汽机房、除氧间、煤仓间、锅炉房、集中控制楼）的安全出口均不应少于 2 个。上述安全出口可利用通向相邻车间的门作为第二安全出口，但每个车间地面层必须有一个直通室外的出口。

2）汽机房或除氧间和锅炉房底层按工艺要求设置纵向通道，通道宽度不应小于 1.50m。当通行汽车时，宽度不应小于 3.50m。通道两端应与厂房室外出口连接。

3）主厂房的带式输送机层应设置通向汽机房、除氧间屋面或锅炉平台的疏散出口。

4）厂房长度每隔 100m 左右，在运转层和底层应增设中间横向通道。

5）主厂房固定端宜设人流主要出入口，汽机房横向通道或底层中间检修场处宜设设备主要出入口。当变压器在汽机房内检修时，大门尺寸应满足主变压器运输的需要。

（3）主厂房应按生产需要和防火要求，组织垂直交通：

1）主厂房内最远工作地点到外部出口或楼梯的距离不应超过 50m。

2）主厂房的疏散楼梯不应少于 2 个，其位置、宽度应满足安全疏散和使用方便的要求。

3）主厂房的疏散楼梯可为敞开式楼梯间；至少应有一个楼梯通至各层、屋面且能直接通向室外，另一个可为室外楼梯。

4）主厂房空冷岛应设置不少于 2 个通至地面的疏散楼梯，疏散楼梯宜设置在空冷岛外沿，其间距宜不超过两台机汽机房的长度。

5）主厂房室内第二安全出口的楼梯可采用金属梯，但其净宽度不应小于900mm，倾斜角度不应大于45°。

主厂房室外疏散楼梯的净宽不应小于800mm，楼梯坡度不应大于 45°，楼梯栏杆高度不应低于 1100m。

6）汽机房内每台机组宜设置从底层通往运转层供运行检修用的钢梯。

7）主厂房至室外疏散楼梯的疏散门不应正对梯段。室外疏散楼梯和每层出口平台，均应采用不燃烧材料制作，其耐火极限不应小于 0.25h。在楼梯周围 2m 范围内的墙面上，除疏散门外，不应开设其他门窗洞口。

8）主厂房锅炉房的电梯应能供消防使用。该电梯应符合 GB 50229《火力发电厂与变电站设计防火规范》的有关规定。

9）主厂房内每台机组均宜设置通往行车的钢梯。

（4）煤仓间带式输送机层的带式输送机侧应设运行通道，净宽宜大于 1000mm；在结构柱附近应设检修通道，最小净宽不应小于 600mm。

（5）屋内配电装置楼室内主楼梯应采用钢筋混凝土楼梯，室外楼梯可采用钢梯。至少有一个楼梯直通屋顶。屋内配电装置间应设置通道。其通道宽度应满足运输部件的需要，且不宜小于 150mm。

（6）运煤系统缝式煤槽主要运行通道净宽不应小于 1500mm，检修通道净宽不应小于 700mm。

（7）翻车机室运转层应有通往煤斗层、值班室和吊车的楼梯，楼梯及通道的宽度不宜小于 800mm。

（8）设有桥式抓斗的干煤棚，在吊车梁处宜设置纵向通道，其宽度不应小于 600mm，通道外侧应设栏杆，并设置通往司机室的钢梯及平台。

（9）运煤栈桥、运煤隧道的通道净宽和垂直净高不应小于表 5-11 的规定。

表 5-11 运煤栈桥、运煤隧道的通道尺寸和垂直净高

胶带宽度（mm）	净宽（m）		垂直净高（m）	
	运行通	检修通	栈桥	隧道
≤800	≥1.00	≥0.70	≥2.20	≥2.50
1000	≥1.00			
1200	≥1.00			
1400	≥1.00	≥0.70	≥2.20	≥2.50

注 1. 当运煤栈桥钢桁架内侧封闭或采暖设备沿墙布置时通道宽度应从凸出面算起。

2. 在结构柱附近检修通道最小净宽不应小于 600mm。当运煤栈桥钢桁架内侧封闭或采暖设备沿墙布置时通道宽度应从凸出面算起。

（10）燃油泵房为半地下布置时，应在主要运行通道旁设有一个直通室外地面的出入口，出口处可做竖井或坡道。

（11）脱硫系统石膏储存间（石膏库）应设汽车运输通道。

脱硫系统其他辅助车间包括浆液循环泵房、氧化风机房、GGH 辅助设备间、增压风机房等应设置运行通道。

（12）空气压缩机房的布置应设运行通道、设备拆卸空间和检修场地。

（13）五层及五层以上生产行政楼应设电梯。

（14）汽轮发电机油系统在油箱的事故排油管上，应设置两个钢制阀门，其操作手轮应在距油箱外缘 5m 以外的地方，并应有两个以上的通道。

（15）主厂房疏散走道和疏散楼梯的净宽度及疏散楼梯间要求等，应符合 GB 50016《建筑设计防火规范》和 GB 50229《火力发电厂与变电站设计防火规范》的要求：

1）主厂房内疏散楼梯、走道、门的各自总净宽度，应根据疏散人数按每 100 人的最小疏散净宽度不小于表 5-12 的规定计算确定。但疏散楼梯的最小净宽度不宜小于 1.10m，疏散走道的最小净宽度不宜小于 1.40m，门的最小净宽度不宜小于 0.90m。当每层疏散人数不相等时，疏散楼梯的总净宽度应分层计算，下层楼梯总净宽度应按该层及以上疏散人数最多一层的疏散人数计算。

表 5-12　厂房内疏散楼梯、走道和门的每 100 人最小疏散净宽度

厂房层数（层）	1～2	3	≥4
最小疏散净宽度（m/百人）	0.6	0.8	1.00

首层外门的总净宽度应按该层及以上疏散人数最多一层的疏散人数计算，且该门的最小净宽度不应小于 1.20m。

2）主厂房室外疏散楼梯的净宽不应小于 0.8m，楼梯坡度不应大于 45°，楼梯栏杆高度不应低于 1.1m。主厂房室内疏散楼梯净宽不宜小于 1.1m，疏散走道的净宽不宜小于 1.4m，疏散门的净宽不宜小于 0.9m。

3）疏散楼梯间应符合下列规定：

a. 楼梯间应能天然采光和自然通风，并宜靠外墙设置。靠外墙设置时，楼梯间、前室及合用前室外墙上的窗口与两侧门、窗、洞口最近边缘的水平距离不应小于 1.0m。

b. 楼梯间内不应设置烧水间、可燃材料储藏室、垃圾道。

c. 楼梯间内不应有影响疏散的凸出物或其他障碍物。

d. 封闭楼梯间、防烟楼梯间及其前室，不应设置卷帘。

e. 楼梯间内不应设置甲、乙、丙类液体管道。

f. 封闭楼梯间、防烟楼梯间及其前室内禁止穿过

或设置可燃气体管道。敞开楼梯间内不应设置可燃气体管道，当住宅建筑的敞开楼梯间内确需设置可燃气体管道和可燃气体计量表时，应采用金属管和设置切断气源的阀门。

二、燃机电厂建（构）筑物的通道设计

（1）燃机电厂建（构）筑物内通道设计应满足 DL/T 5174《燃气-蒸汽联合循环电厂设计规定》、GB 50229《火力发电厂与变电站设计防火规范》和 GB 50016《建筑设计防火规范》的规定。

（2）在主厂房外侧的适当位置，应设置汽轮机主油箱及油系统事故油箱（坑），事故放油门应布置在安全及便于快速操作的位置，并有 2 条人行通道可以到达。

（3）主厂房内各主、辅机应有必要的检修起吊空间安放场地和运输通道，并满足发电机抽转子、凝汽器抽管的空间。厂房设置纵向通道时宜贯穿直通，通道宽度应不小于 1.5m，满足设备运输要求，并在两端设置大门。另外在 0.00m 层中间检修场处宜设置大门，并与厂区道路相连通。

（4）厂房底层的纵向通道宜贯穿直通，并在其两端设置大门，并与厂区道路相连通。这样，凡需要运出厂房进行维修的辅机设备，均可从两端大门运出。

（5）调压站内布应设置必要的检修场地与通道。

三、垃圾焚烧电厂建（构）筑物的通道设计

垃圾焚烧电厂建（构）筑物的通道设计应满足 GB 50016《建筑设计防火规范》和 CJJ 90《生活垃圾焚烧处理工程技术规范》的要求，满足安全疏散要求，相关要求可参照本章"第二节　建（构）筑物的防火防爆设计"的"三、安全疏散"的"（一）一般规定"和"第四节　建筑物内通道设计"的"一、燃煤电厂建（构）筑物的通道设计"相关内容。

四、生物质燃烧发电厂建（构）筑物的通道设计

（1）生物质燃烧发电厂建（构）筑物的通道设计应满足 GB 50016《建筑设计防火规范》和 GB 50762《秸秆发电厂设计规范》的要求，满足安全疏散的要求。

（2）燃料堆场区消防车通道的宽度应不小于 6m。通道上空遇有管架、栈桥等障碍物时，其净高应不小于 4m。

（3）每个堆场的总储量超过 5000t 时，需设置环形消防车道或四周设置宽度不小于 6m 且能供消防车通行的平坦空地。

（4）燃料堆场每个占地面积超过 25000m² 时，需

增设与环形消防车道相通的中间纵横消防车道，其间距不超过150m。

（5）带式输送机栈桥（隧道）的通道尺寸应符合下列规定：

1）运行通道净宽不应小于1m。

2）检修通道净宽不应小于0.7m。

（6）其他相关要求可参照本章"第二节　建（构）筑物的防火防爆设计"的"三、安全疏散"的"（一）一般规定"和"第四节　建筑物内通道设计"的"一、燃煤电厂建（构）筑物的通道设计"相关内容。

第五节　建（构）筑物室内外装修的安全设计

一、装修材料的分类和分级

（1）装修材料燃烧性能等级划分应符合 GB 50222《建筑内部装修设计防火规范》、GB 8624《建筑材料及制品燃烧性能分级》和 JGJ 113《建筑玻璃应用技术规程》的规定。

（2）装修材料燃烧性能等级，装修材料按其燃烧性能应划分为四级，并应符合表5-13的规定。

表5-13　装修材料燃烧性能等级

序号	等级	装修材料燃烧性能
1	A	不燃性
2	B_1	难燃性
3	B_2	可燃性
4	B_3	易燃性

（3）装修材料按其使用部位和功能，可划分为顶棚装修材料、墙面装修材料、地面装修材料、隔断装修材料、固定家具、装饰织物、其他装饰材料七类。

常用工业建筑内部装修材料燃烧性能等级划分详见表5-14。

表5-14　常用工业建筑内部装修材料
燃烧性能等级划分

材料类型	级别	材料举例
各部位材料	A	花岗石、大理石、水磨石、水泥制品、混凝土制品、石膏板、石灰制品、黏土制品、玻璃、瓷砖、马赛克、钢铁、铜铝合金、安装在钢龙骨上的纸面石膏板、施涂于基材上的无机装修涂料
顶棚材料	B_1	纸面石膏板、纤维石膏板、水泥刨花板、矿棉板、玻璃棉装饰吸声板、珍珠岩装饰吸声板、难燃胶合板、难燃中密度纤维板、岩棉装饰板、难燃木材、难燃酚醛胶合板、表面涂一级饰面型防火涂料的胶合板

续表

材料类型	级别	材料举例
墙面材料	B_1	纸面石膏板、纤维石膏板、水泥刨花板、矿棉面板、玻璃面板、珍珠岩板、难燃胶合板、难燃中密度纤维板、防火塑料装饰板、难燃双面刨花板、多彩涂料、难燃墙纸、难燃墙布、难燃仿花岗岩装饰板、难燃玻璃钢平板、PVC塑料护墙板、轻质高强复合墙板、阻燃模压木质复合板
	B_2	各类天然木材、木制人造板、纸制装饰板、装饰微薄木贴面板、塑料贴面装饰板、聚酯装饰板、覆塑装饰板、塑纤板、胶合板、塑料壁纸、无纺贴墙布、墙布、复合壁纸、天然材料纸、人造革
地面材料	B_1	硬质PVC塑料地板、水泥刨花板、水泥木丝板、氯丁橡胶地板等
	B_2	半硬质PVC塑料地板、PVC卷材地板、木地板氯纶地毯等

（4）安装在钢龙骨上燃烧性能达到 B_1 级的纸面石膏板、矿棉声板可作为 A 级装修材料使用。

（5）当胶合板表面涂覆一级饰面型防火涂料时，可作为 B_1 级装修材料使用。当胶合板用于顶棚和墙面装修且不内含电器、电线等物体时，宜仅在胶合板外表面涂覆防火涂料；当胶合板用于顶棚和墙面装修且内含有电器、电线等物体时，胶合板的内、外表面以及相应的木龙骨应涂覆防火涂料或采用阻燃浸渍处理达到 B_1 级。

（6）单位面积质量小于 $300g/m^2$ 的纸质、布质壁纸，当直接粘贴在 A 级基材上时，可作为 B_1 级装修材料使用。

（7）施涂于 A 级基材上的无机装饰涂料可作为 A 级装修材料使用；施涂于 A 级基材上，湿涂覆比小于 $1.5kg/m^2$ 的有机装饰涂料，可作为 B_1 级装修材料使用。涂料施涂于 B_1、B_2 级基材上时，应将涂料连同基材一起按 GB 50222—2017《建筑内部装修设计防火规范》附录的规定确定其燃烧性能等级。

（8）当采用不同装修材料进行分层装修时，各层装修材料的燃烧性能等级均应符合 GB 50222《建筑内部装修设计防火规范》的规定。复合型装修材料应由专业检测机构进行整体测试并划分其燃烧性能等级。

二、室内外装修的安全设计

（1）厂房的室内外装修的安全设计应满足 GB 50222《建筑内部装修设计防火规范》和 DL/T 5094《火力发电厂建筑设计规程》的规定。

（2）厂房内部各部位装修材料和厂房附设的办公室、休息室等的内部装修材料的燃烧性能等级不应低于表5-15的规定。

表 5-15 工业厂房内部各部位装修材料的燃烧性能等级

工业厂房分类	建筑规模	装修材料燃烧性能等级			
		顶棚	墙面	地面	隔断
甲、乙类厂房有明火的丁类厂房		A	A	A	A
丙类厂房	地下厂房	A	A	A	B_1
	高层厂房	A	B_1	B_1	B_2
	高度大于24m的单层厂房;高度不大于24m的单层、多层厂房	B_1	B_1	B_2	B_2
无明火的丁类厂房戊类厂房	地下厂房	A	A	B_1	B_1
	高层厂房	B_1	B_1	B_2	B_2
	高度大于24m的单层厂房;高度不大于24m的单层、多层厂房	B_1	B_2	B_2	B_2

（3）当厂房中房间的地面为架空地板时其地面装修材料的燃烧性能等级不应低于 B_1 级。

（4）装有贵重机器、仪器的厂房或房间，其顶棚和墙面应采用 A 级装修材料；地面和其他部位应采用不低于 B_1 级的装修材料。

（5）在不破坏建筑物结构的安全性的基础上，室内外装修工程应采用防火、防污染、防潮、防水和控制有害气体和射线的装修材料和辅料。

（6）各系统控制室内部装修应满足以下要求：

1）主厂房集中控制楼内的集中（单元）控制室、电子计算机室、通信室的顶拥、墙面装修应使用 A 级材料，地面及其他装修应采用不低于 B_1 级材料。

2）集中（单元）控制室的室内装修应考虑防火、防尘、吸声、保温、隔热等的要求。

计算机房可与集中（单元）控制室毗邻布置；通信机房、交换机房应采用防静电活动地板，架空高度宜为 300mm 左右；以上房间的室内装修均与集中控制室相同。

脱硫控制室、网络继电器室的室内装修均应与集中控制室的要求相同。

3）运煤程控室宜布置在运煤综合楼顶层。其室内装修标准应与其他同类型控制室相当。

（7）主厂房及其他建筑外墙装修及外保温材料必须与主体结构及外饰面连接牢靠，并应防开裂、防水、防冻、防腐蚀、防风化和防脱落。

厂房的室内外装修的安全设计应满足 GB 50222《建筑内部装修设计防火规范》和 DL/T 5094《火力发电厂建筑设计规程》的规定。

三、建筑玻璃的安全设计及安装

（1）建筑玻璃的安全设计及安装，应满足 JGJ 113《建筑玻璃应用技术规程》的规定。

（2）用于室外的建筑玻璃应进行抗风压设计，幕墙玻璃抗风压设计应按 JGJ 102《玻璃幕墙工程技术规范》执行。

（3）建筑玻璃防热炸裂设计应满足以下规定：

1）当平板玻璃、着色玻璃、镀膜玻璃和压花玻璃明框安装且位于向阳面时，应进行热应力计算，且玻璃边部承受的最大应力值不应超过玻璃端面强度设计值。

2）建筑玻璃安装时，不得在玻璃周边造成缺陷。对于易发生热炸裂的玻璃，应对玻璃边部进行精加工。

3）建筑玻璃内侧窗帘、百叶窗及其他遮蔽物与玻璃之间距离不应小于 50mm。

（4）建筑玻璃防人体冲击设计应满足以下规定：

1）安全玻璃的使用面积不得超过最大许用面积的上限。

2）安全玻璃暴露边不得存在锋利的边缘和尖锐的角部。

3）安装在易于受到人体或物体碰撞部位的建筑玻璃，应采取保护措施。

4）根据易发生碰撞的建筑玻璃所处的具体部位，可采取在视线高度设醒目标识或设置护栏等防碰撞措施。碰撞后可能发生高处人体或玻璃坠落的，应采用可靠护栏。

第六章

火电厂生产工艺系统安全防护设施

本章从燃煤电厂、燃机电厂、生活垃圾焚烧电厂和生物质燃烧发电厂的各生产工艺系统存在的安全危险因素出发，结合标准、规范的要求，对各系统的安全防护设施予以论述。

第一节　燃　料　系　统

燃料系统包括燃煤电厂燃料系统、燃机电厂燃料系统、垃圾焚烧电厂燃料系统和生物质电厂燃料系统。

一、燃煤电厂运煤系统

燃煤电厂燃料系统包括运煤系统和燃油系统，其中运煤系统包括卸煤装置、储煤场及其设备和设施、带式输送机系统及其设备。燃煤具有"自燃"的特性，因此运煤系统主要的危害因素为火灾、爆炸，此外运煤系统还存在机械伤害和高处坠落的危害；燃油系统主要危害为火灾、爆炸和电伤。

燃煤火电厂运煤系统的安全防护设施设计应符合GB 50229《火力发电厂与变电站设计防火规范》、DL/T 5187.1《火力发电厂运煤设计技术规程　第 1 部分：运煤系统》、DL/T 5203《火力发电厂煤和制粉系统防爆设计技术规程》、DL 5053《火力发电厂职业安全设计规程》、DL/T 1123《火力发电企业生产安全设施配置》、DL/T 5204《发电厂油气管道设计规程》、GB 4053.3《固定式钢梯及平台安全要求　第 3 部分：工业防护栏杆及钢平台》和 GB 5083《生产设备安全卫生设计总则》的要求。

二、燃煤电厂卸煤装置

（一）防火、防爆

（1）卸煤装置防火、防爆设计应满足 GB 50229《火力发电厂与变电站设计防火规范》和 DL/T 5187.1

《火力发电厂运煤设计技术规程　第 1 部分：运煤系统》的要求。

（2）缝式煤槽内壁对水平面的倾角不应小于 60°，内壁和承台面应光滑耐磨。槽内各交角部呈圆角状，避免有突出或凹陷部位。叶轮外端与槽壁之间和承台外缘与叶轮给煤机之间的水平间隙，可按设备资料给定的尺寸确定，当燃用挥发分较高易自燃煤种，叶轮外缘与煤槽内壁水平之间间隙不宜过大。防止煤槽内壁遗留过多的死角煤自燃。煤槽纵梁上部应抹角，防止梁顶积煤。

（3）受煤斗壁与水平面的夹角不应小于 60°。受煤（槽）斗相邻两侧壁的交线与水平面的夹角不应小于 55°。当来煤黏结性强、容易蓬堵时，可适当加大煤（槽）斗壁倾角或煤（槽）斗（内）壁采用耐冲击、耐磨、耐腐蚀摩擦系数较小的材料，必要时还可加装防堵设施。

（4）金属煤斗及落煤管的适当部位，应采取防撒和防积措施。

（5）机组容量为 200MW 及以上但小于 300MW 的燃煤电厂应按表 6-1 的规定设置火灾自动报警系统。

表6-1　　运煤系统火灾自动报警系统

序号	设备	火灾探测器类型
1	控制宽与配电间	感烟
2	转运站系统	缆式线型感温
3	碎煤机室	缆式线型感温
4	运煤栈桥	缆式线型感温
5	煤仓及煤仓层	缆式线型感温
6	室内储煤场	感温

（6）机组容量为 300MW 及以上的燃煤煤电厂应按表 6-2 的规定设置火灾自动报替系统、固定灭火系统。

表6-2　　　　　　　　　　　运煤系统火灾自动报警系统

序号	设备	火灾探测器类型	灭火介质及系统形式
1	控制室	感温或感烟	—

续表

序号	设备	火灾探测器类型	灭火介质及系统形式
2	配电装置室	感温或感烟	—
3	电缆夹层	缆式线型感温	—
4	转运站及筒仓	缆式线型感温	水幕
5	碎煤机室	缆式线型感温	水幕
6	易自燃煤种：封闭式运煤栈桥、运煤隧道、皮带头部及尾部	缆式线型感温+火焰	水喷雾/自动喷水
7	煤仓间或筒仓带式输送机层	缆式线型感温+火焰	（水幕+水喷雾）/（水幕+自动喷水）
8	室内储煤场	感温	水炮

（二）防机械伤害、高处坠落

（1）卸煤装置防机械伤害、高处坠落设计应满足 DL/T 5187.1《火力发电厂运煤设计技术规程　第 1 部分：运煤系统》和 DL/T 1123《火力发电厂企业生产安全设施配置》的要求。

（2）铁路来煤的发电厂，防机械伤害、高处坠落应满足以下要求：

1）当铁路卸煤的卸车线兼作列检线时，不宜采用高栈台卸煤装置。如果采用高栈台卸煤装置，则栈台两侧应设置供列检人员通行的步道。

2）其卸煤作业区出入口应设置灯光和音响信号。必要时还应装设铁路信号与卸煤机械之间的闭锁装置或脱轨器。

3）工作时不准通过机车的卸煤装置，应设置禁止机车进入卸煤装置的明显标识。

4）卸煤作业区内的铁路道口和经常有人员跨越的铁道处应设置天桥或其他形式的安全通道。

5）铁路卸煤的露天卸煤栈台应在其端部的适当位置设置供人员和推煤机通行的走道。

（3）翻车机周围应装设固定防护围栏，围栏入口门应上锁。

翻车机及调车系统应设置独立的控制室。此外在地面的适当位置应设就地按钮站。控制室内及各值班点应设置相互联系的灯光和音响信号。

翻车机系统控制室的位置应便于操作人员监视重车在翻车机上就位和空车推出翻车机的情况。

（4）调车区域周围应装设固定防护围栏。

（5）煤槽上部应设走道。单铁路线煤槽两侧走道宽度不应小于 0.80m；双铁路线煤槽中间走道宽度不应小于 1.20m，两侧走道宽度不应小于 0.80m。

煤槽上口（包括铁轨之间）应设置可拆卸的金属箅子。在需要人工开关车门和清车底处，箅孔尺寸（与土建结构搭接处为有效尺寸）宜为 200mm×200mm。

煤槽两端（必要时包括中部）应设置螺旋卸车机的检修跨和叶轮给煤机等设备的起吊孔，检修跨内应安装起重设备。起吊孔应用钢盖板封闭，并设置供运行检修人员进、出螺旋卸车机的扶梯和平台。

煤槽下带式输送机运行通道净宽不应小于 1.20m（局部允许不小于 0.70m），检修通道净空不小于 0.70m。两台叶轮给煤机并列布置时，它们之间的最小净空距离不宜小于 0.60m。

缝式煤槽卸煤装置两端均应设置进入地下部分的楼梯间，煤槽长度超过 100m 时，应设中间安全出口，楼梯口应采取防雨措施。

（6）螺旋卸车机司机室应位于电源滑线的对侧。司机室门的开闭应纳入安全联锁，行车时保持闭锁。螺旋卸车机的动力电源开关应设在司机上下螺旋卸车机的附近。

螺旋卸车机轨道应通过预埋螺栓、缓冲垫及压板与轨道梁固定，以便调整。轨道两端应设置安全尺及阻进器。安全尺至阻进器的距离应不小于 2m。轨道外侧应设置宽为 0.60～0.80m（有柱子处不小于 0.40m）的走道，走道外侧应设栏杆和护沿。叶轮给煤机轨道两端应设置安全尺及阻进器。

（7）高架带式输送机通道两侧应设防护栏杆，其高度应为 1.05m。机架下有人、车通行的地方应设接料板。

（8）受煤斗应设置可拆卸的金属箅子，箅孔尺寸应符合受煤斗下部给料机的工作要求及带式输送机的带宽要求，箅孔尺寸宜为 200mm×200mm，箅孔宜做成上小下大。

（9）汽车卸车机大车轨道两端应设置安全尺、阻进器和终端开关。安全尺的位置应保证终端开关动作后大车有不小于 2m 的滑行距离。轨道外侧应设置宽为 0.60～0.80m（有柱子处至少 0.40m）的通道，通道外侧应设栏杆和护沿。煤槽两端应设置供司机人员从地面进入司机室的扶梯和平台。

汽车卸车机司机室应位于电源滑线的对侧。司机室位置设置应满足司机正确观察卸车机卸车的状况和不影响汽车安全行驶。司机室门的开闭应纳入安全联锁，行车时保持闭锁。汽车卸车机的动力电源的开关，应设在司机上下汽车卸车机的附近。

（10）叶轮给煤机轨道两端应设置安全尺及阻进器。

（11）各种运煤、卸煤机械操作室的门窗应保持完好，窗户应加装防护栏杆，门应加装闭锁。

三、燃煤电厂储煤场及其设备和设施

（一）防火、防爆

（1）储煤场及其设备和设施防火、防爆设计应满足 GB 50229《火力发电厂与变电站设计防火规范》和 DL/T 5187.1《火力发电厂运煤设计技术规程 第1部分：运煤系统》的要求。

（2）储煤场区周围应设置环形消防车道，其他重点防火区域周围宜设置消防车道。当山区燃煤电厂储煤场区周围设置环形消防车道有困难时，可沿长边设置尽端式消防车道，并应设回车道或回车场。

（3）褐煤、烟煤和无烟煤应分类堆放。相邻煤堆底边之间应留有不小于 10m 的距离。储存褐煤或易自燃的高挥发分烟煤的煤场，应符合下列规定：

1）当采用悬臂斗轮堆取料机时，回取率不宜低于 70%，煤场的布置及煤场机械的选型应为燃煤先进先出提供条件。

2）为尽可能防止煤的自燃，储煤场应定期翻烧，翻烧周期应根据储煤的种类来确定，根据电厂的实际运行经验，褐煤一般不宜超过 20 天，容易自燃的烟煤一般不宜超过 45 天，设计时应考虑定期翻烧的条件，方便定期翻烧。

3）条形煤堆堆放时宜分层压实。

4）为方便现场及时、有效地处理已自燃的煤，室内储煤场可用装载机、推土机或其他设备将燃烧的煤运离煤堆或就地处置，设计时应考虑方便这些设备作业。

5）煤场周边应设置喷水设施，以便定期为煤堆降温，预防自燃。可利用煤场周边的喷水降尘设施，条件合适时也可与消防设施共用。

6）室内储煤场应采取通风措施。可采用下部进风、顶部排风的自然通风措施，以防止粉尘及可燃气体聚集发生爆燃危险。但当条件特殊，自然通风不良时，应设置强制通风设施。

（4）筒仓设计应满足以下要求：

1）应设置防爆、温度监测、烟气监测和可燃气体浓度监测装置。检测装置的显示器应集中安装于运煤系统集中控制室或筒仓控制室。

2）筒仓应设置防爆门。

3）筒仓顶面装设通风机和除尘器，可向仓内送风和抽取仓内含尘空气。

4）筒仓下部有防止空气漏入的设施。

5）筒仓表面应光滑。其几何形状和结构应使煤整体流动顺畅，而且能使煤全部自流排出。

6）对黏性大、有悬挂结拱倾向的煤，在筒仓的出口段宜采用内衬不锈钢板、光滑阻燃型耐磨材料或不锈钢复合钢板。宜装设预防和破除堵塞的装置，包括在金属煤斗侧壁装设电动或气动破拱装置，或其他振动装置。这些装置宜远方控制。对爆炸感度高（高挥发分）和自燃倾向性高的烟煤和褐煤采用气动破拱时，其气源宜采用惰性气体。

7）筒仓的长径比应小于 5:1。

8）不宜设置筒仓旁路系统。

9）采用先进先出形式。当不能实现先进先出时，应设置定期清仓措施。

10）储存耗煤量 7 天及以上的褐煤时，宜采取惰化保护措施。

11）储存耗煤量 10 天及以上的容易自燃的烟煤时，宜采取惰化保护措施。

（5）从储煤设施取煤的第一条带式输送机上应设置明火煤监测装置。当监测到明火时，应有禁止明火进入后续运煤系统的措施。

（二）防机械伤害、高处坠落

（1）储煤场及其设备和设施防机械伤害、高处坠落设计应满足 DL/T 5187.1《火力发电厂运煤设计技术规程 第1部分：运煤系统》和 DL/T 1123《火力发电企业生产安全设施配置》的相关要求。

（2）储煤场四周应设推煤机等地面移动设备的通道和消防通道。在人员和设备均需横向通过煤场带式输送机处，可在该带式输送机下设净空足够的通道；在供人员越过煤场带式输送机处设置跨越梯。

（3）抓煤机的防机械伤害、高处坠落应满足以下要求：

1）主滑线宜设在与司机室相对的一侧，司机室宜为端面入口；如果主滑线只能布置在司机室一侧，则司机室应选侧面入口，司机室的门应有安全联锁，并设安全挡板。

2）桥式抓煤机大车轨道外侧应设置宽度为 0.60～0.80m（有柱子处至少 0.40m）的通道，通道外侧应设栏杆和护沿。煤棚两端应设置供运行人员从地面进入司机室的扶梯和平台。如煤棚较长，在中部也可设扶梯和平台。

3）桥式抓煤机的动力电源开关，应设在司机上下桥式抓煤机的附近。

4）悬臂式斗轮堆取料机和门式滚轮堆取料机轨道两端应设安全尺、阻进器和终端开关。安全尺的位置应保证终点开关动作后大车有不小于 2m 的滑移距离。

（4）轮斗机应有保持完好的梯子及围栏。

（5）对于全回转式的圆形煤场，其动力电源及控

制信号采用环形滑接触线方式供电。滑接触线宜优先采用带封闭外壳的安全滑接输电装置。

（6）门式或悬臂式堆取料机、桥式及龙门抓煤机等卸煤机械应装设防风用锚定器、夹轨器或防爬器。

（7）卸煤沟、储煤场等处应设有音响信号，使卸煤工人及时知道机车的到来。

（8）卸煤沟或卸煤孔上应盖有坚固的箅子，箅子的网眼一般不应大于 200mm×200mm。

四、燃煤电厂带式输送机及其他

（一）防火、防爆

（1）带式输送机及其他防火、防爆设计应满足 GB 50229《火力发电厂与变电站设计防火规范》和 DL/T 5187.1《火力发电厂运煤设计技术规程 第 1 部分：运煤系统》的相关要求。

（2）输送褐煤及高挥发分（通常指挥发分 V 大于 28%）易自燃煤种时，应采用阻燃输送带，并设置消防设施。导料槽的防尘密封条应采用阻燃型。卸煤装置、筒仓、混凝土或金属煤斗、落煤管的内衬应采用不燃烧材料。

（3）从储煤设施取煤的第一条带式输送机上应设置明火煤监测装置。当监测到明火时，应有禁止明火进入后续运煤系统的措施。

（二）防机械伤害、高处坠落

（1）带式输送机及其他其防机械伤害、高处坠落设计应满足 GB 4053.3《固定式钢梯及平台安全要求 第 3 部分：工业防护栏杆及钢平台》、DL/T 5187.1《火力发电厂运煤设计技术规程 第 1 部分：运煤系统》、DL/T 1123《火力发电企业生产安全设施配置》相关规范的要求。

（2）在布置振动给煤机时，应考虑对其进行检修的空间。

（3）铁路来煤的发电厂，当采用地面轨道式机械煤采制样装置时，采制样装置的地面大车行走轨道两端应设置安全尺，安全尺的位置应保证终端开关动作后大车有不小于 1.00m 的滑行距离。

（4）在落煤管运行维修人员易于接近的适当位置设置密封的检查门。

（5）地下运煤隧道两端应设通往地面的安全出口，当长度超过 100m 时，中间应加设安全出口，其间距不应超过 75m。运煤栈桥长度超过 200m 时，应加设中间安全出口。

（6）操作人员进行操作、维护、调节的工作位置坠落基准面 2m 以上时，必须在生产设备上配设供站立的和防坠落的护栏护板或安全圈。当平台、通道及作业场所基准面高度大于等于 2m 并小于 20m 的平台、通道及作业场所的防护栏高度不应低于 1050m；

当基准面高度大于 20m 的平台、通道及作业场所的防护栏高度应不低于 1200m。不宜采用直爬梯。

（7）当需要在运煤设备下方设置通道时，设备下方净空高度不宜小于 1.90m，同时应设置防护板（网）。

（8）当运煤设备用滑线供电时，滑线敷设位置和高度应保证人员安全，必要时应在滑线下设防护设施，防护网离地高度不应小于 2.50m。

（9）所有落煤孔洞均应采取密封措施，孔洞四周都应具有高出地面不小于 0.10m 的护沿。

（10）人员易于接近设备外露的转动部分，以及带式输送机的输送带趋入点、尾部滚筒及其他所有改向滚筒轴端处，均应分别加设护罩及可拆卸的护栏。

（11）运煤系统中沿轨道运行的大型设备其两侧无安全防护设施时，机上应设置音响和灯光报警装置。

（12）桥式抓斗起重机的大车、螺旋卸车机和汽车卸车机的轨道外侧应设置宽度为 0.60～0.80m 的通道，在有柱子处通道宽度不应小于 0.40m，通道外侧应设栏杆和护沿。

（13）除铁器弃铁箱不应设在运行通道上，在除铁器落铁处，应设置集铁箱和安全围板。

（14）当带式输送机栈桥和通廊较长时，宜在采光间或其他有足够通行高度的适当地点设置带有防护栏杆的跨越梯。

（15）带式输送机的运行通道侧应设有不低于上托辊最高点的可拆卸的栏杆。

（16）带式输送机的重锤拉紧装置应有必要的安全防护设施和便于加油的措施，并应采取防止因重锤坠落造成的地面、楼板或支架损坏的措施。

（17）圆管带式输送机敞开式栈桥走道可采用镀锌格栅，厂区内走道宜采用花纹钢板，走道两侧应设置高度为 1200mm 的栏杆和高度为 100mm 的护沿。当架空栈桥高于地面 20m 时，栈桥走道宜采用花纹钢板，栏杆宜加固或设隔栅板。斜度超过 10°的走道需要采取防滑措施。

（18）沿输煤皮带的各重要工作地点，应设有皮带启动的预警告电铃。输煤皮带两侧人行道均应装设事故停机的"拉线开关"。

（19）输煤系统各吊装控应加装固定式防护栏杆；吊装口加有盖板的，盖板上应标有禁止阻塞线。输煤系统落地驱动装置 0.8m 处，应标有安全警戒线。

五、火力发电厂燃油系统

（一）防火、防爆

（1）燃油系统防火、防爆应满足 GB 50229《火力发电厂与变电站设计防火规范》和 DL/T 5204《发电厂油气管道设计规程》的相关要求。

（2）卸油栈台、平台的设计应满足消防要求，照明灯应采用防爆型。

（3）甲、乙类油品汽车油罐车的卸油必须采用密闭方式，并采用快速接头连接。

（4）从油罐到卸油或供油母管（位于防火堤外）的支管上，应在防火堤内外两侧各设一个支管防火关断阀，堤内的支管防火关断阀应尽量靠近油罐，并设安全平台直通关断阀。

（5）油罐区卸油总管和供油总管应布置在油罐防火堤外。油罐的进、出口管道，在靠近油罐处和防火堤外面应分别设置隔离阀。油罐区的排水管在防火堤外应设置隔离阀。

（6）油罐的进油管宜从油罐的下部进入，当工艺布置需要从油罐的顶部接入时，进油管宜延伸到油罐的下部。

（7）储存甲、乙类油品的固定顶油罐和卧式油罐的通气管上应装设呼吸阀和阻火器，储存丙类油品的固定顶油罐和卧式油罐应设置通气管，丙$_A$类油品应装设阻火器。

（8）油罐应有油位测量装置和高油位报警器。油罐还应设置降温措施。

（9）进出油罐防火堤的各类管道宜从防火堤顶跨越。当需要穿过防火堤时，管道与防火堤间的缝隙应采用防火封堵材料紧密填塞，当管道周边有可燃物时，还应在堤体两侧 1m 范围内的管道上采取绝热措施；当直径大于或等于 32mm 的可燃或难燃管道穿过防火堤时，除填塞防火封堵材料外，还应设置阻火圈或阻火带。

（10）油罐区应单独布置；防火、防爆设计应满足以下要求：

1）点火油罐区四周，应设置 1.8m 高的围栅；当利用厂区围墙作为点火油罐区的围墙时，该段厂区围墙应为 2.5m 高的实体围墙。

2）油罐区周围必须设有环形消防通道，应设置满足要求的消防设施。

3）油区大门处应装设静电释放器。油罐区域的电气设施均应选用防爆型，电力线路必须是电缆或暗线，不得采用架空线。

4）油罐区设置缆式线性感温火灾探测器。

5）油罐区内孔洞、沟上部应设置盖板，盖板应采用不产生静电火花的材料制作。

6）油罐区应有排水系统，并装有闸门。着火时关闭闸门，防止油从下水道流出，扩大火灾事故。

（11）油罐区的管道布置应符合下列规定：

1）油罐区卸油总管（母管）和供油总管（母管）应布置在油罐防火堤之外。

2）进出油罐防火堤的各类管线、电缆宜从防火堤顶跨越。

3）防火堤内所有管道不得贴地布置，管子外壁（若保温时指保护层外壁）离地净空应不小于 200mm。

（12）地面和半地下油罐（组）周围应设防火堤。防火堤的设计应符合下列规定：

1）防火堤内宜布置同类火灾危险性的油罐。

2）油罐组所设防火堤必须是闭合的，隔堤与防火堤也必须闭合。

3）防火堤内的有效容积应不小于固定顶油罐组内一个最大油罐的容量或浮顶油罐组内一个最大油罐容量的一半。

4）地上立式储罐的管壁至防火堤内堤脚线的距离，不应小于罐壁高度的一半，卧式储罐的罐壁至防火堤内堤脚线的距离，不应小于 3m。依山建设的储罐，可利用山体兼作防火堤，储罐的罐壁至山体的距离最小可为 1.5m。

5）地上储罐组的防火堤实际高度应高于计算高度 0.2m，防火堤高于堤内设计地坪不应小于 1.0m，高于堤外设计地坪或消防车道路面（按较低者计）不应大于 3.2m，地上卧式储罐的防火堤应高于堤内设计地坪不小于 0.5m。隔堤高度应比防火堤低 0.2~0.3m。

6）防火堤每一个隔堤区域内均应设置对外人行台阶或坡道，相邻台阶或坡道之间的距离不宜大于 60m。

7）防火堤内的排水沟穿越防火堤时应采用管道连接，并且该管道在堤外应设置隔离阀和阻火措施。

（13）油泵房应设在油罐防火堤外，并与防火堤有足够的防火间距。油泵房内油泵（包括电机）布置应符合下列规定：

1）油泵单排布置时，油泵或电机端部至墙壁（柱子）的净距不宜小于 1.5m。

2）相邻油泵机座之间的净距，应不小于较大油泵机座宽度的 15 倍。

3）油泵房应设有运行通道和检修场地，电机端部应有检修拆卸空间。

（14）油泵房按功能分区，应设置油泵区、电气控制室和辅助间。防火、防爆设计应满足以下要求：

1）油泵房内应设油泵和电机的检修起吊设施，电动葫芦应采用防爆电机。

2）油泵房应设置必要的泄压设施，安装通风设备和可燃气体报警器，及时排除可燃气体。

3）容积式油泵安全阀的排出管，应接至油罐与油泵之间的回油管道上，回油管道不应装设阀门。

4）油泵房设备控制盘（柜）周围 0.8m 处，应标有安全警戒线。

5）油泵房应安装燃油气体分析仪，其报警装置应设在值班室。

6）油泵房门窗应向外开，室内应有通风、排气设施。油泵房与操作室的监视窗应设双层玻璃。

7）在南方炎热地区，油泵房可采用半露天布置。

（15）燃油管道应架空布置。当受条件限制时，厂内可采用地沟敷设，但应分段封堵；厂外可采用短距离直埋，但须设置检漏设施，并对管道进行防腐处理。当燃油管道埋地穿越道路时应加装套管，且套管内应设支撑，使燃油管道能自由膨胀。当油管道与热力管道敷设在同一地沟时，油管道应布置在热力管道的下方。

（16）燃油管道上的阀门及法兰附件、管件（三通、弯头等）的设计压力按比管道设计压力高一级压力等级选用。

（17）卸油管道吸入口端应设关断阀和止回阀，关断阀的执行机构宜采用气体驱动。

（18）在燃油管道上设置安全阀，应符合下列规定：

1）对于有伴热的卸油管道，在进入油罐前的管段上应设安全阀。

2）两端均有关断阀且充满液体的管段或容器，如停用后介质压力可能上升，应设安全阀。

3）安全阀的泄放量应按操作故障、火灾事故以及其他可能发生的危险情况中最大一种考虑。

4）低温介质管道上的安全阀应有在冬季防止冻堵的措施。

（19）燃油管道阀门垫片应选用耐油垫片，禁止使用塑料垫、橡皮垫（包括耐油橡皮垫）和石棉垫。

（20）油管道及阀门应采用钢质材料。除必须用法兰与设备和其他部件相连接外，油管道管段应采用焊接连接。严禁采用填函式补偿器。

（21）燃烧器油枪接口与固定油管道之间，宜采用带金属编织网套的波纹管连接。

（22）在每台锅炉的供油总管上，应设置快速关断阀和手动关断阀。

（23）油系统的设备及管道的保温材料，应采用不燃烧材料。

（24）污油池区域内的照明灯具、开关等一切电气设施应为防爆型。污油池设备、控制盘（柜）周围 0.8m 处，应标有安全警戒线。

（二）防雷接地

（1）燃油系统防雷接地应满足 DL/T 5204《发电厂油气管道设计规程》的相关要求。

（2）燃油系统的卸油设施、油罐等必须设置避雷装置和接地装置，以防雷击和静电。燃油管道、输油软管应设接地。

（3）架空布置的燃油管道应设置可靠的接地装置，每隔 20～25m 接地一次。净距小于 100mm 的平行管道，每隔 20m 用金属线跨桥，净距小于 100mm 的交叉管道也应设跨桥。不能保持良好电气接触的阀门、法兰等管件也应设跨桥。跨桥可采用直径不小于 8mm 的圆钢。

（4）有爆炸危险环境内，可能产生静电危害的油气管道，应设置防静电接地。

六、燃机电厂天然气系统

燃机电厂燃料系统主要为天然气系统，其主要危害为火灾、爆炸和电伤。

（一）防火、防爆

（1）天然气系统防火、防爆应满足 DL/T 5204《发电厂油气管道设计规程》和 DL/T 1123《火力发电企业生产安全设施配置》的相关要求。

（2）天然气调压站布置在厂内时，应设置高度不低于 1.5m 的全封闭围栏；布置在厂外时，应设置高度不低于 2.2m 的实体围墙。

（3）厂内调压站宜半露天布置，各支路管道平行布置，管道间净距 0.7～1m，管道外壁距离地面应大于 0.6m，可采用地面支墩支承管道和阀门。

（4）天然气调压站照明灯具、开关、电源箱等电气设施应采用防爆型；应装设危险气体探测探头；应设有指定的天然气放散管路。

（5）天然气管道宜采用架空布置或管道直埋，不应采用地沟敷设。

（6）天然气系统应设置换气体的接口，以供系统启停及检修时使用。且换介质宜采用氮气。

（7）在锅炉燃烧器前的输气管道上应设快速关断阀，阀门的布置应尽量靠近燃烧器。

（8）输气管道跨越道路、铁路的净空高度应符合表 6-3 的规定。

表 6-3　输气管道跨越道路、铁路的净空高度　　（m）

道路类型	净空高度
人行道路	2.2
公路	5.5
铁路	6.0
电气化铁路	11.0

（9）在天然气管道上的下列部位应设放散管（排放管），放散管上应设快开阀：

1）天然气母管。

2）燃烧器前快速关断阀与闸阀之间的管道。

3）燃烧器前集气母管（应设两点）。

4）调压阀前的快速关断阀之间的管道。

5）进调压站关断阀之前的管道和出调压站关断阀之后的管道。

6）两个关断阀（同时关闭）之间的管道。

7）其他防爆部位。

（10）天然气的受压设备和容器应设置安全阀。调压站内的安全阀泄放气体可接入同级压力的放散管。

（11）管道排气放散管、安全阀泄放管应接至放散竖管排入大气，不得就地排放。放散竖管的通流能力应能满足快速排出管内最大排气的要求。

（12）输气调压站放散竖管或放散塔应设在围墙外，距离围墙应不小于10m，其出口高度应比附近建筑物屋面高出2m以上，且总高度不低于10m。

（13）放散竖管的设置应符合下列规定：

1）放散竖管直径应满足最大放气量的要求。

2）严禁在放散竖管顶端装设弯管。

3）放散竖管应采取稳管加固措施。

（14）天然气管道附件严禁使用铸铁件，应采用锻钢件。当管道附件与管道采用焊接连接时，两者材质应相同或相近。

（15）输气管道上的阀门设置应符合下列要求：

1）输气管道干线上应设切断阀，并具有紧急关闭功能。

2）输气管道上的安全阀宜选用先导式安全泄压阀。

3）在防火区内关键部位使用的阀门，应具有耐火性能。

4）在燃气轮机天然气供气管道靠燃气轮机侧应设管道阻火器。

5）需要通过清管器的阀门，应选用全通径阀门。

（16）天然气前置模块应设置高度不低于1.5m的全封闭围栏。

（17）天然气前置模块应设有指定的天然气放散管路。

（18）天然气前置模块现场的照明灯具、开关、电源箱等电气设施应采用防爆型。

（二）防雷接地

（1）天然气系统防雷接地应满足DL/T 5204《发电厂油气管道设计规程》和DL/T 1123《火力发电企业生产安全设施配置》的相关要求。

（2）调压站内的地面应采用撞击时不会产生火花的材料。

（3）调压站应单独设置避雷装置，其接地电阻值应小于10Ω。

（4）当调压站内、外燃气管道为绝缘连接时，调压器及其附属设备必须接地，接地电阻应小于100Ω。

（5）调压站入口应设置静电释放器。大门应使用碰撞不产生火花的锁。

（6）天然气前置模块入口应设置静电释放器。大门应使用碰撞不产生火花的锁。

七、垃圾焚烧电厂燃料系统

垃圾焚烧电厂燃料系统包括垃圾的接收、储存与输送系统，主要危害因素为火灾、爆炸、机械伤害、高处坠落以及窒息和中毒。

（一）防火、防爆

为防止垃圾在垃圾仓内降解过程中，在生物的作用下产生的沼气（其主要成分为甲烷，还含有硫化氢等）与空气形成爆炸性混合物，遇高热、明火和摩擦、撞击的火花引起着火、爆炸。应采取以下措施：

（1）垃圾仓顶部设置带过滤网的垃圾焚烧炉一次风机进风口，保证在正常运行情况下，将臭气抽入炉膛内作为焚烧炉助燃空气，同时使垃圾池内形成微负压，防止臭气外逸。

（2）在锅炉检修或者异常情况下，垃圾仓顶配备相应风量的除臭风机对垃圾仓进行换气，保证垃圾仓内形成负压，抽走内部的臭气与可燃气体。当锅炉全部停运时，自动开启除臭风机，将臭气送入除臭间内密闭结构的化学洗涤和渗沥液池，其内部的恶臭气体以自然流动的方式通过PVC管道连接到垃圾池，与垃圾池中的恶臭气体一并作为一次进风燃烧处理。

（3）垃圾仓内配有负压监测装置，实时监测仓内负压情况。在焚烧炉停炉检修期间，为防止垃圾池内可燃气体聚集，垃圾池内设置可燃气体检测、报警装置。

（4）在建筑设计上尽量减少气流死角，防止臭气与可燃气体聚积。

（5）垃圾仓除臭风机使用保安电源。

（6）配备完备的消防系统。

（二）防窒息、中毒

（1）垃圾运输车辆采用专用密闭式的垃圾运输车辆。

（2）垃圾卸料厅进出口采用空气幕，防止卸料厅臭气外逸。

（3）垃圾池采用密封设计，垃圾池与卸料平台间设置自动卸料门，无车卸料时保证垃圾池密封，维持垃圾池负压，减少恶臭外逸。

（4）在垃圾池等恶臭产生的建（构）筑物周边墙内设计加膜建筑防臭，减少臭气渗入其他周边环境，改善厂内的工作环境。

（三）其他伤害的防护

垃圾焚烧电厂燃料系统存在机械伤害和高处坠落的风险危害，其防范措施见本章"第十一节　防机械伤害"及"第五章　建（构）筑物的安全防护要求"的"第三节　建（构）筑物的防坠落设计"。

八、生物质电厂燃料系统

生物质电厂燃料系统包括燃料收储系统、燃料输送系统，其主要危害因素为火灾、机械伤害、电伤及车辆运输伤害。

（一）防火

为防止生物质燃料在储存、输送过程中着火，应采取以下措施：

（1）燃料堆场的选址与布局应满足以下要求：

1）燃料堆场应设置在企业、居民居住地全年风向最小频率的上风侧。

2）燃料堆场应远离生产区、生活区。一般要求，储量在20000t以上的大型生物质燃料堆场，与生产区、生活区的距离应在100m以上。20000t以下的中小型生物质燃料堆场，与生产区、生活区的距离应在50m以上。

3）生物质燃料堆场距场外道路边不应小于15m，距场内主要道路路边不应小于10m。

4）燃料堆场地应当平坦、不积水，垛基需比自然地面高出30cm。

5）燃料堆场应当设置警卫岗楼，其位置要便于观察警卫区域。岗楼内要安装消防专用电话或报警设备。

6）燃料堆场四周应当设置围墙或铁刺网。墙（网）高度不低于2m，与堆垛之间的距离不小于5m。

7）燃料堆场应具备充足的消防水源和畅通的消防车道。

（2）燃料储存应满足以下要求：

1）对准备码垛存放的燃料要严格控制水分。码垛时，稻草、麦秸、玉米秆含水量不应超过20%，并做好记录。

2）生物质燃料堆垛的长边应当与当地常年主导风向平行。

3）生物质燃料堆场每个总储量不得超过20000t。垛顶披檐到结顶应当有滚水坡度。

4）稻草、麦秸等易发生自燃的原料，堆垛时需留有通风口或散热洞、散热沟，并要设有防止通风口、散热洞塌陷的措施。发现堆垛出现凹陷变形或有异味时，应当立即拆垛检查，并清除霉烂变质的原料。

5）料场配置防火红外监控系统，采用红外线穿透监控燃料堆高发酵升温产生自燃的温度变化，并在达到限定值自动报警。燃料码垛后，要实时测温。当温度上升到40～50℃时，要采取预防措施。当温度达到60～70℃时，必须拆垛散热，并做好灭火准备。

（3）燃料运输应满足以下要求：

1）燃料运输车辆进入燃料堆场时，易产生火花部位要加装防护装置，排气管必须戴性能良好的防火帽。严禁机动车在秸秆燃料堆场内加油。

2）常年在燃料堆场内装卸作业的车辆要经常清理防火帽内的积炭，确保性能安全可靠。

3）场内装卸作业结束后，一切车辆不准在燃料堆场内停留或保养、维修。发生故障的车辆应当拖出场外修理。

（4）燃料堆场的电气设备应满足以下要求：

1）燃料堆场的消防用电设备应当按二级负荷供电。

2）燃料堆场内应当采用直埋式电缆配电。埋设深度应当不小于0.7m，其周围架空线路与堆垛的水平距离应当不小于杆高的1.5倍，堆垛上空严禁拉设临时线路。

3）燃料堆场内机电设备的配电导线，应当采用绝缘性能良好、坚韧的电缆线。燃料堆场内严禁拉设临时线路。

4）燃料堆场内宜选用防尘灯、探照灯等带有护罩的安全灯具，并对镇流器采取隔热、散热防火措施。严禁使用移动式照明灯具。

5）燃料堆场内的电源开关、插座等，必须安装在封闭式配电箱内。配电箱应当采用非燃材料制作。使用移动式用电设备时，其电源应当从固定分路配电箱内引出。

6）电动机应当设置短路、过载、失压保护装置。各种电器设备的金属外壳和金属隔离装置，必须接地或接零保护。门式起重机、装卸桥的轨道至少应当有两处接地。

7）在燃料堆场内作业结束后，应当拉闸断电（不含消防供电）。燃料堆场使用的电器设备，必须由持有安全操作证的电工负责安装、检查和维护。

8）消防用电设备应当采用单独的供电回路，并在发生火灾切断生产、生活用电时仍能保证消防用电。

（5）避雷设施如下：

1）燃料堆场应当设置避雷装置，使整个堆垛全部置于保护范围内。

2）避雷装置的冲击接地电阻应当不大于10Ω。避雷装置与堆垛、电器设备、地下电缆等要保持3m以上距离。

3）避雷装置的支架上不准架设电线。

（6）消防设施应满足以下要求：

1）燃料堆场应当按照有关规定设置消防设施，配备消防器材，并放置在标识明显、便于取用的地点，由专人保管和维修。寒区燃料堆场的消防水池、消火栓、灭火器，在寒冷季节应当采取防冻措施。

2）燃料堆场消防用水可以由消防管网、天然水源、消防水池、水塔等供给。有条件的，宜设置高压式或临时高压给水系统。

3）消防给水管道、消火栓、消防水池的布置应当符合 GB 50016《建筑设计防火规范》的有关规定。

4）利用天然水源供给消防用水时，应当确保枯水期最低水位消防用水的可靠性。一般吸水点不少于两处，储量大的燃料堆场，吸水点不少于四处，并至少能同时停靠两辆消防车。

5）燃料堆场的消防用水量不应小于表6-4的规定。

表6-4		消火栓用水量	（m³）
总储量	消防用水量	总储量	消防用水量
50～500	20	5001～10000	50
501～5000	35	10001～20000	60

6）燃料堆场区消防车通道的宽度应不小于6m。通道上空遇有管架、栈桥等障碍物时，其净高应不小于4m。

7）每个堆场的总储量超过5000t时，需设置环形消防车道或四周设置宽度不小于6m且能供消防车通行的平坦空地。

8）燃料堆场每个占地面积超过25000m²时，需增设与环形消防车道相通的中间纵横消防车道，其间距不超过150m。

9）环形消防车道应当至少有两处与其他车道连通。尽头式消防车道应当设回车道或面积不小于15m×15m的回车场。

10）消防车道下的管道和暗沟，必须能承受通行消防车的压力。

（二）防机械伤害和高处坠落

燃料输送系统重点的防机械伤害和高处坠落，应采取以下措施：

（1）采用带式输送机运输时，带式输送机栈桥应因地制宜地采用露天、半封闭式或轻型封闭式。采用露天栈桥时，带式输送机应设防护罩，并根据当地气象条件采取防风设施。带式输送机栈桥（隧道）的通道尺寸应符合下列规定：

1）运行通道净宽不应小于1m。

2）检修通道净宽不应小于0.7m。

3）带宽800mm及以下的栈桥净高不应小于2.2m。

4）带宽1000mm及以上的栈桥净高不应小于2.5m。

5）地下带式输送机隧道净高不应小于2.5m。

（2）对输送散料的系统，在进入主厂房前，应设一级除铁器。在除铁器落铁处，应设置集铁箱或通至地面的弃铁设施和安全围栏。

（3）皮带输料系统连锁控制应满足以下要求：

1）输料设备启动时，存在连锁关系的应按连锁方向的顺序逐台启动。

2）输料设备停用时，应按料流方向的顺序逐台停用。

3）输料设备在正常情况下，开关应设在连锁位置。

4）输料设备单独试运行时，应先将连锁开关开放到"就地"位置。

（三）其他伤害的防护

本系统存在车辆伤害的风险危害，其防范措施见本章"第九节　特种设备"的"六、厂内专用机动车辆"相关部分。

第二节　锅炉、汽轮机系统及设备

本节包括燃煤电厂锅炉、汽轮机系统及设备，燃机电厂燃气轮机、锅炉、汽轮机系统及设备，垃圾焚烧电厂焚烧系统和汽轮机系统，生物质电厂的锅炉和汽轮机系统及设备的防护设施设计。

燃煤电厂锅炉系统及设备包括燃煤电厂锅炉及其辅助系统、煤粉系统、煤粉仓及管道。其主要危害因素为火灾、爆炸、机械伤害。燃煤电厂汽轮机系统及其设备主要危害因素为火灾、爆炸、机械伤害和高处坠落及烫伤。

燃机电厂锅炉、汽轮机系统及设备主要危害因素为爆炸、机械伤害和高处坠落及烫伤。

垃圾焚烧电厂焚烧系统包括垃圾进料装置、焚烧装置、驱动装置、出渣装置、燃烧空气装置、辅助燃烧装置及其他辅助装置。其主要危害因素为火灾、爆炸、机械伤害和高处坠落。汽轮机系统及其设备主要危害因素为火灾、爆炸、机械伤害和高处坠落及烫伤。

生物质电厂锅炉系统和汽轮机系统主要危害因素为火灾、爆炸、机械伤害和高处坠落及烫伤。

一、燃煤电厂锅炉及其辅助系统

（一）燃煤锅炉防火、防爆

（1）燃煤锅炉防火、防爆应满足GB 50229《火力发电厂与变电站设计防火规范》、DL/T 435《电站煤粉锅炉炉膛防爆规程》、DL/T 959《电站锅炉安全阀技术规程》、DL/T 612《电力工业锅炉压力容器监督规程》、DL 5053《火力发电厂职业安全设计规程》和JB/T 10440《大型煤粉锅炉炉膛及燃烧器　性能设计规范》的相关要求。

（2）安全阀设计应满足以下要求：

1）每台锅炉至少安装两个全启式安全阀。过热器出口、再热器进口和出口、直流锅炉启动分离器都必须装安全阀。直流锅炉一次汽水系统中有截断阀的，截断阀前应装设安全阀。

2）装有容量为100%快速旁路的直流锅炉，其高压旁路使用组合一体的安全-旁路三用阀（减温、减压、安全）时，可只在再热器装设安全阀。安全-旁路三用阀的保护控制必须可靠。再热器安全阀的排放量为全部安全旁路三用阀的流量再加上其喷水量。

3）汽包和过热器上所装全部安全阀排放量的总和应大于锅炉最大连续蒸发量。当锅炉上所有安全阀均全开时，锅炉的超压幅度在任何情况下均不得大于锅炉设计压力的6%。

4）再热器进、出口安全阀的总排放应大于再热器的最大设计流量。

5）直流锅炉启动分离器安全阀的总排放量应大于启动分离器的设计产汽量。

6）过热器、再热器出口安全阀的排放量在总排放量中所占的比例应保证安全阀开启时，过热器、再热器能得到足够的冷却。

7）高低压换热器的水侧和汽侧都应装设安全阀。

8）进水或进汽压力高于容器设计压力的各类压力容器应装设安全阀。安全阀的排放能力应大于容器的安全泄放量。

9）安全阀应铅直向上安装。引出管宜短而直。在安全阀与汽包、联箱之间不得装有阀门或取用蒸汽的引出管。蒸汽管道上的安全阀应布置在直管段上。

10）几个安全阀如共同装设在一个与汽包或联箱直通的总管上时，则此短管流通面积应大于与其相连的所有安全阀最小流通截面积总和的 1.25 倍。首先起座的应为沿汽流方向的最后一只。

11）安全阀应装设通到室外的排汽管，该排汽管应尽可能取直。每只安全阀宜单独使用一根排汽管。排汽管上不应装设阀门等隔离装置。排汽管底部应有接到安全地点的疏水管，疏水管上不允许装设阀门。

12）排汽管的固定方式应避免由于热膨胀或排汽反作用而影响安全阀的正确动作。无论冷态或热态都不得有任何来自排汽管的外力施加到安全阀上。

（3）有可靠的锅炉再热蒸汽超温喷水保护系统。

（4）直流锅炉应有配备蒸发段出口中间点的温度报警和断水保护装置。

（5）任何情况下当给水流量低于启动流量时应发出警报，锅炉进入纯直流运行状态后，中间点温度超过允许值时应发警报。给水断水时间超过制造厂规定的时间时应自动切断送入炉膛的一切燃料。

（6）锅炉应装设事故停炉保护。当跳闸条件出现时，保护系统能自动切断进入炉膛的一切燃料。

（7）锅炉操作盘上应设有必要的声、光报警信号，如火焰显示、水位、压力、温度高低以及各种保护装置动作等。

（8）燃烧器设计的位置，必须便于接近和进行维护，防止附近管道漏粉、漏油而引起火灾，并为清除燃烧器喷口结渣提供条件。

（9）对于平衡通风的炉膛，炉膛运行压力应控制在规定的限值范围内，并提供有压力越限时的报警和保护。

（10）对采用直吹式制粉系统的锅炉，应有防止燃煤供应中断或给煤不稳定、失控等的措施。

（11）所有点火器油（气）系统的安全关断阀应尽可能靠近点火器安装，使此阀与点火器之间管道内的

存油最少，因为在点火器运行时，无论由于什么原因使此阀紧急关闭，其管道内过多的存油可能由于重力的作用而漏入炉膛出现不安全因素。

（12）为防止锅炉尾部烟道再燃烧，应满足以下要求：

1）确保烟气在靠近炉壁及受热面时，其温度可降到灰熔融特性温度以下，不能形成较强的还原性气氛，气流不能直接冲刷炉壁。

2）选择合适的吹灰器及合理布置。对于一般结渣特性的燃料，可用蒸汽吹灰器；对于严重结渣，而且渣质疏松的燃料可采用水力吹灰器，并合理布置。

3）炉膛和燃烧器设计布置时，应减少炉膛出口截面的烟温及烟量分布不均匀性，各种燃烧方式均应避免煤粉火焰冲刷水冷壁。

（13）机组容量为 200MW 及以上但小于 300MW 的燃煤电厂应按表 6-5 的规定设置火灾自动报警系统。机组容量为 300MW 及以上的燃煤电厂应按表 6-6 的规定设置火灾自动报警系统、固定灭火系统。

表 6-5 锅炉设备火灾自动报警系统
（机组容量大于等于 200MW 且小于 300MW）

序号	设备	火灾探测器类型
1	锅炉本体燃烧器区	缆式线型感温/光纤/空气管
2	磨煤机润滑油箱	缆式线型感温/光纤/空气管

表 6-6 锅炉设备火灾自动报警系统
（机组容量不小于 300MW）

序号	设备	火灾探测器类型	灭火介质及系统型式
1	锅炉本体燃烧器区	缆式线型感温/空气管	水喷雾/水喷淋
2	磨煤机润滑油箱	缆式线型感温/空气管	水喷雾/细水雾/水喷淋
3	回转式空气预热器	温度	水
4	原煤仓、煤粉仓（易自燃煤）	缆式线型感温+一氧化碳探测器+氧气浓度监测	惰性气体
5	锅炉房零米层以上架空电缆处	缆式线型感温	—

（二）煤粉系统防火、防爆

（1）煤粉系统防火、防爆设计应满足 DL/T 435《电站煤粉锅炉炉膛防爆规程》、DL/T 5203《火力发电厂煤和制粉系统防爆设计技术规程》的相关要求。

（2）制粉系统的所有管道和设备的结构不应存在易发生煤粉沉积的死角，通流面积的设计应保证吹扫空气通过时的流速能将沉积的煤粉吹扫干净。

制粉系统的设备、管道及部件应是气密型的，

避免煤粉沉积，并能清除运行时高温部件表面上的煤粉层。

（3）除无烟煤制粉系统内的设备和部件均应采取防爆措施。

（4）防爆设计应根据煤质、系统和设备情况，采用下列方式之一：

1）使系统的启动、切换、停运和正常运行等所有工况下均处于惰性气氛；

2）设备和其他部件按抗爆炸压力或抗爆炸压力冲击设计；

3）装设爆炸泄压装置，设备和其他部件按减低后的最大爆炸压力设计。

（5）在制粉系统及其相关烟、风道上的人孔、手孔和观察孔应有闭锁装置，防止在运行或爆炸时被打开。

（6）制粉系统的所有设备和其他部件应由耐燃材料制成。

（7）装设防爆门的围包体、设备和管道，在进行其强度及支撑结构设计时，其外部荷载应包括防爆门动作产生的最大反坐力。

（8）对爆炸感度高（高挥发分）和自燃倾向性高的烟煤和褐煤，不宜设置输粉设备。

（9）除磨制无烟煤外的制粉系统应设置灭火设施，灭火系统应由快速动作的阀门控制。

（10）宜设置惰化系统作为启动、断煤、停运、着火时进行惰化，以减少爆炸危险，惰化系统宜由快速动作的阀门控制。

（11）按惰性气氛设计的制粉系统，应设置惰化和灭火系统。

（12）对爆炸感度高（高挥发分）和自燃倾向性高的烟煤和褐煤采用中速磨煤机时，宜设置磨煤机冷却风系统或其他防爆措施。

（13）不装设防爆门时，系统设备、管道及部件按抗爆炸压力或抗爆炸压力冲击设计，应满足下列要求：

1）系统运行压力不超过15kPa的设备、管道及部件，应按承受350kPa的内部爆炸压力进行设计；系统运行压力超过15kPa时，应按承受400kPa的内部爆炸压力进行设计。

2）制粉系统某些部件，如大平面、尖角等可能受到冲击波压力作用，应根据这些作用对其强度的影响进行设计。

（14）装设防爆门时，系统设备、管道及部件按减低的最大爆炸压力设计，应满足下列要求：

1）给煤机及给煤管、给粉机、锁气器、输粉机按承受不小于40kPa的内部爆炸压力进行设计。

2）钢球磨煤机和中速磨煤机系统，除给煤机及给煤管、给粉机、锁气器、输粉机之外的设备、管道及

部件按承受150kPa内部爆炸压力设计。

3）风扇磨煤机直吹式制粉系统，设备、管道及部件按承受不小于40kPa的内部爆炸压力进行设计。

（15）设备和部件的结构设计强度，应采用机械荷载、运行压力和内部爆炸压力引起的组合应力加上由制造厂和买方协议确定的磨损裕度进行计算。

风扇磨煤机直吹式制粉系统磨制高水分褐煤采用炉烟干燥剂按惰性气氛设计时，不装设防爆门。设备按承受不小于40kPa内部爆炸压力设计。未按惰性气氛设计或不能完全达到惰性气氛时，应按第（14）条款的规定设计。

（16）循环流化床锅炉的给煤装置系统的部件，应设计成能承受由于固体燃料产生的荷载之外的内部压力，无任何支撑构件由于屈服或翘曲而产生的永久变形。

（17）按爆炸压力150kPa设计的制粉系统防爆门的装设部位及其形式和有效泄压面积应按下列规定执行：

1）靠近磨煤机进口干燥管、出口喉管、细粉分离器的进出口，管以及排粉机进口管或含粉一次风机前的煤粉管道上。各处防爆门有效泄压面积应不小于该处煤粉管道截面积的70%。采用膜板式、自动启闭式或其他形式的防爆门。

2）布置在距排粉机小于10m的含粉一次风箱和干燥剂乏气风箱上。风箱上防爆门有效泄压面积应按泄压比不小于0.025计算。采用膜板式、自动启闭式或其他形式的防爆门。

3）当排粉风箱距排粉机超过10m时，排粉机后以及干燥剂乏气风箱或煤粉分配器上。煤粉管道和风箱（分配器）上的防爆门总有效泄压面积，应按泄压比不小于0.025计算。采用膜板式、自动启闭式或其他形式的防爆门。

4）与磨煤机分开安装的粗粉分离器上。至少应各自装设两个防爆门，分别引自粗粉分离器内外锥壳。粗粉分离器的防爆门总有效泄压面积应按泄压比不小于0.025计算。采用膜板式、自动启闭式或其他形式的防爆门。

5）在细粉分离器中间出口短管的顶盖上，装设一个或数个防爆门。细粉分离器防爆门总有效泄压面积应按泄压比不小于0.025计算。当在细粉分离器中间顶盖装设的防爆门面积不足，在环形顶盖上装设时，其直径等于环形宽度的75%，采用膜板式、自动启闭式或其他形式的防爆门。

6）制粉系统（不包括送粉管道和煤粉仓容积）上装设防爆门的总有效泄压面积，应按系统泄压比不小于0.025计算。

（18）按不小于40kPa爆炸压力设计的制粉系统防

爆门的装设部位及其形式和面积应按下列规定执行：

1）不按惰性气氛设计的风扇磨煤机直吹式系统，在粗粉分离器顶盖上至少装设两个防爆门。其总有效泄压面积按磨煤机和粗粉分离器泄压比不小于 0.02 计算。采用膜板式、自动启闭式或其他形式的防爆门。

2）制粉系统上装设防爆门的总有效泄压面积，应按泄压比不小于 0.02 计算。

（19）按不小于 40kPa 内部爆炸压力设计的煤粉仓应装设自动启闭式（如重力式和超导磁预紧式等）防爆门。煤粉仓防爆门的总有效泄压面积应按泄压比不小于 0.005 计算，且不小于 $1m^2$。

对爆炸烈度高的煤种，煤粉仓防爆门的总有效面积宜通过计算确定。

（20）筒仓宜装设自动启闭式（如重力式和超导磁预紧式等）防爆门。防爆门总有效泄压面积可按泄压比不小于 0.001 计算。

（21）如采用袋式除尘器收集粉尘时，在其上或出口接头管上应装设防爆门。防爆门总有效泄压面积应按泄压比不小于 0.025 计算。

（22）不应将防爆门装设在有涡流冲刷或煤粉集中的管段上。

（23）防爆门的额定动作压力应满足下列要求：

1）安装在煤粉仓上的自动启闭式防爆门，为 1～10kPa。

2）安装在其他部位的膜板式、自动启闭式或其他形式防爆门，按不小于 40kPa 内部爆炸压力设计的制粉系统，额定动作压力不大于 10～25kPa；按内部爆炸压力 150kPa 设计的制粉系统，额定动作压力不大于 20～50kPa。

（24）防爆门的布置应符合下列规定：

1）防爆门应设置在靠近被保护设备或管道上，其爆破口或门板的位置应便于监视和维修。装设在弯管上时，应在弯管的外侧。

煤粉仓上的防爆门应设置在顶盖上，其布置位置应易于排放气体，且使引出管易于引至室外。

2）防爆门入口接管的长度应不大于 2 倍防爆门当量直径，且不大于 2m。

3）防爆门入口接管倾斜布置时与水平面的倾角，室内不小于 45°；室外不小于 60°。

4）膜板式防爆门室外安装时，膜板与水平面的倾角应不小于 10°；重力式及其他形式的自动启闭防爆门室外安装时，门板与水平面的倾角不小于 10°，不大于 45°。

5）安装在室内的防爆门，如爆炸喷出物危及人身安全，或沉落在附近的电缆、油管道和热蒸汽管道上时，应采用引出管引至室内安全场所或室外。当条件限制无法引出时，应采取设置隔火墙、棚盖、隔板或

阻火器等保护人身和/或设备安全的措施，使防爆门动作时喷出的气流不危及附近的电缆、油管道和热蒸汽管道及经常有人通行的区域。

（25）安装在室外的防爆门入口短管应涂以防锈漆并保温。

（26）应根据计算的有效泄压面积和泄爆效率确定防爆门的面积。

（27）防爆门引出管的设置和布置应符合下列规定：

1）装设在被保护设备或管道的防爆门宜直接（无引出管）排防爆门引出管要合理布置，宜短而直。

2）防爆门引出管爆炸喷出物的周围不应有可燃材料。

3）煤粉仓防爆门的引出管应引至室外。

（28）引出管的长度和直径不应影响减低后的最大爆炸压力，应符合下列规定：

1）防爆门前的引出管（入口接管）的直径（或当量直径）应不小于防爆门的直径（或当量直径）。

2）防爆门后引出管的直径（或当量直径）应不小于防爆门入口接管的直径（或当量直径）。

3）按内部爆炸压力 150kPa 设计的制粉系统防爆门引出管的长度应不大于 30 倍入口接管当量直径；按不小于 40kPa 内部爆炸压力设计的制粉系统防爆门引出管的长度应不大于 10 倍入口接管当量直径。

4）煤粉仓防爆门引出管的长度应不大于 10 倍入口接管当量直径。对爆炸烈度高的煤种，煤粉仓防爆门引出管长度宜根据减低后的最大爆炸压力、防爆门有效泄压面积等因素通过计算确定。

5）当引出管长度不能满足以上要求时，应加大引出管直径，使其流动阻力相当。

（29）运煤系统除尘装置的形式应根据煤尘特性等因素选用，宜选用湿式除尘器、袋式除尘器及电除尘器。当采用袋式除尘器时，其内部爆炸压力可按 150kPa 设计，并按该压力设置爆炸泄放装置。

（30）对爆炸感度高（挥发分高）和自燃倾向性高的烟煤和褐煤，采用中速磨煤机或双进双出钢球磨煤机直吹式制粉系统时，宜设置 CO 监测装置和磨煤机（分离器）后介质温度变化梯度测量装置。

（31）制粉系统的报警信号和保护装置包括，但不限于以下的这些装置：

1）应有供煤中断声、光报警信号，并引至控制室。

2）应有磨煤机（分离器）后介质温度高于允许值的声、光报警信号，引至控制室；对爆炸感度高（挥发分高）和自燃倾向性高的烟煤和褐煤，装设磨煤机（分离器）后介质温度变化梯度测量装置时，有超过限值的声、光报警信号，并引至控制室。

3）正压直吹式制粉系统应有密封风压力低的声、光报等信号，并引至控制室。

4）应有中速磨煤机氮气（如果有时）压力低的声、光报警信号，并引至控制室。

5）磨煤机（分离器）后介质温度高保护：当温度升高至规定最高允许值时，保护应自动作用于其温度调节装置；当超过规定最高允许值10℃时，停止向磨煤机（风扇磨煤机系统除外）供应干燥剂，并切断制粉系统。

6）防爆保护：对爆炸感度高（挥发分高）和自燃倾向性高的烟煤和褐煤，装设磨煤机（分离器）后介质CO监测和温度变化梯度测量装置时，当CO值和温度变化梯度同时超过规定值时，切断制粉系统，并投入灭火或惰化系统。

（三）煤粉仓及管道防火、防爆

（1）煤粉仓及管道防火、防爆设计应满足DL/T 5203《火力发电厂煤和制粉系统防爆设计技术规程》的相关要求。

（2）原煤仓内表面应平整、光滑、耐磨和不积粉。其几何形状和结构应使煤整体流动顺畅，而且能使煤全部顺畅自流排出。煤粉仓的内表面应光滑。

（3）对爆炸感度高（高挥发分）和自燃倾向性高的烟煤和褐煤采用气动破拱时，其气源宜采用惰性气体。

（4）对于黏性大或爆炸感度高（高挥发分）和自燃倾向性高的烟煤和褐煤，非圆筒仓型原煤仓的相邻两壁交线与水平面的夹角不应小于65°，壁面与水平面的交角不应小于70°。

（5）应采取措施防止空气与煤粉混合物及可燃气体在筒仓和原煤仓内积聚。应消除筒仓和原煤仓顶部的死角空间，防止可燃气体和煤粉积聚。某上部应设置排除可燃气体和煤粉混合物的排气装置。

（6）煤粉仓应封闭严密，减少开孔。任何开孔必须有可靠的密封结构，不应使用敞开式煤粉仓。煤粉仓的进粉和出粉装置必须具有锁气功能。

（7）煤粉仓应有能将煤粉排空的设施。煤粉仓应有测量粉位、温度以及灭火、吸潮和放粉等设施。

（8）装设防爆门的煤粉仓按减低后的最大爆炸压力和30kPa负压设计。煤粉仓应装设自动启闭式防爆门。按惰性气氛设计时不装设防爆门。

煤粉仓装设防爆门时，煤粉仓按减低后的最大爆炸压力不小于40kPa设计，防爆门额定动作压力按1~10kPa设计。对煤粉云爆炸烈度指数高的煤种，减低后的最大爆炸压力和防爆门额定动作压力宜通过计算确定。

（9）煤粉管道（包括钢球磨煤机喉管、接头短管、变径管、设备进出口接管等）的布置和结构不应存在煤粉在管道内沉积的可能性。

送粉管道的配置和布置应防止煤粉沉积和燃烧器

回火，不应有停滞区和死端。

（10）应配备清扫系统，在系统停止运行时对送粉管道及其部件进行吹扫。

（11）煤粉管道和送粉管道宜采用焊接连接以减少法兰数量。

（12）制粉系统管道上的检查孔、清扫孔、人孔等均应做成气密式的。

（四）防坠落、防机械伤害

（1）对所有外露部分的机械转动部件及可能伤害人体的机械设备加设防护罩，机械设备加装必要的闭锁装置，同时在设备招标时进一步强化这方面的要求。

（2）所有回转机械及可能伤害人体的机械设备周围设置必要的防护栏杆。

（3）平台、步道、升降口、吊装孔、闸门井和坑池边等有坠落危险处，设有栏杆或盖板。需登高检查和维护设备处，均设有钢平台和扶梯。

（4）与竖向管段上部相连通的设有人孔的水平烟风道，在其连通端处设内部格栅，以防人员跌落。

（5）给煤机、一次风机、送风机及引风机均设有启动条件，异常工况下的报警或停车。

二、燃机电厂锅炉及其辅助系统

（一）防爆

燃机电厂锅炉的防爆应满足GB 50229《火力发电厂与变电站设计防火规范》、DL/T 959《电站锅炉安全阀技术规程》和DL/T 612—2017《电力工业锅炉压力容器监督规程》的相关要求，参照执行DL 5053《火力发电厂职业安全设计规程》和DL/T 1091《火力发电厂锅炉炉膛安全监控系统技术规程》的相关要求。

燃机电厂锅炉的防爆可参照本节中"一、燃煤电厂锅炉及其辅助系统"的"（一）燃煤锅炉防火、防爆"中有关防爆设计。

（二）防机械伤害、高处坠落

燃机电厂锅炉的防机械伤害、高处坠落可参照本书第六章"火电厂生产工艺系统安全防护设施"的"第二节 锅炉、汽轮机系统及设备"中"一、燃煤锅炉及其辅助系统"的"（四）防坠落、防机械伤害"。

三、垃圾焚烧电厂锅炉及其辅助系统

（一）防火、防爆

垃圾焚烧锅炉的防火、防爆应满足GB 50229《火力发电厂与变电站设计防火规范》、DL/T 959《电站锅炉安全阀技术规程》和DL/T 612《电力工业锅炉压力容器监督规程》的相关要求，参照执行DL 5053《火力发电厂职业安全设计规程》和DL/T 1091《火力发电厂锅炉炉膛安全监控系统技术规程》的相关要求。

垃圾焚烧锅炉的防爆可参照本节中"一、燃煤电厂锅炉及其辅助系统"的"（一）燃煤锅炉防火、防爆"。

（二）防机械伤害、高处坠落

（1）对所有外露部分的机械转动部件及可能伤害人体的机械设备加设防护罩，机械设备加装必要的闭锁装置，同时在设备招标时进一步强化这方面的要求。

（2）所有回转机械及可能伤害人体的机械设备周围设置必要的防护栏杆。

（3）平台、步道、升降口、吊装孔、闸门井和坑池边等有坠落危险处，设有栏杆或盖板。需登高检查和维护设备处，均设有钢平台和扶梯。

（4）与竖向管段上部相连通的设有人孔的水平烟风道，在其连通端处设内部格栅，以防人员跌落。

（5）垃圾焚烧炉上料装置、一次风机、送风机及引风机均设有启动条件，异常工况下的报警或停车。

四、生物质电厂锅炉设备及系统

（一）防火、防爆

生物质电厂锅炉的防火、防爆应满足 GB 50229《火力发电厂与变电站设计防火规范》、DL/T 959《电站锅炉安全阀技术规程》和 DL/T 612《电力工业锅炉压力容器监督规程》的相关要求，参照执行 DL 5053《火力发电厂职业安全设计规程》和 DL/T 1091《火力发电厂锅炉膛安全监控系统技术规程》的相关要求。

锅炉的防爆可参照本节中"一、燃煤电厂锅炉及其辅助系统"的"（一）燃煤锅炉防火、防爆"。

（二）防机械伤害、高处坠落

（1）对所有外露部分的机械转动部件及可能伤害人体的机械设备加设防护罩，机械设备加装必要的闭锁装置，同时在设备招标时进一步强化这方面的要求。

（2）所有回转机械及可能伤害人体的机械设备周围设置必要的防护栏杆。

（3）平台、步道、升降口、吊装孔、闸门井和坑池边等有坠落危险处，设有栏杆或盖板。需登高检查和维护设备处，均设有钢平台和扶梯。

（4）与竖向管段上部相连通的设有人孔的水平烟风道，在其连通端处设内部格栅，以防人员跌落。

（5）锅炉上料装置、一次风机、送风机及引风机均设有启动条件，异常工况下的报警或停车。

五、燃煤电厂汽轮机及其辅助系统

（一）防火、防爆

（1）汽轮机及其辅助系统防火、防爆设计应满足 GB 50229《火力发电厂与变电站设计防火规范》、DL/T 5204《发电厂油气管道设计规程》、DL/T 5054《火力发电厂汽水管道设计规范》和 DL 5053《火力发电厂职业安全设计规程》的相关要求。

（2）汽轮机应安装安全监视装置。

（3）汽轮机的主油箱、油泵、冷油器及油净化装置等油系统设备，宜集中布置在汽机房机头靠 A 列柱侧处并远离高温管道。

（4）油系统及油管道的设计应满足以下要求：

1）在油管道与汽轮机前轴封箱的法兰连接处，应设置防护槽和将漏油引至安全处的排油管道。至汽轮机油箱的回油母管，可根据热膨胀情况设置补偿器。

2）油管道应避开高温蒸汽管道，不能避开时，应将其布置在蒸汽管道的下方，若布置在高温管道的上方时，高温管道应保温良好，且采用密闭的金属保护层，并在油管阀门和法兰的下方设收油盘，把漏油及时排到安全的地方。

3）油系统管道的阀门、法兰及其他可能漏油处敷设有热管道其他载热体时，载热体管道外面应包敷严密的保温层，保温材料应采用不燃烧材料，保温层外面应采用镀锌铁皮或铝皮作保护层。

（5）汽轮机润滑油区、管道及油箱设计应满足以下要求：

1）润滑油区、EH 供油装置应设置防泄漏和防火隔离措施，如设防火隔离墙、隔离栅栏，在油区地面设 300mm 高的围堰，以防意外火灾蔓延。

2）润滑油管道应架空布置或管沟敷设。汽轮机轴承座附近的润滑油管道应采用焊接，不应采用法兰连接。

3）润滑油箱上应设置二套排油烟装置，一套运行一套备用。排油烟风机出口应设除雾器或油露分离装置，并把排烟口接出汽机房外无火源处且避开高压电气设施。

4）在润滑油净化装置油处理泵、输（转送）油泵的出口管段上应设安全阀或泄压阀。

5）汽轮机润滑油应采取防止油劣化措施。

6）润滑油系统禁止使用铸铁阀门，应采用锻钢或铸钢阀门。

7）润滑油管道上的阀门及法兰附件、管件（三通、弯头等）按比管道设计压力高一级压力等级选用。

8）润滑油管道法兰应采用内外双面焊接。汽轮机机头下部和正对高温蒸汽管道的润滑油管道法兰应采用止口法兰。在热体附近的法兰应装设金属罩壳。

9）为减少泄漏部位，润滑油管道应尽量减少法兰连接，分段法兰应尽量少设。润滑油管道及阀门的法兰垫片不得选用塑料垫、橡皮垫和石棉纸垫，应使用耐油耐热垫片。

10）润滑油用过滤器应采用 Y 形过滤器，滤芯用不锈钢材料制作。

11）润滑油管道上的阀门选择和布置应满足以下

要求：

a. 润滑油管道阀门应选用明杆阀门，不得选用反向阀门；

b. 润滑油管道上的阀门门杆应平放或向下布置。

（6）汽轮机主油箱应设置事故放油装置，应满足以下要求：

1）事故检修油箱布置标高和排油管道的设计，应满足事故发生时排油畅通的需要；事故排油的容积，不应小于1台最大机组油系统的油量。

2）事故放油管道上应设两个钢质截止阀，操作手轮与油箱的距离必须大于5m，并有两条通道可到达操作手轮。操作手轮不允许上锁，宜加铅封，并挂有明显的禁止操作标识牌。

（7）300MW及以上容量的汽轮机调节油系统，宜采用抗燃油。200MW及以上容量的机组宜采用组合油箱及套装油管，并宜设单元组装式油净化装置。

（8）机组容量为200MW及以上但小于300MW的火电厂应按表6-7的规定设置火灾自动报警系统。机组容量为300MW及以上的火电厂应按表6-8的规定设置火灾自动报替系统、固定灭火系统。

表6-7 汽机房设备火灾自动报警系统（机组容量大于等于200MW且小于300MW）

序号	设备	火灾探测器类型
1	汽轮机油箱	缆式线型感温/火焰/光纤/空气管
2	汽轮机调节油系统（抗燃油除外）	缆式线型感温/火焰/光纤/空气管
3	氢密封油装置	缆式线型感温/火焰/光纤/空气管
4	汽轮机轴承	感温/火焰/空气管
5	汽轮机运转层下及中间层油管道	缆式线型感温/光纤/空气管
6	给水泵油箱	缆式线型感温/光纤/空气管
7	配电装置室	感烟
8	氢冷发电机漏氢检测	可燃气体

表6-8 汽机房设备火灾自动报警系统（机组容量不小于300MW）

序号	设备	火灾探测器类型	灭火介质及系统形式
1	汽轮机油箱	（缆式线型感温+火焰）/（点型感烟+火焰）/（光纤+火焰）/（空气管+火焰）	水喷雾/细水雾/水喷淋
2	电液装置（抗燃油除外）	（缆式线型感温+火焰）/（点型感烟+火焰）/（光纤+火焰）/（空气管+火焰）	水喷雾/细水雾/水喷淋
3	汽轮机调节油系统（抗燃油除外）	（缆式线型感温+火焰）/（点型感烟+火焰）/（光纤+火焰）/（空气管+火焰）	水喷雾/细水雾/水喷淋
4	汽轮机轴承	感温/火焰/空气管	—
5	汽轮机运转层下及中间层油管道	缆式线型感温/光纤/空气管	水喷淋/水喷雾
6	给水泵油箱（抗燃油除外）	（缆式线型感温+火焰）/（点型感烟+火焰）/（光纤+火焰）/（空气管+火焰）	水喷雾/细水雾/水喷淋
7	配电装置室	感烟	—
8	电缆夹层	缆式线型感温	水喷雾/细水雾/水喷淋/气体
9	汽轮机储油箱（主厂房内）	（缆式线型感温+火焰）/（点型感烟+火焰）/（光纤+火焰）/（空气管+火焰）	水喷雾/细水雾/水喷淋
10	电子设备间	（吸气+点型感温）/（点型感烟+点型感温）	气体
11	汽机房架空电缆处	缆式线型感温	—

（二）防机械伤害、高处坠落及烫伤

（1）汽轮机及其辅助设置防机械伤害、高处坠落设计应满足DL/T 1123《火力发电企业生产安全设施配置》、DL/T 5072《火力发电厂保温油漆设计规程》的相关要求。

（2）汽机房内的所有转动机械均设置防护罩。

（3）夹层及运转层检修场及其他开孔处附近设立防护栏，防止坠落。

（4）凝泵进口管道上设置隔离阀及滤网，出口管道上设置逆止阀及隔离阀。进出口的电动阀门将与凝泵联锁，以防止凝泵在进出口阀门关闭状态下运行。

（5）汽轮机本体，所有进汽阀前管道上均设疏水阀，根据汽轮机负荷自动开启。各抽汽管道上均设有抽汽电动阀及快关逆止阀，在甩负荷时能迅速隔断抽汽管路。高、中压缸排汽管道上设温度监视。高压加热器、除氧器、低压加热器均设有水位保护。

（6）对于排汽管道：距地面或平台高度小于2100mm及靠操作平台水平距离小于750mm的部位设置防烫伤保温。

六、燃机电厂汽轮机及其辅助系统

（一）防火、防爆

（1）燃机电厂汽轮机及其辅助系统防火、防爆设计应满足 GB 50229《火力发电厂与变电站设计防火规范》、DL/T 5204《发电厂油气管道设计规程》、DL/T 5054《火力发电厂汽水管道设计规范》和 DL 5053《火力发电厂职业安全设计规程》的相关要求。

（2）燃气轮机采用的燃料为天然气或其他类型气体燃料时，外壳应装设可燃气体探测器。

（3）当发生熄火时，燃机入口燃料快速关断阀宜在 1s 内关闭。

（4）燃机电厂汽轮机及其辅助系统防火、防爆可参照本节中"五、燃煤电厂汽轮机及其辅助系统"的"（一）防火、防爆"。

（二）防机械伤害、高处坠落及烫伤

燃机电厂汽轮机及其辅助设置防机械伤害、高处坠落设计应满足 DL/T 1123《火力发电企业生产安全设施配置》、DL/T 5072《火力发电厂保温油漆设计规程》的相关要求。

燃机电厂汽轮机及其辅助系统防机械伤害、高处坠落及烫伤可参照本书第六章的第二节中"五、燃煤电厂汽轮机及其辅助系统"的"（二）防机械伤害、高处坠落及烫伤"。

七、垃圾焚烧电厂汽轮机系统及其设备

（一）防火、防爆

汽轮机及其辅助系统防火、防爆设计应满足 GB 50229《火力发电厂与变电站设计防火规范》、DL/T 5204《发电厂油气管道设计规程》、DL/T 5054《火力发电厂汽水管道设计规范》和 DL 5053《火力发电厂职业安全设计规程》的相关要求。

垃圾焚烧电厂汽轮机及其辅助系统防火、防爆可参照本节中"五、燃煤电厂汽轮机及其辅助系统"的"（一）防火、防爆"。

（二）防机械伤害、高处坠落及其他

（1）汽轮机及其辅助设置防机械伤害、高处坠落设计应满足 DL/T 1123《火力发电企业生产安全设施配置》、DL/T 5072《火力发电厂保温油漆设计规程》的相关要求。

（2）汽机房内的所有转动机械均设置防护罩。

（3）夹层及运转层检修场及其他开孔处附近设立防护栏，防止坠落。

（4）凝泵进口管道上设置隔离阀及滤网，出口管

道上设置逆止阀和隔离阀。进出口的电动阀门将与凝泵联锁，以防止凝泵在进出口阀门关闭状态下运行。

（5）汽轮机本体，所有进汽阀前管道上均设疏水阀，根据汽轮机负荷自动开启。各抽汽管道上均设有抽汽电动阀及快关逆止阀，在甩负荷时能迅速隔断抽汽管路。高、中压缸排汽管道上设温度监视。高压加热器、除氧器、低压加热器均设有水位保护。

（6）对于排汽管道：距地面或平台高度小于2100mm及靠操作平台水平距离小于750mm的部位设置防烫伤保温。

（7）高温高压设备和热力管道表面温度可达200～300℃，为防止高温表面直接烫伤工作人员，减少热表面热辐射对人身的影响，表面温度高于 50℃的设备和管道必须进行保温。

（8）按照保温油漆设计规程，室内设备管道环境温度按 25℃设计。350℃以下采用岩棉制品或其他优质保温材料，350℃及以上采用硅酸铝制品或其他优质保温材料。

八、生物质电厂汽轮机系统及其设备

（一）防火、防爆

汽轮机及其辅助系统防火、防爆设计应满足 GB 50229《火力发电厂与变电站设计防火规范》、DL/T 5204《发电厂油气管道设计规程》、DL/T 5054《火力发电厂汽水管道设计规范》和 DL 5053《火力发电厂职业安全设计规程》的相关要求。

生物质电厂汽轮机及其辅助系统防火、防爆可参照本节中"五、燃煤电厂汽轮机及其辅助系统"的"（一）防火、防爆"。

（二）防机械伤害、高处坠落及其他

（1）汽轮机及其辅助设置防机械伤害、高处坠落设计应满足 DL/T 1123《火力发电企业生产安全设施配置》、DL/T 5072《火力发电厂保温油漆设计规程》的相关要求。

（2）汽机房内的所有转动机械均设置防护罩。

（3）夹层及运转层检修场及其他开孔处附近设立防护栏，防止坠落。

（4）凝泵进口管道上设置隔离阀及滤网，出口管道上设置逆止阀和隔离阀。进出口的电动阀门将与凝泵联锁，以防止凝泵在进出口阀门关闭状态下运行。

（5）汽轮机本体，所有进汽阀前管道上均设疏水阀，根据汽轮机负荷自动开启。各抽汽管道上均设有抽汽电动阀及快关逆止阀，在甩负荷时能迅速隔断抽汽管路。高、中压缸排汽管道上设温度监视。高压加热器、除氧器、低压加热器均设有水位保护。

（6）对于排汽管道：距地面或平台高度小于2100mm及靠操作平台水平距离小于 750mm 的部位设置防烫

伤保温。

（7）高温高压设备和热力管道表面温度可达200～300℃，为防止高温表面直接烫伤工作人员，减少热表面热辐射对人身的影响，表面温度高于50℃的设备和管道必须进行保温。

（8）按照保温油漆设计规程，室内设备管道环境温度按25℃设计。350℃以下采用岩棉制品或其他优质保温材料，350℃及以上采用硅酸铝制品或其他优质保温材料。

第三节 除灰渣系统及其辅助设施

本节包括燃煤电厂除灰渣系统及其辅助设施；垃圾焚烧电厂除灰渣系统及其辅助设施；生物质电厂除灰渣系统及其辅助设施的防护设施设计。

燃煤电厂除灰渣系统包括气力除灰渣系统、水力除灰渣系统、机械除灰渣系统、石子煤输送系统以及空气压缩机等。除灰渣系统其主要危害因素为火灾、电伤、机械伤害和高处坠落、车辆伤害及烫伤等。空气压缩机站主要危害因素为爆炸和机械伤害。

垃圾焚烧电厂除灰渣系统主要危害因素为火灾、电伤、机械伤害及压缩空气罐爆炸。

生物质电厂除灰渣系统主要危害因素为火灾、电伤、机械伤害及压缩空气罐爆炸。

一、燃煤电厂除灰渣系统

（一）防火

（1）除灰渣系统的防火设计应满足 DL/T 5142《火力发电厂除灰设计技术规程》的相关要求。

（2）埋刮板输送机输送除尘器灰时应耐温150℃，输送干渣或省煤器灰时应耐温350℃。

垂直斗式提升机输送灰渣的粒度不宜大于100mm；输送除尘器灰时应耐温150℃，输送干渣或省煤器灰时应耐温350℃。

链斗输送机输送除尘器灰时应耐温150℃，输送干渣或省煤器灰时应耐温350℃。

（3）石子煤带式输送机应选用耐高温胶带。

石子煤斗与机械输送设备之间的接口应采用耐磨、阻燃的柔性连接。

（4）循环流化床锅炉底渣仓排气过滤器采用袋式除尘器时，布袋应选用耐高温滤料。

（5）刮板捞渣机应设有自动补水、超温报警装置。

（6）带式输送机的胶带应根据所运输物料的温度，可选用普通型、阻燃型胶带。胶带类型及适用温度宜符合表6-9的要求。

表6-9　　　　胶带类型及适用温度

胶带类型	适用温度（℃）	备注
维尼纶布芯胶带	−5～40	—
普通型棉帆布芯胶带	−15～40	工作环境温度低于−20℃时采用耐寒输送带
钢绳芯胶带	−20～40	

（二）防机械伤害及高处坠落

（1）除灰渣系统的防机械伤害及高处坠落设计应满足DL/T 5142《火力发电厂除灰设计技术规程》和DL 5053《火力发电厂职业安全设计规程》的相关要求。

（2）除灰渣系统中所有转动机械及其外露部分的转动部件应设置安全护罩，并应设置必要的闭锁装置。

（3）机械输送设备应有保护、停车、自动报警装置。

（4）除灰渣系统的转动机械应设置事故紧急停机开关及防止误启停装置。

（5）除灰渣系统中灰库、渣库库顶、操作平台（高度大于1m）应设置安全栏杆；平台、走台（步道）、升降口、吊装孔、闸门井和坑池边等有坠落危险处，应设栏杆、盖板、踢脚板及防滑措施。

（6）带式输送机的重锤拉紧装置应采取必要的安全防护措施和方便加油的措施，包括上部铺设护板，设置安全围栅和维护平台等。同时，应采取措施防止由于重锤跌落而损坏地面、楼面和支架。

（7）带式输送机根据工程具体气象条件可装设防护罩或采用封闭栈桥。

（8）水力出渣系统的灰渣浆池、沉渣池、浓缩机、脱水仓、澄清池、水池等高空危险处或人易坠落处应设置防护栏杆或盖板。

（9）灰渣沟应装设盖板。在每个落灰渣口以及装设激流喷嘴处，应装设轻便型盖板。脱水仓各吊装孔应加装固定式防护栏杆；吊装口加有盖板的，盖板上应标有禁止阻塞线。

（三）防电伤

灰渣系统工作条件较差，干灰飞扬，灰浆易泄漏，要求所有电器设备严密性较好，以免飞灰、灰浆侵入电器设备引起电器故障，甚至触电事故，各种电器设备非带电金属外壳，设置可靠的接地系统。

（四）防腐、防潮

（1）除灰渣系统的防腐、防潮设计应满足 DL/T 5142《火力发电厂除灰设计技术规程》的相关要求。

（2）当空气斜槽露天布置，气温较低时应考虑保温措施，保温的外层宜采用铝皮保护层。

（3）严寒地区根据具体工程气象条件，沉渣池可采用露天、半露天或室内布置。严寒地区采用室内布置时，还应考虑室内通风、排放水蒸气的措施。

（4）水力灰渣管布置在管沟内且管沟深度大于1.5m时，管沟应设有人行通道和排水设施，人行通道净宽度宜为800mm。

（5）沿海地区采用海水作为捞渣机补水时，与海水接触的刮板捞渣机本体及其辅助系统的设备、阀门及管道应采取适当的防腐措施。

（6）机械输送设备布置在隧（沟）道内时，一侧应设置宽度800mm、高度2m的运行维护通道。隧（沟）道内应设有通风、照明、冲洗和排水设施。机械输送设备露天布置时，驱动装置应采取防雨措施。

（7）垂直斗式提升机与灰渣接触的部件宜采用耐温、耐磨材料。露天布置时驱动装置应设防雨措施。

（8）链斗输送机露天布置时驱动装置应设防雨措施。

（9）地下布置的石子煤系统，其地下隧道应设置防潮通风设施和不少于2个的出入口。

（五）防车辆伤害

针对灰渣运输车辆可能发生的车辆伤害，厂区内做好车辆来往的引导；厂区内交通标识牌布置合理、清晰。

（六）其他伤害防护设计

（1）除渣系统采用干渣系统时采取防止烫伤的措施。

（2）渣沟的深度大于2.5m时，可采用灰渣沟隧道。在隧道内应沿灰渣沟的一侧设置宽度为800mm、高度为2m的通道。隧道内应设置通风和照明设施。

二、燃煤电厂空气压缩机站

（一）防爆

（1）空气压缩机站的防爆设计应满足 DL/T 5142《火力发电厂除灰设计技术规程》和 GB 50029《压缩空气站设计规范》的相关要求。

（2）真空泵房宜靠近负压储灰设施布置，宜为独立建筑物；当与其他建筑物毗邻或合用时，宜用墙隔开。

（3）回转式风机房或真空泵房内设备间的主要通道不宜小于1.5m，设备与内墙之间的通道不宜小于1.2m。

（4）抽真空设备排气管应布置在室外。

（5）活塞空气压缩机、隔膜空气压缩机与储气罐之间，应装止回阀；空气压缩机与止回阀之间，应设置放散管。活塞空气压缩机、隔膜空气压缩机与储气罐之间，不宜装切断阀门，如装设时，在空气压缩机与切断阀门之间，必须装设安全阀。

（6）储气罐上必须装设安全阀，宜采取遮阳措施。储气罐与供气总管之间，应装设切断阀。

（7）离心空气压缩机的排气管上应装设止回阀和切断阀，空气压缩机与止回阀之间，必须设施放空管。

（二）防机械伤害

（1）空气压缩机站的其他伤害防护设计应满足 DL/T 5142《火力发电厂除灰设计技术规程》和 GB 50029《压缩空气站设计规范》的相关要求。

（2）空气压缩机组的联轴器和皮带传动部分必须装设安全防护设施。

（3）压缩空气站应装设热工报警信号和自动保护控制装置。

（4）当活塞空气压缩机的立式气缸盖高出地面3m时应设置可拆卸的维修平台和扶梯。

（5）压缩空气站内的平台、扶梯、地坑及吊装孔周围均应设置防护栏杆，栏杆的下部应设防护网或板。

（6）压缩空气站内的地沟应能排除积水，并应铺设盖板。

（7）空气压缩机的吸气过滤器，应装在便于维修之处，平台和扶梯的设置应根据日常操作和维护的需要确定。

三、垃圾焚烧电厂除灰渣系统

垃圾焚烧电厂灰渣处理系统的安全防护设计可参照本节中"一、燃煤电厂除灰渣系统"及"二、燃煤电厂空气压缩机"中有关防火、防爆、防电伤及防机械伤害的内容。

四、生物质电厂除灰渣系统

生物质电厂灰渣处理系统的安全防护设计可参照本节中"一、燃煤电厂除灰渣系统"及"二、燃煤电厂空气压缩机"中有关防火、防爆、防电伤及防机械伤害的内容。

第四节 电 厂 化 学

电厂的化学水处理包括水的预处理、水的预脱盐、水的除盐、汽轮机组的凝结水精处理、热力系统的化学加药、热力系统的水汽取样及监测、冷却水处理、制氢和供氢系统。

化学水处理系统使用具有强烈刺激性、有毒和腐蚀性的酸、碱及氨等多种有害物质，如不采取防腐及防化学伤害，可能会腐蚀设备，并对人员造成化学伤害。制氢或供氢系统的氢在使用和储存时，极易引起爆炸。化学水系统防护设施（如护栏、扶手等）出现问题，则会发生高处坠落事故。化学水沟、池、坑、井等较多，若盖板、栏杆等缺失，易发生淹溺事故。同时化学水车间及设备有较多电气设备及电缆，如果防火措施不到位，可能引发火灾。

化学水处理系统的职业安全设计应满足 GB 50660《大中型火力发电厂设计规范》、DL/T 5068《发电厂化学设计规范》和 DL 5053《火力发电厂职业安全设计规程》的要求。化学水处理系统的职业安全设计适用于燃煤、燃气、生物质电厂，垃圾电站等发电厂化学设计。

一、化学水处理系统主要工艺

（1）原水预处理是确保电厂有可靠的水源，地表水、地下水、再生水、海水及矿井排水等均可作为电厂的水源。

（2）水的预脱盐及除盐系统是根据水源类型、水质特点、机组参数及厂址条件等因素要求，脱除水中的盐分。

（3）汽轮机组的凝结水精处理系统作用是机组正常运行时，除去系统中微量溶解盐类，提高凝结水水质，保证优良的给水品质和蒸汽质量；冷却水泄漏时，除去因泄漏而融入的溶解盐类和悬浮物，为机组按正常程序停机争得时间；机组启动时，除去凝结水中的铜、铁腐蚀产物，缩短启动时间。用于阳树脂再生的化学用品有工业盐酸（31%）、硫酸（98%）等，用于阴树脂再生的化学用品有高纯度碱（32%氢氧化钠）等。

（4）化学加药系统主要是为了调节热力系统中水的 pH 值和水中的氧浓度。调节热力系统中水的 pH 值可采用氨（99.6%的液氨或 32%的氨水）等化学用品，调节水中的氧浓度可采用联氨（51.2%）等化学用品。

发电厂热力系统的给水化学加药处理根据热力系统的材质、冷却水水质以及精处理方式选择氧化性全挥发处理、还原性全挥发处理或加氧处理方式。氧化性全挥发处理仅加氨；还原性全挥发处理加氨及加联氨；加氧处理需加氨及加氧。

汽包锅炉炉水应添加固体碱化剂（如磷酸盐、氢氧化钠）的处理，无凝结水精除盐的湿冷机组，炉水宜加磷酸盐，设凝结水精除盐的湿冷机组，炉水宜加氢氧化钠；空冷机组，炉水宜加氢氧化钠。闭式循环除盐冷却水系统添加的药品，可选用联氨、磷酸盐或其他缓蚀剂。

（5）热力系统的水、汽取样及监测系统是对热力系统的水、汽质量进行分析和监测，确保水、汽质量符合标准，防止热力系统的腐蚀、结垢、结盐。

（6）循环冷却水系统是指通过换热器交换热量或直接接触换热方式来交换介质热量并经冷却塔凉水后，循环使用，以节约水资源。一般情况下，循环水是中性和弱碱性的，pH 值控制在 7～9.5 之间。循环冷却水应进行杀菌处理。杀菌剂的选择应根据冷却方式、冷却水量及水质条件等因素确定，可选择二氧化氯、次氯酸钠、氯锭、液氯、非氧化性杀菌剂等药品，杀菌剂与水质稳定剂不应相互干扰。

（7）制氢和供氢系统是为采用水-氢-氢冷却式的发电机提供冷却介质的。制氢系统宜采用水电解工艺；外购氢气可采用氢气钢瓶集装格或长管拖车输送，当供氢源邻近发电厂时，可采用管道供氢。

二、酸、碱药品储存、制备和使用安全设计

（1）根据 GB 13690《化学品分类和危险性公示通则》化学品分类，酸、碱的理化危险是金属腐蚀，健康危险是皮肤腐蚀/刺激、严重眼损伤/眼刺激、呼吸或皮肤过敏、吸入危险等，环境危险是危害水生环境。因此火力发电厂和核电厂酸、碱系统药品储存应满足 GB 15603《常用化学危险品贮存通则》要求。

化学水处理工艺的化学药品使用安全设计应符合 DL 5068《发电厂化学设计规范》、DL 5053《火力发电厂职业安全设计规程》和 DL 5454《火力发电厂职业卫生设计规程》的规定。

（2）药品储存设施的布置位置应便于运输与装卸。药品仓库内应设置安全防护和通风设施，并应采取相应的防腐蚀措施。

（3）采用铁路运输时，宜在厂区铁路附近设置储存、转运设施。当采用固体碱时，还应有起吊设施和溶解装置，溶解装置宜采用不锈钢材质。

（4）装卸浓酸及液碱溶液时，宜采用泵输送或重力自流方式。长期使用的酸储存罐，可能在某些部位产生腐蚀，使金属结构强度减弱，当采用压缩空气加压方式卸酸时，很可能使储存罐破裂，导致酸液带压外泄，造成人身伤害事故。

（5）盐酸储存罐及计量箱的排气应设置酸雾吸收装置；浓硫酸储存罐排气口应设置除湿器；碱储存罐和计量箱排气口宜设置二氧化碳吸收器。

（6）酸、碱储存和计量设施周围设置围堰，围堰内容积应大于最大一台储存设备 110%的容积，当围堰有排放措施时可适当减小其容积。围堰是为了当储存和计量设备发生腐蚀穿孔或阀门、管道处有严重泄漏时，用以储存泄漏出来的药品，避免四处溢流伤害操作人员和腐蚀地面。

（7）酸、碱储存间、计量间及卸酸、碱泵房必须设置安全通道、淋浴装置、冲洗及排水设施。

（8）室内经常有人通行的场所，其酸、碱管道不宜架空，必须架空敷设时，应对法兰、接头处采取防护措施。

（9）卸酸（碱）泵房、酸（碱）库及酸（碱）计量间，应设置机械排风装置，宜采用自然通风。

（10）化学加药系统联氨溶液箱应设有计量筒。联氨计量箱储存设备应设有液位报警装置，以防止药液溢出。

氨系统应有防止氨气外泄的措施。氨储存箱、氨计量箱的排气，应设置氨气吸收装置，氨液箱排气管道上应有防止氨气外泄的措施。

氨和联氨均使用单独密闭容器储存，加药间应有适当面积的药品储存区域或设置单独的药品储存房间。

氨和联氨储存加药设备周围应有围堰，并应设冲洗设施。采用手动调节的加药点应布置喷淋洗眼器（装置）。

联氨储存、加药间内应设强制机械排风装置，通风次数不少于每小时 15 次，以及毒气检测报警装置。

（11）循环冷却水系统杀菌处理采用化学法制取二氧化氯、次氯酸钠、液氯时，系统的安全措施设计应符合 DL 5068《发电厂化学设计规范》的要求：

1）采用化学法制取二氧化氯。

a. 制备二氧化氯的原料氯酸钠、亚氯酸钠为白色至淡黄色结晶或粉末，遇热分解放出氧气，性质活泼，遇下列物质具有爆炸的可能：有机物，如油脂、沥青、面粉、木屑、煤粉、碳粉、有机溶剂；金属粉末，如镁粉、铝粉、铁粉、锌粉等；浓硫酸；还原性物质，如硫、磷等。

固体粉末亚氯酸钠、氯酸钠药品仓库应远离火源并单独储存，药品仓库应为阴凉干燥的非木结构的库房；不应与还原性物质、酸、有机物共存共运；不应与易燃物、可氧化物质（有机物）及还原剂共存共运。

b. 其工作场所应加强通风和个人防护，并应设置淋洗防护设施。

c. 稳定性二氧化氯溶液应储存在避光、通风、干燥的室温环境里，不得与酸及还原性的物质共存共运。

d. 二氧化氯发生器间应配置漏氯检测及报警装置。

e. 二氧化氯制备间、药品储存间应设置机械排风装置。

2）循环冷却水系统杀菌处理当采用次氯酸钠时，可由电解氯化钠溶液或海水制取，也可直接外购。电解氯化钠溶液或海水制取次氯酸钠系统的设计应符合以下规定：

a. 次氯酸钠储存罐应有可靠的排氢措施，必要时应设置中间除氢系统，保证罐内氢气与空气体积比浓度低于 1%。

b. 次氯酸钠发生器应配置酸洗设施。

c. 电气及控制设备应布置在单独的房间内。

d. 进入次氯酸钠发生器的氯化钠溶液或海水应经过滤处理，次氯酸钠发生器可不设备用；配合冲击加药或采用间断加药时，次氯酸钠发生器出力及储存罐容积应满足一次投加量的要求。

3）当采用液氯时，系统的安全措施设计应满足以下要求：

a. 加氯间宜布置在独立的建筑物内，当与其他车间联合布置时，必须设隔墙，并应有通向室外的外开门。

b. 严禁使用蒸汽、明火直接加热液氯钢瓶。

液氯瓶应单独存放。氯瓶和加氯机不应靠近采暖设备并应避免日照，防止氯瓶受热，瓶内压力增高而发生爆炸。

液氯蒸发量不满足加药量要求时，应设置液氯蒸发器或采取其他措施；不得使用蒸汽、明火直接加热钢瓶，否则会导致氯瓶爆炸。

c. 照明和通风设备的开关应设在室外。

d. 氯瓶间应设置氯气泄漏检测报警装置及氯气吸收装置，氯气泄漏时，泄漏检测装置连锁氯气装置吸收启动，对泄漏氯气进行吸收，以免造成更大范围的伤害事故；应设置氯气中和装置，并配置一定数量的正压式呼吸器。

e. 储存氯瓶间和使用加氯间应按 GB 11984《氯气安全规程》的规定，配备应急抢修器材和安全防护用品。

f. 液氯宜采用真空投加，加氯机应有指示瞬时投加量并有防止氯、水混合物倒灌入液氯钢瓶的设施，加氯机水射器水源应保证不间断并保持水压稳定。

g. 加氯机喷射器水源应保证不间断并保持水压稳定，加氯水泵应联锁并有可靠的电源。

三、电厂化学辅助设施的安全设计

（一）防毒辅助设施安全设计

（1）火力发电厂产生有毒有害物质的场所有化学车间、含有 SF_6 电气设备场所、直流系统（蓄电池室）和汽轮机抗燃油使用及存放场所，应满足 GBZ/T 194《工作场所防止职业中毒卫生工程防护措施规范》的要求。

（2）工作场所采用通风排毒设施时，应同时设计净化、回收设施，综合利用资源，使有毒有害物质排放达到国家或地方排放标准的要求。不得采用循环空气作空气调节或热风采暖。

排毒系统中所用材料其材质应无毒无害、防老化，并不应在光、热效应下产生二次污染。

（3）采取集中空调系统的工作场所，其换气量除满足稀释有毒有害气体需要量，保持冷、热调节外，系统的新风量应不低于每人 $30m^3/h$，换气次数应每小时不少于 12 次。

（4）在有毒工作场所的醒目位置应张贴符合 GBZ 158《工作场所职业病危害警示标识》的规定的警示标识和职业卫生作业守则，并有专门部门进行经常性的监督检查。

（5）在工作场所储存有毒物质的容器，都应贴上醒目的标识，以示该物质名称及危险性。输送有毒物质的管道系统、设备、阀门、安全设施、泵及其他固定设备均应贴上标签或注明记号以识别所输送的有毒物质。

（二）喷淋洗眼器（装置）的设计

（1）根据 GBZ/T 194《工作场所防止职业中毒卫生工程防护措施规范》的要求，生产过程中可能发生化学性灼伤及经皮肤吸收引起急性中毒事故的工作场所，应设置清洁供水设备和喷淋装置，对有溅入眼内引起化学性眼炎或灼伤可能的工作场所，应设淋浴、洗眼的设备。

（2）酸、碱罐储存、计量间及装卸平台应布置喷淋洗眼器（装置）。

（3）化学加药车间采用手动调节的加药点应布置喷淋洗眼器（装置）。

（4）冷却水处理采用化学法制取二氧化氯工作场所应设置淋洗防护设施。

（5）蓄电池间的调酸室内应设有喷淋洗眼器（装置）。

（6）洗眼器可参照 HG 20571《化工企业安全卫生设计规范》和 SH 3047《石油化工企业职业安全卫生设计规范》的要求设置，一般性原则如下：

1）洗眼器安装在危险区域，使用者直线达到洗眼器的时间不超过 10s。

2）洗眼器救护半径范围：15m 之内。

3）洗眼器不可以越层安装。

4）洗眼器周围不应有电器开关，防止发生意外。

5）洗眼器出水口必须连接下水道或者废水处理池。

6）洗眼器水压要求：0.2～0.4MPa，水源可采用中性除盐水。

四、氢气站及其设施设备的防火、防爆设计

（1）氢气是可燃气体，且着火、爆炸范围宽、下限低。氢气与空气或氧混合时，形成一种混合比范围很宽的易燃、易爆混合物，根据 GB 50016《建筑设计防火规范》的规定，制氢和供氢系统应按照火灾危险性类可燃气体标准设计。

（2）当发电厂使用氢气时，应设置制氢系统或外购成品氢气的供氢系统。制氢和供氢系统的设计除应符合 GB 50016《建筑设计防火规范》规定外，还应符合 GB 50177《氢气站设计规范》和 GB 4962《氢气使用安全技术规程》的规定。

（3）制氢站和供氢站为易燃、易爆危险环境，为防止制氢站和供氢站建成后动火造成危害，宜统筹考虑近期扩建的机组用氢量，一次建成。

（4）制氢站和供氢站工艺布置方面的安全措施设计应符合以下规定：

1）氢气排放管管口处应设阻火器，在氢气放空时，一旦雷击引起燃烧爆炸事故时，起阻止事故蔓延的作用。室内氢气排放管应引至室外，排放管出口应高出屋顶 2m 以上，室外设备的排放管出口应高于附近有人员作业的最高设备 2m 以上；氢气排放管应有防雨雪侵入和杂物堵塞的措施；当压力大于 0.1MPa 时，阻火器后的管材，应采用不锈钢管。

2）氢气瓶应布置在通风良好、远离火源和热源并避免曝露在阳光直射的场所，可布置在封闭或半敞开式建筑物内。

3）制氢系统中，设备及其管道内的冷凝水，应由专用疏水装置或排水水封排至室外。水封上的气体放空管，应分别接至室外安全处，并使管道接地。

4）氢气站内应将有爆炸危险的房间集中布置。有爆炸危险房间不应与无爆炸危险房间直接相通。必须相通时应以走廊相连或设置双门斗。

5）电解制氢装置应布置在室内。电解制氢间、氢气干燥净化间、氢气压缩机间、氢瓶间等有爆炸危险房间应按 1 区爆炸危险区域设计。

6）采用长管拖车储存氢气时，应规划长管拖车的停放场地，其安全防火间距应符合 GB 50016《建筑设计防火规范》和 GB 50177《氢气站设计规范》的规定。

（5）制氢站和供氢站电气及仪表控制安全措施设计应符合下列规定：

1）氢气罐顶部最高点应设氢气放空管；应设有安全泄压装置，如安全阀等；应设压力测量仪表；应设氮气吹扫置换接口。

2）有爆炸危险环境的电气设施及仪器、仪表选型，不应低于氢气爆炸混合物级别、组别。

3）有爆炸危险房间内应设氢气检漏报警装置，并应与相应的事故排风机联锁。

4）氢气站宜同时配备便携式氢气检漏报警仪、便携式露点仪、便携式或实验室氢纯度仪等设备。

五、管道及阀门安全设计

（一）管道及阀门安全设计

（1）管道及阀门安全设计应符合 DL 5068《发电厂化学设计规范》的规定。

（2）输送易燃、易爆介质的管道、阀门与设备之间宜采用法兰或螺纹连接，不应直接焊接。

（3）氢气管道的流速不宜大于 15m/s，以避免氢气在管道内流速过大与管壁摩擦增强，特别是管道内含有铁锈杂质时，会形成静电火花，引起着火事故。

（4）热力系统水汽取样管道安全设计应符合以下规定：

1）高温样水管道应防烫；

2）高温高压样水管道上的阀门宜采用焊接连接。

（5）热力系统化学加药管道及配药用水管道应采用不锈钢材质。

（6）氢气系统管道安全设计应符合以下规定：

1）为防止氢气中夹带有的碱液腐蚀管道，氢气管道材质应选用无缝不锈钢管；

2）不锈钢管中氢气流速不宜大于 15m/s，当设计压力为 0.1～3.0MPa 时，最大流速不应大于 25m/s；

3）氢气管道的阀门应采用球阀、截止阀；

4）氢气管道应采用焊接连接，氢气管道与设备、阀门的连接可采用法兰或锥管螺纹连接；螺纹连接处，应采用聚四氟乙烯薄膜作为填料。

（二）管道及阀门安全布置要求

（1）高温高压的汽水取样管道布置时不宜穿越控制室等人员密集处，必须穿越时应采取防护措施。

（2）管道布置应不影响运行及检修通道，通道宽度不应小于 0.8m，跨越人行通道的管道净高不宜低于 2.5m。

（3）管道埋地敷设时，埋地敷设深度应根据地面荷载、土壤冻结深度等条件确定，管顶距地面不宜小于 0.7m。强腐蚀介质管道不应埋地敷设。

（4）管道多层敷设时，气体管道、热管道等宜布置在上层，腐蚀性介质管道宜布置在下层；架空敷设的易燃、易爆气体管道宜布置在外侧。

（5）管道布置不应影响设备起吊，也不应挡门、窗。

（6）管道不应穿越运行控制室、电子设备间、变配电室等房间。

（7）输送浓酸、碱液及浓氨等腐蚀性介质的管道不宜布置在人行通道的上方，也不宜布置在转动设备的上方，必须架空敷设时，应设保护罩或挡板遮护。

（8）输送液体介质的管道不应布置在动力盘、控制柜的上方。

（9）手动操作阀门的布置高度不宜超过 1.6m，高于 2m 布置的阀门应有便于操作的措施。

六、防腐安全设计

（1）防腐安全设计应符合 DL 5068《发电厂化学设计规范》的规定。

（2）凡接触腐蚀性介质或对水质有影响的设备、管道、阀门、构筑物及沟道的内表面，以及受腐蚀环境影响的设备、管道、阀门及构筑物的外表面，均应衬涂合适的防腐涂料或采用合适的耐腐蚀材料。

（3）强腐蚀介质管道不应埋地敷设。

（4）海水淡化系统的设备、管道、阀门材质及防腐除了应符合 DL 5068《发电厂化学设计规范》的规定，还应符合 GB/T 50619《火力发电厂海水淡化工程设计规范》的有关规定：

1）凡接触腐蚀性介质或对出水质量有影响的设备、管道、阀门及构筑物的内表面均应衬涂合适的防腐层或采用耐腐蚀材料。受腐蚀环境影响的设备、管道、阀门及构筑物的外表面应涂刷合适的防腐蚀层。

2）不同金属材质间应采取绝缘措施。

3）药品储存箱、溶液箱宜根据介质特性采用碳钢衬胶、玻璃钢或聚乙烯材质。

4）蒸馏法海水淡化装置换热设备材质的选择应符合 DL/T 712《发电厂凝汽器及辅机冷却器管选材导则》、GB 13296《锅炉、热交换器用不锈钢无缝钢管》、GB/T 3625《换热器及冷凝器用钛及钛合金管》、GB/T 23609《海水淡化装置用铜合金元缝管》的有关规定。

七、防坠落、防淹溺设计

水的预处理相邻澄清池的顶部应有连接通道及防护栏杆。过滤池应设检修爬梯及顶部防护栏杆。

化学水沟、池、坑、井等较多，若盖板、栏杆等缺失，易发生淹溺事故。在有淹溺危险的场所必须设置盖板，并做到盖板严密，以防作业人员落入沟池。

第五节 电 气 部 分

电气部分安全防护设施设计主要涉及电气设备安全布置，电气设备设施防火防爆，防电伤、防误操作以及事故照明的内容。电气系统主要存在的危险有害因素有火灾、爆炸和电伤，其安全防护设施设计应符合 GB 12158《防止静电事故通用导则》、GB 50057《建筑物防雷设计规范》、GB 50116《火灾自动报警系统设计规范》、GB 50217《电力工程电缆设计规范》、GB/T 50064《交流电气装置的过电压保护和绝缘配合设计规范》、GB 50229《火力发电厂与变电站设计防火规范》、DL/T 1123《火力发电企业生产安全设施配置》和 DL/T 5390《发电厂和变电站照明设计技术规定》的规定要求。

一、电气设备安全布置

（一）直流电源系统设备的布置

（1）基本地震烈度为 7 度及以上的地区，蓄电池组应有抗震加固措施，并应符合 GB 50260《电力设施抗震设计规范》的有关规定。

（2）蓄电池室的门应向外开启，应采用非燃烧体或难燃烧体的实体门。

（3）蓄电池室不应有与蓄电池无关的设备和通道。与蓄电池室相邻的直流配电间、电气配电间、电气继电器室的隔墙不应留有门窗及孔洞。

（二）厂用电气设备的布置

1. 厂用变压器

（1）高压厂用工作变压器和高压启动/备用变压器宜布置在汽机房 A 排外侧，靠近高压厂用配电装置室布置，并应满足 GB 50229《火力发电厂与变电站设计防火规范》中的相关规定。

（2）低压厂用变压器高、低压套管侧应用金属外壳封闭或加设网状遮栏。

（3）低压厂用油浸变压器低压引出线穿墙处可采用不吸水、阻燃、防潮、防霉的绝缘板封闭。

2. 厂用配电装置

（1）高压成套开关柜应具备"五防"功能，即防止误分、误合断路器，防止带负荷拉合隔离开关，防止带电挂（合）接地线（开关），防止带接地线关（合）断路器（隔离开关），防止误入带电间隔。

（2）厂用配电装置室、厂用变压器室内凡有除入孔之外通向电缆隧道或通向邻室的孔洞，应以耐热材料封堵，以防止火灾蔓延和小动物进入。

（3）低压厂用配电装置室内裸导电部分与各部分的净距应符合以下规定：

1）屏后通道内裸导电部分的高度低于 2.3m 时应加遮护，遮护后通道高度不应低于 1.9m；遮护后的通道宽度应符合表 6-10 要求。

2）跨越屏前通道裸导电部分的高度不应低于 2.5m，当低于 2.5m 时应加遮护，遮护后的护网高度不应低于 2.2m。

表 6-10　　　　　　　　　　高压厂用配电装置室的通道尺寸　　　　　　　　　　（mm）

配电装置形式	操作通道				背面维护通道		侧面维护通道		靠墙布置时离墙常用距离	
	设备单列布置		设备双列布置		最小	常用	最小	常用	背面	侧面
	最小	常用	最小	常用						
固定式高压开关柜	1500	1800	2000	2300	—	—	800	1000	50	200
手车式高压开关柜	2000	2300	2500	3000	600	800	800	1000	—	—
中置式高压开关柜	1600	2000	2000	2500	600	800	800	1000	—	—

注　1. 表中尺寸是从常用的开关柜屏面算起（即突出部分已包括在表中尺寸内）。

　　2. 表中所列操作及维护通道的尺寸，在建筑物的个别突出处允许缩小 200mm。

表 6-11　　　　　　　　　　低压配电屏前后通道的最小宽度　　　　　　　　　　（mm）

配电屏种类		单排布置			双排面对面布置			双排背对背布置			多排同向布置		
		屏前	屏后		屏前	屏后		屏前	屏后		屏间	前、后排屏距墙	
			维护	操作		维护	操作		维护	操作			前排	后排
固定分隔式	不受限制时	1500	1000	1200	2000	1000	1200	1500	1500	2000	2000	1500	1000
	受限制时	1300	800	1200	1800	800	1200	1300	1300	2000	2000	1300	800
抽屉式	不受限制时	1800	1000	1200	2300	1000	1200	1800	1500	2000	2300	1800	1000
	受限制时	1600	800	1200	2000	800	1200	1600	800	2000	2000	1600	800

注　1. 受限制时是指受到建筑平面的限制、通道内有柱等局部突出物的限制。

　　2. 控制屏、柜前后的通道最小宽度可按本表的规定执行或适当缩小。

　　3. 屏后操作通道是指需在屏后操作运行中的开关设备的通道。

　　4. 当盘柜的电缆接线在盘柜正面进行，盘柜靠墙布置时，盘后宜留 200mm 以上空间，进线方式宜为下进线。

3. 对建（构）筑物和通风的要求

（1）厂用配电装置室的安全疏散应符合 GB 50229《火力发电厂与变电站设计防火规范》的相关规定。

（2）厂用配电装置室长度大于 7m 时，应有 2 个出口；对长度超过 60m 的厂用配电装置室，宜增加 1 个出口；当配电装置室位于楼层时，至少有 1 个出口应通向该层走廊或室外的安全出口。

（3）对配电装置室门的通风百叶等通风措施，应加装防小动物、防灰的细孔防腐蚀的网格。

（4）厂用配电装置室的门应为向外开的防火门，并装有弹簧锁等内侧不用钥匙即可开启的锁。相邻配电装置室之间的门应能双向开启。

（5）屋外油浸式变压器储油设施的长宽尺寸应大于变压器的外廓。当无排油设施时，应在储油池上装设网栏罩盖，网栏上应铺设卵石层。

二、电气设备、设施防火防爆

（一）电缆防火、防爆措施

1. 电缆选型及适用范围

（1）难燃电缆及耐火电缆的特性，应符合 GB 18380《电缆和光缆在火焰条件下的燃烧试验》和 GB

19216《在火焰条件下电缆或光缆的线路完整性试验》的相关规定。

（2）在同一通道中，不得将非难燃电缆与难燃电缆混合敷设。耐火电缆的敷设可不受上述限制。

（3）电缆在采取防火措施时，各类不同措施应考虑对电缆载流量的影响，载流量的修正系数可根据防火材料制造厂所提供的测试报告为依据。

（4）在采用难燃及耐火电缆的工程中，仍应考虑电缆防火措施。

2. 电缆构筑物及通道的选择

（1）电缆构筑物的设施，应符合 GB 50217《电力工程电缆设计规范》及电力行业标准中有关电缆敷设的规定。

（2）同一回路工作电源与备用电源电缆，宜布置在不同层次。

（3）电缆在架空桥架内敷设时，架空桥架的通道应避免通过高温、易爆、易燃有害气体的地段。当无法避免上述地段时，应采取难燃或耐火措施。

（4）对主厂房内易积水、油、灰的部位不宜采用电缆沟；当采用架空桥架敷设时，对易积灰、易受油喷的桥架应采取防止灰、油喷入的措施。

（5）在电缆隧道、电缆沟、电缆竖井、架空桥架中敷设电缆，应采取相应的防火措施。

（6）电缆大型排管、地下埋管或直埋式电缆，应在电缆排管两端封堵，或在引出部分以金属管接件密封等防火措施。

3. 防止电缆自燃、引燃的措施及部位

（1）电缆敷设设施，应采取防止电缆自燃或着火延燃的下列措施：

1）电缆允许载流量的核算，应根据不同的防火材料的特性，进行核算；

2）电缆中间接头处在两侧电缆各约3m区段和该范围并列的其他电缆上缠绕自粘性防火包带；

3）电缆通过易爆、易燃、高温及其他有火灾危险的区域，电缆较密集时可敷设在难燃或耐火槽盒内，对少量电缆可采用自粘性防火包带、防火涂料或难燃保护管保护。

（2）火电厂主厂房下列部位应采取电缆防火措施：

1）在相邻机炉的接合部，炉、机接口处。

2）主厂房及辅助厂房通向外部的所有接口。

3）锅炉房及汽轮发电机机座靠近油箱、油管、高温管道处。

4）发电机小室的内外接口处。

5）高低压厂用配电室、单元集控室、直流室、电子计算机室、电子设备室的通道以及电缆进入盘、柜、屏、台、箱等的孔洞。

6）锅炉房磨煤机附近、煤仓间的皮带层、制粉系统的泄压阀（防爆门）。

7）电缆竖井在零米层与隧（沟）道的接口，以及穿过各层楼板的竖井口。竖井的长度大于 7m 时，每隔 7m 应设置阻火分隔。

8）电缆隧道与沟道的接口，以及架空电缆桥架（角钢支架）穿墙处。

（3）其他场所的下列部位应采取电缆防火措施：

1）主控制楼、网控楼、继电器室、通信楼的电缆出入口（包括内部穿过各层楼板的竖井口、各类表盘的孔洞）。

2）屋内配电装置（包括 GIS）等电缆出入口，进入设备的洞、孔，以及电缆沟的接口处，穿过各层楼板的竖井口。

3）输煤配电室、碎煤机室、输煤栈桥、电除尘配电室、脱硫装置等电缆出入口处，以及电缆进入设备的孔洞，穿过各层楼板的竖井口。

4）油泵房、油处理室、油库区、危险品仓库等易燃、易爆区域的电缆应穿管敷设，管口采用防火堵料封堵。

5）化学水配电室、化学水处理室、中央水泵房、补给水泵房、消防水泵房、雨水泵房等辅助厂房及生产办公楼的电缆出入口处，以及电缆进入表盘的孔洞。

6）厂区电缆隧（沟）道和架空电缆桥架直线段不大于 100m 为一个防火分隔点。

7）厂区大型排管的人孔井的管口。

8）厂区电缆构筑物中的高压电缆中间接头和终端头。

9）直流电源、消防、报警、事故照明、双重化保护和火电厂水泵房、化学水处理、输煤系统、油泵房等重要回路的非耐火型电缆，宜布置在两个互相独立的通道中，如布置在同一通道中则对其中一回路电缆应做防火处理。

4. 电缆构筑物的防火措施

（1）电缆隧道的防火分隔宜采用阻火墙或一段为 2m 的难燃或耐火槽盒。

（2）电缆沟防火分隔宜采用阻火墙。

（3）电缆隧道的阻火墙厚度不宜小于 240mm。阻火墙两侧不小于 1.5m 的电缆宜缠绕自粘性防火包带、涂刷防火涂料或采取防火隔板分隔。

（4）钢制电缆桥架防火分隔可在桥架顶部与底部设置防火隔板，其两侧可刷防火涂料、加难燃槽盒或加难燃隔板。对一段需要耐火处理时，可采用钢制耐火桥架或耐火槽盒。

（5）在一个区段内全部使用难燃或耐火槽盒，其宽度不宜大于 1000mm，并应在槽盒中设置专用接地线。

（6）电缆沟应设置阻火墙，厚度不宜小于 150mm，对于沟内电缆纵横交叉而又密集场所（包括电子计算机室电缆层）可用阻火包构筑阻火墙。

（7）大型竖井（指人能通行的竖井）的防火分隔可采用防火隔板、阻火包、有机和无机防火堵料封堵，中间通道可采用防火隔板。

（8）一般竖井若电缆排列整齐可采用防火隔板、有机和无机防火堵料、阻火包封堵。

（9）电缆进入柜、屏、台、箱等的孔洞宜采用有机和无机防火堵料相互结合填充，有机堵料宜在电缆周围填充并适当预留，洞口两侧的非耐燃或难燃型电缆宜采用自粘性防火包带或刷防火涂料。

（10）高压电缆的中间接头与终端接头处应加强防护（包括接头处相邻的电缆），接头处应缠包自粘性防火包带或刷防火涂料，或用专用难燃或耐火接头盒。

（11）凡穿越楼板的电缆孔、洞都应采用无（有）机防火堵料，防火隔板或阻火包进行封堵，其封堵厚度不应小于 100mm，宜与楼板厚度齐平。

5. 电缆防火措施的材料选用

（1）电缆防火措施应选用具有难燃型或耐火型的防火材料，并应考虑其使用寿命、施工方便、价格合理等综合因素。

（2）根据工程设计的需要设置防火分隔段分别选用难燃型或耐火型的材料。

（3）阻火墙、阻火隔层和阻火封堵的构成方式，应按等效工程条件特征的标准试验，满足耐火极限不低于 1h 的耐火完整性、隔热要求确定。

（二）发电机系统防火、防爆措施

（1）发电机氢系统管道，布置在通风良好的区域，排氢管接至室外无火源处。

（2）汽机房屋顶（近最高点）和除氧间屋顶有排氢风帽，排除发电机组可能泄漏至室内的氢气。

（3）汽轮发电机组润滑油、密封油及储油设备在醒目位置设"禁止烟火"禁止标识牌和"防火重点部位"文字标识牌。

（三）柴油发电机系统防火、防爆措施

（1）柴油发电机的油箱，应设置快速切断阀，油箱不应布置在柴油机的上方。

（2）柴油机排气管的室内部分，应采用不燃烧材料保温。

（3）柴油机曲轴箱宜采用正压排气或离心排气；当采用负压排气时，连接通风管的导管应设置钢丝网阻火器。

（四）变压器及其他带油电气设备防火、防爆措施

（1）屋外油浸变压器及屋外配电装置与各建（构）筑物的防火间距应符合 GB 50229《火力发电厂与变电站设计防火规范》的规定要求。

（2）油量为 2500kg 及以上的屋外油浸变压器之间的最小间距应符合表 6-12 的规定。

表 6-12　屋外油浸变压器之间的最小间距　（m）

电压等级	最小间距
35kV 及以下	5
66kV	6
110kV	8
220kV 及以上	10

（3）当油量为 2500kg 及以上的屋外油浸变压器之间的防火间距不能满足表 6-12 的要求时，应设置防火墙。防火墙的高度应高于变压器油枕，其长度不应小于变压器的储油池两侧各 1m。

（4）油量为 2500kg 及以上的屋外油浸变压器或电抗器与本回路油量为 600kg 以上且 2500kg 以下的带油电气设备之间的防火间距不应小于 5m。

（5）35kV 及以下屋内配电装置当未采用金属封闭开关设备时，其油断路器、油浸电流互感器和电压互感器，应设置在两侧有不燃烧实体墙的间隔内；35kV 以上屋内配电装置应安装在有不燃烧实体墙的间隔内，不燃烧实体墙的高度不应低于配电装置中带油设备的高度。

总油量超过 100kg 的屋内油浸变压器，应设置单独的变压器室。

（6）屋内单台总油量为 100kg 以上的电气设备，应设置储油或挡油设施。挡油设施的容量宜按油量的 20%设计，并应设置能将事故油排至安全处的设施。当不能满足上述要求时，应设置能容纳全部油量的储油设施。

（7）屋外单台油量为 1000kg 以上的电气设备，应设置储油或挡油设施。挡油设施的容积宜按油量的 20%设计，并应设置将事故油排至安全处的设施；当不能满足上述要求且变压器未设置水喷雾灭火系统时，应设置能容纳全部油量的储油设施。

当设置有总事故储油池时，其容量宜按最大一个油箱容量的 100%确定。

储油或挡油设施应大于变压器外廓每边各 1m。

（8）储油设施内应铺设卵石层，其厚度不应小于 250mm，卵石直径宜为 50~80mm。

三、防电伤、防误操作

（一）雷电过电压保护

（1）发电厂的直击雷过电压保护可采用避雷针或避雷线，其保护范围按 GB/T 50064《交流电气装置的过电压保护和绝缘配合设计规范》来确定。下列设施应设直击雷保护装置：

1）屋外配电装置，包括组合导线和母线廊道；

2）火力发电厂的烟囱、冷却塔和输煤系统的高建

筑物（地面转运站、输煤栈桥和输煤筒仓）；

3）油处理室、燃油泵房、露天油罐及其架空管道、装卸油台、易燃材料仓库；

4）乙炔发生站、制氢站、露天氢气罐、氢气罐储存室、天然气调压站、天然气架空管道及其露天储罐；

5）多雷区的牵引站。

（2）发电厂的主厂房、主控制室和配电装置室的直击雷过电压保护应符合下列要求：

1）发电厂的主厂房、主控制室和配电装置室可不装设直击雷保护装置。为保护其他设备而装设的避雷针，不宜装在独立的主控制室的屋顶上。采用钢结构或钢筋混凝土结构有屏蔽作用的建筑物的车间可装设直击雷保护装置。

2）强雷区的主厂房、主控制室和配电装置室宜有直击雷保护。

3）主厂房装设避直击雷保护装置或为保护其他设备而在主厂房上装设避雷针时，应采取加强分流、设备的接地点远离避雷针接地引下线的入地点、避雷针接地引下线远离电气设备的防止反击措施，并宜在靠近避雷针的发电机出口处装设一组旋转发电机用金属氧化物避雷器（MOA）。

4）主控制室、配电装置室的屋顶上装设直击雷保护装置时，应将屋顶金属部分接地；钢筋混凝土结构屋顶，应将其焊接成网接地；非导电结构的屋顶，应采用避雷带保护，该避雷带的网格应为 8～10m，每隔 10～20m 应设接地引下线，该接地引下线应与主接地网连接，并应在连接处加装集中接地装置。

5）峡谷地区的发电厂宜用避雷线保护。

6）已在相邻建筑物保护范围内的建筑物或设备，可不装设直击雷保护装置。

7）屋顶上的设备金属外壳、电缆金属外皮和建筑物金属构件均应接地。

（3）露天布置的 GIS 的外壳可不装设直击雷保护装置，外壳应接地。

（4）发电厂有爆炸危险且爆炸后会波及发电厂内主设备或严重影响发、供电的建（构）筑物，应用独立避雷针保护，采取防止雷电感应的措施，并应符合下列规定：

1）避雷针与易燃油储罐和氢气天然气罐体及其呼吸阀之间的空气中距离，避雷针及其接地装置与罐体、罐体的接地装置和地下管道的地中距离应符合 GB/T 50064《交流电气装置的过电压保护和绝缘配合设计规范》的要求。避雷针与呼吸阀的水平距离不应小于 3m，避雷针尖高出呼吸阀不应小于 3m。避雷针的保护范围边缘高出呼吸阀顶部不应小于 2m。避雷针的接地电阻不宜超过 10Ω。在高土壤电阻率地区，接地电阻难以降到 10Ω，且空气中距离和地中距离符合

GB/T 50064《交流电气装置的过电压保护和绝缘配合设计规范》的要求时，可采用较高的电阻值。避雷针与 5000m³ 以上储罐呼吸阀的水平距离不应小于 5m，避雷针尖高出呼吸阀不应小于 5m。

2）露天储罐周围应设闭合环形接地体，接地电阻不应超过 30Ω，无独立避雷针保护的露天储罐不应超过 10Ω，接地点不应少于 2 处，接地点间距不应大于 30m。架空管道每隔 20～25m 应接地 1 次，接地电阻不应超过 30Ω。易燃油储罐的呼吸阀、易燃油和天然气储罐的热工测量装置应与储罐的接地体用金属线相连的方式进行重复接地。不能保持良好电气接触的阀门、法兰、弯头的管道连接处应跨接。

（5）发电厂的直击雷保护装置包括兼作接闪器的设备金属外壳、电缆金属外皮、建筑物金属构件，其接地可利用发电厂的主接地网，应在直击雷保护装置附近装设集中接地装置。

（6）独立避雷针的接地装置应符合下列规定：

1）独立避雷针宜设独立的接地装置。

2）在非高土壤电阻率地区，接地电阻不宜超过 10Ω。

3）独立避雷针的接地装置可与主接地网连接，避雷针与主接地网的地下连接点至 35kV 及以下设备与主接地网的地下连接点之间，沿接地极的长度不得小于 15m。

4）独立避雷针不应设在人经常通行的地方，避雷针及其接地装置与道路或出入口的距离不宜小于 3m，否则应采取均压措施或铺设砾石或沥青地面。

（7）架构或房顶上安装避雷针应符合下列规定：

1）110kV 及以上的配电装置，可将避雷针装在配电装置的架构或房顶上，在土壤电阻率大于 1000Ω•m 的地区，宜装设独立避雷针。装设非独立避雷针时，应通过验算，采取降低接地电阻或加强绝缘的措施。

2）66kV 的配电装置，可将避雷针装在配电装置的架构或房顶上，在土壤电阻率大于 500Ω•m 的地区，宜装设独立避雷针。

3）35kV 及以下高压配电装置架构或房顶不宜装设避雷针。

4）装在架构上的避雷针应与接地网连接，并应在其附近装设集中接地装置。装有避雷针的架构上，接地部分与带电部分间的空气中距离不得小于绝缘子串的长度或非污秽区标准绝缘子串的长度。

5）装设在除变压器门型架构外的架构上的避雷针与主接地网的地下连接点至变压器外壳接地线与主接地网的地下连接点之间，埋入地中的接地极的长度不得小于 15m。

（8）变压器门型架构上安装避雷针或避雷线应符合下列要求：

1）当土壤电阻率大于 350Ω·m 时，在变压器门型架构上和在离变压器主接地线小于 15m 的配电装置的架构上，不得装设避雷针、避雷线；

2）当土壤电阻率不大于 350Ω·m 时，应根据方案比较确有经济效益，经过计算采取相应的防止反击措施后，可在变压器门型架构上装设避雷针、避雷线；

3）装在变压器门型架构上的避雷针应与接地网连接，并应沿不同方向引出 3～4 根放射形水平接地体，在每根水平接地体上离避雷针架构 3～5m 处应装设 1 根垂直接地体；

4）6～35kV 变压器应在所有绕组出线上或在离变压器电气距离不大于 5m 条件下装设 MOA。

（9）线路的避雷线引接到发电厂应符合下列要求：

1）110kV 及以上配电装置，可将线路的避雷线引接到出线门型架构上，在土壤电阻率大于 1000Ω·m 的地区，还应装设集中接地装置；

2）35kV 和 66kV 配电装置，在土壤电阻率不大于 500Ω·m 的地区，可将线路的避雷线引接到出线门型架构上，应装设集中接地装置；

3）35kV 和 66kV 配电装置，在土壤电阻率大于 500Ω·m 的地区，避雷线应架设到线路终端杆塔为止。从线路终端杆塔到配电装置的一档线路的保护，可采用独立避雷针，也可在线路终端杆塔上装设避雷针。

（10）烟囱和装有避雷针和避雷线架构附近的电源线应符合下列要求：

1）火力发电厂烟囱附近的引风机及其电动机的机壳应与主接地网连接，并应装设集中接地装置，该接地装置宜与烟囱的接地装置分开。当不能分开时，引风机的电源线应采用带金属外皮的电缆，电缆的金属外皮应与接地装置连接。

2）机械通风冷却塔上电动机的电源线，装有避雷针和避雷线的架构上的照明灯电源线，均应采用直接埋入地下的带金属外皮的电缆或穿入金属管的导线。电缆外皮或金属管埋地长度在 10m 以上，可与 35kV 及以下配电装置的接地网及低压配电装置相连接。

3）不得在装有避雷针、避雷线的构筑物上架设未采取保护措施的通信线、广播线和低压线。

（二）防止电气误操作

（1）采用计算机监控系统时，远方、就地操作均应具备电气闭锁功能。

（2）断路器或隔离开关闭锁回路严禁用重动继电器，应直接用断路器或隔离开关的辅助触点；操作断路器或隔离开关时，应以现场状态为准。

（3）新建、扩建、改建的发电厂，防误闭锁装置应与主设备同时投入运行。应优先采用电气闭锁方式或微机"五防"。

（4）成套高压开关柜的五防功能应齐全，性能良好。

（5）防误闭锁装置的安装率、投入率、完好率应为 100%。

（6）规范封装临时地线的地点，不得随意变更地点封装临时地线。户内携带型接地线的封装应将接地线的接地端子设置在明显处。

四、事故照明

（1）火力发电厂工作场所事故照明应满足 DL/T 5390《发电厂和变电站照明设计技术规定》的要求。

（2）火力发电厂宜在表 6-13 规定的工作场所装设应急照明。

表 6-13　火力发电厂装设应急照明的工作场所

工作场所		备用照明	疏散照明
燃、汽机房及其辅助车间	汽机房运转层	√	
	汽机房底层的凝汽器、凝结水泵、给水泵、循环水泵等处	√	
	励磁设备间	√	
	加热器平台	√	
	发电机出线小室	√	
	除氧层	√	
	除氧间管道层	√	
	直接空冷风机处	√	
	直接空冷平台楼梯		√
锅炉房及其辅助车间	锅炉房运转层	√	
	锅炉房底层的磨煤机、送风机处	√	
	除灰车间		√
	引风机间	√	
	燃油泵房	√	
	给粉机平台	√	
	锅炉本体楼梯		√
	司水平台	√	
	回转式预热器	√	
	燃油控制室	√	
	给煤机	√	
	煤仓胶带层	√	
	除灰控制室	√	
运煤系统	碎煤机室	√	
	运煤转运站		√
	运煤栈桥		√
	地下运煤装置		√

续表

工作场所		备用照明	疏散照明
运煤系统	运煤控制室	√	
	翻车机室	√	
脱硫脱硝系统	吸收塔	√	
	脱硫装置	√	
电气车间	控制室、工程师站室	√	
	继电器室及电子设备间	√	
	屋内配电装置	√	
	厂（站）用配电装置（动力中心）	√	
	蓄电池室	√	
	通信机房、系统通信机房	√	
	柴油发电机室	√	
通道楼梯及其他	控制楼至主厂房天桥		√
	生产办公楼至主厂房天桥		√
	主要通道、主要出入口		√
	楼梯间、钢梯		√
	汽车库、消防车库	√	
	气体灭火储瓶间	√	
供水系统	循环水泵房	√	
	消防水泵房	√	
化水系统	化学水处理室控制室	√	
	制氢站	√	

（3）单机容量为 200MW 及以上火力发电机组的单元控制室、集中控制室、网络控制室与柴油发电机室应设置直流应急照明和交流应急照明，当正常照明电源消失时，应满足及时处理故障的要求。

（4）容量为 200MW 及以上火力发电机组的应急交流照明回路的供电应满足以下要求：

1）交流应急照明电源宜由保安段供电；

2）当两台机组为一个集中控制室时，集中控制室的应急交流照明应由两台机组的交流应急照明电源分别向集中控制室供电；

3）重要辅助车间的应急交流照明宜由保安段供电。

（5）单机容量为 200MW 以下的火力发电厂的正常/应急直流照明应由直流系统供电。应急照明与正常照明可同时点亮，正常时由低压 380/220V 厂用电供电，事故时自动切换到蓄电池直流母线供电。

（6）在有爆炸危险与有可能受到机械损伤的场所，照明线路应采用铜芯绝缘导线穿厚壁钢管敷设。

（7）管内敷设多组照明导线时，导线的总数不应超过 6 根。在有爆炸危险的场所，管内敷设导线的根数不应超过 4 根。

（8）不同电压等级和不同照明种类的导线不应共管敷设。

（9）屋外配电装置、组合导线和母线桥上方与下方都不应有照明架空线路穿过。

（10）在引至开关、插座等部位时，明敷的照明分支线路应有防止机械损伤的保护措施。

（11）蓄电池室内的照明灯具应为防爆型，且应布置在通道的上方。

第六节　水工设施及建（构）筑物

水工设施及建（构）筑物主要是供应电厂取水、厂内水循环及废水处理，及排水的设施及建筑物。水工设施及建（构）筑物主要存在高处坠落、淹溺、机械伤害、触电等危险事故。水工设施及建（构）筑物的布置和安全设计应满足 DL/T 5339《火力发电厂水工设计规范》的要求。

一、水工设施及建（构）筑物的安全设计

（一）防坠落、防淹溺设计

（1）地下水取水井及水泵房设在厂外时，宜设围护设施。

（2）冷却塔应有下列运行、检修及安全防护的设施。

冷却塔及其他高耸水工建（构）筑物的爬梯应设封闭护栏或护圈，高度超过 100m 的冷却塔，其爬梯中间应设置间歇平台，平台及塔顶应设防护栏杆。

槽式配水系统顶部应有人行道和栏杆。塔顶应设避雷保护装置和指示灯。自然通风冷却塔塔顶的应有人行道及栏杆，人行道上应设检修孔，检修孔平时封盖。

冷却塔的集水池的深度不应大于 2.0m，出水口应有安全防护栏栅。冷却塔水池应设栏杆。

机力通风冷却塔人孔处，应设有检修平台及活动栏杆。

（3）空冷岛楼梯、步道和工作平台周围应设置不低于 1.20m 的防护栏杆。

（4）室内水池、排水沟、集水坑应设置防护栏杆或盖板。

（5）厂内敞开式取水、排水沟道、排洪沟、回水沟口及储水池应设栏杆。

（6）地下水泵房、高位水箱（池）应设爬梯；爬梯超过 2m 时，2m 以上的爬梯应设围栏。

（二）防机械伤害设计

（1）水工系统转动机械设备各转动部位（如泵类、齿轮机、联轴器、飞轮等）必须装设防护装置。

（2）转动机械设备装置必要的闭锁装置、无防止

误启动装置等。

（3）机械设备必须装设紧急制动装置，一机一闸一保护。周边必须划警戒线，工作场所应设人行通道，照明必须充足。

（三）防电伤设计

（1）水工设施及建（构）筑物的电气设备安全防护设施设计应符合 DL/T 5153《火力发电厂厂用电设计技术规程》、DL/T 1123《火力发电企业生产安全设施配置》、GB 12158《防止静电事故通用导则》和 GB/T 50064《交流电气装置的过电压保护和绝缘配合设计规范》的规定要求。

（2）防电伤设计参照本章"第五节　电气部分"。

二、灰渣筑坝的安全设计

（1）灰渣筑坝的安全设计应符合 DL/T 5045《火力发电厂灰渣筑坝设计规范》的要求。储灰场应修建符合设计标准的安全稳定的坝体，防止溃坝事故和灰渣及灰水流失。

山谷灰场灰坝设计应根据储灰场总容积和最终坝高以及灰坝失事后对附近及下游的危害程度确定设计标准。

（2）坝体应有满足设计标准要求的稳定性。

（3）灰场应设可靠的排水系统，及时排除灰水和洪水，形成足够的干滩长度。

（4）坝体应设置有效的排渗设施，降低浸润线，防止渗透破坏，保护坝坡及坝体稳定，防止发生流土和管涌。

（5）坝顶最小宽度一般不宜小于 4.0m，应考虑坝顶敷设灰管、运行检修道路、机械施工等要求，保证检修运行车辆通行安全。

（6）为方便上坝巡视，下游坝坡应设置上坝人行踏步，较长的坝体可视运行方便，确定设置条数和位置。

（7）滩涂灰场堤顶设置防浪墙时，墙体应设置变形缝。

第七节　脱硫及脱硝系统

烟气净化系统安全防护设施设计主要涉及燃煤电厂、燃机电厂、生活垃圾焚烧电厂、生物质燃烧电厂的内容。本系统主要存在的危险有害因素有火灾爆炸、烫伤、淹溺和机械伤害。本系统安全防护设施设计应符合 GB 50229《火力发电厂与变电站设计防火规范》、DL/T 1123《火力发电企业生产安全设施配置》、DL/T 5480《火力发电厂烟气脱硝设计技术规程》和 DL/T 5196《火力发电厂石灰石-石膏湿法烟气脱硫系统设计规程》的规定要求。

一、防火、防爆措施

（1）脱硫防腐工程用的原材料应按生产厂家提供的储存、保管、运输特殊技术要求，入库储存分类存放，配置灭火器等消防设备，设置严禁动火标志，在其附近 5m 范围内严禁动火。

（2）氨区和尿素区应设置室外消火栓灭火系统，液氨储罐应设置喷淋冷却水系统和水喷雾消防系统。

（3）氨区应设氨气泄漏检测器。

（4）当氨区氨气检测器测得大气中氨浓度过高时，应在控制室发出警报，并在就地设置声光警报装置。同时应联锁启动暖通事故风机，并送出信号到火灾报警系统，由火灾报警系统启动相应的消防设备。

（5）氨区应根据 HG/T 20570.14《人身防护应急系统的设置》的规定，设置安全淋浴器和洗眼器。

（6）氨区电气设施的选择应满足 GB 50058《爆炸危险环境电力装置设计规范》的要求。

1）氨区所有电气设备、远传仪表、执行机构、仪控盘柜等均选用相应等级的防爆设备，防爆结构选用隔爆型（Ex-d），防爆等级不低于 IIAT1。

2）液氨罐区严格执行防雷电、防静电措施，设置符合规程的避雷装置，按照规范要求在罐区入口设置防静电装置，易燃物质的管道、法兰等应有防静电接地措施，电气设备应采用防爆电气设备。

（7）在以下场所应该设置安全标志：

1）在事故易发处应设置安全标志，标志的设置应符合 GB 2894《安全标志及其使用导则》的规定。安全标志的色带颜色应符合 GB 2893《安全色》的规定。

2）氨区的最高醒目处应安装逃生风向标。

3）液氨罐区设置安全警示标志，进入氨区，严禁携带手机、火种，严禁穿带铁掌的鞋，并在进入氨区前进行静电释放。

（8）氨储罐区及使用场所，应按规定配备足够的消防器材、氨泄漏检测器和视频监控系统，并按时检查和试验。并配备防毒面罩、橡胶手套、橡胶靴等劳防用品。

（9）还原剂氨（液氨、气氨）具有易燃、易爆、有毒、腐蚀的特性，现场仪表必须选用隔爆型或本质安全型产品，相应控制机柜的布置应远离爆炸危险区附加 2 区。

（10）氨储罐的新建、改建和扩建工程项目应进行安全性评价，其防火、防爆设施应与主体工程同时设计、同时施工、同时验收投产。

（11）垃圾和生物质电厂使用的活性炭防火、防爆：储存于干燥、通风的库房，远离火种、热源，不可与氧化剂共储混运，防止受潮，以避免受潮后积热不散可能发生自燃。如抽查发现有发热现象应及时倒垛散热，防止发生事故。避免与强氧化物接触，例如臭氧、液氧、氯、高锰酸等，会引起激烈燃烧。不要与强酸接触。

二、防电伤措施

（1）电气设备必须装设保护接地（接零），不得将

接地线接在金属管道上或其他金属构件上。雨天操作室外高压设备时，绝缘棒应有防雨罩。

（2）高压电气设备带电部位对地距离不满足设计标准时周边必须装设防护围栏，门应加锁，并挂好安全警示牌。

（3）在高压设备作业区，确保人体及所带的工具与带电体的最小安全距离符合表6-14要求。

表6-14　人体与带电体的最小安全距离

电压等级（kV）	10及以下	20～35	66～110	220	330	500	750	±800	1000
最小安全距离（m）	0.35	0.6	1.5	3.0	4.0	5.0	8.0	10.1	9.5

注　在低压设备作业时，人体与带电体的安全距离不低于0.1m。

当高压设备接地故障时，室内不得接近故障点4m以内，室外不得接近故障点8m以内。进入上述范围的人员必须穿绝缘靴，接触设备的外壳和构架应戴绝缘手套。

（4）电缆敷设应符合GB 50217《电力工程电缆设计规范》的相关要求。

（5）防雷接地设计应符合GB 50057《建筑物防雷设计规范》、DL/T 620《交流电气装置的过电压保护和绝缘配合》中的相关规定。液氨卸料、储存及氨气制备区域的防雷应采用独立避雷针保护，并应采取防止雷电感应的措施。接地材质应考虑相应的防腐措施。

三、防机械伤害措施

（1）机械设备各转动部位（如传送带、齿轮机、联轴器、飞轮等）必须装设防护装置。

（2）机械设备必须装设紧急制动装置，一机一闸一保护。周边必须划警戒线，工作场所应设人行通道，照明必须充足。

四、防坠落措施

（1）高处作业场所应设有合格、牢固的防护栏，防止作业人员失误或坐靠坠落。作业立足点面积要足够，跳板进行满铺及有效固定。

（2）登高用的支撑架、脚手架材质合格，并装有防护栏杆、搭设牢固，防止发生架体坍塌坠落，导致人员踏空或失稳坠落。使用吊篮悬挂机构的结构件应有足够的强度、刚度和配重及可固定措施。

（3）基坑（槽）临边应装设由钢管搭设带中杆的防护栏杆，防护栏杆上除警示标示牌外不得拴挂任何物件，以防作业人员行走踏空坠落。作业层脚手架的脚手板应铺设严密、采用定型卡带进行固定。

（4）洞口应装设盖板并盖实，表面刷黄黑相间的安全警示线，以防人员行走踏空坠落，洞口盖板掀开后，应装设刚性防护栏杆，悬挂安全警示板，夜间应

将洞口盖实并装设红灯警示，以防人员失足坠落。

五、防淹溺措施

浆液池等盛装液体的沟池，在有淹溺危险的场所必须设置栏杆或盖板，以防作业人员落入沟池。

六、防烫伤措施

针对高温管道和设备，应设计良好的保温隔热措施，以防工作人员接触这些部位发生烫伤危害。

七、其他防护设计

（1）烟气系统应采用集中监视和控制，实现正常运行工况的监视和调整，停机和事故处理。

（2）烟气系统宜设置必要的视频监视探头，并接入全厂视频监视系统。

（3）烟气系统报警应包括以下内容：

1）工艺系统参数偏离正常运行范围；

2）保护动作及主要辅助设备故障；

3）监控系统故障；

4）电源、气源故障；

5）辅助系统故障；

6）电气设备故障；

7）有毒有害气体泄漏。

第八节 仪 控 系 统

仪控系统安全防护设施设计主要仪控系统防火防爆，仪控系统防失灵、防拒动的内容。本系统主要存在的危险有害因素有火灾爆炸、设备失灵故障。本系统安全防护设施设计应符合DL/T 5182《火力发电厂热工自动化就地设备安装、管路及电缆设计技术规定》、GB 50229《火力发电厂与变电站设计防火规范》、DL/T 1123《火力发电企业生产安全设施配置》、DL/T 924《火力发电厂厂级监控信息系统技术条件》、DL/T

1083《火力发电厂分散控制系统技术条件》、DL/T 5428《火力发电厂热工保护系统设计技术规定》、GB 50217《电力工程电缆设计规范》、DL/T 5175《火力发电厂热工控制系统设计技术规定》和 DL/T 5455《火力发电厂热工电源及气源系统设计技术规程》的规定要求。

一、仪控系统防火防爆措施

（一）就地设备防火防爆

（1）在危险场所装设的电气设备（含开关量仪表，后略），应具有相应的防爆等级和必要的防爆措施。

（2）危险场所的控制室布置，应符合下列规定：

1）控制室宜布置在危险场所以外，不应布置在危险场所的正上方或正下方。

2）当控制室为正压室时，可布置在 1、2 区内，对于易燃物的空气相对密度大于 1 的危险场所，控制室还应高出室外地面 0.6m。

3）控制室与危险场所毗临时，其门窗应朝向非危险场所。

4）控制室与危险场所的隔墙，应是非燃体的实体墙，隔墙上不宜开窗，否则窗应是双层玻璃的固定密封窗。

5）隔墙上只允许穿过与控制室有关的管子或电缆通道，其穿过的孔洞，应用松软的耐火阻燃材料严密封堵。

（3）危险场所电气设备的选择，应符合下列规定：

1）根据危险场所的分区，选择相应的电气设备种类及其防爆结构。

2）选用的防爆电气设备的级别和组别，不应低于该危险场所内爆炸性气体混合物的级别和组别。

3）爆炸危险区域内的电气设备，应符合周围环境内化学的、机械的、热的、霉菌以及风沙等不同环境条件对电气设备的要求；电气设备的防爆结构应能满足其在规定的运行条件下不降低防爆性能的要求。

（二）仪控管路防火防爆

（1）严禁将油管路平行敷设在热管道的上部。当管路交叉时，严禁将油管路的焊口安排在交叉处的正上方。

（2）单元控制室或机炉集控室内，不得引入水、蒸汽、油、氢等介质的管路。

（3）尽量避免管路与电缆在同一通道敷设安装；当不可避免时，管路应装设在最下层。

（三）仪控电缆敷设防火防爆

（1）测量、控制、动力电缆宜采用电缆桥架敷设。

（2）电缆通道路径选择，应避免遭受机械性外力、过热、腐蚀及易燃、易爆物等的危害，当必须经过有腐蚀、易燃或易爆的地方时，应采取相应措施。

（3）明敷电缆与管道之间无隔板防护时，其间净距宜符合表 6-15 的规定。

表 6-15　　　　电缆与管道相互间净距　　　　（mm）

电缆与管道之间走向		电力电缆	控制和信号电缆
热力管道	平行	1000	500
	交叉	500	250
其他管道	平行	150	100

（4）电缆群敷设在同一通道中多层水平电缆桥架上的配置，宜按下述电缆类别"自上而下"顺序排列：带屏蔽信号电缆（TC，RTD，4～20mA；DI，DO）、强电信号控制电缆、电源电缆、电动门动力回路电缆。

（5）计算机信号电缆与一般强电控制电缆不宜敷设在同一保护管内，但允许在带有中间隔板的同一层电缆桥架中敷设。

（6）明敷电缆不应平行敷设在油管路及腐蚀性介质管路的正下方，也不应在油管路及腐蚀性介质管路的阀门或接口下方通过。

（7）电缆在穿墙、穿楼板的孔洞处，应设置保护管。

（8）在爆炸性气体危险场所敷设电缆，应符合下列规定：

1）尽可能使电缆远离爆炸释放源，敷设在爆炸危险较小的场所。

2）易燃气体空气相对密度大于 1 时，电缆应在高处架空敷设，且采用穿管或封闭式电缆桥架。

3）易燃气体空气相对密度小于 1 时，电缆应在低处采用穿管或封闭式电缆桥架敷设，也可采用电缆沟敷设。

（9）电缆沿输送易燃气体或液体的管道敷设时，应符合下列规定：

1）电缆应沿危险程度较低的管道一侧敷设。

2）易燃气体空气相对密度大于 1 时，电缆宜敷设在管道上方。

3）易燃气体空气相对密度小于 1 时，电缆宜敷设在管道下方。

（10）电缆穿管或电缆桥架穿过不同爆炸性气体危险区域之间的墙、板孔洞处，应以阻燃性材料严密封堵。

（11）电缆敷设应避开爆炸性气体区域、爆炸性粉尘区域及火灾危险区域。

（12）电缆敷设在油箱、油管道、热管道以及其他容易引发电缆火灾的区域，应重点采取防火措施，如实施阻火分隔，宜采用难燃性或耐火性电缆。

（13）电缆阻火分隔方式的选择，应符合下列规定：

1）电缆通道的分叉处，宜采用防火枕进行阻火分隔。

2）电缆通道进入控制室下的电缆夹层处,宜设置防火墙（采用防火枕、矿棉块等软质防火堵料进行阻火分隔）；对于两机一控的单元控制室下的电缆夹层,宜有隔墙将两机组的夹层隔开。

3）电缆引至盘、台、箱、柜的开孔部位及贯穿隔墙、楼板的孔洞处,均应采用防火堵料进行阻火分隔。

4）电缆竖井在零米层与沟（隧）道的接口以及穿过各层楼板的竖井口,应采用防火枕或防火堵料进行阻火分隔。当电缆竖井的长度大于 7m 时,每隔 7m 应设置阻火分隔。

（14）采用难燃性电缆,应符合 GB/T 12666.1《单根电线电缆燃烧试验方法 第 1 部分:垂直燃烧试验》的规定。多根电缆密集配置时的难燃性,应符合相关标准的要求。

（15）在外部火焰燃烧中,需要维持通电一定时间的重要连锁保护回路,应实施耐火防护或采用耐火电缆。

（16）实施耐火防护的方式:根据电缆的数量及敷设方式,可采用防火涂料、穿耐火管、耐火槽盒、封闭式耐火桥架等；在无爆炸性粉尘区域可采用半封闭式耐火桥架。

（17）采用耐火性电缆,应符合 GB/T 19216.11《在火焰条件下电缆或光缆的线路完整性试验》的要求。

（18）采用难燃性、耐火性材料产品,应符合下列规定:

1）电缆用封闭式防火槽盒及防火隔板的燃烧性能应达到 GB 8624《建筑材料及制品燃烧性能分级》中规定的 A 级或 B 级的要求。

2）采用的难燃性、耐火性材料产品,应适用于工程环境且具有耐久可靠性。

二、仪控系统防失灵、防拒动措施

（1）除特殊要求的设备外（如紧急停机电磁阀控制）,其他所有设备都应采用脉冲信号控制,防止分散控制系统失电导致停机停炉时,引起该类设备误停运,造成重要主设备或辅机的损坏。

（2）涉及机组安全的重要设备应有独立于分散控制系统的硬接线操作回路。汽轮机润滑油压力低信号应直接送入事故润滑油泵电气启动回路,确保在没有分散控制系统控制的情况下能够自动启动,保证汽轮机的安全。

（3）所有重要的主、辅机保护都应采用“三取二”的逻辑判断方式,保护信号应遵循从取样点到输入模件全程相对独立的原则,确因系统原因测点数量不够,应有防保护误动措施。

（4）热工保护系统输出的指令应优先于其他任何指令。机组应设计硬接线跳闸回路,分散控制系统的

控制器发出的机、炉跳闸信号应冗余配置。机、炉主保护回路中不应设置供运行人员切（投）保护的任何操作手段。

（5）独立配置的锅炉灭火保护装置应符合技术规范要求,并配置可靠的电源。系统涉及的炉膛压力取样装置、压力开关、传感器、火焰检测器及冷却风系统等设备应符合相关规程的规定。

（6）汽轮机紧急跳闸系统跳机继电器应设计为失电动作,硬手操设备本身要有防止误操作、动作不可靠的措施。手动停机保护应具有独立于分散控制系统（或可编程逻辑控制器 PLC）装置的硬跳闸控制回路,配置有双通道四跳闸线圈汽轮机紧急跳闸系统的机组,应定期进行汽轮机紧急跳闸系统在线试验。

（7）重要控制回路的执行机构应具有“三断”保护（断汽、断电、断信号）功能,特别重要的执行机构,还应设有可靠的机械闭锁措施。

（8）主机及主要辅机保护逻辑设计合理,符合工艺及控制要求,逻辑执行时序、相关保护的配合时间配置合理,防止由于取样延迟等时间参数设置不当而导致的保护失灵。

（9）重要控制、保护信号根据所处位置和环境,信号的取样装置应有防堵、防震、防漏、防冻、防雨、防抖动的等措施。触发机组跳闸的保护信号的开关量仪表和变送器应单独设置,当确有困难而需与其他系统合用时,其信号应首先进入保护系统。

第九节 特 种 设 备

根据《中华人民共和国特种设备安全法》（中华人民共和国主席令〔2014〕第 4 号）和《特种设备安全监察条例》（中华人民共和国国务院令 第 549 号）,特种设备是指“涉及生命安全、危险性较大的锅炉、压力容器（含气瓶,下同）、压力管道、电梯、起重机械、客运索道、大型游乐设施和场（厂）内专用机动车辆”。电厂涉及其中的锅炉、压力容器、压力管道、电梯、起重机械、和场（厂）内专用机动车辆这六大类设备。这些设备一般具有在高压、高温、高空、高速条件下运行的特点,易燃、易爆、易发生高处坠落等,对人身和财产安全有较大危险性。

特种设备生产单位应当按照《中华人民共和国特种设备安全法》保证特种设备生产符合安全技术规范及相关标准的要求,对其生产的特种设备的安全性能负责。不得生产不符合安全性能要求和能效指标以及国家明令淘汰的特种设备。特种设备生产、经营、使用单位及其主要负责人对其生产、经营、使用的特种设备安全负责。特种设备的生产（含设计、制造、安装、改造、维修,下同）、使用、检验检测及其监督检

查应当遵守《特种设备安全监察条例》的要求。

一、锅炉

（一）一般规定

锅炉设备的设计、制造、安装与运行应符合 GB 50660《大中型火力发电厂设计规范》、DL/T 612《电力工业锅炉压力容器安全监督规程》和 DL 647《电站锅炉压力容器检验规程》、TSG G0001《锅炉安全技术监察规程》等的有关规定。

锅炉设备生产单位应当按照《中华人民共和国特种设备安全法》保证特种设备生产符合安全技术规范及相关标准的要求，对其生产的特种设备的安全性能负责。不得生产不符合安全性能要求和能效指标以及国家明令淘汰的特种设备。锅炉的生产、经营、使用单位及其主要负责人对其生产、经营、使用的特种设备安全负责。

（二）安全保护装置及仪表

电站锅炉的安全阀、压力测量装置、水位表、温度测量仪表、锅炉自动调节及保护装置、主要阀门、给水系统等安全保护装置及仪表应满足 DL/T 612—2017《电力工业锅炉压力容器安全监督规程》第10章的要求。

（三）系统设计

（1）火力发电厂锅炉系统设计应满足 GB 50660《大中型火力发电厂设计规范》的相关要求。锅炉设备过热蒸汽及再热蒸汽系统压降及温降应符合下列规定：

1）锅炉过热器出口至汽轮机进口的压降，不宜大于汽轮机额定进汽压力的 5%。

2）过热器出口额定蒸汽温度，对于亚临界及以下参数机组，宜高于汽轮机额定进汽温度 3℃；对于超（超）临界参数机组，宜高于汽轮机额定进汽温度 5℃。

3）再热蒸汽系统总压降，对于亚临界及以下参数机组，宜按汽轮机额定功率工况下高压缸排汽压力的 10%取值，其中冷再热蒸汽管道、再热器、热再热蒸汽管道的压力宜分别为汽轮机额定功率工况下高压缸排汽压力的 1.5%～2.0%、5%、3.0%～3.5%；对于超（超）临界参数机组，再热蒸汽系统总压降宜在汽轮机额定功率工况下高压缸排汽压力的 7%～9%范围内确定，其中冷再热蒸汽管道、再热器、热再热蒸汽管道的压力降宜分别为汽轮机额定功率工况下高压缸排汽压力的 1.3%～1.7%、3.5%～4.5%、2.2%～2.8%。

4）再热器出口额定蒸汽温度宜高于汽轮机中压缸额定进气温度 2℃。

（2）锅炉安全阀配置应符合下列规定：

1）锅炉的汽包、过热器出口、再热器系统以及直流锅炉外置式启动分离器（带有隔离阀的）均应装设

足够数量的安全阀，其要求应符合 DL/T 959《电站锅炉安全阀应用导则》的有关规定。

2）采用 100%带安全阀功能的三用阀高压旁路，当高压旁路具有独立的安全保护功能控制回路并符合有关标准的要求时，锅炉过热器系统的安全阀可由高压旁路阀代替。对再热器安全阀可设置跟踪与部分溢流功能。

二、压力容器

火电厂压力容器分为热力系统压力容器和非热力系统压力容器。热力系统压力容器主要是指额定蒸汽压力等于或大于 3.8MPa 的火力发电机组热力系统中的高压加热器、低压加热器、压力式除氧器、各类扩容器等。非热力系统压力容器主要是指热力系统以外的与电力生产相关的其他压力容器，主要集中在电站空压机系统、制氢系统、制粉系统和除灰系统。

本节所说的压力容器是指热力系统压力容器。

（一）一般规定

压力容器的设计、制造、安装与运行应符合 GB 150.1～150.4《压力容器》、GB 50660《大中型火力发电厂设计规范》、DL/T 612《电力工业锅炉压力容器安全监督规程》、DL 647《电站锅炉压力容器检验规程》和 TSG 21《固定式压力容器安全技术监察规程》等的有关规定。

压力容器的设计、制造、安装、调试、修理改造、检验和化学清洗单位按国家或部颁有关规定，实施资格许可证制度。

从事压力容器运行操作、检验、焊接、焊后热处理、无损检测人员，应取得相应的资格证书。

（二）安全保护装置及仪表

火力发电厂热力系统压力容器的安全保护装置及仪表应满足 DL/T 612《电力工业锅炉压力容器安全监督规程》的要求。

（三）系统设计

火力发电厂锅炉辅助热力系统设计应满足 GB 50660《大中型火力发电厂设计规范》的相关要求。汽包锅炉的连续排污和定期排污系统应符合下列规定：

1）汽包锅炉宜采用一级连续排污扩容系统，连续排污系统应有切换至定期排污扩容器的旁路。

2）每台锅炉宜设 1 套排污扩容系统。

3）定期排污扩容器的容量应满足锅炉事故放水的需要；当锅炉事故放水量计算值过大时，宜与锅炉厂共同商定采取合适的限流措施。

4）对于亚临界参数汽包锅炉，当条件合适时可不设连续排污系统。

5）定期排污扩容器宜装设排汽管汽水分离装置。

三、压力管道

（1）压力管道是指利用一定的压力，用于输送气体或者液体的管状设备，其范围规定为最高工作压力大于或者等于 0.1MPa（表压），介质为气体、液化气体、蒸汽或者可燃、易爆、有毒、有腐蚀性、最高工作温度高于或者等于标准沸点的液体，且公称直径大于或者等于 50mm 的管道。公称直径小于 150mm，且其最高工作压力小于 1.6MPa（表压）的输送无毒、不可燃、无腐蚀性气体的管道和设备本体所属管道除外。

（2）压力管道的设计应满足 GB/T 20801.6《压力管道规范工业管道　第 6 部分：安全防护》中相关规定要求。

（3）厂区总平面布置中的压力管道安全防护应满足以下要求：

1）露天的压力管道设备布置应符合以下规定：

a. 装置之间，建（构）筑物之间以及设备之间应保持一定的安全距离；

b. 装置内的主要行车道，消防通道以及安全疏散通道的设置应符合 GB 50187《工业企业总平面设计规范》、GB 50160《石油化工企业设计防火规范》和 GB 50016《建筑设计防火规范》的规定；

c. 应设置必要的坡度、排放沟、防火堤和隔堤。

2）可燃、有毒流体应排入封闭系统内，不得直接排入下水道及大气。

3）密度比环境空气大的可燃气体应排入火炬系统，密度比环境空气小的可燃气体，在不允许设置火炬及符合卫生标准的情况下，可排入大气。

4）可燃气体管道的放空管管口及安全泄放装置的排放位置应符合 GB 50160《石油化工企业设计防火规范》的规定。

5）架空管道穿过道路、铁路及人行道等的净空高度，以及外管廊的管架边缘至建筑物或其他设施的水平距离应符合 GB 50160《石油化工企业设计防火规范》、GB 50016《建筑设计防火规范》及 GB 50187《工业企业总平面设计规范》的规定，管道与高压电力线路间交叉净距应符合架空线路相关标准的规定。

6）位于通道、道路和铁路上方的管道不应安装阀门、法兰、螺纹接头以及带有填料的补偿器等可能发生泄漏的管道组成件。

7）在可通行管沟内不得布置 GC1 级管道。

（4）压力管道安全防护设施和措施：

1）灭火消防系统和喷淋设施应包括：建（构）筑物的防火结构（防火墙、防爆墙等），去除有毒、腐蚀性或可燃性蒸气的通风装置、遥测和遥控装置以及紧急处理有害物质的设施（储存或回收装置、火炬或焚烧炉等）。

2）在脆性材料管道系统或法兰、接头、阀盖、仪表或视镜处应设置保护罩，以限制和减少泄漏的危害程度。

3）应采用自动或遥控的紧急切断、过流量阀、附加的切断阀、限流孔板或自动关闭压力源等方法限制流体泄漏的数量和速度。

4）处理事故用的阀门（如紧急放空、事故隔离、消防蒸汽、消火栓等），应布置在安全、明显、方便操作的地方。

5）对于进出装置的可燃、有毒物料管道，应在界区边界处设置切断阀，并在装置侧设"8"字盲板，以防止发生火灾时相互影响。

6）应设置必要的防护面罩、防毒面具、应急呼吸系统、专用药剂、便携式可燃和有毒气体检测报警系统等卫生安全设备，在可能造成人体意外伤害的排放点或泄漏点附近应设置喷淋洗眼器（装置）。

7）对于有辐射性的流体管道，应设置屏蔽保护和自动报警系统，并应配备专用的面具、手套和防护服等。

8）对爆炸、火灾危险场所内可能产生静电危险的管道系统，均应采取静电接地措施，如可通过设备、管道及土建结构的接地网接地，其他防静电要求应符合 GB 12158《防止静电事故通用导则》的规定。

9）盲板设置应符合以下规定：

a. 当装置停运维修时，对装置外可能或要求继续运行的管道，在装置边界处除设置切断阀外，还应在阀门靠装置一侧的法兰处设置盲板。

b. 当运行中的设备需切断检修时，应在阀门与设备之间法兰接头处设置盲板。当有毒、可燃流体管道、阀门与盲板之间装有放空阀时，对于放空阀后的管道，应保证其出口位于安全范围之内。

（5）安装的安全泄放装置应能够防止系统或其中的任一部分发生超压事故。符合下列情况之一者，应设置安全泄放装置：

1）设计压力小于外部压力源的压力，出口可能被关断或堵塞的设备和管道系统；

2）出口可能被关断的容积式泵和压缩机的出口管道；

3）因冷却水或回流中断，或再沸器输入热量过多而引起超压的蒸馏塔顶的气相管道；

4）因不凝气体积聚产生超压的设备和管道系统；

5）加热炉出口管道中切断阀或调节阀的上游管道；

6）因两端切断阀关闭，受环境温度、阳光辐射或伴热影响而产生热膨胀或汽化的管道系统；

7）放热反应可能失控的反应器出口处切断阀上游的管道系统；

8）凝汽式汽轮机的蒸汽出口管道；

9）蒸汽发生器等产汽设备的出口管道；

10）低沸点液体（液化气等）容器的出口管道；

11）管程可能破裂的热交换器低压侧的出口管道；

12）设计者认为可能产生超压的其他部位。

（6）独立压力系统应在适当的位置（设备或管道）设置一个或多个并联（视泄放量而定）的安全泄放装置。

（7）下列放空或排气管道上应设置放空阻火器：

1）闪点不大于 43℃或物料的最高工作温度不小于物料闪点的与储罐直接相连的放空管道（含带有呼吸阀的放空管道）。确定物料的最高工作温度时，应考虑环境、阳光照射和加热装置失控等因素。

2）可燃气体在线分析设备的放空总管。

3）进入爆破危险场所的内燃发动机的排气管道。

（8）符合下列条件之一者应在管道系统的指定位置设置管道阻火器：

1）输送有可能产生爆燃或爆轰的爆炸性混合气体的管道（应考虑可能的事故工况），管道阻火器应设置在接受设备的入口处；

2）输送能自行分解爆炸并引起火焰蔓延的气体管道（如乙炔），管道阻火器应设置在接受设备的入口或试验确定的能阻止爆炸的最佳位置处；

3）火炬排放气进入火炬头前，应设置阻火器或阻火装置。

四、电梯

（1）电梯是指动力驱动，利用沿刚性导轨运行的箱体或者沿固定线路运行的梯级（踏步），进行升降或者平行运送人、货物的机电设备，包括载人（货）电梯、自动扶梯、自动人行道等。非公共场所安装且仅供单一家庭使用的电梯除外。

（2）电梯的选型及安全防护设施设计应符合 GB 7588《电梯制造与安装安全规范》的规定。

（3）主厂房电梯宜采用客货两用型式。主厂房电梯应在从层站装卸区域可看见的位置上设置标识，表明该载货电梯的额定载重量。不允许超过额定起重量运行。

（4）电梯轿厢应装有能在下行时动作的安全钳，在达到限速器动作速度时，甚至在悬挂装置断裂的情况下，安全钳应能夹紧导轨，使装有额定载重量的轿厢制停并保持静止状态。

（5）电梯井道设计应满足以下要求：

1）电梯井道应为电梯专用，井道内不得装设与电梯无关的设备、电缆等。井道内允许装设采暖设备，但不能用蒸汽和高压水加热。采暖设备的控制与调节装置应装在井道外面。

2）全封闭的井道建筑物中，要求有助于防止火焰蔓延，该井道应由无孔的墙、底板和顶板完全封闭起来，并需设置气体和烟雾排气孔、通风孔、井道与机房或与滑轮间之间必要的功能性开口。

3）部分封闭的井道，在不要求井道在火灾情况下用于防止火焰蔓延的场合，如与瞭望台、竖井，井道不需要全封闭，但要满足以下要求：有人员可正常接近电梯处，围壁的高度应足以防止人员遭受电梯运动部件危害，防止人员直接或用手持物体触及井道中电梯设备而干扰电梯的安全运行。

4）在井道中工作的人员存在被困危险，而又无法通过轿厢或井道逃脱，应在存在该危险处设置报警装置。

（6）检修门、井道安全门和检修活板门设计应满足以下要求：

1）通往井道的检修门、井道安全门和检修活板门，除了因使用人员的安全或检修需要外，一般不应采用。

2）检修门的高度不得小于 1.4m，宽度不得小于 0.60m。井道安全门的高度不得小于 1.8m，宽度不得小于 0.35m。检修活板门的高度不得大于 0.5m，宽度不得大于 0.50m。

（7）在正常运行时，应不能打开层门，除非轿厢在该层门的开锁区域内停止或停站。

（8）电梯应设极限开关。极限开关应设置在尽可能接近端站时起作用而无误动作危险的位置上。极限开关应在轿厢或对重（如有）接触缓冲器之前起作用，并在缓冲器被压缩期间保持其动作状。

（9）电梯必须设有制动系统，在动力电源失电和控制电路电源失电情况时能自动动作。

（10）消防电梯的设计还应满足 GB 50229《火力发电厂与变电站设计防火规范》和 GB 50016《建筑设计防火规范》的要求。发电厂主厂房如完全按消防电梯考虑，前室布置和电梯围护墙体耐火要求等难以满足消防要求时，在发生火灾时，电梯的消防控制系统、消防专用电话、基坑排水设施应满足消防电梯的设计要求。

1）消防电梯应能每层停靠；

2）电梯的载重量不应小于 800kg；

3）电梯从首层至顶层的运行时间不宜大于 60s；

4）电梯的动力与控制电缆、电线、控制面板应采取防水措施；

5）在首层的消防电梯入口处应设置供消防队员专用的操作按钮；

6）电梯轿厢的内部装修应采用不燃材料；

7）电梯轿厢内部应设置专用消防对讲电话。

五、起重机械

（1）起重机械是指用于垂直升降或者垂直升降并

水平移动重物的机电设备，其范围规定为额定起重量大于或者等于 0.5t 的升降机；额定起重量大于或者等于 3t（或额定起重力矩大于或者等于 40t·m 的塔式起重机，或生产率大于或者等于 300t/h 的装卸桥），且提升高度大于或者等于 2m 的起重机；层数大于或者等于 2 层的机械式停车设备。

（2）起重机械及起吊设施选型及安全防护设施设计应符合 GB 6067.1《起重机械安全规程 第 1 部分：总则》的规定。

（3）起吊设施应永久性地标明其自重和起吊最大重量。

（4）起吊高度较大的起吊设施，宜采用不旋转钢丝绳。必要时还应有防止钢丝绳旋转的装置和措施。

（5）起吊设施不应采用铸造吊钩。起吊设施应采用带防脱绳的闭锁装置吊钩；当吊钩起升过程中有被钩住的危险时，应选用安全吊钩或采取其他有效措施。

（6）起吊设施供电电缆的收放速度应与起吊设施的升降速度保持一致，在升降过程中电缆不应过分松弛和碰触起重钢丝绳。

（7）起吊设施应设置起升高度限位器、运行行程限位器、防碰撞装置、缓冲器或端部止挡，必要时应设置幅度限位器、幅度指示器、回转锁定装置等安全装置。还应设置起重量限制器、起重力矩限制器和极限力矩限制装置等防超载的安全装置。

（8）室外的起吊装置应装设防倾翻和抗风防滑的安全装置。

（9）起重机械应有标记、标牌和安全标识。

（10）起重机械应有防止起重机械事故的安全防护装置，包括限制运动行程和工作位置的装置、防起重机超载的装置、防起重机倾翻和滑移的装置、联锁保护装置等。

1）限制运动行程与工作位置的安全装置，包括起升高度限位器、起升高度限位器、幅度限位器、幅度指示器、防止臂架向后倾翻的装置、回转限位、回转锁定装置、支腿回缩锁定装置、防碰撞装置、缓冲器及端部止挡、偏斜指示器或限制器和水平仪。

2）防超载的安全装置，包括起重量限制器、起重力矩限制器和极限力矩限制装置。

3）抗风防滑和防倾翻装置，包括抗风防滑装置和防倾翻安全钩。

4）联锁保护应满足下列要求：

a. 进入桥式起重机和门式起重机的门，和从司机室登上桥架的舱口门，应能联锁保护；当门打开时，应断开由于机构动作可能会对人员造成危险的机构的电源。

b. 司机室与进入通道有相对运动时，进入司机室的通道口，应设联锁保护；当通道口的门打开时，应断开由于机构动作可能会对人员造成危险的机构的电源。

c. 可在两处或多处操作的起重机，应有联锁保护，以保证只能在一处操作，防止两处或多处同时都能操作。

d. 当既可以电动，也可以手动驱动时，相互间的操作转换应能联锁。

e. 夹轨器等制动装置和锚定装置应能与运行机构联锁。

f. 对小车在可俯仰的悬臂上运行的起重机，悬臂俯仰机构与小车运行机构应能联锁，使俯仰悬臂放平后小车方能运行。

（11）起重机械其他安全防护装置应满足以下要求：

1）风速仪及风速报警器：

a. 对于室外作业的高大起重机应安装风速仪，风速仪应安置在起重机上部迎风处。

b. 对室外作业的高大起重机应装有显示瞬时风速的风速报警器，且当风力大于工作状态的计算风速设定值时，应能发出报警信号。

2）轨道清扫器。当物料有可能积存在轨道上成为运行的障碍时，在轨道上行驶的起重机和起重小车，在台车架（或端梁）下面和小车架下面应装设轨道清扫器，其扫轨板底面与轨道顶面之间的间隙一般为 5~10mm。

3）防小车坠落保护。塔式起重机的变幅小车及其他起重机要求防坠落的小车，应设置使小车运行时不脱轨的装置，即使轮轴断裂，小车也不能坠落。

4）检修吊笼或平台。需要经常在高空进行起重机械自身检修作业的起重机，应装设安全可靠的检修吊笼或平台。

5）导电滑触线的安全防护。

a. 桥式起重机司机室位于大车滑触线一侧，在有触电危险的区段，通向起重机的梯子和走台与滑触线间应设置防护板进行隔离。

b. 桥式起重机大车滑触线侧应设置防护装置，以防止小车在端部极限位置时因吊具或钢丝绳摇摆与滑触线意外接触。

c. 多层布置桥式起重机时，下层起重机应采用电缆或安全滑触线供电。

d. 其他使用滑触线的起重机械，对易发生触电的部位应设防护装置。

6）报警装置。必要时，在起重机上应设置蜂鸣器、闪光灯等作业报警装置。流动式起重机倒退运行时，应发出清晰的报警音响并伴有灯光闪烁信号。

7）防护罩。在正常工作或维修时，为防止异物进入或防止其运行对人员可能造成危险的零部件，应设有保护装置。起重机上外露的、有可能伤人的运动零部件，如开式齿轮、联轴器、传动轴、链轮、链条、传动带、皮带轮等，均应装设防护罩（栏）。

六、厂内专用机动车辆

（一）一般规定

（1）厂内专用机动车主要有以下几类：

1）叉车：包括内燃平衡重式叉车、蓄电池平衡重式叉车、内燃侧面叉车、插腿式叉车、前移式叉车、三向堆垛叉车、托盘堆垛车、防爆叉车；

2）牵引车：包括内燃牵引车、蓄电池牵引车、全液压式牵引车；

3）推顶车：包括内燃推顶车、蓄电池推顶车；

4）搬运车：包括内燃固定平台搬运车、蓄电池固定平台搬运车、平台堆垛车、托盘搬运车、拣选车。

（2）厂内专用机动车辆行驶应符合《中华人民共和国道路交通管理条例》《中华人民共和国道路交通安全法实施条例》《特种设备安全监察条例》等规程条例的要求。

（二）平面布置及道路设计

（1）为确保厂内专用机动车辆的安全通行，厂内道路应满足 GB 4387《工业企业厂内铁路、道路运输安全规程》和 DL/T 5032《火力发电厂总图运输设计技术规程》的相关要求。

（2）合理布置厂内交通道路，严格按照道路技术指标设计，如平面布置时保证会车视距 30m，停车视距 15m，交叉口停车视距 20m 等。

（3）各功能区均设有环行通道，减少车辆交叉行走机会。厂区至少应设两个出入口，出入口应使人流、车流分隔，避免生产与施工相互干扰，有利于交通安全。

（4）在厂区专用道路上设道路引导标识，在限制车辆通行和禁止车辆通行地点，设立相应的警示牌或交通安全警示灯。厂内道路设立限速标识，设置限速带。

（三）其他要求

（1）厂内行驶，要求行车速度小于 15km/h。

（2）站内自有机动车辆在使用、操作与维护方面应符合 GB 10827《机动工业车辆安全规范》的要求，保证机动车辆的完好状态和安全性能，特别是控制、制动系统和信号系统。车辆不得在故障状态下使用。必须在车辆的使用范围内使用。未经批准不得修改、增加或拆除车辆零件以免影响车辆性能。不得在车辆方向盘上附加或安装手把。

（3）机动车驾驶员必须经过培训并通过考核取得上岗（操作）证；除了备有乘客专座外，车辆不得载人行驶；无论是自有还是社会机动车辆，坚持在安全使用范围内使用，严禁车辆超速、超高、超宽、超重

载物行驶。

第十节　有限空间的安全防护设计

有限空间（又称密闭空间、有限空间）是指在作业过程中，人员进出有一定困难或受到限制、约束的密闭、半密闭空间和场所，以及进出口较为狭窄设备、设施，自然通风不良，易发生中毒、窒息、淹溺、灼烫伤、触电、坍塌、火灾、爆炸等事故的空间。

凡在火力发电厂生产区域内进入或探入炉、塔、烟道、储罐、槽罐、容器、管道、地下管道、地下室、地下工程、煤仓、涵洞、电缆隧道，以及进入深度大于1.2m封闭或敞口空间的沟、坑、井、池等有缺氧危险、硫化氢、一氧化碳、甲烷等有毒气体中毒或粉尘危害危险的，以及从事具有氮气、氨气、氯气、六氟化硫、汽油、挥发性溶剂、有害、有毒气体介质的设备、设施及场所作业时，受到场地限制和约束，作业场地狭窄、人员逃生受限制，施救受到制约，均属进入有限空间危险作业。

一、有限空间作业危险性分类

火力发电厂有限空间按照作业危险性分为三类，分别如下：

（1）第 I 类有限空间：经强制通风后，除空气外，仍存有或可能存有其他介质，易发生中毒、窒息、淹溺、灼烫伤、触电、坍塌、火灾、爆炸等事故的空间。如氨罐、灰库、电缆沟、氢罐等。

（2）第 II 类有限空间：经强制通风后，除空气外，没有其他介质存在，可能发生人员窒息伤害的空间。如用盲板隔离出系统的管道、停机组后不与其他系统相连的交换器、凝汽器、汽包等。

（3）第 III 类有限空间：一经打开，不用强制通风，就能保持空气中氧的含量的有限空间。如冷风道、空气罐、深度1.2m及以下的坑、停炉通风后的炉膛、烟风道等。

燃机电厂、生活垃圾焚烧电厂、生物质燃烧发电有限空间作业危险性分类可参照火力发电厂。

二、有限空间安全防护设计

（1）有限空间应按照 GBZ/T 205《密闭空间作业职业危害防护规范》的要求设计必要的通风设备、照明设备、安全标识。

（2）在第 I 类有限空间和第 II 类有限空间设置必要的通风设备，照明设备。

（3）有限空间电气设备应满足以下要求：

1）存在可燃性气体的作业场所，所有的电气设备

设施及照明应符合 GB 3836.1《爆炸性环境 第 1 部分：设备 通用要求》中的有关规定。实现整体电气防爆和防静电措施。

2）存在可燃气体的有限空间场所内不允许使用明火照明和非防爆设备。

3）固定照明灯具安装高度距地面 2.4m 及以下时，宜使用安全电压，安全电压应符合 GB 3805《特低电压（ELV）限值》中有关规定。在潮湿地面等场所使用的移动式照明灯具，其安装高度距地面 2.4m 及以下时，额定电压不应超过 36V。

4）锅炉、金属容器、管道、密闭舱室等狭窄的工作场所，手持行灯额定电压不应超过 12V。

5）手提灯应有绝缘手柄和金属护罩，灯泡的金属部分不准外露。

6）行灯使用的降压变压器，应采用隔离变压器，安全电压应符合 GB 3805《特低电压（ELV）限值》中有关规定。行灯的变压器不准放在锅炉、加热器、水箱等金属容器内和特别潮湿的地方；绝缘电阻应不小于 2MΩ，并定期检测。

7）手持电动工具应进行定期检查，并有记录，绝缘电阻应符合 GB 3787《手持式电动工具的管理、使用、检查和维修安全技术规程》中的有关规定。

（4）为便于在密闭空间外使用吊救系统救援，应设置必要的机械设施或固定点，方便将吊救系统的另一端系在机械设施或固定点上，保证救援者能及时进行救援。机械设施至少可将人从 1.5m 的密闭空间中救出。

（5）在出入口设置必要安全标识，禁止标识包括："禁止烟火""禁止合闸""禁止入内""禁止停留""禁止跳下"等，警告标识包括："注意安全""当心爆炸""当心中毒""当心触电""当电电缆"等，提示标识包括："必须戴防毒面具""必须戴安全帽""必须戴防护帽""必须系安全带""必须穿防护服"等。

（6）配备必要的探测及报警装置。对有限空间空气含氧量、可燃性气体浓度值、有毒气体浓度进行探测。

1）测氧含量。正常时氧含量为 18%～22%，缺氧的密闭空间应符合 GB 8958《缺氧危险作业安全规程》的规定，短时间作业时必须采取机械通风。

2）测爆。密闭空间空气中可燃性气体浓度应低于爆炸下限的 10%。

3）测有毒气体。有毒气体的浓度，须低于 GBZ 2.1《工作场所有害因素职业接触限值 第 1 部分：化学有害因素》所规定的浓度要求。如果高于此要求，应采取机械通风措施和个人防护措施。

（7）制定密闭空间应急救援预案。

三、有限空间安全作业要求

有限空间作业应严格执行 GBZ/T 205《密闭空间作业职业危害防护规范》的相关要求。

第七章

变电（换流）站及线路工程安全防护设施设计

输变电工程是电力工程的重要组成部分之一，起着将发电企业生产的电力通过变电（换流）站和输电线路输送至电力用户的重要作用。与发电工程相比，由于系统的复杂性相对要少，输变电工程所涉及的职业安全问题要少，但输变电工程的职业安全有其特殊性，因此其职业安全问题不容忽视。

本章所论述的变电（换流）站安全防护设施设计主要针对变电站，换流站可参照执行。

第一节　变电站及线路工程安全危险因素

一、变电站物料危险因素

变电站物料危险因素主要有变压器油和六氟化硫。具体见第二章"电力工程职业安全危险因素"第一节"物料危险因素"的"二、主要物料的危险因素"的"8. 变压器油"和"14. 主要危险化学品"的"（8）六氟化硫"。

二、变电站站址危险因素

变电站站址危险因素包括：①气象灾害；②洪涝灾害；③地质灾害；④盐雾；⑤邻近企业不安全因素。具体见第二章"电力工程职业安全危险因素"的第二节"厂址危险因素"。

三、变电站总平面布置及建（构）筑物危险因素

变电站总平面布置及建（构）筑物危险因素包括：①总平面布置；②建（构）筑物。具体见第二章"电力工程职业安全危险因素"的第三节"总平面布置及建（构）筑物危险因素"。

四、变电站生产系统危险因素

变电站生产系统危险因素主要是：电气设备及其系统的火灾、爆炸和电伤；其他危险因素还有机械伤害、高处坠落、特种设备、有限空间作业场所等。

（一）火灾、爆炸

1. 变压器

主变压器、启动/备用变压器及站用变压器容量大、电压等级高，当变压器及站用变压器近区发生突然短路故障，在变压器绕组内流过很大的短路电流，如果变压器的抗短路能力差，可使变压器损坏；当变压器进入空气或水后，将使变压器等设备绝缘性能变劣，耐电强度降低，从而导致绝缘击穿事故的发生，同时变压器所用的绝缘材料以及变压器油都是可燃物质，易引起火灾爆炸。

2. 电缆火灾

电缆的绝缘材料遇到高温或外界火源很容易被引燃，电缆一旦失火会很快蔓延，波及临近电缆和电气设备。电缆火灾的原因主要包括以下几种：

（1）设计计算失误，导致电缆截面积过小，运行中经常超负荷过热等原因，使电缆绝缘老化、绝缘强度降低，引起电缆相间或相对地击穿短路起火。

（2）电缆敷设时由于曲率半径过小，致使电缆绝缘机械损坏或电缆受外界机械损伤（如施工挖断等），造成短路、弧光闪络引燃电缆。

（3）电缆受酸、碱、盐、水及其他腐蚀性气体或液体的侵蚀，使电缆绝缘强度降低，绝缘层击穿产生的电弧，引燃绝缘层和填料。

（4）电缆终端头及中间接因电缆附件的设计缺陷、施工安装质量不良或运行维护不当造成密封不良，进水、汽潮湿或灌注的绝缘剂不符合要求，内部留有气孔等时，使绝缘强度降低，导致绝缘短路击穿，电弧引起电缆爆炸。

（5）啮齿动物啃咬，破坏电缆绝缘层，造成电缆短路起火。

（6）检修过程中，如果电缆沟道无封盖或封盖不严，电焊渣火花容易落入电缆沟道内，易使电缆着火。

（二）电伤

变电站接地网接地电阻不符合要求，接地网的接触电压和跨步电压未限制安全数值，接地网的防腐措

施不到位等均会引发人身或设备事故。

接地线设计不符合要求,如截面积过小等,使其不能满足热稳定和均压要求,容易发生电伤害;接地线连接不合要求,采用焊接的接地线,其搭接长度不够、焊接质量低劣时,接地线电阻过大,不利于保护人身安全,易发生触电伤害;接地线材质不符合要求(如铝导线等),机械强度不够,导致受损坏或腐蚀,起不到应有的保护作用。

避雷设施不健全或设计不符合要求;电气设备未有效接地或接地不符合规定;接地体腐蚀损坏,或者防雷接地电阻过大,容易发生雷击或过电压伤害事故。

开关柜"五防"功能不全,易引起误操作或无防护措施造成人员误入带电间隔,发生人身触电事故。

电气设备名称、编号双标志不全或者错误,导致维护、检修人员误入间隔或误登带电设备,造成人员触电伤亡。

不遵守安全规程规定,违章作业,强行解锁、移除防护栏杆,引起触电伤亡事故。

检修等作业过程中,人与电气设备带电部位安全距离不足,人体过分接近带电设备,造成触电伤亡事故。

检修人员使用绝缘不合格的安全用具和防护用品触电;检修时安全技术措施不完善,危险点分析不足,安全措施不到位导致触电;检修结束人员未撤离,联系不周误送电;安全措施不到位引起反送电,都有可能造成人员触电伤亡事故的发生。

(三)机械伤害

变电站设备有外露机械转动部件的,如泵类及风冷变压器的风机等,在运行、检修过程中如若不慎,有被卷入转动机械的危险,甚至造成人身伤亡。

(四)高处坠落

高处作业的设备、平台、框架等,在高处检修过程中如若不慎可能会造成高处坠落导致人身伤亡。

(五)特种设备

变电站的特种设备包括起重机械和场(厂)内专用机动车辆。

变电站在施工、安装、调试、试验、维护时会使用起重机械,在操作过程中操作人员注意力不集中、安全意识不强、违章操作、管理不善等都有可能造成起重伤害事故。

变电站内各类专用机动车辆若本身存在缺陷、制动、喇叭、灯光等失效,或者人员误操作,以及道路状况不符合规范要求等均可能引发对驾乘人员或路面人员造成伤害。

(六)有限空间作业场所

有限空间分为三类,第一类为封闭、半封闭设备,如储罐等;第二类为地下有限空间,如地下通道、建筑孔桩、生活污水处理装置等;第三类为地上有限空

间,如储仓室等。

进入有限空间作业时,如未采取安全隔绝、通风、置换及监测监护等措施,易发生触电、机械伤害、高处坠落、窒息中毒甚至爆炸火灾等事故。

五、输电线路危险因素

输电线路危险因素主要是输电线路受到外部环境中雷击、冰灾、风偏闪络、舞动、污闪、地质灾害等自然灾害的影响,发生各种故障,进而引起安全事故。

第二节 变电站安全防护措施

一、站址选择、规划及总平面布置的职业安全要求

(一)站址选择、规划

(1)变电站站址选择及规划应符合 DL/T 5056《变电站总布置设计技术规程》和 GB 50187《工业企业总平面设计规范》的要求。

(2)变电站总体规划应与当地城镇规划、工业区规划、自然保护区规划或旅游规划区规划相协调,宜靠近负荷中心或主要用户,且输电线路进出方便的地段。

(3)变电站不得将站址建在已有滑坡、泥石流、大型溶洞、矿产采空区等地质灾害地段。对于山区等特殊地形地貌的变电站,其总体规划应考虑地形、山体稳定、边坡开挖、洪水及内涝的影响。在有山洪及内涝影响的地区建站,宜充分利用当地现有的防洪、防涝设施。

(4)变电站总体规划应根据工艺布置要求以及施工、安全运行、检修和生态环境保护需要,结合站址自然条件按最终规模统筹规划,近远期结合,以近期为主。分期建设时。应根据负荷发展要求,合理规划,分期或一次征用土地。

(5)变电站附近有污染源时,总体规划应根据污染源种类和全年盛行风向,避开对站区的不利影响。

变电站站区不得受粉尘、水雾、腐蚀性气体等污染源的影响,并应位于散发粉尘、腐蚀性气体污染源全年最小频率风向的下风侧和散发水雾场所冬季盛行风向的上风侧。以防由于空气中酸雾腐蚀问题,造成开关控制设备被损坏,绝缘不良,配电盘角钢支架带电等安全隐患。

(6)变电站应具备可靠的水源,饮用水的水质应符合国家饮用水卫生标准。变电站的生产废水或雨水及生活污水应符合国家或地方排放标准。

(7)变电站不得布置在有强烈振动设施的场地附近,以免振动对电气设备产生影响,可能造成继电保护的误动作而发生事故。

(8)新建变电站的进站道路、大件设备运输、给

排水设施、站用外引电源、防排洪设施等站外配套设施应一并纳入变电站的总体规划。

（二）变电站总平面布置

1. 变电站总平面布置的一般规定

（1）变电站总平面布置，应符合 GB 50187《工业企业总平面设计规范》、GB 50229《火力发电厂与变电站设计防火规范》、GB 50016《建筑设计防火规范》和 DL/T 5056《变电站总布置设计技术规程》的规定要求。

（2）变电站总平面布置应满足总体规划要求，并使站内工艺布置合理，功能分区明确，交通便利，节约用地，确保安全运行。

（3）在兼顾出线规划顺畅、工艺布置合理的前提下，变电站应结合自然地形布置，尽量减少土（石）方量。当站区地形高差较大时，可采用台阶式布置。

（4）山区变电站的主要生产建（构）筑物、设备构支架，当靠近边坡布置时，建（构）筑物距坡顶和坡脚的安全距离应满足 DL/T 5056《变电站总布置设计技术规程》以下规定：

1）站区自然地形坡度在 5%～8% 以上，且原地形有明显的坡度时，站区竖向布置宜采用阶梯式布置（大型变电站场地面积大，宜取下限值，反之取上限值）。

2）阶梯的划分应满足工艺和建（构）筑物的布置要求，便于运行、检修、设备运输和管沟敷设，并尽量保持原有地形。台阶的长边宜平行自然等高线布置，并宜减少台阶的数量。

3）边坡坡度应按岩土的自然稳定倾角确定，坡面应做护面处理，坡脚宜设排水沟；挡土墙墙背应做好防排水措施，在泄水孔进水侧应设置反滤层或反滤包。位于膨胀土地区的挡土墙高度不宜大于 3m。

4）台阶坡顶至建（构）筑物的距离，应考虑建（构）筑物基础侧压力对边坡、挡墙的影响。位于稳定土坡坡顶上的建筑，当垂直于坡顶边缘线的基础底面边长小于或等于 3m 时，其基础底面外边缘线至坡顶的水平距离 a（见图 7-1）应符合式（7-1）和式（7-2）的要求，但不得小于 2.5m。

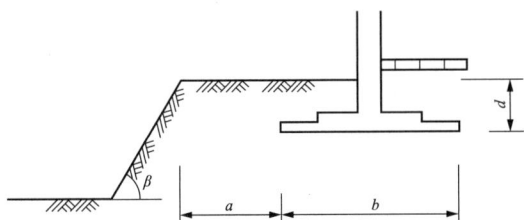

图 7-1　基础底面外边缘线至坡顶的水平距离示意图

a—基础底面外边缘线至坡顶的水平距离（m）；

b—垂直于坡顶边缘线的基础底面边长（m）；

d—基础埋置深度（m）；β—边坡坡角（°）

条形基础：
$$\alpha \geqslant 3.5b - \frac{d}{\tan\beta} \quad (7\text{-}1)$$

矩形基础：
$$\alpha \geqslant 2.5b - \frac{d}{\tan\beta} \quad (7\text{-}2)$$

当基础底面外边缘线至坡顶的水平距离不满足式（7-1）和式（7-2）的要求时，可根据基底平均压力按 GB 50007《建筑地基基础设计规范》的规定确定基础距坡顶边缘的距离和基础埋深。

当边坡坡角大于 45°、坡高大于 8m 时，应按 GB 50007《建筑地基基础设计规范》中的规定验算坡体稳定性。

坡顶至建（构）筑物的距离，应考虑工艺布置、交通运输、电缆竖井等要求。最小宽度应满足建筑物的散水、开挖基槽对边坡或挡土墙的稳定性要求，以及排水明沟的布置，且不应小于 2m。

膨胀土地区布置在挖方地段的建（构）筑物外墙至坡脚支挡结构的净距离不应小于 3m。

填方区围墙基础底面外边缘线至坡顶线的水平距离可采用 1.5～2m。

（5）城市地下（户内）变电站与站外相邻建筑物之间应留有消防通道。消防车道的净宽度和净高度要满足 GB 50016《建筑设计防火规范》的相关规定。

（6）主控通信楼（室）、户内配电装置楼（室）、大型变电构架等重要建（构）筑物以及 GIS 组合电器、主变压器、高压电抗器、电容器等大型设备宜布置在土质均匀、地基可靠的地段。

（7）位于膨胀土地区的变电站，对变形有严格要求的建（构）筑物，宜布置在膨胀土埋藏较深、胀缩等级较低或地形较平坦的地段；位于湿陷性黄土地区的变电站，主要建（构）筑物宜布置在地基湿陷等级低的地段。

2. 主要建（构）筑物布置

（1）主控通信楼（室）宜布置在便于运行人员巡视检查、观察户外设备、减少电缆长度、避开噪声影响和方便连接进站大门的地段。主控通信楼（室）宜有较好的朝向，并使主控制室方便同时观察到各个配电装置区域。

（2）各级电压的配电装置应结合地形和所对应的出线方向进行优化组合，避免或减少线路交叉跨越。

（3）配电装置相互间的相对位置应使主变压器、无功补偿装置至各配电装置的连接导线顺直短捷、站内道路和电缆的长度较短。

（4）城市变电站的主变压器宜在户外单独布置，或布置在建筑物底层。

（5）各级电压的继电器室应根据工艺要求合理布置，并使电缆敷设路径短和方便巡视。

3. 辅助（附属）建筑物布置

（1）变电站辅助（附属）建筑物的布置应根据工

艺要求和使用功能统一规划。宜结合工程条件优先采用联合建筑或多层建筑。

（2）当采用电锅炉采暖时，电锅炉房宜布置在主控通信楼底层或在采暖建筑集中的地方单独布置。

（3）雨淋阀室或泡沫消防设备间宜布置在主变压器、电抗器等带油设备附近。

（4）当设置柴油发电机室时，其布置宜避免对主控通信楼的噪声和振动影响，尽量靠近站用交直流配电室布置。

（5）变电站给排水设施宜分开布置，其最小净距应满足现行国家标准的相关规定。

（6）变电站供水建（构）筑物，如深井泵房、生活消防水泵房、蓄水池等，按工艺流程宜集中布置在站前区。

（7）地埋式生活污水处理装置宜就近布置在主控通信楼附近隐蔽的一侧，或布置在站前区边缘地带。

（8）当站区采用强排水时，雨水泵房宜布置在站区场地较低的边缘地带。

4. 变电站建（构）筑物的间距

（1）变电站建（构）筑物的布置及其间距的确定，应符合 GB 50229《火力发电厂与变电站设计防火规范》、GB 50016《建筑设计防火规范》、DL/T 5032《火力发电厂总图运输设计技术规程》和 DL/T 5056《变电站总布置设计技术规程》等的有关标准、规范的规定。

（2）变电站建（构）筑物及设备的防火间距不应小于表 7-4 的规定。

（3）单台油量为 2500kg 及以上的屋外油浸变压器之间、屋外油浸电抗器之间的最小间距应符合表 7-5 的规定。

5. 变电站站内管线、道路、出入口及围墙

变电站站内管线、道路、出入口及围墙布置应符合 DL/T 5056《变电站总布置设计技术规程》、GB 50187《工业企业总平面设计规范》和 GBJ 22《厂矿道路设计规范》的规定要求。

（1）地下管线（沟道）布置一般应符合下列要求：

1）地下管线（沟道）布置应按变电站的最终规模统筹规划，管线（沟道）之间及其与建（构）筑物基础、道路之间等在平面与竖向上应相互协调，近远期结合，合理布置，便于扩建。

2）地下管线（沟道）布置应符合下列要求：

a. 满足工艺要求，流程简捷，便于施工和检修。

b. 在满足工艺和使用要求的前提下应尽量浅埋，并尽量与站区竖向坡度和坡向一致，避免倒坡。

c. 地下管线（沟道）发生故障时，不应损害建（构）筑物基础，污水不应污染饮用水或渗入其他沟道内。

d. 沟道应有排水及防小动物的措施。

3）地下管线（沟道）宜沿道路及建（构）筑物平行布置，一般宜布置在道路行车部分以外。主要管线（沟道）应布置在用户较多或支沟较多的道路一侧，或将管线（沟道）分类布置在道路两侧。

地下管线（沟道）布置应路径短捷、适当集中、间距合理、减少交叉，交叉时宜垂直相交。

4）地下管线布置有直埋和沟内敷设两种形式，应根据工艺要求、地质条件、管材特性、地下建（构）筑物布置等因素确定。

在满足安全运行和便于检修的条件下，可将同类管线或不同用途但无相互影响的管线采用同沟布置。

5）地下管线（沟道）布置过程中发生矛盾时，应按以下原则处理：

a. 管径小的让管径大的。

b. 有压力的让自流的。

c. 柔性的让刚性的。

d. 工程量小的让工程量大的。

e. 新建的让原有的。

f. 临时的让永久的。

6）通过挡墙的管线（沟道）布置应满足工艺要求，处理方式应与挡墙协调。

7）扩建、改建工程应充分利用原有地下管线（沟道），新增地下管线（沟道）不应影响原有地下管线（沟道）的使用。

（2）地下管线的布置应符合以下要求：

1）地下管线不宜布置在建（构）筑物基础压力影响范围以内。

2）地下管线应布置在道路行车部分外，当受条件限制时，可将雨水下水管敷设在行车部分内。地下管线穿越道路时，管顶至道路路面结构层底面的垂直净距不应小于 0.5m，当不能满足时，应加防护套管（或管沟），其两端应伸出路边不小于 1m。

3）各种废水及污水管道宜尽量与上水管道分开布置，并沿道路两侧布置或其间留有必须的安全防护距离。

4）地下管线（沟）距建（构）筑物、道路之间以及管线（沟）之间的水平净距应根据管内介质特性、地质条件、建（构）筑物基础、管线埋深、管径、管沟附属构筑物（如检查井等）的影响按表 7-1 和表 7-2 确定。

表 7-1　地下管线距建（构）筑物的最小水平净距　（m）

管线名称	建（构）筑物基础外缘	照明杆柱中心线	围墙基础外缘	道路a	排水沟外缘
压力水管	2.0～3.0	0.8～1.0	1.0	0.8～1.0	0.8～1.0

续表

管线名称	建（构）筑物基础外缘	照明杆柱中心线	围墙基础外缘	道路 [a]	排水沟外缘
自流水管	1.5～2.5	0.8～1.0	1.0	0.8～1.0	0.8～1.0
采暖管	1.0	0.6	0.8	0.6	0.6
通信电缆	0.5	0.5	0.5	0.8	0.8
电力电缆（35kV及以下）	0.6	0.5	0.5	1.0	1.0
油管	3.0	1.0	1.5	1.0	1.0

注 1. 表列同一栏内列有两个净距者，当压力水管直径大于 200mm，自流水管直径大于 800mm 时用大值，反之用小值。

2. 当管线埋深大于邻近建（构）筑物的基础埋深时，应根据土壤条件对表列净距进行校正。

[a] 表列净距应自管壁或防护设施的外缘或最外一根电缆算起，城市型道路自路面边缘算起，公路型道路自路肩边缘算起。

表 7-2 地下管线（沟）之间最小水平净距 （m）

管线名称	压力水管	自流水管	采暖管	通信电缆	电力电缆	电缆沟	油管
压力水管	—	1.0～1.5	0.8～1.2	0.8～1.0	0.8～1.0	1.0～1.5	1.0～1.5
自流水管	1.0～1.5	—	1.0～1.2	0.8～1.0	0.8～1.0	1.0～1.5	1.0～1.5
采暖管	0.8～1.2	1.0～1.2	—	0.8	1.0	1.0	1.2
通信电缆	0.8～1.0	0.8～1.0	0.8	—	0.5	0.5	1.0
电力电缆	0.8～1.0	1.0～1.0	1.0	0.5	—	0.5	1.0
电缆沟	1.0～1.5	1.0～1.5	1.0	0.5	0.5	—	1.0
油管	1.0～1.5	1.0～1.5	1.0	1.0	1.0	1.0	—

注 1. 表列净距均自管壁、沟壁或防护设施的外缘或最外一根电缆算起。

2. 表列同一栏内有两个净距者，当压力水管直径大于 200mm，自流水管直径大于 800mm 时用大值，反之用小值。

3. 生活给水管与生产、生活污水排水管间的水平净距，应按表列数据增加 50%。

4. 110kV 及 220kV 电力电缆，应按表列数值增加 50%。

5. 采暖管沟或与电力电缆、通信电缆沟并列双沟布置。

6. 表中"—"者由工艺需要根据施工、运行维护及沉降因素而定。

7. 高压电力电缆与控制电力电缆的间距由工艺需要决定。

（3）地下沟（隧）道布置应符合下列要求：

1）地下沟（隧）道应防止地面水、地下水及其他管沟内的水渗入，并应防止各类水倒灌入电缆沟（隧）道内，应设有排除内部积水的技术措施。

2）地下沟（隧）道底面应设置纵、横向排水坡度，其纵向排水坡度不宜小于 0.5%，有困难时不应小于 0.3%，横向排水坡度一般为 1.5%～2%，并在沟道内有利排水的地点及最低点设集水坑和排水引出管，集水坑坑底标高应高于下水井的排水出口标高 200～300mm。

3）地下沟（隧）道宜采用自流排水，当集水坑底面标高低于下水道管面标高时，可采用机械排水。

4）地下沟（隧）道宜布置在地下水位以上，当沟（隧）底标高低于地下水位时应有防水措施，并满足抗浮要求。

5）穿越道路的地下沟（隧）道应满足工艺最小净空要求，并保证沟（隧）道及行车安全。

6）地下水位较低、年平均降雨量小、场地土质为渗水性强的砂质土或砂砾类土时，电缆沟可不设沟底，每隔一定的间距设渗水坑。

7）户外配电装置场地内的电缆沟沟壁宜高于场地设计标高 0.1～0.15m，盖板在沟壁支承处可以采用嵌入式或搭盖式。

8）地下沟（隧）道应根据结构类型、工程地质和气温条件设置伸缩缝，缝内应有防水、止水措施，并宜在地质条件变化处设置。

（4）变电站站内道路应满足下列要求：

1）变电站站内道路布置除满足运行、检修、消防及设备安装要求外，还应符合带电设备安全间距的规定。220kV 及以上变电站的主干道应布置成环形，如成环有困难时应具备回车条件。

2）站内道路应结合场地排水方式选型，可采用城市型或公路型。当采用公路型时，路面宜高于场地设计标高 100mm。在湿陷性黄土和膨胀土地区宜采用城市型。

3）站内主要环形消防道路路面宽度宜为 4m。

4）站内道路的转弯半径应根据行车要求和行车组织要求确定，一般不应小于 7m。主干道的转弯半径应根据通行大型平板车的技术性能确定，330kV 及 500kV 变电站主干道的转弯半径为 7～9m；750kV 高抗运输道路转弯半径不宜小于 9m，主变压器运输道路转弯半径不宜小于 12m。

5）站内道路的纵坡不宜大于 6%，山区变电站或受条件限制的地段可加大至 8%，但应考虑相应的防滑措施。

6）站内道路宜采用混凝土路面，当具备施工条件和维护条件时也可采用沥青混凝土路面。

7）站内巡视道路应根据运行巡视和操作需要设置，并结合地面电缆沟的布置确定。

8）巡视道路路面宽度宜为 0.6～1.0m，当纵坡大于 8%时，宜有防滑措施。

9）接入建筑物的人行道宽度一般宜为 1.5～2.0m。

（5）变电站围墙、围栏和主入口应满足下列要求：

1）变电站宜采用不低于 2.3m 高的实体围墙，在填方区可适当降低围墙高度。

2）站区围墙应根据节约用地和便于安全保卫的原则力求规整，地形复杂或山区变电站的站区围墙应结合地形布置。

3）站区实体围墙应设伸缩缝，伸缩缝间距不宜大于 30m。在围墙高度及地质条件变化处应设沉降缝。

4）根据电气设备的布置和要求，需要时在设备四周设置围栏。

5）变电站的主入口宜面向当地主要道路，便于引接进站道路。城市变电站的主入口方位及处理要求应与城市规划和街景相协调。

6）变电站主入口的大门、大门两侧围墙及标识墙、警传室（如有的话）可进行适当艺术处理，并与站前区建筑相协调。

二、建（构）筑物的安全防护要求

（一）建（构）物抗震设计

1. 控制楼配电装置楼

（1）控制楼、配电装置楼的抗震设计应从选型、布置和构造等方面采取加强整体性措施。

（2）控制楼、配电装置楼可根据设防烈度和场地类别选用抗震结构型式。

（3）钢筋混凝土构造柱可按 GB 50011《建筑抗震设计规范》的规定，结合具体结构特点设置，并宜采用加强型构造柱。

加强型构造柱最小截面积为 240mm×240mm，纵向钢筋不宜少于 4 根，直径不得小于 ϕ12mm；箍筋直径不宜小于 ϕ6mm，其间距不宜大于 200mm，各层柱上下端范围内的箍筋间距宜为 100mm。墙体的拉筋应伸入构造柱内。空旷层的构造柱，应按计算确定配筋。

（4）纵墙承重的房屋、横墙承重的装配式钢筋混凝土楼盖的房屋应分别在每层设置一道圈梁，圈梁截面宽度与墙厚相同，高度不宜小于 180mm。圈梁宜现浇。

（5）圈梁应封闭，对不封闭的墙体顶部圈梁应按计算确定截面和配筋。

当基础设置在软弱黏性土、液化土、严重不均匀土层上时，尚应设置基础圈梁。

（6）当抗震烈度为 8 度或 9 度时，楼梯宜采用现浇钢筋混凝土结构。

（7）主控制楼、配电装置楼与相邻建筑物之间宜用防震缝分隔，缝宽宜为 50～100mm。

2. 非结构构件

（1）非结构构件抗震设计，应符合 GB 50011《建筑抗震设计规范》的要求。

（2）非结构构件，包括建筑非结构构件和建筑附属机电设备，自身及其与结构主体的连接，应进行抗震设计。

（3）框架结构的围护墙和隔墙，应估计其设置对结构抗震的不利影响，避免不合理设置而导致主体结构的破坏。

（4）建筑结构中，设置连接幕墙、围护墙、隔墙、女儿墙、雨篷、商标、广告牌、顶篷支架、大型储物架等建筑非结构构件的预埋件、锚固件的部位，应采取加强措施，以承受建筑非结构构件传给主体结构的地震作用。

（5）非承重墙体的材料、选型和布置，应根据烈度、房屋高度、建筑体型、结构层间变形、墙体自身抗侧力性能的利用等因素，经综合分析后确定采取相应的抗震措施。

（6）多层砌体结构中，非承重墙体等建筑非结构构件应符合下列要求：烟道、风道、垃圾道等不应削弱墙体，当墙体被削弱时，应对墙体采取加强措施；不宜采用无竖向配筋的附墙烟囱或出屋面的烟囱。

（7）各类顶棚的构件与楼板的连接件，应能承受顶棚、悬挂重物和有关机电设施的自重和地震附加作用；其锚固的承载力大于连接件的承载力。

（8）悬挑雨篷或一端由柱支承的雨篷，应与主体结构可靠连接。

（9）玻璃幕墙、预制墙板、附属于楼屋面的悬臂构件和大型储物架的抗震构造，应符合相关专门标准的规定。

3. 变电构架和设备支架

（1）变电构架宜选用钢筋混凝土环形杆柱结构、钢管混凝土结构和钢结构。

（2）变电构架进行截面积抗震验算时，其计算简图可与静力分析简图取得一致，尚应按两个水平主轴方向分别进行验算。

（3）变电构架和设备支架可简化为单质点体系计算，当计算基本周期时，构架柱重力荷载可按 1/4 作用于柱顶取值；当计算地震作用时，构架柱重力荷载可按 2/3 作用于柱顶取值。对于高型或半高型构架可按两个质点或多个质点体系计算。

（4）地震作用效应与其他荷载效应组合时，应计入下列各项作用：

1）恒载。

2）导线、绝缘子串和金具重等设备荷载。

3）正常运行时的最大导线张力。

4）按 GB 50011《建筑抗震设计规范》的规定同时计入的风荷载作用效应。

5）对高型或半高型布置的构架，尚应考虑通道活荷载 1.0kN/m²。

（二）变电站建（构）筑物的防火、防爆设计

1. 建（构）筑物火灾危险性分类、耐火等级、防火间距及消防道路

（1）变电站各建（构）筑物在生产过程中的火灾危险性及其最低耐火等级应符合 GB 50229《火力发电厂与变电站设计防火规范》要求，根据生产中使用或产生的物质性质及其数量等因素分类，并应符合表 7-3 的要求。

（2）建（构）筑物构件的燃烧性能和耐火极限，应符合 GB 50016《建筑设计防火规范》的有关规定。

（3）变电站内的建（构）筑物与变电站外的建（构）筑物之间的防火间距应符合 GB 50016《建筑设计防火规范》的有关规定。

（4）变电站内建（构）筑物及设备的防火间距不应小于表 7-4 的规定。

表 7-3 变电站建（构）筑物的火灾危险性分类及其耐火等级

建（构）筑物名称		火灾危险性分类	耐火等级	建（构）筑物名称		火灾危险性分类	耐火等级
主控制楼		丁	二级	干式电容器室		丁	二级
继电器室		丁	二级	油浸电抗器室		丙	二级
阀厅		丁	二级	干式电抗器室		丁	二级
户内直流开关场	单台设备油量 60kg 以上	丙	二级	柴油发电机室		丙	二级
	单台设备油量 60kg 及以下	丁	二级	空冷器室		戊	二级
	无含油电气设备	戊	二级	检修备品仓库	有含油设备	丁	二级
配电装置楼（室）	单台设备油量 60kg 以上	丙	二级		无含油设备	戊	二级
	单台设备油量 60kg 及以下	丁	二级	事故储油池		丙	一级
	无含油电气设备	戊	二级	生活、工业、消防水泵房		戊	二级
油浸变压器室		丙	一级	水处理室		戊	二级
气体或干式变压器室		丁	二级	雨淋阀室、泡沫设备室		戊	二级
电容器室（有可燃介质）		丙	二级	污水、雨水泵房		戊	二级

注 同一建筑物或建筑物的任一防火分区布置有不同火灾危险性的房间时，建筑物或防火分区内的火灾危险性类别应按火灾危险性较大的部分确定，当火灾危险性较大的房间占本层或本防火分区建筑面积的比例小于 5%，且发生火灾事故时不足以蔓延至其他部位或火灾危险性较大的部分采取了有效的防火措施时，可按火灾危险性较小的部分确定。

表 7-4 变电站内建（构）筑物及设备之间的防火间距 （m）

建（构）筑物、设备名称			丙、丁、戊类生产建筑		屋外配电装置		可燃介质电容器（棚）	事故储油池	生活建筑	
			耐火等级		每组断路器油量（t）				耐火等级	
			一、二级	三级	<1	≥1			一、二级	三级
丙、丁、戊类生产建筑	耐火等级	一、二级	10	12	—	10	10	5	10	12
		三级	12	14					12	14
屋外配电装置	每组断路器油量（t）	<1	—		—		10	5	10	12
		≥1	10				10	5	10	12
油浸变压器、油浸电抗器	单台设备油量（t）	≥5 且≤10	10		油量为 2500kg 及以上的屋外油浸变压器或高压电抗器与油量为 600kg 以上的带油电气设备之间的防火间距不应小于 5m		10	5	15	20
		>10 且≤50							20	25
		>50							25	30
可燃介质电容器（棚）			10		10			5	15	20

续表

建（构）筑物、设备名称			丙、丁、戊类生产建筑		屋外配电装置		可燃介质电容器（棚）	事故储油池	生活建筑	
			耐火等级		每组断路器油量（t）				耐火等级	
			一、二级	三级	<1	≥1			一、二级	三级
事故储油池			5		5		5	—	10	12
生活建筑	耐火等级	一、二级	10	12	10		15	10	6	7
		三级	12	14	12		20	12	7	8

注 1. 建（构）筑物防火间距应按相邻（构）筑物外墙的最近水平距离计算，如外墙有凸出的可燃或难燃构件时，则应从其凸出部分外缘算起；变压器之间的防火间距为相邻变压器外壁的最近水平距离；变压器与带油电气设备的防火间距应为变压器和带油电气设备外壁的最近水平距离；变压器与建筑物的防火间距应为变压器外壁与建筑外墙的最近水平距离。

2. 相邻两座建筑两面的外墙均为不燃烧墙体且无外露的可燃性屋檐，每面外墙上的门、窗、洞口面积之和各不大于外墙面积的 5%，且门、窗、洞口不正对开设时，其防火间距可按本表减少 25%。

3. 相邻两座建筑较高一面的外墙如为防火墙时，其防火间距不限；两座一、二级耐火等级的建筑，当相邻较低一面外墙为防火墙且较低一座厂房屋顶无天窗，屋顶耐火极限不低于 1h，或相邻较高一面外墙的门、窗等开口部位设置甲级防火门、窗或防火分隔水幕时，其防火间距不应小于 4m。

4. 符合以下规定的生产建筑物与油浸变压器或可燃介质电容器除外：
（1）当建筑物与油浸变压器或可燃介质电容器等电气设备间距小于 5m 时，在设备外轮廓投影范围外侧各 3m 内的建筑物外墙上不应设置门、窗、洞口和通风孔，且该区域外墙应为防火墙，当设备高于建筑物时，防火墙应高于该设备的高度；当建筑物墙外 5~10m 范围内布置有变压器或可燃介质电容器等电气设备时，在上述外墙上可设置甲级防火门，设备高度以上可设防火窗，其耐火极限不应小于 0.90h；
（2）当工艺需要油浸变压器等电气设备有电气套管穿越防火墙时，防火墙上的电缆孔洞应采用耐火极限为 3.00h 的电缆防火封堵材料或防火封堵组件进行封堵。

5. 屋外配电装置间距为设备外壁的最近水平距离。

（5）单台油量为 2500kg 及以上的屋外油浸变压器之间、屋外油浸电抗器之间的最小间距应符合表 7-5 的规定。

表 7-5　屋外油浸变压器之间、屋外油浸电抗器之间的最小间距　（m）

电压等级	最小间距
35kV 及以下	5
66kV	6
110kV	8
220kV 及 330kV	10
500kV 及 750kV	15
1000kV	17

注 换流变压器的电压等级应按交流侧的电压选择。

（6）当油量为 2500kg 及以上的屋外油浸变压器之间、屋外油浸电抗器之间的防火间距不能满足表 7-5 的要求时，应设置防火墙。

防火墙的高度应高于变压器油枕，其长度超出变压器的储油池两侧不应小于 1m。

（7）油量为 2500kg 及以上的屋外油浸变压器或高压电抗器与油量为 600kg 以上的带油电气设备之间的防火间距不应小于 5m。

（8）总油量为 2500kg 及以上的并联电容器组或箱式电容器，相互之间的防火间距不应小于 5m，当间距不满足该要求时应设置防火墙。

（9）当变电站内建筑的火灾危险性为丙类且建筑的占地面积超过 3000m² 时，变电站内的消防车道宜布置成环形；当为尽端式车道时，应设回车道或回车场地。消防车道宽度及回车场的面积应符合 GB 50016《建筑设计防火规范》的有关规定。

（10）变电站站区围墙处可设一个供消防车辆进出的出入口。

2. 变电站建（构）筑物的防火和安全疏散

（1）生产建筑物与油浸变压器或可燃介质电容器的间距不满足"1. 建（构）筑物火灾危险性分类、耐火等级、防火间距及消防道路"中（4）的要求时，应符合下列规定：

1）当建筑物与油浸变压器或可燃介质电容器等电气设备间距小于 5m 时，在设备外轮廓投影范围外侧各 3m 内的建筑物外墙上不应设置门、窗、洞口和通风孔，且该区域外墙应为防火墙，当设备高于建筑物时，防火墙应高于该设备的高度；当建筑物墙外 5~10m 范围内布置有变压器或可燃介质电容器等电气设备时，在上述外墙上可设置甲级防火门，设备高度以上可设防火窗，其耐火极限不应小于 0.90h。

2）当工艺需要油浸变压器等电气设备有电气套管穿越防火墙时，防火墙上的电缆孔洞应采用耐火极限为 3.00h 的电缆防火封堵材料或防火封堵组件进行封堵。

（2）设置带油电气设备的建（构）筑物与贴邻或靠近该建（构）筑物的其他建（构）筑物之间应设置防火墙。

（3）控制室顶棚和墙面应采用 A 级装修材料，控制室其他部位采用不低于 B₁ 级的装修材料。

（4）地上油浸变压器室的门应直通室外；地下油浸变压器室门应向公共走道方向开启，该门应采用甲级防火门；干式变压器室、电容器室门应向公共走道方向开启，该门应采用乙级防火门；蓄电池室、电缆夹层、继电器室、通信机房、配电装置室的门应向疏散方向开启，当门外为公共走道或其他房间时，该门应采用乙级防火门。配电装置室的中间隔墙上的门可采用分别向不同方向开启且宜相邻的 2 个乙级防火门。

（5）建筑面积超过 250m² 的控制室、通信机房、配电装置室、电容器室、阀厅、户内直流场、电缆夹层，其疏散门不宜少于 2 个。

（6）地下变电站、地上变电站的地下室每个防火分区的建筑面积不应大于 1000m²。设置自动灭火系统的防火分区，其防火分区面积可增大 1.0 倍；当局部设置自动灭火系统时，增加面积可按该局部面积的 1.0 倍计算。

（7）主控制楼当每层建筑面积小于等于 400m² 时，可设置 1 个安全出口；当每层建筑面积大于 400m² 时，应设置 2 个安全出口，其中 1 个安全出口可通向室外楼梯。其他建筑的安全出口设置应符合 GB 50016《建筑设计防火规范》的有关规定。

（8）地下变电站、地上变电站的地下室、半地下室安全出口数量不应少于 2 个。地下室与地上层不应共用楼梯间，当必须共用楼梯间时，应在地上首层采用耐火极限不低于 2h 的不燃烧体隔墙和乙级防火门将地下或半地下部分与地上部分的连通部分完全隔开，并应有明显标识。

（9）地下变电站当地下层数为 3 层及 3 层以上或地下室内地面与室外出入口地坪高差大于 10m 时，应设置防烟楼梯间，楼梯间应乙级防火门，并向疏散方向开启。防烟楼梯间应符合 GB 50016《建筑设计防火规范》的有关规定。

3．变电站室内外装修的安全设计

变电站室内外装修的安全设计见"第五章　建（构）筑物的安全防护要求"的"第五节　建（构）筑物室内外装修的安全设计"。

三、生产工艺系统安全防护设施

（一）设备防火、防爆设计要求

1．变压器及其他带油电气设备

带油电气设备的防火、防爆、挡油、排油设计，应符合 GB 50229《火力发电厂与变电站设计防火规范》的有关规定：

（1）35kV 及以下屋内配电装置当未采用金属封闭开关设备时，其油断路器、油浸电流互感器和电压互感器，应设置在两侧有不燃烧实体墙的间隔内；35kV 以上屋内配电装置应安装在有不燃烧实体墙的间隔内，不燃烧实体墙的高度不应低于配电装置中带油设备的高度。

（2）总油量超过 100kg 的屋内油浸变压器，应设置单独的变压器室。

（3）屋内单台总油量为 100kg 以上的电气设备，应设置挡油设施及将事故油排至安全处的设施。挡油设施的容积宜按油量的 20%设计。

（4）屋外单台油量为 1000kg 以上的电气设备，应设置储油或挡油设施并符合以下规定：

1）户外单台油量为 1000kg 以上的电气设备，应设置储油或挡油设施，其容积宜按设备油量的 20%设计，并能将事故油排至总事故储油池。总事故储油池的容量应按其接入的油量最大的一台设备确定，并设置油水分离装置。当不能满足上述要求时，应设置能容纳相应电气设备全部油量的储油设施，并设置油水分离装置。

储油或挡油设施应大于设备外廓每边各 1m。

2）储油设施内应铺设卵石层，其厚度不应小于 250mm，卵石直径宜为 50～80mm。

（5）地下变电站的变压器应设置能储存最大一台变压器油量的事故储油池。

2．电缆及电缆敷设

（1）长度超过 100m 的电缆沟或电缆隧道，应采取防止电缆火灾蔓延的阻燃或分隔措施，并应根据变电站的规模及重要性采取下列一种或数种措施：

1）采用耐火极限不低于 2.00h 的防火墙或隔板，并用电缆防火封堵材料封堵电缆通过的孔洞；

2）电缆局部涂防火涂料或局部采用防火带、防火槽盒。

（2）电缆从室外进入室内的入口处、电缆竖井的出入口处，建（构）筑物中电缆引至电气柜、盘或控制屏、台的开孔部位，电缆贯穿隔墙、楼板的空洞应采用电缆防火封堵材料进行封堵，其防火封堵组件的耐火极限不应低于被贯穿物的耐火极限，且不低于 1.00h。

（3）在电缆竖井中，宜每间隔不大于 7m，采用耐火极限不低于 3.00h 的不燃烧体或防火封堵材料封堵。

（4）防火墙上的电缆孔洞应采用电缆防火封堵材料或防火封堵组件进行封堵，并应采取防止火焰延燃的措施。其防火封堵组件的耐火极限应为 3.00h。

（5）在电缆隧道和电缆沟道中，严禁有可燃气、油管路穿越。

（6）220kV 及以上变电站，当电力电缆与控制电缆或通信电缆敷设在同一电缆沟或电缆隧道内时，宜采用防火隔板进行分隔。

（7）地下变电站电缆夹层宜采用低烟无卤阻燃电缆。

（二）防雷击、防触电

防雷击、防触电设计应符合 GB 50057《建筑物防雷设计规范》、GB/T 25295《电气设备安全设计导则》、GB/T 50064《交流电气装置的过电压保护和绝缘配合设计规范》、GB 50065《交流电气装置的接地设计规范》、GB 26860《电力安全工作规程发电厂和变电站电气部分》的规定，并应满足 DL/T 5352《高压配电装置设计技术规程》、DL/T 620《交流电气装置的过电压保护和绝缘配合》等相关规程规范的要求。

1. 防雷击

变电站防雷击设计应满足 GB 50057《建筑物防雷设计规范》、GB 50065《交流电气装置的接地设计规范》、GB/T 50064《交流电气装置的过电压保护和绝缘配合设计规范》、DL/T 620《交流电气装置的过电压保护和绝缘配合》、DL/T 381《电子设备防雷技术导则》的相关要求。

（1）变电站的屋外配电装置，包括组合导线和母线廊道应设直击雷保护装置；直击雷过电压保护可采用避雷针或避雷线，其保护范围可按 GB/T 50064《交流电气装置的过电压保护和绝缘配合设计规范》相关规定确定。

（2）变电站控制室和配电装置室的直击雷过电压保护应符合下列要求：

1）主控制室和配电装置室可不装设直击雷保护装置。为保护其他设备而装设的避雷针，不宜装在独立的主控制室和 35kV 及以下变电站的屋顶上。采用钢结构或钢筋混凝土结构有屏蔽作用的建筑物的车间变电站可装设直击雷保护装置。

2）强雷区的变电站控制室和配电装置室宜有直击雷保护。

3）主控制室、配电装置室和 35kV 及以下变电站的屋顶上装直击雷保护装置时，应将屋顶金属部分接地；钢筋混凝土结构屋顶，应将其焊接成网接地；非导电结构的屋顶，应采用避雷带保护，该避雷带的网格应为 8～10m，每隔 10～20m 应设接地引下线，该接地引下线应与主接地网连接，并应在连接处加装

集中接地装置。

4）峡谷地区的变电站宜用避雷线保护。

5）已在相邻建筑物保护范围内的建筑物或设备，可不装设直击雷保护装置。

6）屋顶上的设备金属外壳、电缆金属外皮和建筑物金属构件均应接地。

（3）露天布置的 GIS 的外壳可不装设直击雷保护装置，外壳应接地。

（4）变电站有爆炸危险且爆炸后会波及变电站内主设备或严重影响供电的建（构）筑物，应用独立避雷针保护，采取防止雷电感应的措施；独立避雷针的设计应符合 GB/T 50064—2014《交流电气装置的过电压保护和绝缘配合设计规范》中 5.4.4 的规定。

（5）变电站的直击雷保护装置包括兼作接闪器的设备金属外壳、电缆金属外皮、建筑物金属构件，其接地可利用变电站的主接地网，应在直击雷保护装置附近装设集中接地装置。

（6）独立避雷针的接地装置、架构或房顶上安装的避雷针应、变压器门型架构上安装的避雷针或避雷线、线路的避雷线引接到变电站以及装有避雷针和避雷线架构附近的电源线应符合 GB/T 50064—2014《交流电气装置的过电压保护和绝缘配合设计规范》中 5.4.6～5.4.10 的相关规定。

（7）独立避雷针、避雷线与配电装置带电部分间的空气中距离以及独立避雷针、避雷线的接地装置与接地网间的地中距离应符合 GB/T 50064—2014《交流电气装置的过电压保护和绝缘配合设计规范》中 5.4.11 的规定。

（8）不同雷击保护范围的变电站高压配电装置的雷电侵入波过电压保护应分别符合 GB/T 50064—2014《交流电气装置的过电压保护和绝缘配合设计规范》中 5.4.12 和 5.4.13 的规定。

（9）GIS 变电站的雷电侵入波过电压保护应符合 GB/T 50064—2014《交流电气装置的过电压保护和绝缘配合设计规范》中 5.4.14 的规定。

2. 防触电

变电站的各类电气设备和电气装置的设计、使用、维修和安全管理应满足 GB/T 13869《用电安全导则》、GB/T 17045《电击防护 装置和设备的通用部分》、GB/T 25295《电气设备安全设计导则》和 GB 26860《电力安全工作规程 发电厂和变电站电气部分》的相关要求。

（1）变电站的电气设备（高压开关柜）应具备五种防误功能：

1）防止带负荷分、合隔离开关；

2）防止误分、误合断路器、负荷开关、接触器；

3）防止带接地线（开关）合断路器（隔离开关）；

4）防止带电挂（合）接地线（开关）；

5）防止误入带电间隔。

（2）应依据变电站的环境温度、大气条件（清洁度、相对湿度等）、污秽等级、海拔以及特殊使用条件（极端气象条件、电磁条件等），使用符合环境条件的电气设备。

（3）电击危险防护的绝缘应满足以下要求：

1）绝缘电阻值按产品的使用环境、使用场所、应用的功能在专业或产品标准规定相应的数值，设计者应根据所规定的数值选择绝缘材料。

2）要考虑绝缘体的泄漏电流、接触电流、固体绝缘的耐热等级、耐电痕化、耐非正常的热和火、耐潮湿等因素。

3）绝缘配合要考虑电气间隙和爬电距离设计要求、过电压类别、固体绝缘的厚度、固体绝缘上的短期应力和长期应力和介电强度等因素。

（4）防直接接触保护可采用以下方式：

1）绝缘防护。绝缘防护是采用绝缘技术将危险的带电部分与外界全部隔开，防止在正常工作条件下与危险的带电部分的任何接触，是一种完全的防护。

用以覆盖带电部分的绝缘层应该足够牢固，不采用破坏性手段不应被除去。

用的绝缘必须能长期承在运行中可能受到的机械、化学、电气及热应力的影响（例如摩擦、碰撞、拉压、扭曲、高低温及变化、电蚀、大气污秽、电解液等产生的应力影响）；由于油漆、瓷漆、普通纸、棉织物、金属氧化膜及类似材料极易在使用中改变（降低）其绝缘性能，因此不能单独用作直接接触防护。

用作直接接触防护的绝缘材料应满足绝缘电阻、介质强度、泄漏电流的考核要求。

2）外壳或遮栏防护。采用外壳或遮栏可将危险的带电部分与外部完全隔开，从而避免从任何方向或经常接近的方向直接触及危险的带电部分，是一种完全的保护。

外壳防护除符合 GB 4208《外壳防护等级（IP 代码）》要求外，应满足：

a. 外壳防护的壳体应是封闭的连续体，且固定在规定的位置上，设计制造得让使用者或第三者不借助于工具就不能拆卸或打开；

b. 外壳应有足够的机械强度及稳定性，即材料、结构、尺寸具备足够的稳定性和耐久性，能承受正常使用中可能出现的机械压力、碰撞和不正常操作引起的应力变化。

3）防止无意地触及带电部分阻挡物（但不能防止有意地触及）。

所谓的阻挡物指可移开的遮栏和外护物（如门、覆板等），在接近带电部分进行调试或维修时应设计的

结构。该阻挡物的设计用途是防止身体无意识地接近带电部分，或正常运行中操作带电设备时无意识地触及带电部分。一般应设计成使用钥匙或工具才能移开阻挡物，也可以设计为不用钥匙或工具移开阻挡物，此时应适当固定阻挡物，以防止其被无意识地移开。

4）置于伸臂范围之外防护只用于防止无意识地触及带电部分结构。

置于伸臂范围之外防护只用于防止无意识地触及带电部分的结构一般用于防止在伸臂范围以内同时触及的不同电位的部分。

5）剩余电流保护器的附加防护（只用于加强直接接触防护的额外措施）。

如果提供其他防护措施［如上述 1）～4）规定的保护措施］失效时或使用者疏忽时的附加防护，则可采用额定剩余电流不超过 30mA 的剩余电流保护器作为额外的防护措施。

使用剩余电流保护器不能认为是唯一的保护手段，并且不能因此而取消所采用的是上述 1）～4）规定的保护措施之一的要求。

在通过自动切断电源进行防护的地方，对于额定电流不超过 20A 的户外插座，和为户外移动式设备供电的插座，应采用额定剩余动作电流不超过 30mA 的剩余电流保护器来保护。

6）安全特低电压的保护。

采用安全特低电压保护必须满足：

a. 呈现出的电压由一个电源产生，且不超过相应使用时视为危险的数值，即使在出现故障时，电流也不允许在其电路中超过该极限值；

b. 电源必须与电网进行电气隔离，防止供电网络的危险电压进入；

c. 直接接触时，只能有一个频率、作用时间和能量大小限制在一个无危险的电流流过。

（5）防间接接触保护可采用以下方式：

1）接地保护。变电站的接地保护应满足 GB 50065《交流电气装置的接地设计规范》的要求：

a. 变电站内，不同用途和不同额定电压的电气装置或设备，除另有规定外应使用一个总的接地网。接地网的接地电阻应符合其中最小值的要求。

b. 设计接地装置时，应计及土壤干燥或降雨和冻结等季节变化的影响，接地电阻、接触电位差和跨步电位差在四季中均应符合 GB 50065《交流电气装置的接地设计规范》的要求。

c. 电力系统、装置或设备的下列部分（给定点）应接地：

a）有效接地系统中部分变压器的中性点和有效接地系统中部分变压器、谐振接地、谐振—低电阻接地、低电阻接地以及高电阻接地系统的中性点所接设

备的接地端子；

b）高压并联电抗器中性点接地电抗器的接地端子；

c）变压器和高压电器等的底座和外壳；

d）封闭母线的外壳和变压器、开关柜等（配套）的金属母线槽等；

e）气体绝缘金属封闭开关设备的接地端子；

f）配电、控制和保护用的屏（柜、箱）等的金属框架；

g）箱式变电站和环网柜的金属箱体等；

h）变电站电缆沟和电缆隧道内，以及地上各种电缆金属支架等；

i）屋内外配电装置的金属架构和钢筋混凝土架构，以及靠近带电部分的金属围栏和金属门；

j）电力电缆接线盒、终端盒的外壳，电力电缆的金属护套或屏蔽层，穿线的钢管和电缆桥架等；

k）装有地线的架空线路杆塔；

l）装在配电线路杆塔上的开关设备、电容器等电气装置；

m）高压电气装置传动装置；

n）附属于高压电气装置的互感器的二次绕组和铠装控制电缆的外皮。

d. 变电站的接地网应满足 GB 50065—2011《交流电气装置的接地设计规范》第 4 章的要求。

2）自动切断保护。当 I 类电气设备的基本绝缘损坏，使外露可导电的部分带电时，由附加的自动切断保护在可能对人产生有害的生理病理效应前自动切断供电。

3）双重绝缘保护。当基本绝缘损坏时，以附加绝缘形式将人体与带电部件实行有效的隔离。双重绝缘一般设置基本绝缘、附加绝缘、加强绝缘等几种形式的绝缘。

（6）电气设备的绝缘、间距、屏护等安全措施必须完整高效。漏电保护、重复接地、联锁保护、报警以及自动断电等防护装置应定期巡检，确保有效运行。

（7）变电站的运行管理和变电站工作人员的各类操作的基本电气安全要求应满足 GB 26860《电力安全工作规程　发电厂和变电站电气部分》的相关要求，具体见 GB 26860—2011《电力安全工作规程 发电厂和变电站电气部分》第 4 章对"工作人员""作业现场""作业措施"的要求，第 5 章为"工作票"制度，第 6 章为安全技术措施（包括停电、验电、接地、悬挂标示牌和装设遮栏）的相关要求，第 7 章为"操作票"制度。

（8）变电站的照明设计应按 DL/T 5390《火力发电厂和变电所照明设计技术规定》要求的工作场所照明和事故照明标准，做好照明设计。

（三）物料的危险因素防护

1. 变压器油

对变压器油的安全防护包括以下几方面：

（1）对于人体接触（吸入、食入、经皮肤吸收等）情况，应分别采取以下措施：

1）皮肤接触：脱去污染的衣着，用大量流动清水冲洗。

2）眼睛接触：提起眼睑，用流动清水或生理盐水冲洗。

3）吸入：迅速脱离现场至空气新鲜处。

4）食入：饮足量温水，催吐。

（2）泄漏应急处理。迅速撤离泄漏污染区人员至安全区，并进行隔离，严格限制出入。切断火源。建议应急处理人员戴自给正压式呼吸器，穿消防防护服。尽可能切断泄漏源。防止进入下水道、排洪沟等限制性空间。小量泄漏：用砂土或其他不燃材料吸附或吸收。也可以用大量水冲洗，洗水稀释后放入废水系统。大量泄漏：构筑围堤或挖坑收容；用泡沫覆盖，降低蒸汽灾害。用防爆泵转移至槽车或专用收集器内，回收或运至废物处理场所处置。

（3）消防。灭火剂采用抗溶性泡沫、干粉、二氧化碳、砂土。

2. 六氟化硫

六氟化硫的安全防护应满足 GBZ 2.1《工作场所有害因素职业接触极限　化学有害因素》、GB 26860《电力安全工作规程　发电厂和变电站电气部分》、GB/T 8905《六氟化硫电气设备中气体管理和检测导则》、DL/T 639《六氟化硫电气设备运行、试验及检修人员安全防护细则》的以下要求：

（1）按 GBZ 2.1《工作场所有害因素职业接触极限 化学有害因素》规定，工作场所空气中六氟化硫时间加权平均容许浓度为 $6000mg/m^3$。

（2）设备运行中的安全防护。根据 DL/T 639《六氟化硫电气设备、试验及检修人员安全防护导则》，设备运行中六氟化硫的安全防护应满足以下要求：

1）六氟化硫电气设备室与主控室、电缆夹层之间应做气密性隔离。

2）设备室内应具有良好的通风条件，15min 内换气量应达 3～5 倍的空间体积。抽风口应设在室内下部，排气口不应朝向居民住宅、办公室或行人。

3）设备室应安装六氟化硫气体泄漏监控报警装置，应定期检测空气中六氟化硫浓度和氧含量，采样口安装位置宜离地 20～50cm。当空气中六氟化硫浓度超过 1000μL/L 或氧含量低于 18% 时，仪器应发出报警信号，并进行通风、换气。六氟化硫气体泄漏监控报警装置应每年校验一次。

4）工作人员不应单独和随意进入设备室。进入设备室前，应先通风 15min。

5）不应在设备防爆膜附近停留。

6）工作人员在进入电缆沟或低位区域前，应先通风 15min 后，检测该区域内的氧含量，如发现空气中氧含量低于 18% 时，不得进入该区域工作。

7）设备内六氟化硫气体应按照 GB/T 8905《六氟化硫电气设备中气体管理和检测导则》规定的项目和周期进行定期检测。如发现气体中毒性分解物的含量不符合要求时，应采取有效的措施，包括气体净化处理、更换吸附剂、更新六氟化硫气体、设备解体检修等。

8）气体采样或试验时，应在通风条件下进行，工作人员应佩戴防护口罩和手套，并站于上风位置。试验过程中，仪器尾气排放管长度应不小于 2m，排气口应引至下风位置。试验尾气应进行无害化处理。

9）处理设备气体渗漏故障时，应在通风条件下进行，工作人员应佩戴防护口罩、手套和防护眼镜，应站在上风位置。必要时应佩戴防毒面具或正压式呼吸器。

10）依据 GB 26860《电力安全工作规程 发电厂和变电站电气部分》，室内设备充装六氟化硫气体时，周围环境相对湿度应不大于 80%，同时应开启通风系统，避免六氟化硫气体泄漏到工作区。

（3）设备解体时的安全防护。根据 DL/T 639《六氟化硫电气设备、试验及检修人员安全防护导则》，设备解体时的六氟化硫安全防护应满足以下要求：

1）设备解体前，应按 GB/T 8905《六氟化硫电气设备中气体管理和检测导则》的要求，对设备中六氟化硫气体进行分析测定，根据分析结果制订相应的安全防护措施。

2）设备解体前，应用六氟化硫回收净化装置回收六氟化硫气体，不得直接向大气排放，应按 GB/T 8905《六氟化硫电气设备中气体管理和检测导则》的要求对设备抽真空，用高纯氮气冲洗 3 次后，方可进行设备解体检修。

3）解体时，检修人员应穿戴防护服、防护手套和防毒面具或正压式空气呼吸器。设备封盖打开后，应暂时撤离现场并通风 30min 后方可进入工作现场。将吸附剂取出，用吸尘器和毛刷清除粉尘，用汽油或丙酮清洗金属和绝缘零部件。

4）将清理出的吸附剂、金属粉末等物品放入 20% 的氢氧化钠水溶液中处理 12h 后，进行深埋处理，深度应大于 0.8m，地点应选在野外边远地区或该区域地下水流向的下游地区。氢氧化钠废液应用稀盐酸中和后排放。

5）六氟化硫电气设备解体检修净化车间应密闭、低尘降，并保证有良好的地沟机力引风排气设施，其

换气量应保证在 15min 内全车间换气一次。排出气口设在底部。

6）工作结束后防毒面具中填料应用 20% 的氢氧化钠水溶液浸泡 12h 后，做废弃物处理。

7）处理六氟化硫气体时，应当明示工作场所注意事项，说明禁火、禁烟、禁止高于 200℃ 的加热和无专门预防措施的焊接。

（四）有限空间作业防护措施

变电站的有限空间作业防护措施参见"第六章 火电厂生产工艺系统安全防护设施"的"第十节 有限空间作业场所"。

（五）防高处坠落

变电站建（构）筑物的防坠落设计可参见本书"第五章 建（构）筑物的安全防护要求"的"第三节 建（构）筑物的防坠落设计"。

高处作业应按照 GB 26164.1—2010《电业安全工作规程 第 1 部分：热力和机械》第 15 章的相关要求执行。

（六）特种设备

变电站涉及的特种设备有电梯、起重机械和站内专用机动车辆这三类。可分别参照"第六章 火电厂生产工艺系统安全防护设施"的"第九节 特种设备"的"五 电梯""六 起重机械"和"七 厂内专用机动车辆"相关部分。

第三节 输电线路安全防护措施

输电线路安全防护重点是在输电线路的设计中采取必要的措施，避免输电线路受到外部环境中雷击、冰灾、风偏闪络、舞动、污闪、地质灾害等自然灾害的影响，发生各种故障，进而引起安全事故。输电线路设计应满足 GB 50545《110kV～750kV 架空输电线路设计规范》、GB 50665《1000kV 架空输电线路设计规范》、GB 50790《±800kV 直流架空输电线路设计规范》、DL 5497《高压直流架空输电线路设计技术规程》、DL/T 5217《220kV～500kV 紧凑型架空输电线路设计技术规程》、DL/T 5440《重覆冰架空输电线路设计技术规程》和 DL/T 1676《交流输电线路用避雷器选用导则》的有关要求。

一、路径选择

（1）路径选择宜避开不良地质地带和采动影响区，当无法避让阶应采取必要的措施、宜避开重冰区、导线易舞动区及影响安全运行的其他地区；宜避开原始森林、自然保护区、文物保护区和风景名胜区。

（2）山区线路在选择路径和定位时，应注意控制使用档距和相应的高差，避免出现杆塔两侧大小悬

殊的档距，当无法避免时应采取必要的措施，提高安全度。

二、防雷击和污闪

（1）雷电过电压工况的气温宜采用 15℃，当基本风速折算到导线平均高度处其值大于或等于 35m/s 时雷电过电压工况的风速宜取 15m/s，否则取 10m/s；校验导线与地线之间的距离时，应采用无风、无冰工况。

（2）架空输电线路的绝缘配合，应使线路能在工频电压、操作过电压和雷电过电压等各种条件下安全可靠地运行。架空输电线路的防污绝缘设计，应按审定的污秽分区图划定的污秽等级，综合考虑环境污秽变化因素，选择合适的绝缘子型式和片数，并适当留有裕度。绝缘配合设计计可采用爬电比距法，也可采用污耐压法。

对于 1000kV 输电路在轻、中污区复合绝缘子的爬电距离不宜小于盘型绝缘子；在重污区其爬电距离应根据污秽闪络试验结果确定。复合绝缘子两端都应加均压环，其中导线侧应安装大、小双均压环，其有效绝缘长度应满足雷电过电压和操作过电压的要求。

（3）输电线路的防雷设计，应根据线路电压、负荷性质和系统运行方式，结合当地已有的运行经验、地区雷电活动的强弱特点、地形地貌特点及土壤电阻率高低等因素，在计算耐雷水平后，通过技术经济比较，采用合理的防雷方式，并应符合下列规定：

1）110kV 输电路宜沿全线架设地线，在年平均雷暴日数不超过 15d 或运行经验证明雷电活动轻微的地区，可不架设地线。无地线的输电线路，宜在变电站或发电厂的进线段架设 1～2km 地线。

2）220～330kV 输电线路应沿全线架设地线，年平均雷暴日数不超过 15d 或运行经验证明雷电活动轻微的地区，可架设单地线，山区宜架设双地线。

3）500kV 电压等级以上输电线路应沿全线架设双地线。

4）1000kV 输电线路在变电站 2km 进出线段的线路宜适当加强防雷措施。

（4）有地线的杆塔应接地。在雷季干燥时，每基杆塔不连地线的工频接地电阻应满足设计规范的要求。1000kV 输电线路在敷设人工接地装置时，通过耕地的线路接地体应埋设在耕作深度以下，位于居民区和水田的接地体应敷设成环形。

（5）输电线路用避雷器的选用应符合 DL/T 1676《交流输电线路用避雷器选用导则》的相关要求。

三、防冰灾

（1）轻、中、重冰区的耐张段长度分别不宜大于 10、5km 和 3km，单导线线路不宜大于 5km。当耐张段长度较长时应采取防串倒措施。在高差或档距相差悬殊的山区或重冰区等运行条件较差的地段，耐张段长度应适当缩短。输电线路与主干铁路、高速公路交叉，应采用独立耐张段。

（2）基本风速、设计冰厚重现期应符合下列规定：

1）1000kV 输电线路及其大跨越重现期应取 100 年。

2）750、500kV 输电线路及其大跨越重现期应取 50 年。

3）110～330kV 输电线路及其大跨越重现期应取 30 年。

（3）轻冰区宜按无冰，5mm 或 10mm 覆冰厚度设计；中冰区宜按 15mm 或 20mm 覆冰厚度设计；重冰区宜按 20、30、40mm 或 50mm 覆冰厚度设计。必要时还宜按稀有覆冰条件进行验算。

（4）地线设计冰厚，除无冰区段外，应较导线增加 5mm。

（5）大跨越设计冰厚，除无冰区段外，宜较附近一般输电线路的设计冰厚增加 5mm。

（6）覆冰工况的风速宜采用 10m/s，气温宜采用 -5℃。

（7）在易发生严重覆冰地区，宜增加绝缘子串长或采用 V 形串、八字串。

（8）导、地线在稀有风速或稀有覆冰气象条件时，弧垂最低点的最大张力应满足以下要求：

1）对 110～750kV 输电线路，不应超过其导、地线拉断力的 70%。悬挂点的最大张力，不应超过导、地线拉断力的 77%。

2）对 1000kV 输电线路，不应超过其导、地线拉断力的 60%。悬挂点的最大张力，不应超过导、地线拉断力的 66%。

（9）导线布置：上下层相邻导线间或地线与相邻导线间的最小水平偏移，重覆冰地区宜根据工程设计覆冰厚度、脱冰率、档距等条件计算确定。

（10）重冰区线路宜采用单回路杆塔。

（11）各类杆塔的荷载计算应符合 GB 50545《110kV～750kV 架空输电线路设计规范》、GB 50665《1000kV 架空输电线路设计规范》和 GB 50790《±800kV 直流架空输电线路设计规范》相关规定的要求。

四、防舞动

（1）线路经过导线易发生舞动地区时，应采取防舞措施；线路经过可能发生舞动地区时，应预留防舞措施。

（2）线路经过易舞动区应适当提高金具和绝缘子串的机械强度。

五、对地距离及交叉跨越

导线对地面、建筑物、树木、铁路、道路、河流、管道、索道及各种架空线路的距离，应满足 GB 50545《110kV～750kV 架空输电线路设计规范》、GB 50665《1000kV 架空输电线路设计规范》和 GB 50790《±800kV 直流架空输电线路设计规范》的相关规定。

第八章

安 全 标 识

安全标识是用以表达特定安全信息的标识，由图形符号、安全色、几何形状（边框）或文字构成。安全标识是为了向工作人员警示工作场所或周围环境的危险状况，指导人们采取合理行为标识的。安全标识能够提醒工作人员预防危险，从而避免事故发生；当危险发生时，能够指示人们尽快逃离，或者指示人们采取正确、有效、得力的措施，对危害加以遏制。安全标识不仅类型要与所警示的内容相吻合，而且设置位置要正确合理，否则就难以真正充分发挥其警示作用。

第一节　安全标识分类

根据 GB 2894《安全标志及其使用导则》、GB/T 29481《电气安全标志》对安全标志的分类，共分为禁止标志、警告标志、指令标志、提示标志四类。

（1）禁止标志，为表示不准或制止人们的某种行为的安全标志。

（2）警告标志，为使人们注意可能发生的危险的安全标志。

（3）指令标志，表示必须遵守，用来强制或限制人们的行为。

（4）提示标志，示意目标地点或方向。

第二节　安全色分类

根据 GB 2893《安全色》，传递安全信息含义的颜色为安全色，使安全色更加醒目的反衬色为对比色。

（1）我国标准的安全色主要包括红色、蓝色、黄色、绿色，其所代表的意义如下：

1）红色：传递禁止、停止、危险或提示消防设备、设施的信息。

2）蓝色：传递必须遵守规定的指令性信息。

3）黄色：传递注意、警告的信息。

4）绿色：传递安全的提示性信息。

（2）我国标准的对比色主要包括黑色和白色。其

用途主要如下：

1）黑色：用于安全标识的文字、图形符号和警告标识的几何边框。

2）白色：用于安全标识中红、蓝、绿的背景色，也可用于安全标识的文字和图形符号。

（3）安全色与对比色同时使用时，搭配使用见表8-1。

表 8-1　　　安 全 色 的 对 比 色 表

安全色	对比色
红色	白色
蓝色	白色
黄色	黑色
绿色	白色

第三节　安全标识牌

一、禁止标识牌

禁止标识牌的基本形式是带斜杠的圆边框，如图8-1所示，其基本形式的参数要求如下：

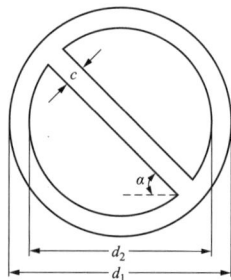

图 8-1　禁止标识的基本形式

外径 $d_1=0.025L$；内径 $d_2=0.800d_1$；斜杠宽 $c=0.080d_2$；斜杠与水平线的夹角 $\alpha=45°$；L 为观察距离，不同观察距离的禁止标识尺寸见表 8-2。禁止标识见

表 8-3。

表 8-2　　禁止标识牌的尺寸　　　　（m）

型号	观察距离 L	禁止标识的外径
1	0<L≤2.5	0.070
2	2.5<L≤4.0	0.110
3	4.0<L≤6.3	0.175

续表

型号	观察距离 L	禁止标识的外径
4	6.3<L≤10.0	0.280
5	10.0<L≤16.0	0.450
6	16.0<L≤25.0	0.700
7	25.0<L≤40.0	1.110

注　允许有 3% 的误差。

表 8-3　　　　　　　　禁 止 标 识

编号	图形标识	名称	标识种类	设置范围和特点
1-1		禁止吸烟 No smoking	H	有甲、乙、丙类火灾危险物质的场所和禁止吸烟的公共场所等，如木工车间、油漆车间、沥青车间、纺织厂、印染厂等
1-2		禁止烟火 No burning	H	有甲、乙、丙类火灾危险物质的场所，如面粉厂、煤粉厂、焦化厂、施工工地等
1-3		禁止带火种 No kindling	H	有甲类火灾危险物质及其他禁止带火种的各种危险场所，如炼油厂、乙炔站、液化石油气站、煤矿井内、林区、草原等
1-4		禁止用水灭火 No extinguishing with water	H，J	生产、储运、使用中有不准用水灭火的物质的场所，如变压器室、乙炔站、化工药品库、各种油库等
1-5		禁止放置易燃物 No laying inflammable thing	H，J	具有明火设备或高温的作业场所，如动火区，各种焊接、切割、锻造、浇筑车间等场所

续表

编号	图形标识	名称	标识种类	设置范围和特点
1-6		禁止堆放 No stocking	J	消防器材存档处、消防通道及车间主通道等
1-7		禁止启动 No starting	J	暂停使用的设备附近,如设备检修、更换零件等
1-8		禁止合闸 No switchin on	J	设备或线路检修时,相应开关附近
1-9		禁止转动 No turning	J	检修或专人定时操作的设备附近
1-10		禁止叉车和厂内机动车辆通行 No access for fork lift trucks and other industrial vehicles	J，H	禁止叉车和其他厂内机动车辆通行的场所
1-11		禁止乘人 No riding	J	乘人易造成伤害的设施,如室外运输吊篮、外操作载货电梯框架等

编号	图形标识	名称	标识种类	设置范围和特点
1-12		禁止靠近 No nearing	J	不允许靠近的危险区域，如高压试验区、高压线、输变电设备的附近
1-13		禁止入内 No entering	J	易造成事故或对人员有伤害的场所，如高压设备室、各种污染源等入口处
1-14		禁止推动 No pushing	J	易于倾倒的装置或设备，如车站屏蔽门等
1-15		禁止停留 No stopping	H，J	对人员具有直接危害的场所，如粉碎场地、危险路口、桥口等处
1-16		禁止通行 No throughfare	H，J	有危险的作业区，如起重、爆破场所，道路施工工地等
1-17		禁止跨越 No striding	J	禁止跨越的危险地段，如专用的运输通道、带式输送机和其他作业流水线，作业现场的沟、坎、坑等

续表

编号	图形标识	名称	标识种类	设置范围和特点
1-18		禁止攀登 No climbing	J	不允许攀爬的危险地点，如有坍塌危险的建筑物、构筑物、设备旁
1-19		禁止跳下 No jumping down	J	不允许跳下的危险地点，如深沟、深地、车站站台及盛装过有毒物质、易产生窒息气体的槽车、贮罐、地窖等处
1-20		禁止伸出窗外 No stretching out of the window	J	易于造成头手伤害的部位或场所，如公交车窗、火车车窗等
1-21		禁止倚靠 No leaning	J	不能依靠的地点或部位，如列车车门、车站屏蔽门、电梯轿门等
1-22		禁止坐卧 No sitting	J	高温、腐蚀性、塌陷、坠落、翻转、易损等易于造成人员伤害的设备设施表面
1-23		禁止蹬踏 No stepping on surface	J	高温、腐蚀性、塌陷、坠落、翻转、易损等易于造成人员伤害的设备设施表面

编号	图形标识	名称	标识种类	设置范围和特点
1-24		禁止触摸 No touching	J	禁止触摸的设备或物体附近，如裸露的带电体，炽热物体，具有毒性、腐蚀性物体等处
1-25		禁止伸入 No reaching in	J	易于夹住身体部位的装置或场所，如有开口的传动机、破碎机等
1-26		禁止饮用 No drinking	J	禁止饮用水的开关处，如循环水、工业用水、污染水等
1-27		禁止抛物 No tossing	J	抛物易伤人的地点，如高处作业现场、深沟（坑）等
1-28		禁止戴手套 No putting on gloves	J	戴手套易造成手部伤害的作业地点，如旋转的机械加工设备附近
1-29		禁止穿化纤服装 No putting on chemical fibre clothings	H	有静电火花会导致灾害或有炽热物质的作业场所，如冶炼、焊接及有易燃、易爆物质的场所等

编号	图形标识	名称	标识种类	设置范围和特点
1-30		禁止穿带钉鞋 No putting on spikes	H	有静电火花会导致灾害或有触电危险的作业场所，如有易燃、易爆气体或粉尘的车间及带电作业场所
1-31		禁止开启无线移动通信设备 No activated mobile phones	J	火灾、爆炸场所以及可能产生电磁干扰的场所，如加油站、飞行中的航天器、油库、化工装置区等
1-32		禁止携带金属物或手表 No metallic articles or watches	J	易受到金属物品干扰的微波和电磁场所，如磁共振室等
1-33		禁止佩戴心脏起搏器者靠近 No access for persons with pacemakers	J	安装人工起搏器者禁止靠近高压设备、大型电机、发电机、电动机、雷达和有强磁场设备等
1-34		禁止植入金属材料者靠近 No access for persons with metallic implants	J	易受到金属物品干扰的微波和电磁场所，如磁共振室等
1-35		禁止游泳 No swimming	H	禁止游泳的水域

续表

编号	图形标识	名称	标识种类	设置范围和特点
1-36		禁止滑冰 No skating	H	禁止滑冰的场所

二、警告标识牌

警告标识牌的基本形式是正三角形边框，如图 8-2 所示，其基本形式的参数要求如下：

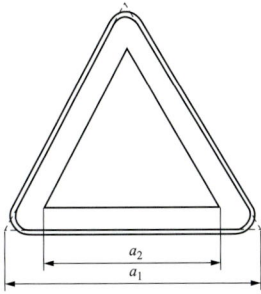

图 8-2 警告标识的基本形式

外边 $a_1=0.034L$；内边 $a_2=0.700a_1$；边框外角圆弧半径 $r=0.080a_2$；L 为观察距离，不同观察距离的警告标识牌尺寸见表 8-4。警告标识见表 8-5。

表 8-4 　　　警告标识牌的尺寸　　　（m）

型号	观察距离 L	警告标识的外边长
1	0<L≤2.5	0.088
2	2.5<L≤4.0	0.1420
3	4.0<L≤6.3	0.220
4	6.3<L≤10.0	0.350
5	10.0<L≤16.0	0.560
6	16.0<L≤25.0	0.880
7	25.0<L≤40.0	1.400

注　允许有 3%的误差。

表 8-5 　　　警 告 标 识

编号	图形标识	名称	标识种类	设置范围和地点
2-1		注意安全 Warning danger	H，J	易造成人员伤害的场所及设备等
2-2		当心火灾 Warning fire	H，J	易发生火灾的危险场所，如可燃性物质的生产、储运、使用等地点
2-3		当心爆炸 Warning explosion	H，J	易发生爆炸危险的场所，如易燃易爆物质的生产、储运、使用或受压容器等地点

编号	图形标识	名称	标识种类	设置范围和地点
2-4		当心腐蚀 Warning corrosion	J	有腐蚀性物质（GB 12268—2012《危险货物品名表》中第 8 类所规定的物质）的作业地点
2-5		当心中毒 Warning poisoning	H，J	剧毒品及有毒物质（GB 12268—2012《危险货物品名表》中第 6 类第 1 项所规定的物质）的生产、储运及使用场所
2-6		当心感染 Warning infection	H，J	易发生感染的场所，如医院传染病区；有害生物制品的生产、储运、使用等地点
2-7		当心触电 Warning electric shock	J	有可能发生触电危险的电器设备和线路，如配电室、开关等
2-8		当心电缆 Warning cable	J	在暴露的电缆或地面下有电缆处施工的地点
2-9		当心自动启动 Warning automatic start-up	J	配有自动启动装置的设备

编号	图形标识	名称	标识种类	设置范围和地点
2-10		当心机械伤人 Warning mechanical injury	J	易发生机械卷入、轧压、碾压、剪切等机械伤害的作业地点
2-11		当心塌方 Warning collapse	H, J	有塌方危险的地段、地区，如堤坝及土方作业的深坑、深槽等
2-12		当心冒顶 Warning roof fall	H, J	具有冒顶危险的作业场所，如矿井、隧道等
2-13		当心坑洞 Warning hole	J	具有坑洞易造成伤害的作业地点，如构件的预留孔洞及各种深坑的上方等
2-14		当心落物 Warning falling objects	J	易发生落物危险的地点，如高处作业、立体交叉作业的下方等
2-15		当心吊物 Warning overhead load	J, H	有吊装设备作业的场所，如施工工地、港口、码头、仓库、车间等

编号	图形标识	名称	标识种类	设置范围和地点
2-16		当心碰头 Warning overhead obstacles	J	有产生碰头的场所
2-17		当心挤压 Warning crushing	J	有产生挤压的装置、设备或场所，如自动门、电梯门、车站屏蔽门等
2-18		当心烫伤 Warning scald	J	具有热源易造成伤害的作业地点，如冶炼、锻造、铸造、热处理车间等
2-19		当心伤手 Warning injure hand	J	易造成手部伤害的作业地点，如玻璃制品、木制加工、机械加工车间等
2-20		当心夹手 Warning hands pinching	J	有产生挤压的装置、设备或场所，如自动门、电梯门、列车车门等
2-21		当心扎脚 Warning splinter	J	易造成脚部伤害的作业地点，如铸造车间、木工车间、施工工地及有尖角散料等处

编号	图形标识	名称	标识种类	设置范围和地点
2-22		当心有犬 Warning guard dog	H	有犬类作为保卫的场所
2-23		当心弧光 Warning arc	H，J	由于弧光造成眼部伤害的各种焊接作业场所
2-24		当心高温表面 Warning hot surface	J	有灼烫物体表面的场所
2-25		当心低温 Warning low temperature/freezing conditions	J	易于导致冻伤的场所，如冷库、气化器表面、存在液化气体的场所等
2-26		当心磁场 Warning magnetic field	J	有磁场的区域或场所，如高压变压器、电磁测量仪器附近等
2-27		当心电离辐射 Warning ionizing radiation	H，J	能产生电离辐射危害的作业场所，如生产、储运、使用 GB 12268—2012《危险货物品名表》规定的第 7 类物质的作业区

编号	图形标识	名称	标识种类	设置范围和地点
2-28		当心裂变物质 Warning fission matter	J	具有裂变物质的作业场所，如其使用车间、储运仓库、容器等
2-29		当心激光 Warning laser	H，J	
2-30		当心微波 Warning microwave	H	凡微波场强超过 GBZ 2.2《工作场所有害因素职业接触限制 第 2 部分：物理因素》、GBZ/T 189.5《工作场所物理因素测量 第 5 部分：微波辐射》规定的作业场所
2-31		当心叉车 Warning fork lift trucks	J，H	有叉车通行的场所
2-32		当心车辆 Warning vehicle	J	厂内车、人混合行走的路段，道路的拐角处、平交路口；车辆出入较多的厂房、车库等出入口处
2-33		当心火车 Warning train	J	厂内铁路与道路平交路口，厂（矿）内铁路运输线等

编号	图形标识	名称	标识种类	设置范围和地点
2-34		当心坠落 Warning drop down	J	易发生坠落事故的作业地点，如脚手架、高处平台、地面的深沟（池、槽）、建筑施工、高处作业场所等
2-35		当心障碍物 Warning obstacles	J	地面有障碍物，绊倒易造成伤害的地点
2-36		当心跌落 Warning drop（fall）	J	易于跌落的地点，如楼梯、台阶等
2-37		当心滑倒 Warning slippery surface	J	地面有易造成伤害的滑跌地点，如地面有油、冰、水等物质及滑坡处
2-38		当心落水 Warning falling into water	J	落水后可能产生淹溺的场所或部位，如城市河流、消防水池等
2-39		当心缝隙 Warning gap	J	有缝隙的装置、设备或场所，如自动门、电梯门、列车车门等

三、指令标识

指令标识的基本形式是圆形边框,如图 8-3 所示,其基本形式与参数要求如下:

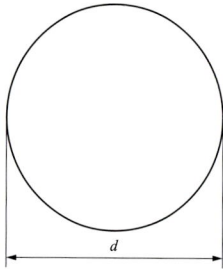

图 8-3 指令标识的基本形式

直径 $d=0.025L$；L 为观察距离,不同观察距离的指令标识牌的尺寸参见禁止标识牌。指令标识见表 8-6。

四、提示标识牌

提示标识的基本形式是正方形边框,如图 8-4 所示,其基本形式与参数要求如下:

图 8-4 提示标识的基本形式

边长 $a=0.025L$,L 为观察距离。提示标识见表 8-7。

表 8-6   指 令 标 识

编号	图形标识	名称	标识种类	设置范围和地点
3-1		必须戴防护眼镜 Must wear protective goggles	H,J	对眼睛有伤害的各种作业场所和施工场所
3-2		必须配戴遮光护目镜 Must wear opaque eye protection	J,H	存在紫外、红外、激光等光辐射的场所,如电气焊等
3-3		必须戴防尘口罩 Must wear dustproof mask	H	具有粉尘的作业场所,如纺织清花车间、粉状物料拌料车间以及矿山凿岩处等
3-4		必须戴防毒面具 Must wear gas defence mask	H	具有对人体有害的气体、气溶胶、烟尘等作业场所,如有毒物散发的地点或处理由毒物造成的事故现场

续表

编号	图形标识	名称	标识种类	设置范围和地点
3-5		必须戴护耳器 Must wear ear protector	H	噪声超过 85dB 的作业场所，如铆接车间、织布车间、射击场、工程爆破、风动掘进等处
3-6		必须戴安全帽 Must wear safety helmet	H	头部易受外力伤害的作业场所，如矿山、建筑工地、伐木场、造船厂及起重吊装处等
3-7		必须戴防护帽 Must wear protective cap	H	易造成人体碾绕伤害或有粉尘污染头部的作业场所，如纺织、石棉、玻璃纤维以及具有旋转设备的机加工车间等
3-8		必须系安全带 Must fastened safety belt	H, J	易发生坠落危险的作业场所，如高处建筑、修理、安装等地点
3-9		必须穿救生衣 Must wear life jacket	H, J	易发生溺水的作业场所，如船舶、海上工程结构物等
3-10		必须穿防护服 Must wear protective clothes	H	具有放射、微波、高温及其他需穿防护服的作业场所
3-11		必须戴防护手套 Must wear protective gloves	H, J	易伤害手部的作业场所，如具有腐蚀、污染、灼烫、冰冻及触电危险的作业等地点

编号	图形标识	名称	标识种类	设置范围和地点
3-12		必须穿防护鞋 Must wear protective shoes	H，J	易伤害脚部的作业场所，如具有腐蚀、灼烫、触电、砸（刺）伤等危险的作业地点
3-13		必须洗手 Must wash your hands	J	接触有毒、有害物质作业后
3-14		必须加锁 Must be locked	J	剧毒品、危险品库房等地点
3-15		必须接地 Must connect an earth terminal to the ground	J	防雷、防静电场所
3-16		必须拔出插头 Must disconnect mains plug from electrical outlet	J	在设备维修、故障、长期停用、无人值守状态下

表 8-7　　　　　　　　　　　　提　示　标　识

编号	图形标识	名称	标识种类	设置范围和地点
4-1		紧急出口 Emergent exit	J	便于安全疏散的紧急出口处，与方向箭头结合设在通向紧急出口的通道、楼梯口等处

续表

编号	图形标识	名称	标识种类	设置范围和地点
4-1		紧急出口 Emergent exit	J	便于安全疏散的紧急出口处，与方向箭头结合设在通向紧急出口的通道、楼梯口等处
4-2		避险处 Haven	J	铁路桥、公路桥、矿井及隧道内躲避危险的地点
4-3		应急避难场所 Evacuation assembly point	H	在发生突发事件时用于容纳危险区域内疏散人员的场所，如公园、广场等
4-4		可动火区 Flare up region	J	经有关部门划定的可使用明火的地点
4-5		击碎板面 Break to obtain access	J	必须击开板面才能获得出口
4-6		急救点 First aid	J	设置现场急救仪器设备及药品的地点

编号	图形标识	名称	标识种类	设置范围和地点
4-7		应急电话 Emergency telephone	J	安装应急电话的地点
4-8		紧急医疗站 Doctor	J	有医生的医疗救助场所

第四节 安全标识牌的使用要求

一、使用要求

安全标识牌的使用要求如下：

（1）标识牌应设在与安全有关的醒目地方，并使大家看见后，有足够的时间来注意标识牌所表示的内容。环境信息标识宜设在有关场所的入口处和醒目处；局部信息标识应设在所涉及的相应危险地点或设备（部件）附近的醒目处。

（2）标识牌不应设在门、窗、架等可移动的物体上，以免标识牌随母体物体相应移动，影响认读。标识牌前不得放置妨碍认读的障碍物。

（3）标识牌的平面与视线夹角应接近 90°，观察者位于最大观察距离时，最小夹角不低于 75°，如图8-5 所示。

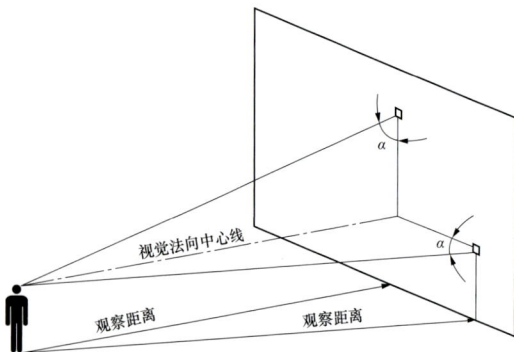

图 8-5　标识牌平面与视线夹角 α 不低于 75°

（4）标识牌应设置在明亮的环境中。

（5）多个标识牌在一起设置时，应按警告、禁止、指令、提示类型的顺序，先左后右、先上后下地排列。

（6）标识牌的固定方式分附着式、悬挂式和柱式三种。悬挂式和附着式的固定应稳固不倾斜，柱式的标识牌和支架应牢固地连接在一起。

二、提示标识牌的尺寸要求

不同观察距离的提示标识牌尺寸见表 8-8。

表 8-8　　　　　不同观察距离的提示

标识牌尺寸　　　　　　　　　　　（m）

型号	观察距离 L	圆形标识的外径	三角形标识的外边长	正方形标识的边长
1	$0 < L \leqslant 2.5$	0.070	0.088	0.063
2	$2.5 < L \leqslant 4.0$	0.110	0.142	0.100
3	$4.0 < L \leqslant 6.3$	1.175	0.220	0.160
4	$6.3 < L \leqslant 10.0$	0.280	0.350	0.250
5	$10.0 < L \leqslant 16.0$	0.450	0.560	0.400
6	$16.0 < L \leqslant 25.0$	0.700	0.880	0.630
7	$25.0 < L \leqslant 40.0$	1.110	1.400	1.000

注　允许有 3% 的误差。

三、标识牌与编号

根据 GB 2894《安全标志及其使用导则》，标识牌与编号见表 8-9。

表 8-9　　　各标识牌与编号对照表

中文名称	标识编号	中文版式	标识编号
避险处	4-2	当心缝隙	2-39
必须拔出插头	3-16	当心滑倒	2-37

续表

中文名称	标识编号	中文版式	标识编号
必须穿防护服	3-10	当心腐蚀	2-4
必须穿防护鞋	3-12	当心感染	2-6
必须穿救生衣	3-9	当心高温表面	2-24
必须加锁	3-14	当心弧光	2-23
必须接地	3-15	当心火车	2-33
必须戴安全帽	3-7	当心火灾	2-2
必须戴防尘口罩	3-3	当心激光	2-29
必须戴防毒面具	3-4	当心机械伤人	2-10
必须戴防护帽	3-7	当心夹手	2-20
必须戴防护手套	3-11	当心坑洞	2-13
必须戴防护眼镜	3-1	当心挤压	2-17
必须戴护耳器	3-5	当心裂变物质	2-28
必须系安全带	3-8	当心落水	2-38
必须佩戴遮光眼镜	3-2	当心落物	2-14
必须洗手	3-13	当心冒顶	2-12
当心爆炸	2-3	当心碰头	2-16
当心叉车	2-31	当心伤手	2-19
当心车辆	2-32	当心塌方	2-11
当心磁场	2-26	当心烫伤	2-18
当心触电	2-7	当心微波	2-30
当心低温	2-25	当心有犬	2-22
当心电缆	2-8	当心扎脚	2-21
当心电离辐射	2-27	当心障碍物	2-35
当心吊物	2-15	当心中毒	2-5
当心跌落	2-36	当心坠落	2-34
当心自动启动	2-35	禁止伸入	1-25
急救点	4-6	禁止跳下	1-19
击碎板面	4-5	禁止停留	1-15
紧急出口	4-1	禁止通行	1-16

续表

中文名称	标识编号	中文版式	标识编号
紧急医疗站	4-8	禁止推动	1-14
禁止吸烟	1-1	禁止叉车和厂内机动车辆通行	1-10
禁止乘人	1-11	禁止携带金属物或手表	1-32
禁止触摸	1-24	禁止携带托运有毒物品及有害液体	1-39
禁止穿带钉鞋	1-30	禁止携带托运易燃及易爆物品	1-38
禁止穿化纤服装	1-29	禁止携带武器及仿真武器	1-37
禁止带火种	1-3	禁止携带托运放射性及磁性物品	1-40
禁止戴手套	1-28	禁止烟火	2-21
禁止蹬踏	2-23	禁止倚靠	2-21
禁止堆放	1-6	禁止饮用	2-21
禁止放置易燃物	1-5	禁止用水灭火	1-4
禁止合闸	1-8	禁止游泳	1-35
禁止滑冰	1-36	禁止植入金属材料者靠近	1-34
禁止转动	1-9	禁止开启无线移动通信设备	1-31
禁止跨越	1-17	禁止佩戴心脏起搏器者靠近	1-33
禁止靠近	1-12	禁止坐卧	1-22
禁止攀登	1-18	可动火区	4-4
禁止抛物	1-27	应急避难场所	4-3
禁止启动	1-7	应急电话	4-7
禁止入内	1-13	注意安全	2-1
禁止伸出窗外	1-20		

注　1 表示禁止标识；2 表示警告标识；3 表示指令标识；4 表示提示标识。

第九章

安 全 生 产 管 理

安全生产管理的目的是为了减少和控制危害、减少和控制事故，加强对风险的管理，提高系统的安全性，最大程度地避免生产安全事故发生。企业安全生产管理应重点对生产作业行为进行规范化管理，严格落实安全生产责任制，制定系统、规范的安全生产管理制度，加强作业人员的安全生产培训，提高作业水平和遵章作业的意识，严格规范危险源管理，制定相应的应急预案，落实隐患排查，遏制生产安全事故，全面贯彻"安全第一、预防为主、综合治理"的安全方针。

第一节 安全生产管理的工作内容

按《安全生产法》规定，生产经营单位的主要负责人对本单位的安全生产工作全面负责，其安全生产工作职责为：

（1）建立、健全本单位安全生产责任制；

（2）组织制定本单位安全生产规章制度和操作规程；

（3）组织制定并实施本单位安全生产教育和培训计划；

（4）保证本单位安全生产投入的有效实施；

（5）督促、检查本单位的安全生产工作，及时消除生产安全事故隐患；

（6）组织制定并实施本单位的生产安全事故应急救援预案；

（7）及时、如实报告生产安全事故。

按《安全生产法》规定，生产经营单位新建、改建、扩建工程项目（以下统称建设项目）的安全设施，必须与主体工程同时设计、同时施工、同时投入生产和使用。安全设施投资应当纳入建设项目概算。

就设计过程而言，应从根本上提高生产系统的安全性，确保在一定的边界条件内，生产系统可平稳、有效地工作，并结合可能出现的事故，在设计时采取必要的紧急制动装置、安全防护设施等，避

免事故的扩大化；对存在危害因素的场所，提高自动化水平，减少和控制工作人员接触危害因素，避免产生职业危害。

同时，结合企业的安全管理需要，在设计时，应为企业安全生产管理提供必要的场所，配备相应的设备设施，给出安全管理机构的设置、管理建议。

第二节 机 构 设 置

安全生产管理重点是规范人的作业行为，落实各级安全生产职责，按《安全生产法》第二十一条规定"矿山、金属冶炼、建筑施工、道路运输单位和危险物品的生产、经营、储存单位，应当设置安全生产管理机构或者配备专职安全生产管理人员。前款规定以外的其他生产经营单位，从业人员超过100人的，应当设置安全生产管理机构或者配备专职安全生产管理人员；从业人员在100人以下的，应当配备专职或者兼职的安全生产管理人员"要求，一般的火力发电厂从业人员在100人以上，为此，其应设置相应的安全管理机构。

安全生产管理机构管理体系一般如图9-1所示。

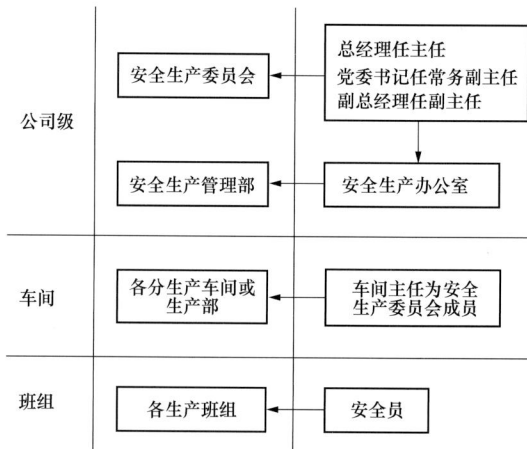

图9-1 安全生产管理机构管理体系

第三节　应急预案

按照《中华人民共和国突发事件应对法》《中华人民共和国安全生产法》和《电力安全事故应急处置和调查处理条例》（国务院令第599号）的相关要求，电力企业应当按照国家有关规定，制定本企业的事故应急预案。

电力企业应急预案是电力企业为有序应对突发事件，最大程度减少突发事件及其造成的损害而预先制定的工作方案。

一、应急预案的种类和相关要求

（一）应急预案的种类

根据《生产安全事故应急预案管理办法》（国家安全生产监督管理总局令第17号，根据总局令第88号修订）、《电力安全生产监督管理办法》（中华人民共和国国家发展和改革委员会令21号）、《突发事件应急预案管理办法》（国务院国办发〔2013〕101号）、AQ/T 9002《生产经营单位生产安全事故应急预案编制导则》和《电力企业应急预案管理办法》（国能安全〔2014〕508号）等要求，电力企业应急预案体系主要由综合应急预案、专项应急预案和现场处置方案构成。

1. 综合应急预案

电力企业应当根据本单位的组织结构、管理模式、生产规模、风险种类、应急能力及周边环境等，组织编制综合应急预案。

综合应急预案是应急预案体系的总纲事件的应急工作原则，包括应急预案体系，主要从总体上阐述突发、风险分析、应急组织机构及职责、预警及信息报告、应急响应、保障措施等内容。

2. 专项应急预案

电力企业应当针对本单位可能发生的自然灾害类、事故灾难类、公共卫生事件类和社会安全事件类等各类突发事件，组织编制相应的专项应急预案。

专项应急预案是电力企业为应对某一类或某几类突发事件，或者针对重要生产设施、重大危险源、重大活动等内容而制定的应急预案。专项应急预案主要包括事件类型和危害程度分析、应急指挥机构及职责、信息报告、应急响应程序和处置措施等内容。

3. 现场处置方案

电力企业应当根据风险评估情况、岗位操作规程以及风险防控措施，组织本单位现场作业人员及相关专业人员共同编制现场处置方案。

现场处置方案是电力企业根据不同突发事件类别，针对具体的场所、装置或设施所制定的应急处置措施，主要包括事件特征、应急组织及职责、应急处置和注意事项等内容。

一般来说电力企业应急预案主要包括以下方面：

（1）综合应急预案。企业需结合自身条件与社会可利用资源，编制综合应急预案（或突发事件应急总预案），便于进行综合性协调、求助。

（2）生产设备事故应急预案和现场处置方案。企业需针对存在的大型设备、设施或系统可能发生的事故编制专项的应急预案，如发供电机组、锅炉设备、制粉系统、制氢系统、输煤系统、供水系统、变配电系统等。

（3）火灾事故应急预案和现场处置方案。企业需结合生产区域、重点防火区域可能发生的火灾编制消防应急预案，重点应针对油区、供油系统、氢站等。

（4）气象灾害、地震等自然灾害及其次生灾害应急预案和现场处置方案，应包括电站防汛抢险、台风、地震、大暴雨等应急预案。

（5）人身伤害事件应急预案和现场处置方案，应包括触电、机械伤害、交通伤害、淹溺等。

（6）公共卫生事件应急预案和现场处置方案，如食物中毒等。

（二）相关要求

1. 责任主体

电力企业是应急预案管理工作的责任主体，应当按《电力企业应急预案管理办法》（国能安全〔2014〕508号）的规定，建立、健全应急预案管理制度，完善应急预案体系，规范开展应急预案的编制、评审、发布、备案工作，保障应急预案的有效实施。

2. 风险与应急能力评估

电力企业应当在开展风险评估和应急能力评估的基础上编制应急预案。风险评估的内容包括：

（1）风险评估。电力企业应对本单位存在的危险因素、可能发生的突发事件类型及后果进行分析，评估突发事件的危害程度和影响范围，提出风险防控措施。

（2）应急能力评估。电力企业应在全面调查和客观分析本单位应急队伍、装备、物资等情况以及可利用社会应急资源的基础上开展应急能力评估，并依据评估结果，完善应急保障措施。

3. 预案评审

（1）电力企业应当组织本单位应急预案评审工作，组建评审专家组，涉及网厂协调和社会联动的应急预案的评审，可邀请政府相关部门、国家能源局及其派出机构和其他相关单位人员参加。

（2）应急预案评审结果应当形成评审意见，评审专家应当按照"谁评审、谁签字、谁负责"的原则在评审意见上签字。电力企业应当按照评审专家组意见对应急预案进行修订完善。

评审意见应当记录、存档。

（3）预案评审应当注重电力企业应急预案的实用性、基本要素的完整性、预防措施的针对性、组织体系的科学性、响应程序的操作性、应急保障措施的可行性、应急预案的衔接性等内容。

（4）电力企业应急预案经评审合格后，由电力企业主要负责人签署印发。

4. 预案备案

电力企业应当按照以下规定将应急预案报国家能源局或其派出机构备案：

（1）中央电力企业（集团公司或总部）向国家能源局备案。中国南方电网有限责任公司同时向当地国家能源局区域派出机构备案。其他电力企业向所在地国家能源局派出机构备案。

（2）需要备案的应急预案包括综合应急预案，自然灾害类、事故灾难类相关专项应急预案。

5. 预案培训

（1）电力企业应当组织开展应急预案培训工作，确保所有从业人员熟悉本单位应急预案、具备基本的应急技能、掌握本岗位事故防范措施和应急处置程序。应急预案教育培训情况应当记录在案。

（2）电力企业应当将应急预案的培训纳入本单位安全生产培训工作计划，每年至少组织一次预案培训，并进行考核。培训的主要内容应当包括本单位的应急预案体系构成、应急组织机构及职责、应急资源保障情况以及针对不同类型突发事件的预防和处置措施等。

（3）对需要公众广泛参与的非涉密应急预案，电力企业应当配合有关政府部门做好宣传工作。

6. 预案演练

（1）电力企业应当建立应急预案演练制度，根据实际情况采取灵活多样的演练形式，组织开展人员广泛参与、处置联动性强、节约高效的应急预案演练。

（2）电力企业应当对应急预案演练进行整体规划，并制定具体的应急预案演练计划。

（3）电力企业根据本单位的风险防控重点，每年应当至少组织一次专项应急预案演练，每半年应当至少组织一次现场处置方案演练。

（4）电力企业在开展应急预案演练前，应当制定演练方案，明确演练目的、演练范围、演练步骤和保障措施等，保证演练效果和演练安全。

（5）电力企业在开展应急预案演练后，应当对演练效果进行评估，并针对演练过程中发现的问题对相关应急预案提出修订意见。评估和修订意见应当有书面记录。

电厂应制订《突发事件总体应急预案》及其他项专项应急预案，并建立相应的应急救援组织和机构，

定期对应急预案进行演练，同时制定现场处置方案，应急预案应能覆盖全厂的各个方面，不断加以修改、补充和完善。

7. 预案修订

（1）电力企业编制的应急预案应当每三年至少修订一次，预案修订结果应当详细记录。

（2）有下列情形之一的，电力企业应当及时对应急预案进行相应修订：

1）企业生产规模发生较大变化或进行重大技术改造的；

2）企业隶属关系发生变化的；

3）周围环境发生变化、形成重大危险源的；

4）应急指挥体系、主要负责人、相关部门人员或职责已经调整的；

5）依据的法律、法规和标准发生变化的；

6）应急预案演练、实施或应急预案评估报告提出整改要求的；

7）国家能源局及其派出机构或有关部门提出要求的。

二、应急预案的要求和主要内容

（一）应急预案的要求

电力企业编制的应急预案应当符合下列基本要求：

（1）应急组织和人员的职责分工明确，并有具体的落实措施；

（2）有明确、具体的突发事件预防措施和应急程序，并与其应急能力相适应；

（3）有明确的应急保障措施，并能满足本单位的应急工作要求；

（4）预案基本要素齐全、完整，预案附件提供的信息准确；

（5）相关应急预案之间以及与所涉及的其他单位或政府有关部门的应急预案在内容上应相互衔接。

（二）应急预案的主要内容

根据 AQ/T 9002《生产经营单位生产安全事故应急预案编制导则》的指导思想，重特大事故应急救援预案主要包括如下内容：

（1）总则。

（2）生产经营单位概况。

（3）组织机构及职责。

1）应急组织体系。

2）应急职能部门的职责。

3）应急救援指挥机构及成员构成。

4）现场指挥机构及职责。

（4）预防预警。

1）危险源监控。

2）预警行动。

3）信息报告与沟通。

（5）应急响应。

1）应急分级。

2）基本应急程序。

3）专项应急处置方案。

4）应急结束。

（6）后期处置。

（7）保障措施。

（8）培训与演习。

（9）应急预案的管理。

（10）附件。

1）有关应急部门、机构或人员的联系方式。

2）关键应急救援装备的名录或清单。

3）关键的路线、标识和图纸。

4）相关应急预案名录。

第四节　安全教育及培训设施

为保证企业顺利开展安全生产教育与培训，在设计过程中应进行相应的设计，如安全教育室、安全监测站、安全教育设备等，并不同的设计阶段开列出安全生产所需要的必要资金，如安全预评价费用、安全设施设计费用、安全验收评价费用等。

一、安全教育及培训设施

（1）火电厂应设置安全教育及培训室，其使用面积应符合 DL/T 5052—2016《火力发电厂辅助及附属建筑物建筑面积标准》的规定：燃煤电厂的环境监测站、劳动安全和职业卫生监测站合计建筑面积不应超400m²，燃气-蒸汽联合循环电厂环境监测站、劳动安全和职业卫生监测站合计建筑面积不应超 80m²；教育室可不单独设置，可与会议室进行统一考虑。

（2）安全教育及培训室应配备必要的宣教设备，配置的具体设备参见 DL 5053—2012《火力发电厂职业安全设计规程》附录 A，见表 9-1。

表 9-1　安全教育及培训室配备宣教设备表

序号	仪器设备名称	备注
1	摄像机	事故现场录像及宣教设备
2	电视机	宣教设备
3	多媒体播放设备	宣教设备
4	照相机及其辅助设备	事故现场拍照
5	幻灯机（或投影仪）	宣教设备

二、职业安全设施投资

（1）新建、扩建、改建、技术改造的火电厂工程项目的安全设施投资应当纳入建设项目概算。

（2）火电建设项目工程设计的前期阶段（初步可行性研究、可行性研究阶段）投资估算中，应将工程的安全预评价费用计列在内。

（3）火电厂工程设计的初步设计阶段的投资概算，应将安全教育室用房及设备、安全标识、新职工安全教育与培训、安全验收评价、应急预案（厂内部分）编制、安全防护设施竣工验收费等投入计算在内。

第十章

职业安全预评价报告编制要点

根据《建设项目安全设施"三同时"监督管理暂行办法》（国家安全生产监督管理总局令第36号、第77号）电力工程中的火力发电项目（包括燃煤、燃气、垃圾焚烧、生物质燃烧）由于不可避免需要储存和使用危险化学品，项目在可行性研究阶段，应开展建设项目安全预评价。根据《办法》第八条的规定，上述安全预评价工作应当委托具有相应资质的安全评价机构进行。

建设项目的安全预评价应按照 AQ 8001《安全评价通则》和 AQ 8002《安全预评价导则》的要求进行。

本章主要从职业安全预评价的程序、评价依据、评价范围、评价方法、评价程序与报告书内容等方面，概述预评价报告的编制要点。

第一节 评价程序与工作内容

一、安全预评价的工作程序

安全预评价程序为：①前期准备；②辨识与分析危险、有害因素；③划分评价单元；④定性、定量评价；⑤提出安全对策措施建议；⑥做出评价结论；⑦编制安全预评价报告等。具体流程如图10-1所示。

二、各阶段工作内容

1. 前期准备工作

前期准备工作的内容包括：①明确评价对象和评价范围；②组建评价组；③收集国内相关法律法规、标准、规章、规范；④收集并分析评价对象的基础资料、相关事故案例；⑤对类比工程进行实地调查等内容。

2. 辨识和分析危险、有害因素

辨识评价对象可能存在的各种危险、有害因素；分析危险、有害因素发生作用的途径及其变化规律。

3. 划分评价单元

以自然条件、基本工艺条件、危险、有害因素分布及状况、便于实施评价为原则并应考虑安全预评价的特点，对评价对象进行单元划分。

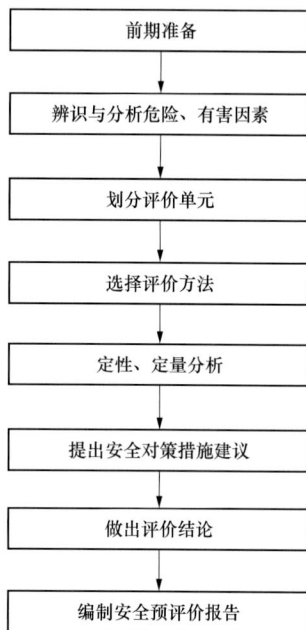

图 10-1 安全预评价工作流程图

4. 选择评价方法

根据评价的目的、要求和评价对象的特点、工艺、功能或活动分布，选择科学、合理、适用的定性、定量评价方法。

5. 定性、定量评价

对危险、有害因素导致事故发生可能性及其严重程度进行评价。对于不同的评价单元，可根据评价的需要和单元特征选择不同的评价方法。

6. 提出安全对策措施建议

为保障评价对象建成或实施后能安全运行，应从评价对象的总图布置、功能分布、工艺流程、设施、设备、装置等方面提出安全技术对策措施；从保证评价对象安全运行的需要提出其他安全对策措施。

7. 做出评价结论

概括评价结果，给出评价对象在评价时的条件下与国家有关法律法规、标准、规章、规范的符合性结论，给出危险、有害因素引发各类事故的可能性及其严重程度的预测性结论，明确评价对象建成或实施后能否安全运行的结论。

第二节　评价依据

安全预评价的依据包括有关的法律法规、标准、规章、规范和评价对象被批准设立的相关文件及其他有关参考资料。这些资料包括：

1. 综合性资料

（1）工程概况：包括工程建设内容、规模、建设地点等。

（2）总平面图、规划图：厂区总平面布置图、厂址及周围规划图。

（3）气象条件、与周边环境关系位置图：厂址所在地区气象特征值；厂址地理位置图。

（4）工艺流程：工程的系统组成，各工艺系统的工艺流程，主要原料及消耗情况和产品及副产品产出情况等。

（5）人员分布：生产系统的人员岗位设置及各岗位的主要工作内容等。

2. 设立依据

（1）项目申请书、项目建议书、立项批准文件。

（2）项目的可行性研究报告及开展的专项论证报告，如工程地质报告、水文气象报告、地质灾害评估报告等。

3. 设施、设备、装置

（1）工艺过程描述与说明。

（2）安全设施、设备、装置描述与说明。

4. 安全管理机构设置及人员配置

项目安全管理机构设置及人员配置情况说明。

5. 安全投入

项目安全生产方面的投入情况，包括场所、设施设备、资金投入等。

6. 有关职业安全法律、法规标准

（1）我国有关职业安全的法律、法规、规章。具体见第一章第二节。

（2）我国有关职业安全的标准、规范。具体见第一章第三节。

7. 相关类比资料

（1）类比工程资料。

（2）相关事故案例。

8. 其他可用于安全预评价的资料

参照国内外文献资料及与评价工作有关的其他资料。

第三节　评价范围和单元划分

一、评价范围

一般情况，安全预评价的评价范围与设计范围相同，依据相关的法律、法规、标准、规范等，对项目可行性研究报告的规划布局、总平面布置，结合推荐的工艺方案系统性分析存在的危险因素，对可行性研究报告的安全防护措施、方案进行评价，对不足进行补充，综合给出项目的安全性结论。

二、单元划分

1. 主要危险、有害因素分析

在进行评价单元划分前，首先进行工程主要危险、有害因素分析，包括主要危险有害物质特性分析、工程主要危险/有害因素辨识、工程主要危险因素分析三个方面。

不同电力工程的危险、有害因素分析参见本书"第二章　电力工程职业安全危险、有害因素"和"第三章　重大危险源辨识及检测监控"相关部分。

2. 单元划分

根据项目整个生产过程的生产特点，按照评价方法的单元划分原则以及该工程生产装置的实际情况进行评价单元的划分。

以燃煤电厂为例，一般将项目划分为4个单元：

（1）电站锅炉单元。主要包括锅炉、燃料供应系统、水处理系统及灰渣处理系统等。

（2）汽轮机单元。主要包括汽轮机及其相关设备等。

（3）电气设备单元。主要包括发电机、电气一次设备、电气二次设备、供油系统、热工设备等。

（4）辅助单元。包括燃煤、燃油储运系统、公用系统等。

对这四个单元使用不同的评价方法进行安全预评价。

第四节　评价方法

安全评价方法较多，其可分为定性评价方法、定量评价方法等，下面就常用的评价方法进行简单介绍。

一、安全检查表（SCL）法

安全检查表是系统安全工程的一种最基础、最简便、广泛应用系统危险性评价方法。安全检查表是由一些对工艺过程、机械设备和作业情况熟悉并富有安全技术、安全管理经验的人员，根据法规、标准制定检查表，对类比装置进行现场（或设计文件）检查，可预测建设项目在运行期间可能存在的缺陷、疏漏、隐患，并原则性地提出装置在运行期间（或工程设计、建设）应注意的问题。

安全检查表的编制主要是依据以下 4 个方面的内容：

（1）国家、地方的相关安全法规、规定、规程、规范和标准，行业、企业的规章制度、标准及企业安全生产操作规程。

（2）国内外行业、企业事故统计案例，经验教训。

（3）行业及企业安全生产的经验，特别是本企业安全生产的实践经验，引发事故的各种潜在不安全因素及成功杜绝或减少事故发生的成功经验。

（4）系统安全分析的结果，如采用事故树分析方法找出的不安全因素，或作为防止事故控制点源列入检查表。

安全检查表的常用格式见表 10-1。

表 10-1　　安全检查表的常用格式

序号	检查内容	评价依据	检查结果	结果
1	厂址是否避免与具有严重火灾、爆炸危险的其他工厂、仓库等为邻	DL 5053—2012《火力发电厂职业安全设计规程》4.1.4	厂区四周没有存在火灾爆炸危险的工厂、仓库	符合
2	…	…	…	…

二、事故树分析法

事故树分析法是一种演绎的系统安全分析方法。它能对各种系统的危险性进行辨识和评价，既使用于定性分析，又能定量分析具有应用范围广和简明，形象的特点，体现了以系统工程方法研究安全问题的系统性、准确性和预测性。因此，FTA 作为安全分析和预测事故的一种科学和先进的方法，已得到公认和广泛采用。

这种方法的特点是：首先确定系统的危险或事故，作为事故树的顶上事件，然后逐项分析导致发生顶上事件的各个事件要素以及它们之间的逻辑关系和因果关系，所以它是一种自上而下的分析方法。下面以汽轮机超速事故为例说明事故树分析法的应用。

汽轮机是火力发电厂的主要设备之一，在运行过程中，由于超速保护系统故障、调节装置失灵，可能会造成汽轮机超速事故。每当发生此类事故时，如果不能及时采取有效控制措施或处置措施不当，则可能导致事故扩大，发展成为机毁人亡的重大事故。为此本次评价应用事故树分析法分析了引发汽轮机超速事故的原因，并编制汽轮机超速事故树，以期为消除或减少此类事故的发生提供科学依据。汽轮机超速事故树分析如图 10-2 和图 10-3 所示。

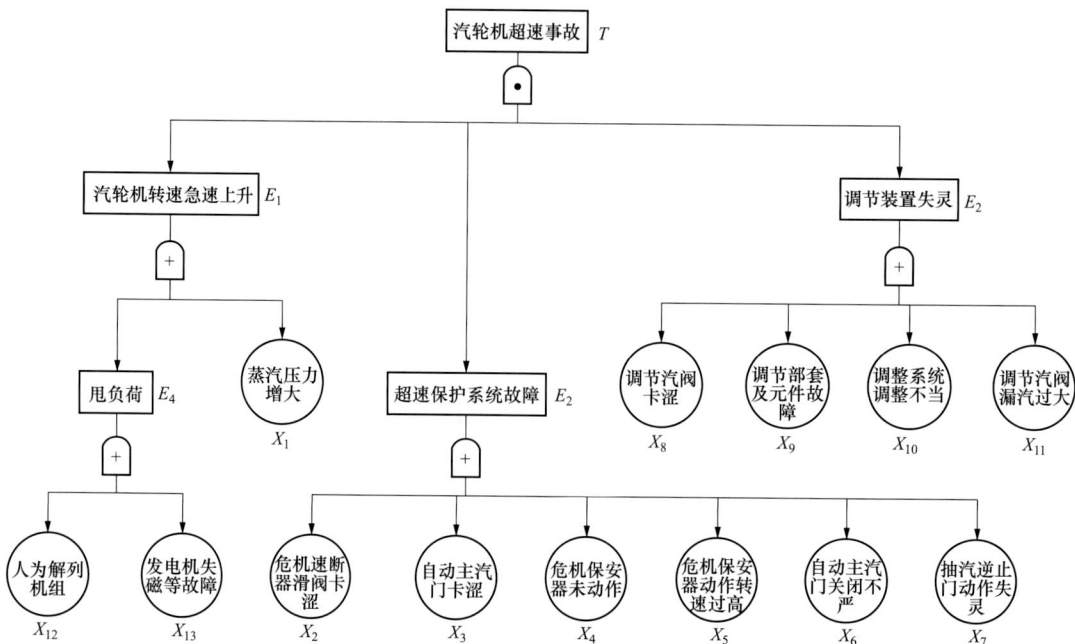

图 10-2　汽轮机超速事故树

（1）求最小径集。尽管汽轮机超速事故树仅由 13 个基本事件构成，但其结构函数式比较复杂，有 72 个最小径集。为便于分析，这里把该事故树转化为成功树进行分析，成功树的结构函数式为

$$T' = X'_1 X'_{12} X'_{13} + X'_2 X'_3 X'_4 X'_5 X'_6 X'_7 + X'_8 X'_9 X'_{10} X'_{11}$$

得出最小径集 P 为

$P_1 = \{X_1, X_{12}, X_{13}\}$ $P_2 = \{X_2, X_3, X_4, X_5, X_6, X_7\}$
$P_3 = \{X_8, X_9, X_{10}, X_{11}\}$

（2）结构重要度分析。根据事故树分析结果，运用结构重要度近似方法，得出结构重要度顺序：

$$I_{\phi(1)} = I_{\phi(12)} = I_{\phi(13)} > I_{\phi(8)} = I_{\phi(9)} = I_{\phi(10)} = I_{\phi(11)} > I_{\phi(2)} = I_{\phi(3)} = I_{\phi(4)} = I_{\phi(5)} = I_{\phi(6)} = I_{\phi(7)}。$$

（3）评价。最小径集就是顶上事件不发生所需的最低限度的径集。只要控制任意一个最小径集使其中的基本事件都不发生，就可使顶上事件基本不发生。就汽轮机超速事故而言，只要能够控制蒸汽压力增大（X_1）、人为解列机组（X_{12}）和发电机失磁（X_{13}）3 个最小径集中的一个不发生，则汽轮机超速事故的发生频率就会降低。

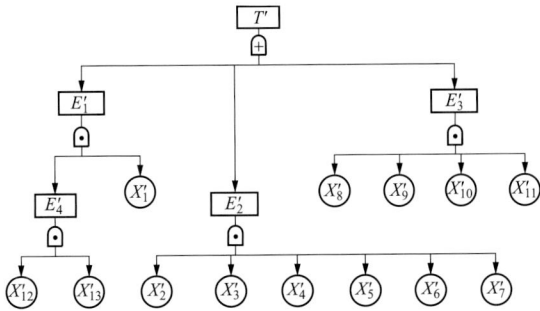

图 10-3 汽轮机超速事故树

三、危险指数评价法

火灾、爆炸危险指数法是由美国道化学公司提出的评价法（简称道氏 DOWS 法），是一种最早的指数法。该方法以能代表重要物质在标准状态下的火灾、爆炸或放出能量的危险潜在能量的"物质系数"为基础，分别计算特殊物质的危险值，一般工艺危险值和特殊工艺危险值，再通过一定的运算得出"火灾，爆炸危险指数"，并根据指数的大小对化工装置的危险性程度进行分级，同时根据不同的等级提出相应的安全预防措施和建议。

该方法主要应用于评价存储、处理、生产易燃、可燃、活性物质的操作过程，火力发电厂中的制氢站，下面结合案例进行说明。

（1）物质系数 MF 的选取。介质氢气的物质系数为 21。

（2）一般工艺危险系数 F_1 的选取。一般工艺危险

系数的各参数取值为：吸热反应（电解）项取值 0.20，物料处理与输送项取值 0.85（$N_f = 4$），其他不符合项取 0。根据以上取值可得制氢站的一般工艺危险系数 F_1 为 2.05。F_1 的选取具体见表 10-2。

表 10-2 物质系数（MF）及一般工艺危险系数（F_1）选取表

工艺设备主要物料	氢气	操作状态	制备、储存
确定 MF 的物质	氢气	物质系数（MF）	21
一般工艺危险		危险系数范围	采用危险系数
基本系数		1.00	1.00
A. 放热化学反应		0.3~1.25	—
B. 吸热反应		0.20~0.40	0.20
C. 物料处理与输送		0.25~1.05	0.85
D.密闭式或室内工艺单元		0.25~0.90	—
E. 通道		0.20~0.35	—
F. 排放和泄漏控制		0.25~0.50	—
一般工艺危险系数（F_1）			2.05

（3）特殊工艺危险系数 F_2 的选取。特殊工艺危险系数中各取值项取值为：过程失常或吹扫故障项取值 0.30，压力项取值 0.78，储存中的液体及气体取值 0.10，腐蚀与磨蚀取值 0.20，泄漏-接头和填料取值 0.10，其他不符合项取 0。根据以上取值可得制氢站的特殊工艺危险系数 F_2 为 2.48。

表 10-3 特殊工艺危险系数（F_2）选取表

特殊工艺危险		
基本系数	1.00	1.00
A. 毒性物质	0.20~0.80	—
B. 负压（<500mmHg）	0.50	
C. 易燃范围内及接近易燃范围的操作惰性化、未惰性化		
1. 罐装易燃液体	0.50	
2. 过程失常或吹扫故障	0.30	0.30
3. 一直在燃烧范围内	0.80	
D. 粉尘爆炸	0.25~2.00	
E. 压力		0.78
F. 低温	0.20~0.30	
G. 易燃及不稳定物质的重量		
1. 工艺中的液体及气体		—
2. 储存中的液体及气体		0.10

续表

3. 储存中的可燃固体及工艺中的粉尘	—	
H. 腐蚀与磨蚀	0.10～0.75	0.20
I. 泄漏—接头和填料	0.10～1.50	0.10
J. 使用明火设备		
K. 热油交换系统	0.15～1.15	—
L. 转动设备	0.50	

（4）单元危险系数 F_3 的计算。单元危险系数 F_3 的值为一般工艺危险系数 F_1 与特殊工艺危险系数 F_2 的乘积。经计算可以得出制氢站的危险系数 F_3 为 5.08（取 5.1）。

表 10-4　工艺单元危险系数（F_3）火灾、爆炸指数（$F\&EI$）计算表

特殊工艺危险系数（F_2）	2.48	
工艺单元危险系数 F_3	$F_3=F_1 \times F_2$	5.08（取 5.1）
火灾、爆炸指数（$F\&EI$）	$F\&EI=F_3 \times MF$	107.1（取 107.0）

（5）火灾、爆炸危险指数 $F\&EI$ 的计算。火灾、爆炸危险指数被用来估计生产过程中的事故可能造成的破坏。火灾、爆炸危险指数 $F\&EI$ 是工艺单元危险系数（F_3）和物质系数（MF）的乘积。制氢站的火灾、爆炸危险指数为 107.0。

表 10-5　$F\&EI$ 及危害等级表

$F\&EI$ 值	1～60	61～96	97～127	128～158	>159
危害等级	最轻	较轻	中等	很大	非常大

制氢站的 $F\&EI$ 值为 107.0，危害等级为中等危害等级。

四、预先危险性分析方法

预先危险性分析是在进行某项工程活动（包括设计、施工、生产、维修等）之前，对系统存在的各种危险因素（类别、分布）、出现条件和事故可能造成的后果进行宏观、概略分析的系统安全分析方法，属定性评价。即讨论、分析、确定系统存在的危险、有害因素，及其触发条件、现象、形成事故的原因事件、事故情况、结果、危险等级和采取的措施。其目的是早期发现系统的潜在危险因素，确定系统的危险等级，提出相应的防范措施，防止这些危险因素发展成为事故，避免考虑不周所造成的损失。

在分析系统危险性时，按危险、有害因素导致的事故、危害的危险（危害）程度，将危险、有害因素划分为 4 个危险等级：

（1）1 级：安全的，可以忽略的。

（2）2 级：临界的，处于事故边缘状态，暂时尚不能造成人员伤亡和财产损失，应予排除或采取措施。

（3）3 级：危险的，会造成人员伤亡和系统破坏，要立即采取防范对策、措施。

（4）4 级：破坏性的，造成人员重大伤亡和系统严重破坏的，必须予以果断排除，并进行重点防范。

五、作业条件危险性（LEC）评价法

作业条件的危险性评价法（格雷厄姆—金尼法）是用于评价工作人员在具有潜在危险性环境中作业时危险性的评价方法，属于半定量评价方法，是由美国格雷厄姆和金尼提出的。确定影响作业条件危险性的条件包括：L（事故发生的可能性）、E（人员暴露于危险环境的频繁程度）和 C（一旦发生事故可能造成的后果）。L、E、C 的分值分别见表 10-6～表 10-8。

用这三个因素分值的乘积 $D=L \times E \times C$ 来评价作业条件的危险性，D 值越大，作业条件危险性越大。D 的分值见表 10-9。

表 10-6　事故发生可能性（L 值）

事故发生可能性	完全会被预料到	相当可靠	可能，但不经常	完全意外，很少可能	可以设想，很少可能	极不可能	实际上不可能
分数值	10	6	3	1	0.5	0.2	0.1

表 10-7　暴露于危险环境的频繁程度（E 值）

暴露于危险环境的频繁程度	连续暴露	每天工作时间内暴露	每周一次或偶然暴露	每月暴露一次	每年几次暴露	非常罕见地暴露
分数值	10	6	3	2	1	0.5

表 10-8　事故造成的后果（C 值）

事故造成的后果	十人以上死亡	数人死亡	一人死亡	严重伤残	有伤残	轻伤，需救护
分数值	100	40	15	7	3	1

表 10-9　危险性等级划分标准（D 值）

危险程度	极度危险，不能继续作业	高度危险，需要立即整改	显著危险，需要整改	比较危险，需要注意	稍有危险，需要注意
危险性分值 D	≥320	≥160～320	≥70～160	≥20～70	<20

六、事故后果模拟分析法

事故后果模拟分析法是利用数学模型对火灾、爆炸、中毒等事故产生的影响后果进行预测分析、评价，

在安全评价时通常预测其最不利工况的事故后果。可利用的模型也比较多，如池火灾、喷射火、蒸气云、道化学、ICI-蒙得法等，现有专用的事故后果预测的软件，需要进行事故后果模拟预测时可选用相关的软件进行预测。

第五节　章节与内容组成

一、前言

在前言部分一般需说明给出项目位置、项目由来、项目重要程度、项目的外部条件（如水源、煤源、送出、供热等）、项目立项情况、可行性研究报告的编制情况、安全预评价工作的委托等。

二、概述

结合项目情况，给出安全预评价的评价目的、评价依据、评价范围、评价程序等。

三、建设项目概况

结合项目的可行性研究报告内容，对建设单位情况、工程概况、全厂总体规划、厂区总平布置及竖向布置、主要设备选择、电厂生产过程及各系统简介、建筑结构形式等进行论述。

四、危险有害因素的辨识与分析

结合项目的工艺条件、周边环境条件、所在区域的自然环境、地质条件等，按系统、部位的给出项目存在的主要危险物质，危险、有害因素进行分析，判别项目重大危险源情况。

五、评价单元的划分及评价方法的选择

结合项目的工艺系统进行安全预评价的评价单元划分，结合不同评价单元的危险、有害因素特性选用适宜的评价方法。

六、定性、定量评价

按前部分划分的评价单元与评价方法，结合项目的可行性研究报告的设计内容，进行定性、定量评价。

七、安全对策措施

结合项目的可行性研究报告的设计内容，分析、评价各单元的安全设计合理性、防护措施的有效性，对安全对策措施不足部分进行补充。

八、评价结论

结合整体的评价内容，给出项目安全可行性的结论与建议。

第十一章

职业安全防护设施设计

本章主要根据《建设项目安全设施"三同时"监督管理办法》(国家安全生产监督管理总局令第36号、第77号)的要求,并结合火力发电厂的行业特点,概述了火力发电厂安全设施设计的编写内容和要点。

第一节　设计范围与内容

根据《建设项目安全设施"三同时"监督管理办法》(国家安全生产监督管理总局令第36号、第77号)规定,电力工程在项目初步设计阶段,建设单位应当委托有相应资质的设计单位对建设项目安全设施同时进行设计,编制安全设施设计。

安全设施设计的范围应与项目的设计的边界条件相同,并针对设计范围内建设项目潜在的危险、有害因素和危险、有害程度及周边环境安全进行分析;对重大危险源进行重点管理,并提出相应的应急预案要求;从总平面布置,采取的工艺、技术和设备、设施先进可靠性,所采取的安全防范措施等进行专项设计;同时就安全管理、安全投资等进行论述,预估项目建成后的安全性,给出项目安全可行性的结论与建议。

按《建设项目安全设施"三同时"监督管理办法》(国家安全生产监督管理总局令第36号、第77号)要求,安全设施设计应包括如下内容:

(1)设计依据;

(2)建设项目概述;

(3)建设项目潜在的危险、有害因素和危险、有害程度及周边环境安全分析;

(4)建筑及场地布置;

(5)重大危险源分析及检测监控;

(6)安全设施设计采取的防范措施;

(7)安全生产管理机构设置或者安全生产管理人员配备情况;

(8)从业人员教育培训情况;

(9)工艺、技术和设备、设施的先进性和可靠性分析;

(10)安全设施专项投资概算;

(11)安全预评价报告中的安全对策及建议采纳情况;

(12)预期效果以及存在的问题与建议;

(13)可能出现的事故预防及应急救援措施;

(14)法律、法规、规章、标准规定需要说明的其他事项。

第二节　设计过程

进行安全设施设计时,首先应详细判读项目的初步设计文件和前期安全相关报告(预评价报告、安全生产条件和设施进行综合分析报告等),充分了解项目的工艺、技术,分析其存在的危险、有害因素及存在部分、危险程度,针对性进行安全设施设计,有效防范事故发生,对后续安全生产管理给出合理化建议,从而落实建设项目"三同时",从根本上提高项目的安全性,降低运行过程的风险,遏制事故的发生。

第三节　安全设施设计章节与内容组成

按《建设项目安全设施"三同时"监督管理办法》(国家安全生产监督管理总局令第36号、第77号)要求,并结合行业特点,拟定火力发电厂的章节与内容如下:

一、设计依据

列出编制火力发电厂安全设施设计依据的主要文件名称及编号,内容如下:

(1)国家、地方政府法律、法规。

(2)政府部门颁布的相关规章及规范性文件。

(3)国家、地方、行业与职业安全有关的标准、规范、规程。

(4)工程项目文件及资料,主要包括安全预评价报告(备案版)及备案文件,工程初步设计资料及其批复(或审查纪要)、项目核准文件。

(5)其他设计依据及有关说明文件,如关于项目容量或建设单位名称变更后的文件。

编制火力发电厂安全设施设计的国家法律、法规、规章、标准见第二章的第二、三节。

二、建设项目概况

（一）工程基本情况

建设项目的名称、建设单位、建设规模及内容、建设性质（新建、扩建、改建、单项改造）、地理位置、项目投资、建设工期。

（二）工程前期工作进展情况

简要介绍工程前期工作进展情况，主要包括工程可行性研究报告完成、审查情况，初步设计工作的完成、审查情况，初步设计对可研审查后方案的调整情况，安全预评价工作的完成、审查及备案情况，项目核准情况。

（三）设计范围及分工

根据主体工程设计范围，说明本安全设施设计涉及的范围。

若为扩建、改建、改造项目，应说明工程依托情况。

（四）建设项目外部基本情况

（1）项目所在周边情况，说明工程建设地点与周边情况，并说明项目距居民区、学校、医院、车站、交通线路、军事管理区等的距离。

（2）项目所在地自然条件，包括地形地貌及地面标高、地质（工程地质、水文地质、地质灾害）、地震、气象、水文（防洪标准、地表水洪水位和内涝洪水位，滨海工程项目应详细介绍潮位、风暴潮、海浪和盐雾的状况）等。

（3）项目外部依托条件或设施，包括水源、电源、蒸汽、压缩空气、消防设施、医院等应急设施。

（五）建设项目内部基本情况

（1）工程概况。

1）总平面布置，主要包括各功能区的平面布置、厂区入口及消防道路设置情况。

对于扩建、改建、单项改造项目，应说明原厂区总平面的布置情况，本期厂区布置、建筑风格与原厂区的协调性。

2）竖向布置，主要包括厂区竖向布置和主要建（构）筑物厂房的竖向布置。

在厂区竖向布置中应说明平坡式还是台阶式，并给出主厂房区、配电装置区、冷却塔区、煤场等区域的设计标高。

说明主要建（构）筑物厂房，如主厂房（含锅炉房、汽机房、煤仓间、除氧间）的每层设备设施布置、检修场地、水平、垂直交通、入口及安全疏散等，制（供）氢站、脱硝系统的液氨区、化学水处理车间（含

化验楼）每层设备设施布置。

3）项目的工艺流程（附工艺流程图）、主要装置和设施（设备）的布局。

4）项目配套公用和辅助工程或设施的名称、能力（或负荷）。

5）项目装置的主要设备表，包括名称、规格、操作或设计条件、材质、数量，以及主要特种设备。

（2）项目涉及的主要原辅材料和产品（包括产品、中间产品）名称、储存方式、储存地点及最大储量。

（3）改建、扩建和单项改造项目，说明现有电厂的规模、机组服务的时间及安全管理现状。

（六）主要工艺技术先进性

针对工艺系统可能存在的危险和有害因素，在设备选型、生产工艺的机械化、自动化、智能化、密闭程度、操作方式等方面进行阐述。

三、危险和有害因素分析及危害程度

（一）自然危险因素分析

依据工程的地质、地震、水文气象等资料，分析厂址周围存在的危险因素，可能对工程造成的影响。主要包括地质（泥石流、山体滑坡）、地震灾害、洪水、内涝、风暴潮、大风、雷暴、盐雾的危险因素。

（二）物料危险、有害性分析

分析项目涉及的原辅材料和产品的危险和有害因素，同时列表分析危险化学品特性，基本数据要求详见表 11-1。

表 11-1　　危 险 化 学 品 数 据 表

物料名称	危险化学品分类	相态	密度	沸点（℃）	凝点（℃）	闪点（℃）

物料名称	自燃点（℃）	职业接触限值（mg/m³）	毒性等级	爆炸极限（%）	火灾危险分类	危害特性

（三）生产过程中的危险、有害因素分析

（1）按工艺系统，分析火力发电厂生产过程中可能发生火灾、爆炸、机械伤害、高处坠落、物体打击、坍塌、车辆伤害、灼烫、触电、中毒和窒息等事故的危险源。具体分析如下：

1）燃料系统（子系统：燃料储存及输送系统、助燃油罐区）。燃料储存及输送系统的主要危险因素有火灾、爆炸、机械伤害、坍塌、车辆伤害、起重伤害、

高处坠落、物体打击；助燃油罐区的主要危险因素有火灾、爆炸、车辆伤害。

2）锅炉及其辅助系统（子系统：锅炉设备、制粉和燃烧系统）。锅炉设备存在的主要危险因素有爆炸（锅炉炉膛爆炸、承压部件爆漏）、火灾（锅炉尾部烟道再燃烧）、高处坠落、物体打击、灼烫；制粉和燃烧系统的主要危险因素有火灾、爆炸、机械伤害、坍塌。

3）汽轮机及其辅助系统（子系统：汽轮机设备、热力系统、汽轮机油系统）。汽轮机设备存在的主要危险因素有汽轮机超速、轴系断裂、大轴弯曲、轴瓦烧损、承压部件和压力容器爆漏、汽轮机进水或进冷汽、机组振动、通流部分积盐、灼烫等；热力系统的主要危险因素有爆炸、灼烫；汽轮机油系统的主要危险因素有火灾、中毒和窒息。

4）除灰渣系统（子系统：灰渣输送及储存系统、压缩空气系统、灰场）。灰渣输送及储存系统的主要危险因素有机械伤害、灼烫、高处坠落、坍塌、触电；压缩空气系统的主要危险因素有爆炸；灰场存在的主要危险因素有溃坝或泥石流、灰坝变形或沉降、车辆伤害（主要在干灰场）、淹溺（主要在水灰场）。

5）化学水处理系统（子系统：化学水处理、制氢站及供氢设备系统）。化学水处理系统的主要危险因素有灼烫（化学灼伤）、中毒、窒息、淹溺、高处坠落；制氢站及供氢设备系统的主要危险因素有火灾、爆炸。

6）水工部分（子系统：供水及给排水和废污水）。供水及给排水系统的主要危险因素有淹溺、高处坠落、机械伤害、供水中断、水锤；废污水系统的主要危险因素有淹溺、中毒和窒息。

7）电气部分（子系统：发电机和励磁系统、主变压器及厂用变压器、高压配电装置、厂用电系统、电缆及其构筑物、继电保护及直流系统、防雷与接地）。发电机和励磁系统存在的主要危险因素有火灾（如烧毁线圈、烧毁转子）、触电、爆炸（存在于氢冷发电机组）；主变压器及厂用变压器的主要危险因素有火灾、爆炸；高压配电装置的主要危险因素有中毒窒息（主要在 GIS 布置）、爆炸、触电；厂用电系统的主要危险因素有触电、火灾；电缆及其构筑物的主要危险因素有火灾；继电保护及直流系统的主要危险因素有机组停运、电网瓦解；防雷与接地的主要危险因素有火灾、爆炸、触电。

8）脱硫部分（子系统：石灰石卸料、储存与浆液供应系统、吸收系统、石膏脱水系统）。脱硫部分的主要危险因素有高处坠落、物体打击、机械伤害、灼烫（化学灼伤）、中毒窒息（烟气泄漏）、坍塌。

9）脱硝部分（采用液氨法脱硝工艺的液氨储存区、液氨蒸发区和液氨输送系统，采用尿素法脱硝工艺的尿素热解区）。脱硝部分的主要危险因素有火灾、

爆炸、中毒窒息、机械伤害、高处坠落、物体打击、坍塌。

（2）按上述工艺系统，分析生产过程中的高温、低温、腐蚀、工频电磁场、噪声、振动、粉尘、毒物等有害作业的场所。

1）燃料系统（子系统：燃料储存及输送系统、助燃油罐区）。燃料储存及输送系统存在的主要有害因素有粉尘（煤尘）、噪声；助燃油罐区存在的主要有害因素有毒物（轻柴油）。

2）锅炉及其辅助系统（子系统：锅炉设备、制粉和燃烧系统）。锅炉设备存在的主要危害因素有粉尘（矽尘）、毒物（一氧化碳、二氧化硫、氮氧化物等）、高温、噪声、振动；制粉和燃烧系统存在的主要有害因素有粉尘（煤尘）、噪声。

3）汽轮机及其辅助系统（子系统：汽轮机设备、热力系统、汽轮机油系统）。汽轮机设备及热力系统存在的主要危害因素有高温、噪声、振动；汽轮机油系统存在的主要危害因素有毒物（抗燃油）和腐蚀性。

4）除灰渣系统（子系统：灰渣输送及储存系统、压缩空气系统、灰场）。灰渣输送及储存系统存在的主要危害因素有粉尘（矽尘）、高温、噪声、振动；压缩空气系统存在的主要危害因素有噪声、振动；灰场存在的主要危害因素有粉尘（矽尘）。

5）化学水处理系统（子系统：化学水处理、制氢站及供氢设备系统）。化学水处理系统存在的主要危害因素有毒物（消石灰、硫酸、次氯酸钠、氢氧化钠、盐酸、氨、硫化氢等）、噪声、振动。

6）水工部分（子系统：供水及给排水和废污水）。水工部分存在的主要危害因素有噪声、振动。

7）电气部分（子系统：发电机和励磁系统、主变压器及厂用变压器、高压配电装置、厂用电系统、电缆及其构筑物、继电保护及直流系统、防雷与接地）。发电机和励磁系统存在的主要危害因素有工频电磁场；高压配电装置存在的主要危害因素有工频电磁场、毒物（六氟化硫）；主变压器及厂用变压器存在的主要危害因素有工频电磁场、毒物（绝缘油）；直流系统存在的主要危害因素有毒物（铅、硫酸雾）。

8）脱硫部分（子系统：石灰石卸料、储存与浆液供应系统、吸收系统、石膏脱水系统）。石灰石制备与浆液供应系统存在的主要危害因素有粉尘（石灰石粉）、噪声、振动；吸收系统存在的主要危害因素有噪声、振动；石膏脱水系统存在的主要危害因素有粉尘（石膏尘，主要在石膏装车外运过程中）、噪声。

9）脱硝部分（采用液氨法脱硝工艺的液氨储存区、液氨蒸发区和液氨输送系统，采用尿素法脱硝工艺的尿素热解区）。脱硝部分存在的主要危害因素有毒物（氨）、噪声、低温（冻伤，在液氨储存区）。

（3）生产过程中危险因素较大的设备和种类、型号、数量及其主要的危险有害因素分析，主要包括起重机械、压力容器（气瓶）、压力管道、电梯等特种设备。

（4）列表说明主要危险源及危险有害因素的主要分布场所。

（四）施工及调试过程中的危险、有害因素分析

施工及调试过程中，立体交叉作业多，存在的危险有害因素有高处坠落、物体打击、车辆伤害、机械伤害、起重伤害、触电、火灾、爆炸、坍塌、灼烫、中毒、窒息、噪声、粉尘（尘土、焊接粉尘、水泥粉尘、大理石粉尘、矽尘及其他粉尘）等。

在调试过程中，还可能用到放射源进行探伤作业，存在的危险有害因素有电离辐射。

（五）检修、维修过程中的危险、有害因素分析

大修现场高处作业、起重作业、动火作业（包括焊接作业）、机械作业、交叉作业等危险点较多，发生不安全事故的概率较大，存在的主要危险有害因素有高处坠落、物体打击、机械伤害、起重伤害、触电、火灾、爆炸、坍塌、灼烫、中毒、窒息、噪声、粉尘、电离辐射（探伤使用到放射源）等。

检修人员进入有限空间作业场所作业，易发生中毒、窒息。火力发电厂的有限空间作业场所有金属容器（锅炉、压力容器等）、电缆沟、油罐、液氨罐、氢罐、封闭的输煤栈桥、管道（沟）等。

（六）火灾危险性分类和爆炸危险区域划分

根据 GB 50016《建筑设计防火规范》及项目的《安全预评价报告（备案版）》，确定火灾和爆炸危险区域。

（七）重大危险源识别及等级划分

根据 GB 18218《危险化学品重大危险源辨识》及项目的《安全预评价报告（备案版）》，确定工程的重大危险源及其所在区域；按照《危险化学品重大危险源监督管理暂行规定》（国家安全监管总局令第 40 号）划分重大危险源等级。

四、设计中采用的主要防范措施

安全设施的设计应根据建设项目的特点和过程危险源及危险和有害因素分析的结果，严格执行现行国家、行业及地方相关法规、标准、规范、规定的要求，基于本质安全设计、事故预防优先、可靠性优先等设计原则，采取具有针对性、可操作性和经济合理的安全设施。

（一）厂址安全措施

（1）针对建设场地的自然危险因素，工程设计中所采取的防不良地质作用、防地震、抗风、抗雪灾、防雷暴、防洪、防内涝、防盐雾等防范措施。

（2）依据 GB 50016《建筑设计防火规范》、GB 50229《火力发电厂与变电站设计防火规范》、GB 50160《石油化工企业设计防火规范》的规定，用列表方式说明厂区内供氢站及储氢罐、点火油罐区、液氨罐区与厂界外道路、铁路、输油（气）管道、架空线路、工厂、居民区等主要设施的距离及标准规范符合情况。若不满足，工程设计所采取的防护措施，如调整厂区总平面或建议拆除（迁建）厂外设施。

（二）总平面布置的安全措施

（1）厂区总平面及竖向布置的主要安全考虑，包括功能分区、风速、风向、危险化学品运输等。

厂区总平面布置包括功能分区；从风向、风频的角度，说明产生高温、粉尘、噪声、有毒有害气体的设备设施在总平面布置中的考虑。

厂区竖向布置从防洪排水方面进行考虑。

（2）依据 GB 50016《建筑设计防火规范》、GB 50229《火力发电厂与变电站设计防火规范》、GB 50160《石油化工企业设计防火规范》的规定，列表说明主厂房、集中控制楼、卸、储、输煤建筑物、电气建筑物及设施、化学水处理车间、点火油罐区、供氢站、储氢罐、液氨罐区、办公、生活建筑等主要建（构）筑物的防火间距及标准规范符合情况。对于不符合标准规范要求的，建议调整厂区总平面。

（3）厂区消防道路、安全疏散通道及出口的设置情况。

（4）采取的其他安全措施，如厂区车辆行驶安全、厂区绿化等。

（三）建筑物设计安全措施

（1）根据 GB 50229《火力发电厂与变电站设计防火规范》、DL/T 5094《火力发电厂建筑设计规程》和工程设计资料，编制"建（构）筑物一览表"，包括结构、建筑面积、层数、火灾危险性、耐火等级、疏散通道与安全出口等。

（2）重点防火、防爆区域建筑的防护措施，主要包括主厂房、集中控制楼、卸、储、输煤建筑物、电气建筑物及设施、制氢站建筑及供氢设备、助燃油罐区建筑、液氨储存区建筑等。

（3）建（构）筑物的防腐设计，包括防腐材料及方法、保护层使用年限。

（4）建（构）筑物的设计使用年限、结构及地基安全等级，对钢筋及混凝土构建的要求（即混凝土结构耐久性）。

（5）主要建（构）筑物的采光、通风、除尘、保温、防高温等情况，主要包括主厂房、集中控制楼、卸、储、输煤建筑物、电气建筑物及设施、除灰渣建筑、脱硫建筑、化学水处理车间、脱硝建筑等。

（四）工艺过程安全措施

（1）按火力发电厂生产及工艺系统，设计所采取

的防火、防爆、防机械伤害、防坠落、防物体打击、防触电、防中毒等主要安全措施和必要的监控、检测、检验设施，并针对每个生产及工艺系统所采取的安全防护设备进行列表说明，列表中包括设备名称、规格及技术参数、数量。

（2）高温、低温、高压、腐蚀、工频电磁场、噪声、振动、粉尘、毒物等工作环境所采取的防范措施，防护设备性能及检测、检验设施。

（3）危险性较大的设备（如起重机械、压力容器、气瓶、压力管道、电梯等）的安全防范措施，如安全标识等。

（4）根据爆炸和火灾危险场所的类别、等级、范围选择电气设备、安全距离、防雷、防静电及防止误操作等设施。

（5）电厂消防给水和灭火设施配置。主要包括消火栓、自动喷水、消防用水量和水压、消防水泵、消防水池、气体灭火、消防车、消防排水和灭火器材的配置等。

（6）生产过程中的自动控制及火灾报警设施，包括：

1）自动控制系统的设置和安全功能（如锅炉炉膛安全监控系统、汽轮机旁路控制系统、汽轮机电液调速控制系统、紧急停机、安全仪表等）；

2）可燃及有毒气体检测和报警设施、火灾报警系统，并对工程设置的火灾探测报警器列表说明（安装位置、报警器类型、报警控制方式、数量等）；

3）火灾报警系统、工业电视监控系统。

（五）施工及调试期安全措施

针对施工、调试过程中的危险、有害因素，对施工单位、建设单位、监理单位、调试单位及作业场地等提出相关安全要求。

（六）检修、维修作业中的安全措施

针对检修、维修期间存在的危险、有害因素，对高处作业、起重作业、动火作业、机械作业、交叉作业、有限空间作业等提出相关安全要求。

（七）应急救援设施

（1）对建设项目生产过程中可能发生的安全事故进行分析和判断，对建设项目应配备的救援装置、防护设备、应用用品、急救场所、冲洗设备、泄险区、撤离通道、报警装置类型、数量、存放地点等内容进行设计。

（2）应急救援组织或应急救援人员的设置或配备情况。

（3）介绍工程的应急设施，如应急通信、广播系统、医疗及消防队应急救援协议等。

（八）其他安全措施

（1）安全色及安全标识，在厂区及作业场所对人员有危害的地点、设施和设备所涂的安全色及设置的安全标识。

（2）冬季室外台阶、钢梯防滑的安全防护设计。

（3）依据 GB/T 11651《个体防护装备选用规范》，选择适合各岗位作业人员的个体防护设备（器材）。

（4）安全教育室及其仪器配置、浴室、更衣室、休息室、女工卫生室等辅助用室的设置情况。

五、安全预评价意见的采纳情况

（1）列表说明与工程设计有关的安全对策与建议的采纳情况。

（2）说明工程设计未采纳安全对策与建议的理由。

六、安全管理措施

（1）安全管理机构。

1）火力发电厂安全管理机构的设置和人员配备情况。

2）安全设施维修、保养、日常检测检验人员。

3）安全教育设施及人员。

（2）安全管理制度。电厂建立的安全生产规章制度、安全培训、教育和考核制度，爆炸危险场所安全管理、日常劳动环境检测管理、安全设备、设施及防护用品的管理情况。

（3）对外发包安全管理。在火力发电厂建设和运行中，如有对外发包工作，要说明对承包商方面的管理要求。

（4）在火力发电厂建设和运行中，如有对外发包工作，要说明对承包商方面的管理要求。

（5）应急预案及应急演练管理措施。建立适合本建设项目的安全生产事故应急预案，并建立应急预案的制定、修改（修订）、审核、批准和发放程序，保证预案的及时更新和有效性。

做好应急队伍的建设，明确其相关职责。

七、专用投资概算

工程安全专项投资中，包含总平面及建筑物部分及各生产工艺系统中为防止火灾、爆炸、电伤害、机械伤害、坠落伤害、防尘、防毒、防噪、防振动、防高温等事故的发生，所采用的技术措施产生的费用，其中大部分项目已包含在主体工程概算中，但部分专项费用，如安全标识的布设和安全验收评价费用、竣工验收费用等在工程概算中应单独列出，具体见表 11-2。

表 11-2　　安全专项经费概算表　　（万元）

序号		专项工程项目内容	投资
1	1.1	安全监测、安全教育及附属设施	
	1.2	安全标识	

续表

序号	专项工程项目内容	投资
2	安全防护用品、应急救援器材及装置	
3	检测装备和设施费用	
4	职工安全生产教育和培训	
5	安全应急预案编制、应急救援演练及更新	
6	安全预评价	
7	安全设施设计	
8	安全验收评价及工程竣工验收	

八、结论与建议

（一）结论

重点说明如下：

（1）工程设计阶段的安全条件与项目前期安全条件审查阶段相关内容的符合性以及处理结果。

（2）建设项目选用的工艺技术安全可靠性。

（3）设计符合现行国家相关标准规范情况。

（4）安全设施设计的预期效果及结论。

（二）建议

根据国内或国外同类装置的建设和生产运行经验，提出在试生产和操作运行中需重点关注的安全问题及建议。

九、专篇附件及附图

（一）附件

建设项目核准文件、安全预评价批复文件。

主要安全设施一览表，包括安全阀、爆破片、可燃气体与有毒气体检测器、个体防护装备等。

其他需补充的文件。

（二）附图

平面布置图。

竖面布置图。

工艺、系统图。

安全分区图。

第 二 篇

职 业 卫 生

　　职业卫生是指以职工的健康在职业活动过程中免受有害因素侵害为目的的工作领域及其在法律、技术、设备、组织制度和教育等方面所采取的相应措施。职业卫生的目的是促进和保持所有作业工人身体、精神和社会活动的最高健康水平，预防工作环境对工人健康的影响，保护工人不受工作中有害因素的危害，改造职业环境并使之保持适合工人的生理和心理状况。

　　电力工程，特别是燃煤火力发电厂在运行过程中产生粉尘、噪声、毒物等职业病危害因素。尽管电力工程的生产工艺技术较先进，机械化、自动化程度比较高，使很多职业病危害因素在许多环节都已得到很好的控制，但粉尘和噪声危害等在燃煤火力发电厂的所有职业病危害因素中仍占相当大的比例，而且尘肺病和职业性噪声聋等职业病也客观存在。

　　本篇从我国职业卫生的法律法规体系及要求出发，重点介绍了电力工程不同设计阶段在职业卫生方面的工作内容及程序；分析火力发电和输变电工程存在的职业危害及影响因素；结合相关法律法规及规程规范的要求，从厂（站）址选择及总平面布置、与电力工程有关的物理有害因素、化学有害因素等方面介绍电力工程的职业卫生防护设施设计要求；同时对电力工程的职业卫生警示标识、职业卫生管理、职业卫生危害预评价报告的编制要点和职业病防护设施设计专篇编制要点予以介绍。

第十二章

职业卫生基本规定

本章重点介绍我国职业卫生的基本概念与基本方针、职业卫生监督管理的基本原则和职业卫生的法律法规体系及其构成,法律法规对电力工程职业卫生的要求,以及电力工程设计各阶段的工作内容与程序要求。

第一节 职业卫生的基本概念与基本方针

依据职业性有害因素的来源,职业性有害因素指在生产过程中、劳动过程中、生产环境中存在的各种有害的化学、物理、生物因素以及其他危害劳动者健康的有害因素。根据国家卫生计生委、人力资源社会保障部、安全监管总局和全国总工会发布的《职业病危害因素分类目录》(国卫疾控发〔2015〕92 号),职业病危害因素包含 52 项粉尘因素、375 项化学因素、15 项物理因素、8 项放射性因素、6 项生物因素以及 3 项其他验收。

目前,我国职业病防治工作的基本方针是:"预防为主、防治结合"。职业病防治工作的机制是:用人单位负责、行政机关监管、行业自律、职工参与和社会监督;我国职业病防治工作实行分类管理、综合治理。

第二节 职业安全相关法律、法规

职业卫生法规是指国家为了预防、控制和消除职业病危害,防治职业病,保护劳动者健康及其相关权益,促进经济社会发展而制定的有关法律法规及规定。

目前,我国的职业卫生法律法规已初步形成一个以宪法为依据的,由有关法律、行政法规、地方性法规和有关行政规章、技术标准所组成的综合体系。我国的职业卫生法规体系按法律层次划分包括:

(1)宪法中有关安全生产内容(母法);

(2)有关职业卫生的法律,还有相关的法律,如《劳动法》等;

(3)国务院颁布有关职业卫生行政条例;

(4)国家部、委、办、局颁布有关职业卫生行政规章;

(5)地方人民代表大会、政府颁布的有关职业卫生法规。

以上各类法律法规的效力是:

1)宪法具有最高法律效力;

2)法律效力高于行政、地方法规规章;

3)行政法规效力高于地方性法规规章;

4)地方性法规效力高于本级和下级地方政府规章;

5)部门规章之间、部门规章与地方政府规章之间具有同等效力。

一、法律

(一)《中华人民共和国职业病防治法》(2017 年 11 月 4 日修正版)

为了预防、控制和消除职业病危害,防治职业病,保护劳动者健康及其相关权益,促进经济社会发展,根据宪法,我国制定了《中华人民共和国职业病防治法》。

《中华人民共和国职业病防治法》共分 7 章。第一章对立法的目的、法律的适用范围、职业病防治工作的方针、职业病防治工作各方面的责任主体和职业卫生监督制度等进行了阐述和规定;第二章对前期预防的内容及要求进行了规定;第三章对劳动过程中的防护与管理进行了规定;第四章对职业病诊断与职业病病人保障做出了规定;第五章对职业病防治工作的监督检查做出了规定;第六章对职业病防治工作各相关主体的法律责任做出了规定;第七章是附则,对该法律涉及的相关用语的含义以及法律的实施日期做出了规定。

本书从电力企业职业病防治的角度,对《中华人民共和国职业病防治法》的相关内容进行了摘录。

1. 立法目的

第一条 为了预防、控制和消除职业病危害,防治职业病，保护劳动者健康及其相关权益，促进经济社会发展，根据宪法，制定本法。

2. 法律适用范围

第二条 本法适用于中华人民共和国领域内的职业病防治活动。

本法所称职业病，是指企业、事业单位和个体经济组织等用人单位的劳动者在职业活动中，因接触粉尘、放射性物质和其他有毒、有害因素而引起的疾病。

3. 职业病防治的方针

第三条 职业病防治工作坚持"预防为主、防治结合"的方针，建立用人单位负责、行政机关监管、行业自律、职工参与和社会监督的机制，实行分类管理、综合治理。

4. 职业病防治工作的相关主体及职责

第四条 劳动者依法享有职业卫生保护的权利。用人单位应当为劳动者创造符合国家职业卫生标准和卫生要求的工作环境和条件，并采取措施保障劳动者获得职业卫生保护。

第五条 用人单位应当建立、健全职业病防治责任制，加强对职业病防治的管理，提高职业病防治水平，对本单位产生的职业病危害承担责任。

第六条 用人单位的主要负责人对本单位的职业病防治工作全面负责。

第七条 用人单位必须依法参加工伤保险。国务院和县级以上地方人民政府劳动保障行政部门应当加强对工伤保险的监督管理，确保劳动者依法享受工伤保险待遇。

第九条 国家实行职业卫生监督制度。

国务院安全生产监督管理部门、卫生行政部门、劳动保障行政部门依照本法和国务院确定的职责，负责全国职业病防治的监督管理工作。国务院有关部门在各自的职责范围内负责职业病防治的有关监督管理工作。

县级以上地方人民政府安全生产监督管理部门、卫生行政部门、劳动保障行政部门依据各自职责，负责本行政区域内职业病防治的监督管理工作。县级以上地方人民政府有关部门在各自的职责范围内负责职业病防治的有关监督管理工作。

县级以上人民政府安全生产监督管理部门、卫生行政部门、劳动保障行政部门（以下统称职业卫生监督管理部门）应当加强沟通，密切配合，按照各自职责分工，依法行使职权，承担责任。

第十条 国务院和县级以上地方人民政府应当制定职业病防治规划，将其纳入国民经济和社会发展计划，并组织实施。

县级以上地方人民政府统一负责、领导、组织、协调本行政区域的职业病防治工作，建立健全职业病防治工作体制、机制，统一领导、指挥职业卫生突发事件应对工作；加强职业病防治能力建设和服务体系建设，完善、落实职业病防治工作责任制。

乡、民族乡、镇的人民政府应当认真执行本法，支持职业卫生监督管理部门依法履行职责。

第十一条 县级以上人民政府职业卫生监督管理部门应当加强对职业病防治的宣传教育，普及职业病防治的知识，增强用人单位的职业病防治观念，提高劳动者的职业健康意识、自我保护意识和行使职业卫生保护权利的能力。

第十二条 有关防治职业病的国家职业卫生标准，由国务院卫生行政部门组织制定并公布。

国务院卫生行政部门应当组织开展重点职业病监测和专项调查，对职业健康风险进行评估，为制定职业卫生标准和职业病防治政策提供科学依据。

县级以上地方人民政府卫生行政部门应当定期对本行政区域的职业病防治情况进行统计和调查分析。

第十三条 任何单位和个人有权对违反本法的行为进行检举和控告。有关部门收到相关的检举和控告后，应当及时处理。

5. 职业病前期预防阶段用人单位的职责

第十四条 用人单位应当依照法律、法规要求，严格遵守国家职业卫生标准，落实职业病预防措施，从源头上控制和消除职业病危害。

第十五条 产生职业病危害的用人单位的设立除应当符合法律、行政法规规定的设立条件外，其工作场所还应当符合下列职业卫生要求：

（1）职业病危害因素的强度或者浓度符合国家职业卫生标准；

（2）有与职业病危害防护相适应的设施；

（3）生产布局合理，符合有害与无害作业分开的原则；

（4）有配套的更衣间、洗浴间、孕妇休息间等卫生设施；

（5）设备、工具、用具等设施符合保护劳动者生理、心理健康的要求；

（6）法律、行政法规和国务院卫生行政部门、安全生产监督管理部门关于保护劳动者健康的其他要求。

第十六条 国家建立职业病危害项目申报制度。

用人单位工作场所存在职业病目录所列职业病的危害因素的，应当及时、如实向所在地安全生产监督管理部门申报危害项目，接受监督。

6. 职业病危害预评价

第十七条 新建、扩建、改建建设项目和技术改造、技术引进项目（以下统称建设项目）可能产生职业病危害的，建设单位在可行性论证阶段应当进行职业病危害预评价。

职业病危害预评价报告应当对建设项目可能产生的职业病危害因素及其对工作场所和劳动者健康的影响做出评价，确定危害类别和职业病防护措施。

7．"三同时"

第十八条 建设项目的职业病防护设施所需费用应当纳入建设项目工程预算，并与主体工程同时设计，同时施工，同时投入生产和使用。

建设项目的职业病防护设施设计应当符合国家职业卫生标准和卫生要求。

建设项目在竣工验收前，建设单位应当进行职业病危害控制效果评价。

建设项目的职业病防护设施应当由建设单位负责依法组织验收，验收合格后，方可投入生产和使用。

8．用人单位在职业病防治管理方面的职责

第二十条 用人单位应当采取下列职业病防治管理措施：

（1）设置或者指定职业卫生管理机构或者组织，配备专职或者兼职的职业卫生管理人员，负责本单位的职业病防治工作；

（2）制定职业病防治计划和实施方案；

（3）建立、健全职业卫生管理制度和操作规程；

（4）建立、健全职业卫生档案和劳动者健康监护档案；

（5）建立、健全工作场所职业病危害因素监测及评价制度；

（6）建立、健全职业病危害事故应急救援预案。

第二十一条 用人单位应当保障职业病防治所需的资金投入，不得挤占、挪用，并对因资金投入不足导致的后果承担责任。

9．用人单位在劳动者个人职业病防护和职业病警示标识方面的职责

第二十二条 用人单位必须采用有效的职业病防护设施，并为劳动者提供个人使用的职业病防护用品。

用人单位为劳动者个人提供的职业病防护用品必须符合防治职业病的要求；不符合要求的，不得使用。

第二十四条 产生职业病危害的用人单位，应当在醒目位置设置公告栏，公布有关职业病防治的规章制度、操作规程、职业病危害事故应急救援措施和工作场所职业病危害因素检测结果。

对产生严重职业病危害的作业岗位，应当在其醒目位置，设置警示标识和中文警示说明。警示说明应当载明产生职业病危害的种类、后果、预防以及应急救治措施等内容。

第二十五条 对可能发生急性职业损伤的有毒、有害工作场所，用人单位应当设置报警装置，配置现场急救用品、冲洗设备、应急撤离通道和必要的泄险区。

对放射工作场所和放射性同位素的运输、储存，用人单位必须配置防护设备和报警装置，保证接触放射线的工作人员佩戴个人剂量计。

对职业病防护设备、应急救援设施和个人使用的职业病防护用品，用人单位应当进行经常性的维护、检修，定期检测其性能和效果，确保处于正常状态，不得擅自拆除或者停止使用。

10．用人单位在职业病危害因素日常监测方面的职责

第二十六条 用人单位应当实施由专人负责的职业病危害因素日常监测，并确保监测系统处于正常运行状态。

用人单位应当按照国务院安全生产监督管理部门的规定，定期对工作场所进行职业病危害因素检测、评价。检测、评价结果存入用人单位职业卫生档案，定期向所在地安全生产监督管理部门报告并向劳动者公布。

职业病危害因素检测、评价由依法设立的取得国务院安全生产监督管理部门或者设区的市级以上地方人民政府安全生产监督管理部门按照职责分工给予资质认可的职业卫生技术服务机构进行。职业卫生技术服务机构所做检测、评价应当客观、真实。

发现工作场所职业病危害因素不符合国家职业卫生标准和卫生要求时，用人单位应当立即采取相应治理措施，仍然达不到国家职业卫生标准和卫生要求的，必须停止存在职业病危害因素的作业；职业病危害因素经治理后，符合国家职业卫生标准和卫生要求的，方可重新作业。

11．产生职业病危害的设备或者材料

第三十条 任何单位和个人不得生产、经营、进口和使用国家明令禁止使用的可能产生职业病危害的设备或者材料。

第三十一条 任何单位和个人不得将产生职业病危害的作业转移给不具备职业病防护条件的单位和个人。不具备职业病防护条件的单位和个人不得接受产生职业病危害的作业。

第三十二条 用人单位对采用的技术、工艺、设备、材料，应当知悉其产生的职业病危害，对有职业病危害的技术、工艺、设备、材料隐瞒其危害而采用的，对所造成的职业病危害后果承担责任。

12. 劳动合同

第三十三条　用人单位与劳动者订立劳动合同（含聘用合同，下同）时，应当将工作过程中可能产生的职业病危害及其后果、职业病防护措施和待遇等如实告知劳动者，并在劳动合同中写明，不得隐瞒或者欺骗。

劳动者在已订立劳动合同期间因工作岗位或者工作内容变更，从事与所订立劳动合同中未告知的存在职业病危害的作业时，用人单位应当依照前款规定，向劳动者履行如实告知的义务，并协商变更原劳动合同相关条款。

用人单位违反前两款规定的，劳动者有权拒绝从事存在职业病危害的作业，用人单位不得因此解除与劳动者所订立的劳动合同。

13. 职业卫生培训

第三十四条　用人单位的主要负责人和职业卫生管理人员应当接受职业卫生培训，遵守职业病防治法律、法规，依法组织本单位的职业病防治工作。

用人单位应当对劳动者进行上岗前的职业卫生培训和在岗期间的定期职业卫生培训，普及职业卫生知识，督促劳动者遵守职业病防治法律、法规、规章和操作规程，指导劳动者正确使用职业病防护设备和个人使用的职业病防护用品。

劳动者应当学习和掌握相关的职业卫生知识，增强职业病防范意识，遵守职业病防治法律、法规、规章和操作规程，正确使用、维护职业病防护设备和个人使用的职业病防护用品，发现职业病危害事故隐患应当及时报告。

劳动者不履行前款规定义务的，用人单位应当对其进行教育。

14. 职业健康检查

第三十五条　对从事接触职业病危害的作业的劳动者，用人单位应当按照国务院安全生产监督管理部门、卫生行政部门的规定组织上岗前、在岗期间和离岗时的职业健康检查，并将检查结果书面告知劳动者。职业健康检查费用由用人单位承担。

用人单位不得安排未经上岗前职业健康检查的劳动者从事接触职业病危害的作业；不得安排有职业禁忌的劳动者从事其所禁忌的作业；对在职业健康检查中发现有与所从事的职业相关的健康损害的劳动者，应当调离原工作岗位，并妥善安置；对未进行离岗前职业健康检查的劳动者不得解除或者终止与其订立的劳动合同。

职业健康检查应当由省级以上人民政府卫生行政部门批准的医疗卫生机构承担。

第三十六条　用人单位应当为劳动者建立职业健康监护档案，并按照规定的期限妥善保存。

职业健康监护档案应当包括劳动者的职业史、职业病危害接触史、职业健康检查结果和职业病诊疗等有关个人健康资料。

劳动者离开用人单位时，有权索取本人职业健康监护档案复印件，用人单位应当如实、无偿提供，并在所提供的复印件上签章。

15. 职业病危害事故

第三十七条　发生或者可能发生急性职业病危害事故时，用人单位应当立即采取应急救援和控制措施，并及时报告所在地安全生产监督管理部门和有关部门。安全生产监督管理部门接到报告后，应当及时会同有关部门组织调查处理；必要时，可以采取临时控制措施。卫生行政部门应当组织做好医疗救治工作。

对遭受或者可能遭受急性职业病危害的劳动者，用人单位应当及时组织救治、进行健康检查和医学观察，所需费用由用人单位承担。

第三十七条　发生或者可能发生急性职业病危害事故时，用人单位应当立即采取应急救援和控制措施，并及时报告所在地安全生产监督管理部门和有关部门。安全生产监督管理部门接到报告后，应当及时会同有关部门组织调查处理；必要时，可以采取临时控制措施。卫生行政部门应当组织做好医疗救治工作。

对遭受或者可能遭受急性职业病危害的劳动者，用人单位应当及时组织救治、进行健康检查和医学观察，所需费用由用人单位承担。

16. 劳动者职业卫生保护权利

第三十八条　用人单位不得安排未成年工从事接触职业病危害的作业；不得安排孕期、哺乳期的女职工从事对本人和胎儿、婴儿有危害的作业。

第三十九条　劳动者享有下列职业卫生保护权利：

（1）获得职业卫生教育、培训；

（2）获得职业健康检查、职业病诊疗、康复等职业病防治服务；

（3）了解工作场所产生或者可能产生的职业病危害因素、危害后果和应当采取的职业病防护措施；

（4）要求用人单位提供符合防治职业病要求的职业病防护设施和个人使用的职业病防护用品，改善工作条件；

（5）对违反职业病防治法律、法规以及危及生命健康的行为提出批评、检举和控告；

（6）拒绝违章指挥和强令进行没有职业病防护措施的作业；

（7）参与用人单位职业卫生工作的民主管理，对职业病防治工作提出意见和建议。

用人单位应当保障劳动者行使前款所列权利。

因劳动者依法行使正当权利而降低其工资、福利等待遇或者解除、终止与其订立的劳动合同的，其行为无效。

17.　职业病诊断、鉴定

第四十四条　劳动者可以在用人单位所在地、本人户籍所在地或者经常居住地依法承担职业病诊断的医疗卫生机构进行职业病诊断。

第四十七条　用人单位应当如实提供职业病诊断、鉴定所需的劳动者职业史和职业病危害接触史、工作场所职业病危害因素检测结果等资料；安全生产监督管理部门应当监督检查和督促用人单位提供上述资料；劳动者和有关机构也应当提供与职业病诊断、鉴定有关的资料。

职业病诊断、鉴定机构需要了解工作场所职业病危害因素情况时，可以对工作场所进行现场调查，也可以向安全生产监督管理部门提出，安全生产监督管理部门应当在十日内组织现场调查。用人单位不得拒绝、阻挠。

第四十八条　职业病诊断、鉴定过程中，用人单位不提供工作场所职业病危害因素检测结果等资料的，诊断、鉴定机构应当结合劳动者的临床表现、辅助检查结果和劳动者的职业史、职业病危害接触史，并参考劳动者的自述、安全生产监督管理部门提供的日常监督检查信息等，做出职业病诊断、鉴定结论。

第五十五条　医疗卫生机构发现疑似职业病病人时，应当告知劳动者本人并及时通知用人单位。

用人单位应当及时安排对疑似职业病病人进行诊断；在疑似职业病病人诊断或者医学观察期间，不得解除或者终止与其订立的劳动合同。

疑似职业病病人在诊断、医学观察期间的费用，由用人单位承担。

第五十六条　用人单位应当保障职业病病人依法享受国家规定的职业病待遇。

用人单位应当按照国家有关规定，安排职业病病人进行治疗、康复和定期检查。

用人单位对不适宜继续从事原工作的职业病病人，应当调离原岗位，并妥善安置。

用人单位对从事接触职业病危害的作业的劳动者，应当给予适当岗位津贴。

18.　监督检查

《中华人民共和国职业病防治法》的第六十二条到第六十八条对职业病防工作的监督检查做出了相应规定。

19.　法律责任

《中华人民共和国职业病防治法》的第六十九条到第八十四条中的违法行为及其法律责任做出

了规定。其中，对建设项目未按照规定进行职业病危害预评价、未执行"三同时"规定、职业病防护设施设计不符合国家职业卫生标准和卫生要求、未按照规定对职业病防护设施进行职业病危害控制效果评价、职业病防护设施未按照规定验收合格等违法行为，根据情节严重情况，可以做出给予警告、责令限期改正、罚款、责令停止产生职业病危害的作业、提请有关人民政府按照国务院规定的权限责令停建或关闭。

（二）中华人民共和国劳动法（1995 年 1 月 1 日实施）

为了保护劳动者的合法权益，调整劳动关系，建立和维护适应社会主义市场经济的劳动制度，促进经济发展和社会进步，根据宪法，我国制定了《中华人民共和国劳动法》。

《中华人民共和国劳动法》第六章对劳动安全卫生做出了规定，具体内容见本书第一篇第一章第一节中的第三条。

二、法规

（1）《使用有毒物品作业场所劳动保护条例》（国务院令〔2002〕第 352 号，2002 年 5 月 12 日施行）。

（2）《中华人民共和国尘肺病防治条例》（中华人民共和国国务院国发〔1987〕105 号，1987 年 12 月 3 日施行）。

（3）《国家职业病防治规划（2016～2020 年）》（国务院办公厅国办发〔2016〕100 号，2016 年 12 月 26 日施行）。

三、部门规章

（1）《工作场所职业卫生监督管理规定》（国家安全生产监督管理总局令〔2012〕第 47 号，2012 年 6 月 1 日实施）。

（2）《建设项目职业病防护设施"三同时"监督管理办法》（国家安全生产监督管理总局令〔2017〕第 90 号，2017 年 5 月 1 日实施）。

四、其他指导文件

《职业病危害因素分类目录》（国卫疾控发〔2015〕92 号）。

第三节　职业卫生标准、规范

一、国家标准、规范

GB 5083《生产设备安全卫生设计总则》
GBZ 1《工业企业设计卫生标准》

GBZ 2.1《工作场所有害因素职业接触限值 第 1 部分：化学有害因素》

GBZ 2.2《工作场所有害因素职业接触限值 第 2 部分：物理因素》

GBZ 158《工作场所职业病危害警示标识》

GBZ 188《职业健康监护技术规范》

GBZ 235《放射工作人员职业健康监护技术规范》

GB 50019《工业建筑供暖通风与空气调节设计规范》

GB/T 50087《工业企业噪声控制设计规范》

GBZ/T 181《建设项目职业病危害放射防护评价报告编制规范》

GBZ/T 194《工作场所防止职业中毒卫生工程防护措施规范》

GBZ/T 196《建设项目职业病危害预评价技术导则》

GBZ/T 197《建设项目职业病危害控制效果评价技术导则》

GBZ/T 198《使用人造矿物纤维绝热棉职业病危害防护规程》

GBZ/T 203《高毒物品作业岗位职业病危害告知规范》

GBZ/T 204《高毒物品作业岗位职业病危害信息指南》

GBZ/T 205《密闭空间作业职业危害防护规范》

GBZ/T 223《工作场所有毒气体检测报警装置设置规范》

GBZ/T 229.1《工作场所职业病危害作业分级 第 1 部分：生产性粉尘》

GBZ/T 229.2《工作场所职业病危害作业分级 第 2 部分：化学物》

GBZ/T 229.3《工作场所职业病危害作业分级 第 3 部分：高温》

GBZ/T 229.4《工作场所职业病危害作业分级 第 4 部分：噪声》

GBZ/T 277《职业病危害评价通则》

二、电力行业标准、规范

DL 5454《火力发电厂职业卫生设计规程》

DL/T 325《电力行业职业健康监护技术规范》

DL/T 5035《发电厂供暖通风与空气调节设计规范》

DL/T 1545《燃气发电厂噪声防治技术导则》

DL/T 1518《变电站噪声控制技术导则》

三、国家安全生产管理局标准、规范

AQ/T 4233《建设项目职业病防护设施设计专篇编制导则》

AQ/T 4234《职业病危害监察导则》

AQ/T 4235《作业场所职业卫生检查程序》

AQ/T 4236《职业卫生监管人员现场检查指南》

AQ/T 4269《工作场所职业病危害因素检测工作规范》

AQ/T 4270《用人单位职业病危害现状评价技术导则》

AQ/T 4276《噪声职业病危害风险管理指南》

AQ/T 4280《火力发电企业建设项目职业病危害控制效果评价细则》

AQ/T 8008《职业病危害评价通则》

AQ/T 8009《建设项目职业病危害预评价导则》

AQ/T 8010《建设项目职业病危害控制效果评价导则》

第四节 工作内容及程序

根据《建设项目职业病防护设施"三同时"监督管理办法》（国家安全监管总局令第 90 号，以下简称《办法》），可能产生职业病危害的建设项目，是指存在或者产生职业病危害因素分类目录所列职业病危害因素的建设项目。职业病防护设施，是指消除或者降低工作场所的职业病危害因素的浓度或者强度，预防和减少职业病危害因素对劳动者健康的损害或者影响，保护劳动者健康的设备、设施、装置、建（构）筑物等的总称。

依照《办法》第二条规定，建设项目投资、管理的单位（以下简称建设单位）是建设项目职业病防护设施建设的责任主体。

《办法》第三条规定建设项目职业病防护设施必须与主体工程同时设计、同时施工、同时投入生产和使用（以下统称建设项目职业病防护设施"三同时"）。建设单位应当优先采用有利于保护劳动者健康的新技术、新工艺、新设备和新材料，职业病防护设施所需费用应当纳入建设项目工程预算。

根据《办法》第四条规定，建设单位对可能产生职业病危害的建设项目，应当依照本办法进行职业病危害预评价、职业病防护设施设计、职业病危害控制效果评价及相应的评审，组织职业病防护设施验收，建立健全建设项目职业卫生管理制度与档案。

建设项目职业病防护设施"三同时"工作可以与安全设施"三同时"工作一并进行。建设单位可以将建设项目职业病危害预评价和安全预评价、职业病防护设施设计和安全设施设计、职业病危害控制效果评价和安全验收评价合并出具报告或者设计，并对职业病防护设施与安全设施一并组织验收。

根据《办法》第六条的规定，国家根据建设项目可能产生职业病危害的风险程度，将建设项目分为职业病危害一般、较重和严重 3 个类别，并对职业病危害严重建设项目实施重点监督检查。

一、可行性研究阶段

根据《办法》第九条和第十条的规定，对可能产生职业病危害的建设项目，建设单位应当在建设项目可行性论证阶段进行职业病危害预评价，编制预评价报告。建设项目职业病危害预评价报告应当符合职业病防治有关法律、法规、规章和标准的要求。

根据《办法》第十二条的规定，职业病危害预评价报告编制完成后，属于职业病危害一般或者较重的建设项目，其建设单位主要负责人或其指定的负责人应当组织具有职业卫生相关专业背景的中级及中级以上专业技术职称人员或者具有职业卫生相关专业背景的注册安全工程师（以下统称职业卫生专业技术人员）对职业病危害预评价报告进行评审，并形成是否符合职业病防治有关法律、法规、规章和标准要求的评审意见；属于职业病危害严重的建设项目，其建设单位主要负责人或其指定的负责人应当组织外单位职业卫生专业技术人员参加评审工作，并形成评审意见。

建设单位应当按照评审意见对职业病危害预评价报告进行修改完善，并对最终的职业病危害预评价报告的真实性、客观性和合规性负责。职业病危害预评价工作过程应当形成书面报告备查。

二、初步设计及施工图设计阶段

根据《办法》第十五条的规定，存在职业病危害的建设项目，建设单位应当在施工前按照职业病防治有关法律、法规、规章和标准的要求，进行职业病防护设施设计。

根据《办法》第十七条的规定，职业病防护设施设计完成后，属于职业病危害一般或者较重的建设项目，其建设单位主要负责人或其指定的负责人应当组织职业卫生专业技术人员对职业病防护设施设计进行评审，并形成是否符合职业病防治有关法律、法规、规章和标准要求的评审意见；属于职业病危害严重的建设项目，其建设单位主要负责人或其指定的负责人应当组织外单位职业卫生专业技术人员参加评审工作，并形成评审意见。

建设单位应当按照评审意见对职业病防护设施设计进行修改完善，并对最终的职业病防护设施设计的

真实性、客观性和合规性负责。职业病防护设施设计工作过程应当形成书面报告备查。

三、职业病防护设施施工和竣工验收

建设单位应当按照评审通过的设计和有关规定组织职业病防护设施的采购和施工。

建设项目职业病防护设施设计在完成评审后，建设项目的生产规模、工艺等发生变更导致职业病危害风险发生重大变化的，建设单位应当对变更的内容重新进行职业病防护设施设计和评审。

建设项目职业病防护设施建设期间，建设单位应当对其进行经常性的检查，对发现的问题及时进行整改。

建设项目投入生产或者使用前，建设单位应当依照职业病防治有关法律、法规、规章和标准要求，采取相应的职业病危害防治管理措施。

建设项目在竣工验收前或者试运行期间，建设单位应当进行职业病危害控制效果评价，编制评价报告。建设项目职业病危害控制效果评价报告应当符合职业病防治有关法律、法规、规章和标准的要求。

建设单位在职业病防护设施验收前，应当编制验收方案。建设单位应当在职业病防护设施验收前 20 日将验收方案向管辖该建设项目的安全生产监督管理部门进行书面报告。

属于职业病危害一般或者较重的建设项目，其建设单位主要负责人或其指定的负责人应当组织职业卫生专业技术人员对职业病危害控制效果评价报告进行评审以及对职业病防护设施进行验收，并形成是否符合职业病防治有关法律、法规、规章和标准要求的评审意见和验收意见。属于职业病危害严重的建设项目，其建设单位主要负责人或其指定的负责人应当组织外单位职业卫生专业技术人员参加评审和验收工作，并形成评审和验收意见。

建设单位应当按照评审与验收意见对职业病危害控制效果评价报告和职业病防护设施进行整改完善，并对最终的职业病危害控制效果评价报告和职业病防护设施验收结果的真实性、合规性和有效性负责。

建设单位应当将职业病危害控制效果评价和职业病防护设施验收工作过程形成书面报告备查，其中职业病危害严重的建设项目应当在验收完成之日起 20 日内向管辖该建设项目的安全生产监督管理部门提交书面报告。

电力工程各设计阶段职业卫生工作内容及程序如图 12-1 所示。

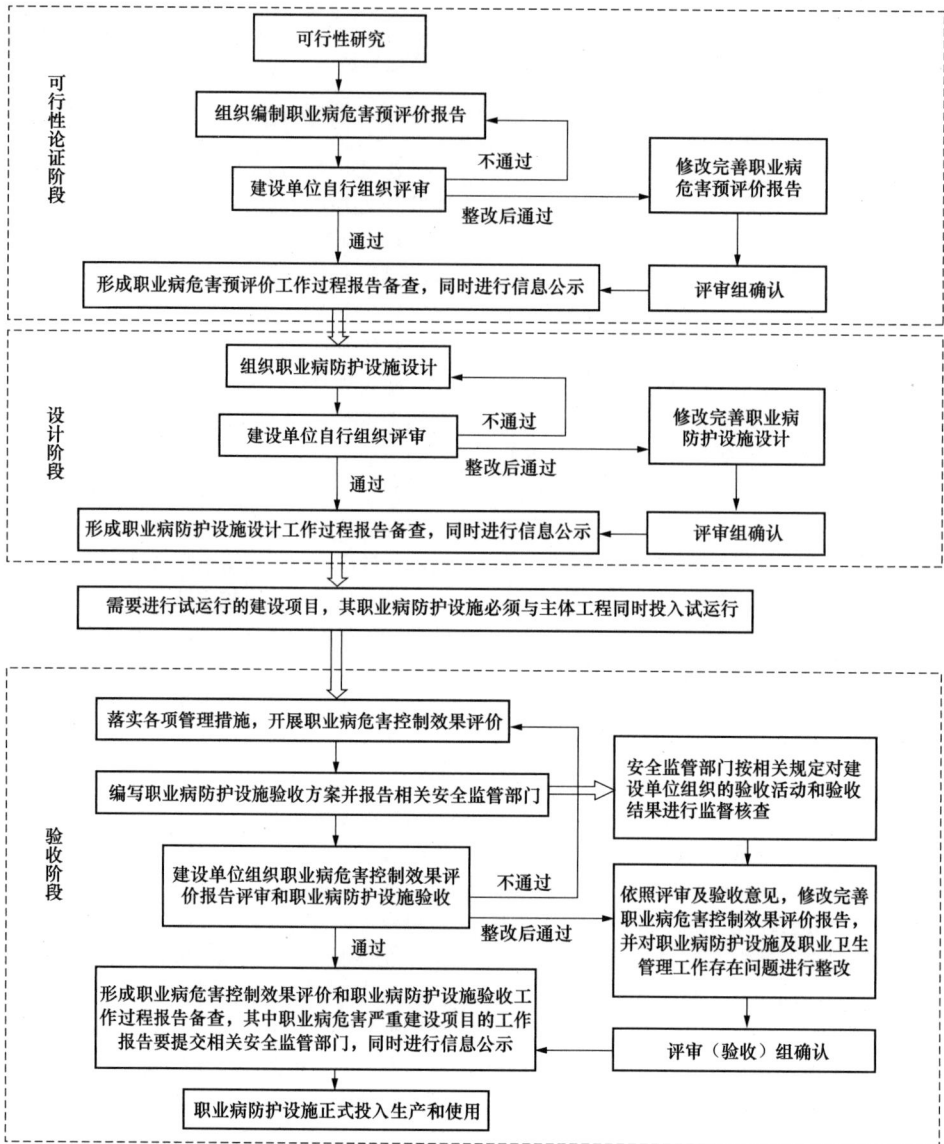

图 12-1　电力工程各设计阶段职业卫生工作内容及程序

第十三章

职业病危害因素及影响

本章依据《职业病危害因素分类目录》（国卫疾控发〔2015〕92 号），对电力工程的职业病危害因素进行了介绍，包括生产过程、劳动作业和检修过程中的职业病危害因素。

第一节　职业病危害因素分析

一、生产过程中职业病危害因素

（一）燃煤电厂可能产生的主要职业病危害因素

粉尘：煤尘、矽尘、石灰石粉尘、石膏尘和其他粉尘等。

化学毒物：一氧化碳、二氧化硫、氮氧化物、氨、硫化氢、盐酸、氢氧化钠、次氯酸钠、六氟化硫及其分解产物、氢氧化钙等。

物理因素：噪声、振动、高温、低温、工频电场。

燃煤电厂生产过程中可能存在的职业病危害因素及分布情况见表 13-1。

（二）燃机电厂可能产生的主要职业病危害因素

化学因素：甲烷、一氧化碳、二氧化硫、氮氧化物、氨、硫化氢、盐酸、氢氧化钠、次氯酸钠、六氟化硫及其分解产物等。

物理因素：噪声、振动、高温、工频电场。

生产中可能存在的职业病危害因素及分布情况见表 13-2。

表 13-1　　　　　　　　　　　　　燃煤电厂生产过程中主要职业病危害因素一览表

序号	单元	岗位		工作场所/设备	工作内容	职业病危害因素
1	运煤系统	卸储煤值班员		翻车机、卸船机、斗轮堆料机、推煤机、煤场等	燃料装卸，堆取，煤场管理等	煤尘、噪声、高温、低温
		输煤值班员		输煤皮带、皮带电机、碎煤机、滚轴筛、燃料集控室	输煤皮带及相应设备巡检、监盘等	煤尘、噪声
		输煤保洁工		输煤栈桥	输煤栈桥清扫	煤尘、噪声、高温、低温
		燃料化验员		煤场、制样间、煤化验室	煤采样、制样、化验等	煤尘、噪声
		地磅员		地中衡控制室	汽车运输的燃料称重	煤尘、噪声
2	锅炉系统	锅炉、汽机房保洁工	值长、单元长、机组长、主控制员、巡检员	锅炉房、汽机房	地面及设备灰尘清理	粉尘、噪声、高温、一氧化碳、二氧化硫、氮氧化物、矽尘
		锅炉运行值班		锅炉及其辅机、运行集控室	锅炉及其辅助设备巡检、监盘	粉尘、噪声、振动、高温、一氧化碳、二氧化硫、氮氧化物、矽尘、柴油
3	汽轮机系统	汽轮机运行值班员		汽轮机及辅机、运行集控室	汽轮机及其辅助设备巡检、监盘	噪声、高温
4	电气系统	电气值班员		发电机、主变压器、厂用变压器、配电室/箱、柴油发电机室、集控室等	设备巡检、监盘	工频电场、高温、噪声、一氧化碳、二氧化硫、氮氧化物、六氟化硫及其分解产物、柴油
5	除灰渣系统	除灰值班员		灰库及其操作室	卸灰操作	矽尘、噪声
		除渣值班员		渣仓及其操作室	卸渣操作	矽尘、噪声、高温
		电除尘值班员		除尘器、除灰渣集控室	除器巡检、监盘	矽尘、噪声、高温

序号	单元	岗位	工作场所/设备	工作内容	职业病危害因素
6	供排水及水处理系统	电厂水处理值班员	水处理车间、酸碱罐区、计量间、水泵间、加药间、水处理集控室等	水处理设备巡检、加药、监盘	噪声、盐酸、硫酸、氢氧化钠、氨、肼（联氨）、二氧化氯、氯、硫化氢、氧化钙、其他粉尘
		电厂水化验员	水化验室	水质分析实验	酸、碱等
		油务员	油化验室	油质分析实验	酸、碱、有机溶剂等
		水处理保洁工	水处理建筑	地面清扫	噪声、其他粉尘
7	脱硫系统	脱硫值班员	石灰石装卸料处、吸收塔、氧化风机、浆液循环泵、石膏脱水机、石膏库	装卸料时溢出、设备运行	石灰石粉尘、石膏粉尘、噪声、高温、一氧化碳、氮氧化物、二氧化硫
8	脱硝系统	脱硝值班员	氨站或尿素存仓、脱硝反应器、脱硝控制室	设备巡检	氨或尿素、噪声、一氧化碳、氮氧化物、二氧化硫
9	辅助生产系统	灰渣场值班员	灰渣场	巡视	矽尘

表 13-2　　　　　　　　　燃机电厂生产过程中主要职业病危害因素一览表

序号	单元	岗位	工作场所/设备	工作内容	职业病危害因素
1	燃料运输系统	燃料运输值班员	空气压缩机、气体调压装置、气体输送管道、各类机泵等	相应设备巡检、监盘、管理等	甲烷、噪声
2	余热锅炉系统	锅炉运行值班		锅炉及其辅机、运行集控室	锅炉及其辅助设备巡检、监盘	噪声、高温、一氧化碳、二氧化硫、氮氧化物
3	汽轮机系统	汽轮机运行值班员	值长、单元长、机组长、主控制员、巡检员	汽轮机及其辅机、运行集控室	汽轮机及其辅助设备巡检、监盘	噪声、高温
4	电气系统	电气值班员		发电机、主变压器、厂用变压器、配电室/箱、柴油发电机室、集控室等	设备巡检、监盘	工频电场、高温、噪声、一氧化碳、二氧化硫、氮氧化物、六氟化硫及其分解产物
5	供排水及水处理系统	电厂水处理值班员	水处理车间、酸碱罐区、计量间、水泵间、加药间、水处理集控室等	水处理设备巡检、加药、监盘	噪声、盐酸、硫酸、氢氧化钠、氨、次氯酸钠、硫化氢、氧化钙
		电厂水化验员	水化验室	水质分析实验	酸、碱等
		油务员	油化验室	油质分析实验	酸、碱、有机溶剂等
		水处理保洁工	水处理建筑	地面清扫	噪声、其他粉尘
6	脱硝系统	脱硝值班员	氨站或尿素存仓、脱硝反应器、脱硝控制室	设备巡检	氨或尿素、噪声、一氧化碳、氮氧化物、二氧化硫

（三）生活垃圾焚烧及生物质燃烧发电厂可能产生的主要职业病危害因素

（1）粉尘：石灰石粉尘、活性炭粉尘、电焊烟尘、其他粉尘。

（2）化学因素：一氧化碳、二氧化硫、氮氧化物、氨、硫化氢、盐酸、氢氧化钠、六氟化硫（SF_6）、氟化氰、氰化氢、（汞、铅、镉）及其化合物、二氧化锡、甲烷、甲硫醇、二噁英、呋喃。

（3）物理因素：噪声、振动、高温、工频电场。

生产过程中可能存在的职业病危害因素及分布情况见表 13-3。

表 13-3 垃圾焚烧电厂生产过程中主要职业病危害因素一览表

序号	单元	岗位		工作场所/设备	工作内容	职业病危害因素
1	燃料运输系统	地磅房值班员		垃圾车、地磅等	燃料卸料、堆取、称重、管理等	粉尘、噪声、硫化氢、氨、甲硫醇、次氯酸钠溶液
		垃圾吊操作工		垃圾吊 垃圾大厅	起重机控制室内接触远程操控设备（包括计算机、显示器、键盘鼠标等），卸料大厅接触垃圾车等	
2	垃圾焚烧系统	焚烧炉、汽机房保洁工	值长、单元长、机组长、主控制员、巡检员	焚烧炉房、汽机房	地面及设备灰尘清理	粉尘、噪声、高温、一氧化碳、二氧化硫、一氧化氮、二氧化氮
		焚烧炉运行值班		焚烧炉及其辅机、运行集控室	焚烧炉及其辅助设备巡检、监盘	噪声、高温、一氧化碳、二氧化硫、氮氧化物、硫化氢、氨、柴油、各种重金属（汞、铅、镉）、二氧化锡、氰化氢、二噁英
3	汽轮机系统	汽轮机运行值班员		汽轮机及辅机、运行集控室	汽轮机及其辅助设备巡检、监盘	噪声、高温
4	电气系统	电气值班员		发电机、主变压器、厂用变压器、配电室/箱、柴油发电机室、集控室等	设备巡检、监盘	工频电场、高温、噪声、一氧化碳、二氧化硫、氮氧化物、六氟化硫及其分解产物
5	除灰渣系统	除灰值班员		灰库及其操作室	卸灰操作	矽尘、噪声、高温
		除渣值班员		渣仓及其操作室	卸渣操作	矽尘、噪声、高温
		电除尘值班员		除尘器、除灰渣集控室	除尘器巡检、监盘	矽尘、噪声、高温
6	供排水及水处理系统	电厂水处理值班员		水处理车间、酸碱罐区、计量间、水泵间、加药间、水处理集控室等	水处理设备巡检、加药、监盘	噪声、盐酸、硫酸、氢氧化钠、氨、二氧化氯、氯、硫化氢、氧化钙、其他粉尘
		电厂水化验员		水化验室	水质分析实验	酸、碱等
		油务员		油化验室	油质分析实验	酸、碱、有机溶剂等
		水处理保洁工		水处理建筑	地面清扫	噪声、其他粉尘
7	烟气处理系统	烟气处理值班员		石灰粉、活性炭装卸料处、吸收塔、氧化风机、浆液循环泵、布袋除尘器	装卸料时溢出、设备运行	噪声、高温、氢氧化钙、石灰粉尘、活性炭粉尘、二氧化硫、二氧化氮、硫化氢、氨、各种重金属（汞、铅、镉）、二氧化锡、氰化氢、二噁英
8	污水处理系统	污水处理值班员		渗沥液处理、生活污水处理等	加料处、污水处理池	硫化氢、甲烷、氨、氯化氢、氢氧化钠
9	辅助生产系统	灰渣场值班员		灰渣场	巡视	矽尘

（四）生物质发电厂可能产生的主要职业病危害因素

（1）粉尘：稻物粉尘、石灰粉尘、活性炭粉尘、电焊烟尘、其他粉尘。

（2）化学因素：一氧化碳、二氧化硫、氮氧化物、氨、硫化氢、盐酸、氢氧化钠、六氟化硫（SF_6）。

生物质电站生产过程中主要职业病危害因素见表 13-4。

表 13-4 生物质电站生产过程中主要职业病危害因素一览表

序号	单元	岗位	工作场所/设备	工作内容	职业病危害因素
1	燃料运输系统	燃料运输工	运输车等	解袋、燃料储存、落料斗口、燃料送输、料仓供料巡视、清洁	稻物粉尘(稻壳尘和秸秆尘)、微生物(真菌和嗜热防线菌孢子)、噪声、高温(夏季露天操作)
		卸料操作工	料仓落料斗	原料装卸、清洁、管理等	
2	锅炉燃烧系统	锅炉、汽机房保洁工	锅炉房、汽机房	地面及设备灰尘清理	粉尘、噪声、振动、高温、一氧化碳、二氧化硫、一氧化氮、二氧化氮、柴油
		锅炉运行值班	锅炉及其辅机、运行集控室	锅炉及其辅助设备巡检、监盘	噪声、高温、振动、一氧化碳、二氧化硫、氮氧化物
3	汽轮机系统	汽轮机运行值班员	值长、单元长、机组长、主控制员、巡检员	汽轮机及辅机、运行集控室	汽轮机及其辅助设备巡检、监盘	噪声、高温
4	电气系统	电气值班员		发电机、主变压器、厂用变压器、配电室/箱、柴油发电机室、集控室等	设备巡检、监盘	工频电场、高温、噪声、一氧化碳、二氧化硫、一氧化氮、二氧化氮、六氟化硫及其分解产物
5	除灰渣系统	除灰值班员	灰库及其操作室	卸灰操作	矽尘、噪声、高温
		除渣值班员	渣仓及其操作室	卸渣操作	矽尘、噪声、高温
		电除尘值班员	除尘器、除灰渣集控室	除尘器巡检、监盘	矽尘、噪声、高温
6	供排水及水处理系统	电厂水处理值班员	水处理车间、酸碱罐区、计量间、水泵间、加药间、水处理集控室等	水处理设备巡检、加药、监盘	噪声、盐酸、硫酸、氢氧化钠、氨、二氧化氯、氯、硫化氢、氧化钙、其他粉尘
		电厂水化验员	水化验室	水质分析实验	酸、碱等
		水处理保洁工	水处理建筑	地面清扫	噪声、其他粉尘
7	烟气处理系统	烟气处理值班员	石灰粉、吸收塔、氧化风机、浆液循环泵、布袋除尘器	装卸料时溢出、设备运行	噪声、高温、氢氧化钙、石灰粉尘、二氧化硫、氮氧化物、氨
8	污水处理系统	污水处理值班员	废水处理、生活污水处理等	加料处、污水处理池	硫化氢、甲烷、氨、氯氢、氢氧化钠
9	辅助生产系统	灰渣场值班员	灰渣场	巡视	矽尘

二、劳动作业过程中职业病危害因素

火电厂劳动过程中可能存在的职业性有害因素主要包括:不合理的生产组织和作息制度,以及显示装置、控制台、座椅等不符合人机工效学的设计。

火电厂生产组织大多采用五班三运转或五班四运转制,每班工人工作时间 6～8h,工人可得到较为充分的休息,由于生产作业和作息制度不合理造成的对工人健康的损害较小。

火电厂自动化程度较高,工人工作时多数时间在控制室从事视屏操作。由于长时间采用坐姿工作,如果控制台、显示装置及座椅的设计不符合人机工效学的原理,可能使工人发生视力疲劳、下背痛、腕管综合症、颈肩腕综合症等工作相关疾病。

三、检修过程中职业病危害因素

1. 日常维修

在机械维修过程中可能有少量的电焊作业,产生电焊烟尘、锰、一氧化碳、氮氧化物、臭氧、紫外辐射等危害因素;拆开或更换热水或蒸汽管道等保温层时,可能产生岩棉粉尘;打磨作业产生金属粉尘和强噪声及手传振动;汽轮机调节系统采用抗燃油作为介质,其成分为三芳基磷酸酯,具有腐蚀刺激性,在补充抗燃油、检修抗燃油站、油管过程中,可能接触抗燃油油雾;但这些作业频率低,接触时间较短,对作业人员的健康影响相对较小。

在对氨、盐酸、氢氧化钠、次氯酸钠等腐蚀刺激性物料介质的设备或管道进行维修作业时,空气中氨、盐酸、次氯酸钠的浓度可能较高，也可能直接接触到腐蚀刺激性物料。

2. 大修

大修时电焊作业、拆装保温层、打磨、换抗燃油、调试柴油发电机等作业接触与日常维修作业时相同的有害因素。

设备、管线焊接点探伤过程可能使用探伤机，产生射线。

对容器或管道进行外表面补漆作业时，在配漆和油漆过程中有机溶剂易挥发到空气中。

进入锅炉内作业时接触煤灰尘；各除尘器及通风管道等检维修时接触相应的粉尘。

废水池和污水池沉积污泥后在细菌的作用下可产生硫化氢。在进行清淤作业时，可能接触硫化氢。

检修时接触的职业病危害因素分析见表13-5。

表13-5　　检修时职业病危害因素分析

序号	岗位	工作场所/设备	工作内容	职业病危害因素
1	卸储煤设备检修工	翻车机、斗轮机等	设备检维修	煤尘、噪声
2	输煤机械检修工	输煤皮带、皮带电机、碎煤机、电磁除铁器	设备检维修	煤尘、噪声、电磁场、高温、低温
3	锅炉本体检修工	锅炉本体	锅炉本体检维修	粉尘、噪声、高温、一氧化碳、二氧化硫、氮氧化物
4	锅炉辅机检修工	给煤机、风机、除渣机等	锅炉辅机设备检维修	粉尘、噪声、高温
5	管阀检修工	锅炉、汽机房	汽水系统管阀等设备检维修	噪声、高温、低温
6	除灰渣设备检修工	灰库、仓泵、渣仓、输灰管道等	除灰、除渣设备检维修	粉尘、噪声
7	除尘设备检修工	除尘器	除尘器设备检维修	粉尘、噪声、高温
8	脱硫检修工	石灰石（粉）装卸处、吸收塔、氧化风机、浆液循环泵、石膏脱水机、石膏库等	设备检维修	噪声、石灰石粉尘、石膏粉尘、一氧化碳、一氧化氮、二氧化氮、二氧化硫
9	汽轮机本体检修工	汽轮机	汽轮机转子、汽缸等设备检维修	噪声、高温
10	汽轮机调速系统检修工	液压保安系统、DEH调节和配汽系统、供油系统	设备检维修	噪声、高温
11	水泵检修工	汽机房、水泵间等	水泵检维修	噪声、高温、低温
12	汽轮机辅机检修工	凝汽器、加热器、除氧器等	设备检维修	噪声、高温
13	电机检修工	发电机、电动机、变压器等	设备检修	噪声、高温、工频电场
14	电焊工	电焊作业点	电焊作业	电焊烟尘、锰及其无机化合物、一氧化碳、氮氧化物、臭氧、噪声、紫外辐射、高温
15	油漆工	油漆作业点	油漆作业	苯、甲苯、二甲苯等有机毒物
16	保温工	汽水管道、烟道等	拆装保温层	粉尘、高温、噪声
17	水处理检修工	废水池和污水池	清淤作业等	硫化氢

四、职业病危害因素分类

依据《职业病危害因素分类目录》（国卫疾控发〔2015〕92号），职业病危害因素共分为六大类，分别为52项粉尘因素、375项化学因素、15项物理因素、8项放射性因素、6项生物因素、3项其他因素。火电厂可能涉及的职业危害因素见表13-6～表13-8。

表13-6　火电厂可能涉及的职业危害因素（粉尘）

序号	名　称	CAS号
1	矽尘（游离 SiO_2 含量不小于10%）	14808-60-7
2	煤尘	
3	电焊烟尘	
4	活性炭粉尘	64365-11-3

续表

序号	名　称	CAS 号
5	石膏粉尘（硫酸钙）	10101-41-4
6	石灰石粉尘	1317-65-3
7	岩棉粉尘	
8	以上未提及的可导致职业病的其他粉尘	

表 13-7　　火电厂可能涉及的职业危害因素（化学因素）

序号	名称	CAS 号
1	一氧化碳	630-08-0
2	二氧化硫	7446-9-5
3	氮氧化物	
4	氨	7664-41-7
5	硫化氢	7783-6-4
6	氢氧化钠	1310-73-2
7	六氟化硫	2551-62-4
8	肼	302-01-2
9	锰及其化合物	7439-96-5（锰）
10	汞及其化合物	7439-97-6（汞）
11	铅及其化合物（不包括四乙基铅）	7439-92-1（铅）
12	镉及其化合物	7440-43-9（镉）
13	甲硫醇	74-93-1

续表

序号	名称	CAS 号
14	苯	71-43-2
15	甲苯	108-88-3
16	二甲苯	1330-20-7
17	三甲苯磷酸酯	1330-78-5
18	氯气	7782-50-5
19	柴油	

表 13-8　　火电厂可能涉及的职业危害因素（物理因素）

序号	名　称
1	噪声
2	高温
3	振动
4	低温
5	工频电磁场
6	以上未提及的可导致职业病的其他物理因素

第二节　职业病危害因素对人体健康的影响

依据《职业病分类和目录》（国卫疾控发〔2013〕48 号），火电厂职业危害因素可能导致的职业病见表 13-9。

表 13-9　　火电厂主要职业病危害因素可能导致的职业病

序号	名　称		侵入途径	可能导致的职业病
1	粉尘	煤尘	经呼吸道吸入	煤工尘肺
2		矽尘	经呼吸道吸入	矽肺
3		石灰石粉尘	经呼吸道吸入	—
4		石膏粉尘	经呼吸道吸入	—
5		电焊烟尘	经呼吸道吸入	电焊工尘肺
6		岩棉粉尘	经呼吸道吸入	石棉肺
7		活性炭粉尘	经呼吸道吸入	
8	化学因素	一氧化碳	经呼吸道吸入	一氧化碳中毒
9		二氧化硫	经呼吸道吸入	二氧化硫中毒
10		氮氧化物	经呼吸道吸入	氮氧化合物中毒
11		氨	经呼吸道吸入、经皮肤或眼接触	氨中毒；化学性皮肤灼伤；化学性眼部灼伤
12		硫化氢	经呼吸道吸入、经皮肤或眼接触	硫化氢中毒

续表

序号	名称		侵入途径	可能导致的职业病
13	化学因素	盐酸	经呼吸道吸入、经皮肤或眼接触	氯化氢中毒； 化学性皮肤灼伤； 化学性眼部灼伤； 牙酸蚀病
14		硫酸	经皮肤或眼接触	化学性皮肤灼伤； 化学性眼部灼伤； 牙酸蚀病
15		氢氧化钠	经皮肤或眼接触	化学性皮肤灼伤； 化学性眼部灼伤
16		次氯酸钠	经呼吸道吸入、经皮肤或眼接触	急性化学物中毒性呼吸系统疾病； 化学性皮肤灼伤； 化学性眼部灼伤
17		氯气	经呼吸道吸入、经皮肤或眼接触	氯气中毒； 化学性皮肤灼伤； 化学性眼部灼伤
18		氢氧化钙	经呼吸道吸入、经皮肤或眼接触	急性化学物中毒性呼吸系统疾病； 化学性皮肤灼伤； 化学性眼部灼伤
19		六氟化硫	经呼吸道吸入、经皮肤或眼接触	氟及其无机化合物中毒
20		三甲苯磷酸酯	经呼吸道吸入、经皮肤或眼接触	三甲苯磷酸酯中毒
21		肼	经呼吸道吸入、经皮肤接触	急性化学物中毒性呼吸系统疾病； 接触性皮炎
22		锰	经呼吸道吸入	锰及其化合物中毒
23		汞	经呼吸道吸入	汞及其化合物中毒
24		铅	经呼吸道吸入	铅及其化合物中毒
25		镉	经呼吸道吸入	镉及其化合物中毒
26		甲硫醇	经呼吸道吸入	急性化学物中毒性呼吸系统疾病
27		苯、甲苯、二甲苯	经呼吸道吸入	苯、甲苯、二甲苯中毒
28	物理因素	噪声	经听力	噪声聋
29		振动	经手传	手臂振动病
30		高温	经皮肤间接	中暑
31		低温	经皮肤间接	冻伤
32		工频电磁场	—	—

以下分别介绍各类职业病危害因素对人体健康的影响。

一、粉尘

1. 煤尘

长期在煤尘多的地方会造成肺部的广泛纤维化，是肺的顺应性以及弹性降低影响肺的正常功能，这种疾病叫作尘肺，严重的会造成外呼吸功能障碍，甚至呼吸衰竭。

尘肺的发生主要取决于煤尘的累积暴露量和所暴露煤尘的性质和种类，其中煤尘中游离 SiO_2 的含量是其发病的重要因素。早期，煤工尘肺病人多半没有临床症状，随着病人年龄的增长及尘肺病变的进展，逐渐出现呼吸道的症状，诸如咳嗽、咳痰、胸闷、气短等。这些症状常与气候变化以及并发慢性支气管炎有关。晚期煤工尘肺病人的咳嗽、咳痰症状较多，程度加重，咳出的多半是黑色黏液状痰，合并肺部感染时，上述症状加重，甚至影响病人的日常活动。

2. 矽尘

长期吸入生产性粉尘可引起以肺组织纤维性病变为主的全身性慢性疾病尘肺。吸入的生产性粉尘中游离二氧化硅含量越高，对肺脏致纤维化作用越强，危害越大，易引起矽肺。矽肺的发生发展及病变程度与肺内粉尘蓄积量有关。矽肺发病较缓慢，接触较低浓度二氧化硅粉尘多在 15～20 年后才发病，确诊后即使脱离粉尘作业，病变仍可继续发展。

3. 石灰石粉尘

石灰石粉尘是一种惰性粉尘，吸入这种粉尘肺组织可引起：①气腔结构保持完整而无变化；②不产生胶原纤维；③肺组织的反应是可逆的。因此，石灰石粉尘对人体危害较小。

4. 石膏尘

石膏尘可引起肺组织异物反应及轻微纤维化病变的肺粉尘沉着症。引起非特异性慢性阻塞性肺病。对呼吸道黏膜、眼结膜、手面部皮肤的直接刺激和损害作用，引起慢性鼻炎、咽炎、眼结膜炎、皮脂腺囊肿、痤疮、皮肤干燥角化等。生物学作用及其对工人健康的影响与其理化性质、在空气中的浓度、分散度、作业人员的接尘时间及防尘措施等有密切关系。

5. 电焊烟尘

在温度高达 3000～6000℃的电焊过程中，焊接原材料中金属元素的蒸发气体，在空气中迅速氧化、凝聚，从而形成金属及其化合物的微粒。这种烟尘含有二氧化硅、氧化锰、氟化物、臭氧、各种微量金属和氮氧化物的混合物烟尘或气溶胶，逸散在作业环境中，吸入这种烟尘会引起头晕、头痛、咳嗽、胸闷气短等，长期吸入会造成肺组织纤维性病变，即焊工尘肺，且常伴随锰中毒、氟中毒和金属烟热等并发症。电焊工尘肺的发病发展缓慢，病程较长，一般发病工龄为 15～25 年。

6. 岩棉粉尘

呼吸系统危害：接触玻璃棉、岩棉、矿棉的工人均可出现 X 线胸片改变，即尘肺改变。对接触玻璃纤维工人肺活检病理检查表明，肺组织内有玻璃纤维尘细胞灶，胶元轻度增生，肺癌、肺脓肿。接触高浓度玻璃纤维尘的工人，出现上呼吸道刺激症状和哮喘发作。

眼睛岩棉及黏膜危害：接触玻璃纤维等工人可患结膜炎和角膜炎，严重者可见角膜混浊和局部脓肿。自患者眼内可以冲洗出直径 3μm 以下的纤维。对患者眼球的病理检查，可见角膜上皮细胞增生，结膜液黏蛋白含量增加，表明是机械性刺激作用。

7. 活性炭粉尘

活性炭粉尘外观为黑色粉末或颗粒状。属基本无毒的物质，但有时从原料中夹杂无机物，对皮肤、黏膜及呼吸道有一定刺激。湿的活性炭需要从空气中除去氧，在安全密闭的容器内氧的消耗会造成有毒的环境。

二、化学因素

1. 一氧化碳

（1）理化特性。

分子式：CO。

分子量：28.01。

外观与性状：无色、无臭、无刺激性的气体。

熔点：−199.1℃。

沸点：−191.4℃。

相对密度（水的相对密度为1）：0.793（液体）。

相对蒸汽密度（空气的相对蒸汽密度为1）：0.967。

溶解性：在水中的溶解度低，但易被氨水吸收。

稳定性：稳定。

（2）职业危害。

急性毒性：小鼠吸入 LC_{50}（呼吸道吸入半数致死浓度）：$2300～5700mg/m^3$。

一氧化碳经呼吸道进入机体后，与机体内的氧竞争血液的血红蛋白，形成碳氧血红蛋白，破坏了血红蛋白正常的携氧功能，造成组织缺氧，引起人员中毒。

轻度中毒表现为头痛、头昏、心悸、四肢无力、恶心、呕吐、烦躁、步态不稳及轻度意识障碍；中度中毒还可出现面色潮红、多汗及轻（中）度昏迷；重度中毒时意识障碍严重，呈深度昏迷或植物状态。检查可见瞳孔缩小、腱反射迟钝。部分急性中毒患者昏迷苏醒后，经 2～30 天的假愈期后，出现迟发脑病；部分患者还可表现为锥体外系或/和锥体系神经损害。

长期接触低浓度 CO 可引起头晕、记忆力减退等脑衰弱综合征，此外可引起心肌损害。

2. 二氧化硫

（1）理化特性。

分子式：SO_2。

分子量：64.06。

外观与性状：无色气体，具辛辣及窒息性气味。

熔点：−75.5℃。

沸点：−10℃。

相对密度（水的相对密度为1）：1.43（液体）。

相对蒸汽密度（空气的相对蒸汽密度为1）：2.26。

溶解性：易溶于水。

稳定性：稳定。

（2）职业危害。

急性毒性：大鼠吸入 LC_{50}：$6600mg/m^3$（1h）；IDLH（立即威胁生命和健康浓度）：$261mg/m^3$（100ppm）。

二氧化硫易被黏膜的湿润表面所吸收形成亚硫酸，一部分进而氧化为硫酸，它对呼吸道及眼具有强烈刺激作用。

轻度中毒时发生流泪、畏光、咳嗽，常为阵发性干咳，鼻、咽、喉部烧灼样痛，声音嘶哑，甚至有呼吸短促、胸痛、胸闷，有时还出现消化道症状（如恶心、呕吐、上腹痛），以及全身症状（如头痛、头昏、全身无力等）；大量吸入可引起肺水肿、喉水肿、声带痉挛而致窒息。

长期吸入低浓度本品可有头昏、头痛、乏力等全身症状，常有鼻炎、咽喉炎、支气管炎、嗅觉和味觉减退等症状，个别人易诱发支气管哮喘。

3. 氮氧化物

氮氧化物是氮和氧化合物的总称。氮氧化物包括多种化合物。接触到的氮氧化物主要是 NO_2 和 NO。氮氧化物中除 NO_2 外均极不稳定，NO 遇水汽和氧即转化为 NO_2。

（1）NO_2 理化特性。

分子式：NO_2。

分子量：46.01。

外观与性状：黄褐色液体或气体，有刺激性气味。

熔点：−9.3℃。

沸点：22.4℃。

相对密度（水的相对密度为1）：1.45。

相对蒸汽密度（空气的相对蒸汽密度为1）：3.2。

溶解性：微溶于水。

稳定性：稳定。

（2）职业危害。

急性毒性：大鼠吸入 LC_{50}：126mg/m^3（4h）。

吸入少量氮氧化物可出现胸闷、咳嗽、咳痰等，伴有头痛、头晕、乏力等症状；中度中毒时可出现呼吸困难、胸部紧缩感、咳嗽加剧，并有轻度紫绀，两肺可出现干啰音或散在湿啰音；重度中毒者呼吸窘迫，咳大量白色或粉红色泡沫痰，明显紫绀，两肺可闻干湿啰音，或出现急性呼吸窘迫综合征，甚至昏迷或窒息。在急性期后可出现迟发性阻塞性毛细支气管炎。

长期接触低浓度的氮氧化物，可有上呼吸道黏膜刺激症状，引起慢性咽喉炎、支气管炎和肺水肿，有人还有神衰症状，如头昏、头痛、无力、失眠、食欲减退等以及慢性呼吸道炎症。

4. 氨

（1）理化特性。

分子式：NH_3。

分子量：17.03。

外观与性状：无色有刺激性恶臭的气体。

熔点：−77.7℃。

沸点：33.5℃。

相对密度（水的相对密度为1）：0.82。

相对蒸汽密度（空气的相对蒸汽密度为1）：0.6。

溶解性：极易溶于水而形成氨水，呈强碱性，能碱化脂肪。

稳定性：正常情况下不稳定，450～500℃时分解为氢和氮。

（2）职业危害。

1）吸入的危害表现。

氨的刺激性是可靠的有害浓度报警信号。但由于嗅觉疲劳，长期接触后对低浓度的氨会难以察觉。吸入是接触的主要途径，吸入氨气后的中毒表现主要有：①轻度吸入氨中毒表现有鼻炎、咽炎、喉痛、发音嘶哑。氨进入气管、支气管会引起咳嗽、咯痰、痰内有血。②严重时可咯血及肺水肿，呼吸困难、咯白色或血性泡沫痰，双肺布满大、中水泡音。患者有咽灼痛、咳嗽、咳痰或咯血、胸闷和胸骨后疼痛等。

急性吸入氨中毒的发生多由意外事故（如管道破裂、阀门爆裂等）造成。急性氨中毒主要表现为呼吸道黏膜刺激和灼伤。其症状根据氨的浓度、吸入时间以及个人感受性等而轻重不同。

急性轻度中毒：咽干、咽痛、声音嘶哑、咳嗽、咳痰，胸闷及轻度头痛，头晕、乏力，支气管炎和支气管周围炎。

急性中度中毒上述症状加重，呼吸困难，有时痰中带血丝，轻度发绀，眼结膜充血明显，喉水肿，肺部有干湿性啰音。

急性重度中毒：剧咳，咯大量粉红色泡沫样痰，气急、心悸、呼吸困难，喉水肿进一步加重，明显发绀，或出现急性呼吸窘迫综合症、较重的气胸和纵隔气肿等。

严重吸入中毒可出现喉头水肿、声门狭窄以及呼吸道黏膜脱落，可造成气管阻塞，引起窒息。吸入高浓度的氨可直接影响肺毛细血管通透性而引起肺水肿，可诱发惊厥、抽搐、嗜睡、昏迷等意识障碍。个别病人吸入极浓的氨气可发生呼吸心跳停止。

2）皮肤和眼睛接触的危害表现。

低浓度的氨对眼和潮湿的皮肤能迅速产生刺激作用。潮湿的皮肤或眼睛接触高浓度的氨气能引起严重的化学烧伤。急性轻度中毒：流泪、畏光、视物模糊、眼结膜充血。

皮肤接触可引起严重疼痛和烧伤，并能发生咖啡样着色。被腐蚀部位呈胶状并发软，可发生深度组织破坏。

高浓度蒸气对眼睛有强刺激性，可引起疼痛和烧伤，导致明显的炎症并可能发生水肿、上皮组织破坏、角膜混浊和虹膜发炎。轻度病例一般会缓解，严重病例可能会长期持续，并发生持续性水肿、疤痕、永久性混浊、眼睛膨出、白内障、眼睑和眼球粘连及失明等并发症。多次或持续接触氨会导致结膜炎。

5. 硫化氢

（1）理化特性。

分子式：H₂S。

分子式：H_2S。

分子量：34.08。

外观与性状：无色有恶臭的气体。

熔点：−85.5℃。

沸点：60.4℃。

相对蒸汽密度（空气的相对蒸汽密度为1）：1.19。

溶解性：易溶于水、乙醇。

稳定性：稳定。

（2）职业危害。

1）急性中毒。硫化氢是强烈的神经毒物，其中枢神经系统损害最为常见，对黏膜也有明显的刺激作用。其急性作用特点是，较低浓度时即可引起对呼吸道及眼黏膜的局部刺激作用，浓度越高，全身性作用越明显，表现为中枢神经系统症状和窒息症状。

2）慢性中毒。长期接触低浓度 H_2S 可引起眼及呼吸道慢性炎症，甚至可致角膜糜烂或点状角膜炎。全身可出现类神经症、中枢性自主神经功能紊乱，也可损害周围神经。

6. 盐酸

（1）理化特性。

分子式：HCl。

分子量：36.46。

外观与性状：无色或微黄色发烟液体，有刺鼻的酸味。

熔点：−114.8℃。

沸点：108.6℃。

相对密度（水的相对密度为1）：1.20。

相对蒸汽密度（空气的相对蒸汽密度为1）：1.26。

溶解性：与水混溶，溶于碱液。

稳定性：稳定。

（2）职业危害。

氯化氢遇水可生成盐酸，接触氯化氢气体或盐酸烟雾后可迅速出现眼和上呼吸道刺激症状，眼睑红肿、结膜充血、水肿，鼻、咽部有烧灼感及红肿，甚至发生喉痉挛、喉头水肿，严重者则引起化学性肺炎和肺水肿。皮肤受本品污染后，暴露部位可发生皮炎，局部潮红、痛痒，或出现丘疹及水疱。眼和皮肤直接接触处可发生灼伤。

慢性影响：长期接触，引起慢性鼻炎、慢性支气管炎、牙齿酸蚀症及皮肤损害。

7. 硫酸

（1）理化特性。

分子式：H₂SO₄。

分子式：H_2SO_4。

分子量：98.08。

外观与性状：无色透明油状液体，无臭。

熔点：10.5℃。

沸点：330℃。

相对密度（水的相对密度为1）：1.83。

相对蒸汽密度（空气的相对蒸汽密度为1）：3.4。

溶解性：与水混溶。

稳定性：稳定。

（2）职业危害。

对皮肤、黏膜等组织有强烈的刺激和腐蚀作用。对眼睛可引起结膜炎、水肿、角膜浑浊，以致失明。吸入时，引起呼吸道刺激症状，重者发生呼吸困难和肺水肿。高浓度可引起喉痉挛或声门水肿而死亡。慢性吸入可导致牙齿酸蚀症、慢性支气管炎、肺水肿。

8. 氢氧化钠

（1）理化特性。

分子式：NaOH。

分子量：40.01。

外观与性状：白色不透明固体，易潮解。

熔点：318.4℃。

沸点：1390℃。

相对密度（水的相对密度为1）：2.12。

溶解性：易溶于水、乙醇、甘油、不溶于丙酮。

稳定性：稳定。

（2）职业危害。

氢氧化钠易溶于水，同时放热，它具有腐蚀和刺激作用。皮肤接触高浓度氢氧化钠，特别是皮肤潮湿时，能引起比酸更深而广泛的灼伤。经常接触氢氧化钠的工人，可见有不同程度的慢性皮肤病，在前臂和手部有深浅不一的"鸟眼状"溃疡。这种溃疡易感染。即使和很稀的 NaOH 溶液接触也会使指甲变薄、变脆。氢氧化钠对眼的损害尤其严重，即使很少量的氢氧化钠进入眼中也是很危险的。如果氢氧化钠很稀，初诊时眼组织损害较轻微，但是眼角膜的浸润可以在几天内出现，这种迟发性损害往往易被忽视。浓度高的氢氧化钠可在数分钟内使整个角膜表面出现凝固性坏死和伴有广泛性结膜坏死，有大量脓性分泌物排出。氢氧化钠引起眼灼伤的特征性表现是角膜和框内组织损伤，很快导致视力丧失。

9. 次氯酸钠

（1）理化特性。

分子式：NaClO。

分子量：74.45。

外观与性状：微黄色溶液或白色粉末（固体），有似氯气的气味。

熔点：−6℃。

沸点：102.2℃。

相对密度（水的相对密度为1）：1.10。

溶解性：溶于水。

稳定性：不稳定。

（2）职业危害。

次氯酸钠的腐蚀性与苛性钠相当，加入酸则游离次氯酸而刺激皮肤和黏膜，但很快使表皮钝化，几乎不会因吸收而引起全身中毒。溅入眼中将引起角膜病害。吸入次氯酸钠雾滴，则刺激气管黏膜。

10. 六氟化硫

（1）理化特性。

分子式：SF_6。

分子量：146.05。

外观与性状：无色无臭气体。

熔点：$-62℃$。

沸点：$-51℃$。

相对密度（水的相对密度为1）：1.67。

相对蒸汽密度（空气的相对蒸汽密度为1）：5.11。

溶解性：微溶于水、乙醇、乙醚，可溶于氢氧化钾。

稳定性：稳定。

（2）职业危害。

六氟化硫具有良好的电气绝缘性能及优异的灭弧性能，是一种优于空气和油之间的新一代超高压绝缘介质材料。六氟化硫纯品，毒性较低、性状稳定，但人在吸入80%六氟化硫和20%的氧气的混合气体几分钟后，人体会出现四肢麻木，轻度兴奋症状。一旦六氟化硫气体遇到高热、高温（如电弧），会产生出副产物—氧化硫和氟化氢气体。它们与未分解的六氟化硫气体共存，此时就有三种毒气存在。氧化硫是一种硫酸酐，易被人体湿润的黏膜表面吸收生成硫酸和亚硫酸，对眼和呼吸道黏膜有强烈的刺激作用，具体表现为流泪、咳嗽、喉灼痛、眼结膜及呼吸道刺痛等症状。遇到人体的汗液，会使人的皮肤红肿。氟化氢易溶于水。同样易被人体湿润的黏膜表面吸收而生成氢氟酸，它对人体中眼和呼吸道的危害同氧化硫一样，但危害更大。氢氟酸常被用于刻蚀玻璃，可见它的腐蚀性极大。若遇到人的汗液，在人的皮肤表面形成氢氟酸，它能穿透皮肤表面向深层渗透，形成溃疡和坏死，且不易治愈。若骨骼损害引起氟骨病，将无法复原。

11. 肼（联氨）

（1）理化特性。

分子式：H_4N_2，NH_2NH_2。

分子量：32.05。

外观与性状：无色发烟液体，有氨的臭味。

熔点：1.4℃。

沸点：113.5℃。

相对密度（水的相对密度为1）：1.01。

相对蒸汽密度（空气的相对蒸汽密度为1）：1.11。

溶解性：与水混溶，溶于醇、液氨等多数有机溶剂。

稳定性：稳定。

（2）职业危害。

肼属中等毒类，可经皮肤、消化道或呼吸道吸收。吸入气体后可出现头晕、头痛、乏力、恶心、呕吐及眼和上呼吸道黏膜刺激症状（如眼痛、眼胀、双眼异物感），咽痛、咳嗽，伴呼吸困难，严重时可引起肺水肿。有的发生肝功能异常和贫血。皮肤接触可引起接触性皮炎和过敏性湿疹样皮损等。肼对人的慢性毒作用主要表现为类神经症以及贫血和肝功能障碍等。

12. 氰化氢

（1）理化特性。

分子式：HCN。

分子量：27.03。

外观与性状：无色气体或液体，有苦杏仁味。

熔点：$-13.4℃$。

沸点：26℃。

相对密度（水的相对密度为1）：0.697。

相对蒸汽密度（空气的相对蒸汽密度为1）：0.93。

溶解性：能溶于水。

稳定性：不稳定。

（2）职业危害。

IDLH：$55mg/m^3$（50ppm）；急性毒性：小鼠经口LD_{50} 3.7mg/kg；大鼠吸入 LC_{50} 156.2mg/m^3（142ppm）（30min）。高浓度吸入或大量口服后立即昏迷、呼吸停止，于数分钟内死亡（猝死）。非骤死者临床表现分为4期：前驱期有黏膜刺激、呼吸加快加深、乏力、头痛。呼吸困难期有呼吸困难、血压升高、皮肤黏膜呈鲜红色等。惊厥期出现抽搐、昏迷、呼吸衰竭。麻痹期全身肌肉松弛，呼吸心跳停止而死亡。

皮肤或眼接触可引起灼伤，也可吸收致中毒。

13. 锰

（1）理化特性。

分子式：Mn。

分子量：54.94。

外观与性状：银灰色粉末。

熔点：1260℃。

沸点：1900℃。

相对密度（水的相对密度为1）：7.2。

溶解性：易溶于酸。

稳定性：稳定。

（2）职业危害。

大量吸入高浓度无机锰化合物烟尘可引起轻度呼吸道刺激症状，少数可致"金属烟热"；锰中毒主要危害为慢性中毒，早期表现为类神经症和自主神经功能障碍，之后可出现椎体外系神经障碍的症状和体征。重度中毒者常伴精神病状，并可出现椎体束神经损害。

14. 汞

（1）理化特性。

分子式：Hg。

分子量：200.59。

外观与性状：银白色液体金属，在常温下可挥发。

熔点：-38.9℃。

沸点：356.9℃。

相对密度（水的相对密度为1）：13.55

相对蒸汽密度（空气的相对蒸汽密度为1）：7.0。

溶解性：不溶于水、盐酸、稀硫酸，溶于浓硝酸，易溶于浓硫酸。

稳定性：稳定。

（2）职业危害。

急性吸入高浓度汞蒸气时，可出现头痛、头晕、恶心、呕吐、腹泻、腹痛、全身酸痛、寒战等症状。长期接触一定浓度汞蒸气可引起神经精神障碍、震颤、口腔炎、肾脏损害等症状。

15. 铅

（1）理化特性。

分子式：Pb。

分子量：207.2。

外观与性状：灰白色质软的粉末，切削面有光泽，延性弱，展性强。

熔点：327℃。

沸点：1620℃。

相对密度（水的相对密度为1）：11.34。

溶解性：不溶于水、稀硫酸，溶于硝酸、热浓硫酸、碱液。

稳定性：稳定。

（2）职业危害。

急性中毒的机会较少。铅对全身都有毒性作用，但以神经系统、血液和心血管系统为甚。长期接触可出现头痛、头昏、乏力、失眠等中枢神经系统症状；系统损害主要表现为食欲不振、口内金属味、腹胀、恶心、便秘等，严重者出现腹绞痛，此外可引起造血系统、肾脏等器官损害。

16. 镉

（1）理化特性。

分子式：Cd。

分子量：112.41。

外观与性状：呈银白色，略带淡蓝光泽，质软，富有延展性。

熔点：320.9℃。

沸点：765℃。

相对密度（水的相对密度为1）：8.64。

溶解性：不溶于水，溶于酸、硝酸铵和热硫酸。

稳定性：稳定。

（2）职业危害。

吸入高浓度镉烟即刻可有眼、咽部刺激症状，口腔有金属味。一般经数小时至24小时的潜伏期，可出现咽痛、咳嗽、胸部紧束感伴疼痛、逐渐加重的呼吸困难以及乏力、头痛、寒战、发热、肌肉关节酸痛等症状。严重者1~3日内逐渐加重，发生急性化学性支气管肺炎和肺水肿，而出现剧烈咳嗽、咯大量痰、呼吸困难、发绀、高热，甚可引起呼吸及循环衰竭。肺部可闻干湿啰音。X线摄片可见两肺散在斑片状阴影。一般经两周时间可恢复。偶有合并肝、肾衰竭。少数病例可发生肺纤维化，而遗留肺通气功能障碍。

口服镉化物后经数分钟至数小时出现恶心、呕吐、流涎、腹痛、腹泻、里急后重等症状，重者可伴有乏力、头痛、大汗淋漓、眩晕、感觉障碍、肌肉酸痛、抽搐等表现。可因失水而发生虚脱。经治疗，一般在2~3日内恢复。

17. 甲硫醇

（1）理化特性。

分子式：CH_4S。

分子量：48.1。

外观与性状：无色气体，有不愉快的气味。

熔点：-123.1℃。

沸点：7.6℃。

相对密度（水的相对密度为1）：8.64。

相对蒸汽密度（空气的相对蒸汽密度为1）：1.66。

溶解性：不溶于水，溶于酸、硝酸铵和热硫酸。

稳定性：稳定。

（2）毒理性资料：LC_{50}：1325mg/m^3（大鼠吸入）。

（3）职业危害。

吸入后可引起头痛、恶心及不同程度的麻醉作用；高浓度吸入可引起呼吸麻痹而死亡。

18. 二噁英

二噁英（Dioxin）是多氯二苯并二噁英和多氯二苯并呋喃的总称，属于氯代环三芳烃类化合物。二噁英类无色无味，是一种含氯、有剧毒的有机化合物，其分子构成较繁多，各种异构体的毒性有所差异，其中毒性最强的是2、3、7、8-四氯二苯并对二噁英。

二噁英为脂溶性，易积累于生物体内的脂肪组织中，不易被降解和排出，在人和动物体内不断蓄积达到高浓度。它可经皮肤、黏膜、呼吸道、消化道进入体内，可造成免疫力下降、内分泌紊乱，高浓度二噁英可引起人的肝、肾损伤及生殖毒性。暴露在含有二噁英类的环境中，可引起皮肤痤疮、头痛、失聪、忧郁、失眠等症状，并可能导致染色体损伤、心力衰竭等。其最大危险是具有不可逆的致畸、致癌、致突变毒性。

三、物理因素

1. 噪声

作业场所中的强噪声可干扰语言交流、影响工作效率、分散注意力，甚至由此引发意外伤害事故等。噪声可能导致的职业病为噪声聋。

长期在较高强度噪声环境下工作可使听力受损，噪声对神经系统的影响可表现为头痛、头晕、耳鸣、心悸、睡眠障碍等神经症候群；对心血管系统的影响可表现为血压和心率的改变，如血压升高、心率增快或减慢；对消化系统的影响表现为胃肠功能紊乱，如食欲下降、恶心消瘦等。噪声强度过大还可引起视觉反应时间延长。长期在高强度噪声环境下工作可导致听力损失，甚至噪声性耳聋。现场调查表明，接触噪声作业工人中，耳鸣、耳聋、神衰综合征检出率随噪声强度增加而增加。同样的噪声，接触时间越长对人体影响越大，噪声性耳聋的发生率与工龄有密切关系，缩短接触时间有利于减轻噪声的危害。

2. 振动

生产中由生产工具、设备等产生的振动称生产性振动。

振动对人体各系统均可产生影响，按其作用于人体的方式，可分为全身振动和局部振动。生产中常见的职业性危害因素是局部振动。局部振动也称手传振动。表现出对人体组织的交替压缩与拉抻，并向四周传播。振动对人体各系统影响表现在：①引起脑电图改变；条件反射潜伏期改变；交感神经功能亢进；血压不稳、心律不稳等；皮肤感觉功能降低，如触觉、温热觉、疼觉，尤其是振动感觉最早出现迟钝。②40～300Hz 的振动能引起四周毛细血管形态和张力的改变，表现为末梢血管痉挛、脑血流图异常；心脏方面可出现心动过缓、窦性心律不齐和房内、室内、房室间传导阻滞等。③握力下降。④40Hz 以下的大振幅振动易引起骨和关节的改变，骨的 X 光底片上可见到骨质疏松、骨关节变形和坏死等。⑤振动引起的听力变化以 125～250Hz 频段的听力下降为特点，但在早期仍以高频段听力损失为主，而后才出现低频段听力下降。振动和噪声有联合作用。⑥长期使用振动工具可产生局部振动病。局部振动病是以末梢循环障碍为主的疾病，也可累及肢体神经及运动功能。发病部位一般多在上肢末端，典型表现为发作性手指变白（简称白指）。我国1957 年就将局部振动病定为职业病。

在《职业病危害因素分类目录》中，振动列为可导致手臂振动职业病危害因素。

3. 高温

高温作业时，人体可出现一系列生理功能改变。主要为体温调节、水盐代谢、循环、消化、神经、泌尿等系统的适应性变化。这些变化如果超过一定限度，则可产生不良影响。

中暑是指在高温作业场所劳动一定时间后，出现头昏、头痛、口渴、多汗、全身疲乏、心悸、注意力不集中、动作不协调等症状，体温正常或略有升高。轻症中暑除中暑先兆的症状加重外，出现面色潮红、大量出汗、脉搏快速等表现，体温升高至38.5℃以上。重症中暑可分为热射病、热痉挛和热衰竭三型，也可出现混合型。

职业性中暑是高温作业环境下，由于热平衡和水盐代谢紊乱而引起的以中枢神经系统和心血管障碍为主要表现的急性疾病。

在《职业病危害因素分类目录》中，高温被列为可能导致职业性中暑、职业性白内障的职业病危害因素。

4. 低温

作业人员在严寒季节进行露天作业时，由于防护不当将会造成低温危害。低温作业人员受环境低温影响，操作功能随温度的下降而明显下降。如手皮肤温度降到 15.5℃时操作功能开始受影响，降到 10～12℃时触觉明显减弱，降到 4～5℃时几乎完全失去触觉的鉴别能力和知觉；手部温度降到 8℃，即使（涉及触觉敏感性的）粗糙作业也会感到困难。

低温对人体的危害表现为：寒冷对机体的有害作用统称为冷伤。冷伤可分为全身性冷伤和局部性冷伤两类。人体在低温环境暴露时间不长时能依靠温度调节系统使人体深部温度保持稳定。但暴露时间较长时中心体温逐渐降低就会出现一系列的低温症状，出现呼吸和心率加快、颤抖等，继而出现头痛等不适反应。当中心体温降到 30～33℃时，肌肉由颤抖变为僵直，失去产热的作用。长期在低温高湿条件下劳动易引起肌痛、肌炎、神经痛、神经炎、腰痛和风湿性疾病等。

5. 工频电磁场

高压输变电设备产生的工频电磁场对作业人员会产生一定影响。当电流密度为 0.1～1.0mA/cm^2 时，人的神经系统即开始出现反应。当人或动物触摸电场中对地绝缘的导电体时，会发生电击现象，电击电流的大小取决于场强的大小、物体的尺寸、物体和人体或动物对地绝缘的程度，心室纤颤是电流引起动物死亡的主要原因。

四、不合理的人机工效学设计对人体健康的危害

火电厂可能存在的不合理的人机工效学设计对人体健康的危害见表13-10。

表 13-10　不合理的人机工效学设计对健康的危害

不合理的人机工效学设计种类	对人体健康的危害
显示装置设计	指针式仪表设计中刻度盘、刻度和刻度线的、文字符号、指针等的设计，以及电子显示屏幕上显示的字符形状、大小、颜色、亮度、对比度和屏幕角度的设计，如设计不合理，则可能使工作人员产生视觉疲劳、神经处于应激状态等生理或与心理的不良后果，影响工作效率和身心健康
控制台、座椅的设计	颈、肩、腕部疼痛、疲乏、活动受限及局部压痛等，同时可有头昏、头胀、失眠、眼睛胀痛、视力疲劳及其他慢性肌肉骨骼损伤

续表

第十四章

厂址选择及厂区总平面布置的职业卫生要求

厂址选择及厂区总平面布置应结合拟建建设项目生产过程的卫生特征及其对环境的要求、职业性有害因素的危害状况，结合建设地点现状与当地政府的整体规划，以及水文、地质、气象等因素，进行综合分析而确定，并应依据 GB 50187《工业企业总平面设计规范》、GB/T 50087《工业企业噪声控制设计规范》、DL 5454《火力发电厂职业卫生设计规程》及相关的卫生、安全生产和环境保护等法律法规、标准。

第一节 对厂址选择的要求

一、一般规定

（1）厂址选择宜避开可能产生或存在危害健康的场所和设施，如垃圾填埋场、污水处理厂、气体输送管道，以及水、土壤可能已被原工业企业污染的地区。由于建设工程需要难以避开的，应首先进行卫生学评估，并根据评估结果采取必要的控制措施。设计单位应明确要求施工单位和建设单位制定施工期间和投产运行后突发公共卫生事件应急救援预案。

（2）在同一工业区内布置不同卫生特征的工业企业时，宜避免不同有害因素产生交叉污染和联合作用。

（3）煤电联营或煤电一体化的火电厂，宜考虑矿区对厂区的影响。

（4）厂址的选择应利用天然缓冲地域。

二、自然条件的限制性规定

（1）厂址选择宜避开自然疫源地，对于因建设工程需要等原因不能避开的，应设计具体的疫情综合预防控制措施。

（2）根据《中华人民共和国卫生法》规定：在发生疫情或特殊时期，县级以上卫生行政部门应当按照法律法规的规定和上级卫生行政部门的政策，负责本辖区的卫生防疫、医疗卫生等工作，并按最新政策向上级报告。建设项目应遵照相关主管部门要求配合疫情控制。

三、厂址对附近居民及其他设施的影响

（1）厂址选择应符合 GBZ 1《工业企业设计卫生标准》的规定，与周围环境相协调，并与被保护对象留有足够的卫生防护距离。卫生防护距离为产生有害因素的部门（车间或工段）的边界至居住区边界的最小距离。卫生防护距离的确定，应满足 GB 50187《工业企业总平面设计规范》的要求。

（2）厂址选择应符合所在区域总体城市规划和工业布局的要求，且不宜在噪声敏感建筑物集中区域选址。

（3）向大气排放有害物质的工业企业应设在当地夏季最小频率风向被保护对象的上风侧，并应符合国家规定的卫生防护距离要求，以避免与周边地区产生相互影响。对于目前国家尚未规定卫生防护距离要求的，宜进行健康影响评估，并根据实际评估结果做出判定。

（4）根据 GB 18083《以噪声污染为主的工业企业卫生防护距离标准》要求，火力发电厂在选址时，应充分利用地形地貌及其他建筑物的声障作用，在防护地带内有条件时应加强绿化。

（5）卫生防护距离用地应利用原有绿地、水塘、河流、耕地、山岗和不利于建筑房屋的地带。在卫生防护距离内不应设置永久居住的房屋。

（6）火力发电厂有害气体主要有 SO_2、NO_x、烟尘、CO 等，其与居住区之间的卫生防护距离应按 GB/T 3840《制定地方大气污染物排放标准的技术方法》和 GBZ 1《工业企业设计卫生标准》的规定设置。

四、周边工矿企业对厂址的影响

（1）厂址选择宜避免与粉尘、毒物和噪声等职业病危害较严重的企业为邻，应避免与有可能发生危险化学品泄漏的企业、仓库等为邻；当无法避免时，应根据有关规范要求，保持足够的防护距离。

（2）燃机电厂选择厂址时应避开空气经常受悬浮固体颗粒物严重污染的地区。

第二节 对总平面及主要建（构）筑物布置的要求

一、厂区总平面布置一般规定

（1）厂区总平面布置应符合 GBZ 1《工业企业设计卫生标准》、GB 50187《工业企业总平面设计规范》和 DL 5454《火力发电厂职业卫生设计规程》等有关标准、规范的规定。同时也应满足 GB 50229《火力发电厂与变电站设计防火规范》、GB 50660《大中型火力发电厂设计规范》、GB 50016《建筑设计防火规范》和 DL/T 5032《火力发电厂总图运输设计技术规程》的具体要求。

（2）厂区总平面布置应根据生产工艺系统所产生的职业病危害因素，综合考虑布置。总平面布置在满足工艺要求的前提下，应将产生高噪声、振动的车间与低噪声或无噪声、振动的车间分开，产生高热的车间与普通车间分开，产生粉尘的车间与产生毒物的车间分开。高噪声与振动、高热和产生粉尘、毒物的车间应远离附建（构）筑物布置。

（3）厂区总平面布置应做到功能分区明确。生产区宜布置在当地全年最小频率风向的上风侧；散发有害物和产生有害因素的车间，应位于相邻车间全年最小频率风向的上风侧；附属建（构）筑物宜布置在厂区最小频率风向的下风侧。

（4）厂区总平面布置应考虑防噪、防振。在满足工艺要求的前提下，宜使防噪、防振要求高的建筑物远离噪声源和振动源。产生生产性噪声的车间宜远离其他非噪声作业车间、行政区和生活区。

（5）生产过程中储存、使用有毒物质、危险化学品的建（构）筑物等，宜布置在厂区的边缘地带。如项目与具有发生危险化学品泄漏的其他企业、仓库等为邻，上述建（构）筑物应布置在远离周边危险源的厂区的边缘地带。

（6）根据 GB 18083《以噪声污染为主的工业企业卫生防护距离标准》的要求，应把噪声污染源布置在当地常年最小风向频率方向的上风向，并应与职工宿舍保持足够的间距。

（7）厂前行政管理和生活服务设施的布置。

1）发电厂的厂前行政管理和生活服务设施应符合总体规划的原则，各建筑物的平面与空间组合应与周围环境和城市（镇）建设相协调。

2）行政管理和生活服务设施包括综合办公楼、食堂、浴室、汽车库、消防车库及自行车棚等建筑，可集中布置在厂区主要出入口附近。

3）行政管理和生活服务设施应位于储煤场、油罐区、酸、碱罐区等散发粉尘和有害物质最小频率风向的下风侧。

（8）生产区主要通道宽度，应按规划容量并根据通道两侧建（构）筑物防火和卫生要求、工艺布置、人流和车流、各类管线敷设宽度、绿化美化设施布置、竖向布置以及预留发展用地等经计算确定。

二、竖向布置一般规定

（1）厂区竖向布置应符合 GBZ 1《工业企业设计卫生标准》的规定。

（2）放散大量热量或有害气体的厂房宜采用单层建筑。当厂房是多层建筑物时，放散热和有害气体的生产过程宜布置在建筑物的高层。如必须布置在下层时，应采取有效措施防止污染上层工作环境。

（3）噪声与振动较大的生产设备宜安装在单层厂房内。当设计需要将这些生产设备安置在多层厂房内时，宜将其安装在底层，并采取有效的隔声和减振措施。

（4）含有挥发性气体、蒸气的各类管道不宜从仪表控制室和劳动者经常停留或通过的辅助用室的空中和地下通过；若需通过时，应严格密闭，并应具备抗压、耐腐蚀等性能，以防止有害气体或蒸气逸散至室内。

三、主要建（构）筑物及设备的布置

（1）主要建筑物和有特殊要求的主要车间的朝向，应为自然通风和自然采光提供良好条件。汽机房、办公楼等建筑物，宜避免西晒。有风沙、积雪的地区，宜采取措施减少有害影响。

（2）炎热地区主厂房布置时，其横轴宜与当地夏季主导风向相垂直。当受条件限制时，其角度不宜小于 45°。

（3）燃料设施宜布置在厂区全年最小频率风向的上风侧。运煤综合楼宜靠近运煤系统布置，并远离粉尘及噪声源。

（4）电厂化学的化验室宜布置在振动影响和粉尘污染较小的地段。

（5）屋内、外配电装置宜布置在循环水冷却设施冬季主导风向的上风侧，并位于产生有腐蚀性气体及粉尘的建（构）筑物常年最小频率风向的下风侧。

（6）自然通风冷却塔和机力通风冷却塔，应考虑噪声对厂区作业环境及周边环境的影响进行布置。

（7）废污水处理车间（站）及污水泵房宜布置在全年主导风向的下风侧的厂区边缘。

（8）采用烟气脱硫的火电厂，其石灰石（粉）储存设施、浆液制备设施的布置应考虑噪声及粉尘对厂区的影响。

（9）采用负压气力除灰的火电厂，负压风机房、灰库应布置在炉后，并靠近除尘器。当采用正压气力除灰时，空气压缩机房应靠近除尘器布置，灰库宜布置在交通方便和对环境污染影响小的边缘地带。

若采用水运，灰库应靠近码头。运灰、渣的专用汽车库，可设在生产区内沿送灰道路靠灰库附近。

（10）采用循环流化床锅炉的火电厂，其石灰石系统设施在结合输煤系统设施布置的同时，应考虑噪声及粉尘对厂区的影响。

（11）液氨储存及氨气制备区的布置应符合下列条件：

1）厂区全年最小频率风向的上风侧；

2）厂区边缘相对独立的安全地带；

3）远离生产行政管理和生活服务设施人流出入口；

4）与周边村镇或居住区、工矿企业、公共建筑物、交通线、江河等保持足够的安全距离。

（12）地处山区或丘陵地区的火电厂，液氨储存及氨气制备区应避免布置在窝风地带。且厂区排洪沟不宜通过液氨储存及氨气制备区域。

（13）邻近江河湖泊的火电厂，采用 SCR 法脱硝时，液氨储存及氨气制备区应采取防止泄漏的氨水液体流入水域的措施。

第三节　对管线、厂内运输道路布置及绿化的要求

一、管线布置与敷设

（1）管线布置与敷设应满足 GB 50187《工业企业总平面设计规范》、DL/T 5032《火力发电厂总图运输设计技术规程》和 DL 5454《火力发电厂职业卫生设计规程》等的要求。

（2）输送具有毒性、腐蚀性介质的管线及其沟道，禁止穿越与其无关的建（构）筑物、生产装置及储罐区等。具有酸性或碱性的腐蚀性介质管道，应布置在其他管沟下面。

（3）液氨及氨气输送管线应架空或沿地敷设，必须采用管沟敷设时，应采取防止气液在管沟内积聚的措施。横穿铁路或道路时，应敷设在管涵或套管内。氨气管不应和电力电缆、热力管道敷设在同一管沟内。

液氨储存及氨气制备区四周不应设置环绕的地面或低支架敷设管道。

（4）煤气管、天然气管、热力管等宜架空敷设。

（5）给水管道宜布置在排水管道之上；生产、生活、消防给水管和雨水、污水排水管等宜直埋地下敷设。

（6）架空管线及地下管线的布置应流程合理并便于施工及检修。当管道发生故障时，不致发生次生灾害，特别是防止污水渗入生活给水管道和有害、易燃气体渗入其他沟道和地下室内，不应危及生活用水和邻近建（构）筑物基础的安全。

（7）管线设计，应根据选择输送介质在管道内的流速；管道截面不宜突变；管道连接宜采用顺流走向；阀门宜选用低噪声产品。

（8）管道与强烈振动的设备连接，采用柔性连接。辐射强噪声的管道，宜布置在地下或采取隔声、消声处理措施。

二、厂内运输道路

（1）厂内运输道路设计应满足 GB 50187《工业企业总平面设计规范》、GBJ 22《厂矿道路设计规范》、DL/T 5032《火力发电厂总图运输设计技术规程》和 DL 5454《火力发电厂职业卫生设计规程》等的要求。

（2）生产区主要通道宽度，应按规划容量并根据通道两侧建（构）筑物防火和卫生要求、工艺布置、人流和车流、各类管线敷设宽度、绿化美化设施布置、竖向布置以及预留发展用地等经计算确定。

（3）厂内道路与铁路线路交叉时，应设置道口。道口的设置应符合 GB 4387《工业企业厂内铁路、道路运输安全规程》的有关规定。新建厂的铁路线路与道路交叉点，可考虑设置立体交叉；不能设置立体交叉时，对人流量和高峰小时人流量较大的道口，应设置人行天桥或地道，并附设引导栏杆。

（4）采用液氨脱硝的火电厂，液氨宜采用公路运输，其运输道路应远离生产行政管理和生活服务设施，道路的最大纵坡不得大于 6%。

采用铁路运输液氨的火电厂，其运输线不应通过助燃油储存区。

三、绿化

（一）一般规定

（1）绿化布置应根据项目所在区域的特性结合生产过程所产生的危害物质特点，合理规划绿化区，选择当地适生树、草种，提出绿化方案。

（2）绿化布置应符合下列要求：

1）减轻生产过程所产生的烟、尘、灰有害气体和噪声污染，净化空气，保护环境，改善卫生条件；

2）调节气温、湿度和日晒，抵御风沙，改善小区气候；

3）美化厂容，创造良好工作、生活环境。

（3）绿化布置的平面规划与空间组织，应与发电厂建筑群体和环境相协调，合理确定各类树木的比例与配置方式。

（4）绿化布置应在不增加建设用地前提下，充分

利用厂（站）区场地和进厂（站）道路两侧进行绿化。

（5）绿化树种的选择，应根据树木所处环境和自然条件确定。

（二）绿化设计

（1）发电厂的绿化布置应满足 DL 5454《火力发电厂职业卫生设计规程》和 DL/T 5032《火力发电厂总图运输设计技术规程》的要求。

（2）应根据发电厂规划容量、生产特点、总平面及管线布置、环境保护、美化厂容的要求和当地自然条件、绿化状况，因地制宜地统筹规划，分期实施。

扩建和改建发电厂宜保留原有的绿地和树木。

（3）发电厂的进厂主干道、主要建筑入口附近、储煤场周围等宜进行重点绿化。

1）厂区主要出入口、主要建筑入口附近的绿化宜配置观赏和美化效果好的树种。

2）储煤场、干灰作业场、碎煤机室等散发粉尘的场所，宜选择抗 SO_2 性强、具有滞尘效果的常绿乔木。

3）煤场盛行风向上风侧必要时宜设置半通透结构的防风林，煤场与其他区域之间宜设置防护林带或防风抑尘墙。

（4）主厂房区宜进行重点绿化。汽机房外侧管廊应结合地下设施布置进行绿化，并满足带电安全间距的要求。汽机房外侧管廊等地下设施集中处的绿化，宜选择低矮、根系浅的灌木及花草。

（5）屋外配电装置内的空地绿化应以覆盖地被类植物为主，也可种植少量灌木或花卉。

（6）空气压缩机室两侧宜布置防噪绿篱，压缩空气、氢气储气罐的向阳面宜用绿化遮阳。空气压缩机室、试验室等对空气清洁度要求较高的建筑附近不应种植散布花絮、绒毛等污染空气的树木。

（7）冷却塔区的空地在不影响冷却效果和不污染水质的前提下宜进行绿化。冷却塔区空地的绿化宜选择喜湿、常绿的灌木及地被类植物。

（8）化学水处理室周围、酸碱罐区应种植抗酸碱性强的树木。

（9）多风沙地区的发电厂，应在厂区外迎风侧设置防护林带。

（10）沿江、河、湖、海发电厂的堤坝及取、排水建（构）筑物的岸边宜进行绿化。挡土墙、护坡宜进行垂直绿化。

（11）树木与建（构）筑物及地下管线的间距，应按表 14-1 确定。

表 14-1　树木与建（构）筑物和地下管线的间距表　　（m）

序号	建（构）筑物外墙和地下管线名称	最小间距	
		至乔木中心	至灌木中心
1	建筑物外墙：有窗	3.0～3.5	1.5
2	建筑物外墙：无窗	2.0	1.5
3	挡土墙顶内和墙脚外	2.0	0.5
4	高 2m 及以上的围墙	2.0	1.0
5	标准轨铁路中心线	5.0	3.5
6	道路路面边缘	1.0	0.5
7	排水明沟边缝	1.0	0.5
8	人行道边缘	0.5	0.5
9	给水管	1.0～1.5	不限
10	排水管	1.5	不限
11	热力管	2.0	2.0
12	煤气管	2.0	1.5
13	压缩空气管	1.5	1.0
14	电缆	2.0	0.5
15	冷却塔	进风口高度的1.5 倍	不限
16	天桥、栈桥的柱及电杆中心	2.0～3.0	不限

第十五章

火力发电厂职业病危害因素的防护设施

第一节　防止粉尘危害的措施

本节主要包括燃煤电厂运煤、卸煤系统、储煤场、除灰渣系统、石灰石储存、制备及运输系统的粉尘防治设施设计；以及垃圾焚烧电厂及生物质电厂粉尘防治设施设计。

一、运煤、卸煤系统

运煤、卸煤系统的防止粉尘危害的措施以 DL/T 5187.2《火力发电厂运煤设计技术规程　第 2 部分：煤尘防治》、DL/T 5187.1《火力发电厂运煤设计技术规程　第 1 部分：运煤系统》和 DL 5454《火力发电厂职业卫生设计规程》为设计依据。

（1）运煤系统煤尘综合防治设计及工作场所煤尘浓度限值应符合下述标准：

1）煤尘中含有 10%及以上游离二氧化硅时，工作地点空气中 8h 时间加权平均的总尘浓度不应大于 $1mg/m^3$，呼吸性粉尘浓度不应大于 $0.7mg/m^3$；短时间接触容许总尘浓度不应大于 $2mg/m^3$，短时间接触容许呼吸性粉尘浓度不应大于 $1.4mg/m^3$。

2）煤尘中含有 10%以下游离二氧化硅时，工作地点空气中 8h 时间加权平均的总尘浓度不应大于 $4mg/m^3$，呼吸性粉尘浓度不应大于 $2.5mg/m^3$；短时间接触容许总尘浓度不应大于 $8mg/m^3$，呼吸性粉尘浓度不应大于 $5mg/m^3$。

（2）运煤系统机械除尘系统的排风应采用有组织排放，排气筒的设置和排放浓度应符合下列规定：

1）除尘器排气筒高度不应小于 15m，且高出所在建筑物屋面的高度不宜小于 2m；

2）排气筒最高允许排放速率应满足 GB 16297《大气污染物综合排放标准》的要求；

3）煤尘中含有 10%及以上游离二氧化硅时，排气筒排放浓度不应大于 $30mg/m^3$；

4）煤尘中含有 10%以下游离二氧化硅时，排气筒排放浓度不应大于 $60mg/m^3$。

（3）运煤建筑物内布置的除尘器排气筒应接至室外安全地点，当除尘设备的排气筒无法排向大气而直接排入工作场所时，排气筒粉尘排放浓度不应大于工作场所粉尘允许浓度的 30%。

（4）在满足工艺功能要求的前提下，运煤系统的设计应满足下列防尘要求：

1）卸煤场所宜设置挡风抑尘设施；

2）宜采用封闭储煤方式；

3）运煤流程应减少转运环节；

4）运煤系统的设备、物料转运点管道、导料槽和带式输送机应有密闭、防尘和防止撒落煤的措施；

5）筒仓和原煤仓的入料口宜采用半封闭措施。

（5）运煤系统中的落煤管法兰连接处及各运煤设备检查门四周应设置密封设施。

（6）采用移动带式输送机或卸料车卸煤时，落煤口宜设置密封设施。

（7）采用犁式卸料器卸煤时，落煤管应装设锁气挡板。

（8）带式输送机导料槽落料点煤流下落不对中时，可在进入导料槽的落煤管端部加设具有纠正煤流功能的设备。

（9）带式输送机头部滚筒处，应装设输送带承载面清扫器，头部漏斗内部清扫下来的煤不应造成二次堆积。带式输送机尾部的输送带回程段或其他改向滚筒前应装设输送带空段清扫器。

（10）当采用普通落煤管落差大于 4m 时，落煤管出口宜设置缓冲锁气器；当落差大于 10m 时，落煤管中部可增设缓冲锁气器或缓冲滚筒。

（11）带式输送机尾部受料点宜布置缓冲床，缓冲床长度宜按大于 1.2 倍带宽设置。

（12）转运站受料点宜设置采取密闭措施的容积式导料槽。

（13）容积式导料槽内应在吸尘罩前后及落灰管前后设置橡胶挡帘。导料槽出口煤流上部分应采用金属板封闭，金属板下边缘与煤流之间应采用梳状橡胶挡帘封闭。

（14）容积式导料槽内可在吸尘罩前设置一级惯性降尘装置。

（15）翻车机、汽车卸煤区、叶轮给煤机、转运点、碎煤机及原煤仓入料口等局部扬尘点，宜根据煤尘特性设置微雾抑尘系统。

（16）易受环境风速影响的扬尘点周围区域宜采取防风措施，进行局部封闭。

（17）缝式煤槽下通廊应设通风换气设施。

（18）缝式煤槽出口应加设挡煤帘或挡煤板，挡煤帘或挡煤板上方应设置悬挂装置。

（19）缝式煤槽上口或螺旋卸车机上宜设置喷水抑尘装置。

（20）卸煤沟的地下部分、运煤隧道及地下转运站等，应设置通风除尘装置，并采取防潮设施。

二、储煤场及其他

（1）储煤场应设有适当的防尘措施。堆煤作业可采取降低落煤高度和喷水抑尘等措施。储煤场应设置能覆盖全部煤堆的洒水系统，洒水系统的布置不应妨碍煤场设备的正常运行。

（2）煤筛及碎煤机前后的落煤管和钢煤斗应采取密封措施。

（3）露天或封闭煤场均宜设置覆盖整个煤堆面积的煤场喷淋设施或射雾器，其中煤场喷淋设施可兼作原煤加湿设施。

（4）露天煤场周围应设置防风抑尘网。

（5）悬臂式斗轮堆取料机和门式斗轮堆取料机上应设有喷水抑尘装置，堆取料机宜根据煤尘特性设置微雾抑尘系统。

（6）当采用抓斗式或连续式卸船机卸煤时，应选用在设备本体的落煤点处带有喷雾装置的机型。

（7）采用装卸桥煤场时，在装卸桥受煤斗上、下部给煤机向地面带式输送机给料处，宜采取抑尘措施。

（8）采用圆形煤场时，储煤场的堆料机无变幅机构在高位堆料时，在卸料处应设有伸缩落煤管及抑尘措施。

（9）当前后带式输送机为垂直交叉布置时，应降低转运点落差，但不宜采用可逆短带式输送机。

（10）当采用移动带式输送机或卸料车卸煤时，应有落煤口的密封措施。带式输送机卸料滚筒处，应装设胶带承载面清扫器。在尾部滚筒改向前和垂直拉紧装置第一个改向滚筒前（靠头部滚筒一段）的胶带非承载面应装设空段清扫器。

三、运煤系统积尘的清扫

（1）运煤系统的栈桥、地下卸煤沟、转运站、碎煤机室、拉紧装置小室、驱动站、圆筒仓和煤仓间带式输送机层等地面应采用水力清扫。

（2）为便于地面清洗水的排出，输煤栈桥（道）的水平长度不宜超过15m，当水平长度超过15m时，宜采用不小于1%的地面坡度。

（3）地面积尘清扫收集后的煤粉应回收。

（4）运煤建筑物内宜选用不易积尘、便于清扫的采暖散热器。

（5）当锅炉本体设置真空清扫时，煤仓间带式输送机层内的运煤设备、除尘设施、电缆桥架、电气表盘（柜）等不宜水冲洗部位设置真空清扫系统。

（6）煤仓间带式输送机层的真空清扫宜每台炉设置一套管道系统。

四、运煤系统粉尘监测

（1）运煤系统宜设置作业环境粉尘监测系统，监测方式可采用在线监测或定期监测。

（2）运煤系统宜在下列位置设置粉尘监测采样测点。

1）翻车机上、下平台各设一个测点；

2）各转运站输送带头部和尾部各设1个测点，带式输送机长度超过100m时宜增个测点；

3）煤仓间每台机组的犁煤器处设1个测点；

4）碎煤机室、筛煤机室各设1个测点；

5）给煤机处设1个测点；

6）地下卸煤沟设1个测点，卸煤沟长度超过60m时，每间隔60m宜增设1个测点。

（3）运煤系统的除尘器进风管道和排气筒宜设置粉尘监测采样测点和监测平台。

五、煤质采制样煤尘防治措施

（1）煤质采制样室设置通风设施，室内煤尘浓度应符合本节"一、运煤、卸煤系统"中（1）的有关要求。

（2）采制样室设置粉尘监测系统。

六、除灰渣系统

（1）采用气力除灰系统，应采取防泄漏措施。

（2）正压气力输灰系统中当省煤器、脱硝装置灰斗的排灰输送至干渣仓时，渣仓排气过滤器应设置排风机，滤袋应采用耐高温材质。

（3）正压气力输灰系统排气过滤器宜采用脉冲反吹式袋式除尘器，排气过滤器排气含尘浓度不应大于30mg/m³。排气过滤器的过滤风速不宜大于0.8m/min。

（4）负压气力输送系统的收尘设备可采用组合式除尘器。袋式除尘器的过滤风速不宜大于0.8m/min，效率不应小于99.9%。袋式除尘器应装有自动脉冲反吹装置。

（5）澄清池或高效浓缩机、缓冲水池应设置排污措施，排污（如沉积的灰渣）应送回脱水仓。

（6）磨煤机石子煤斗排料时，宜采取抑尘措施。

（7）空气压缩机的吸气口应设置空气过滤装置。

（8）灰库库顶应设袋式排气过滤器和真空压力释放阀。

（9）干渣仓、石子煤仓应设袋式排气过滤器。

（10）灰库、渣库装车系统应设置防尘、抑尘措施。

（11）灰库、渣库、除尘器下应设置地面清扫及排污设施。

（12）调湿灰渣外运应采用调湿灰专用自卸汽车，并采取有效的抑尘和防遗撒措施。干灰外运可采用密封自卸罐车。

（13）采用汽车运输灰渣时，应设有汽车冲洗设施。

（14）当电厂自备运灰渣车辆数量较多时，应设汽车维修间、调度值班室及必要的清洁卫生设施。

（15）厂外输灰系统采用带式输送机输送灰渣时，带式输送机转运站落差应尽量减小，转运站应设有除尘装置。

七、石灰石储存、制备及输送

（1）石灰石粉尘防治工程设计应保证工作场所空气中的粉尘浓度符合下列规定：

1）工作地点空气中 8h 时间加权平均的总尘浓度不应大于 $8mg/m^3$，呼吸性粉尘浓度不应大于 $4mg/m^3$；

2）短时间接触容许总尘浓度不应大于 $16mg/m^3$，呼吸性粉尘浓度不应大于 $8mg/m^3$。

（2）石灰石卸料及输送采用密封性能良好的斗链提升机和输送机。

（3）厂内石灰石粉制备车间粉仓与石灰石粉库宜合并设置。分开设置时，制备车间粉仓与石灰石粉库间的转运方式可采用正压气力输送或密闭自卸汽车。

（4）石灰石粉库（仓）顶应设袋式除尘器。

（5）石膏采用石膏库储存，在卸料、运输过程中应防止石膏的撒落，汽车为全封闭自卸式卡车。

八、个人防护措施

应根据 GBZ 1《工业企业设计卫生标准》、GB/T 18664《呼吸防护用品的选择、使用与维护》的有关要求设置个人防护措施。

（1）呼吸防护用品的选择。

1）一般原则。

a. 在没有防护的情况下，任何人都不应暴露在能够或可能危害健康的空气环境中。

b. 应根据国家职业卫生标准规定浓度［即本节"一、运煤、卸煤系统"中（1）的有关要求］，对作业中的空气环境进行评价，判定危害程度。

c. 应首先考虑采取工程措施控制有害环境的可能性。若工程控制措施因各种原因无法实施，或无法完全消除有害环境，以及在工程控制措施未生效期间，应根据本节中"八、个人防护措施"的2），3）和4）的规定选择适合的呼吸防护用品。呼吸防护用品分类见表15-1。

d. 应选择国家认可的、符合标准要求的呼吸防护用品。

e. 选择呼吸防护用品时也应参照使用说明书的技术规定，符合其适用条件。

f. 若需要使用呼吸防护用品预防有害环境的危害，用人单位应建立并实施规范的呼吸保护计划。

2）根据有害环境选择。

按照式（15-1）判定危害程度：

$$危害因数 = \frac{空气污染物浓度}{国家职业卫生标准规定浓度}$$

表 15-1　呼吸防护用品分类

过滤式		隔绝式			
自吸过滤式	送风过滤式	供气式		携气式	
半面罩　全面罩		正压式	负压式	正压式	负压式

3）根据危害程度选择呼吸防护用品。应选择指定防护因数（APF）大于危害因数的呼吸防护用品。各类呼吸防护用品的 APF 见表15-2。

表 15-2　各类呼吸防护用品的 APF

呼吸防护用品类	面罩类型	正压式	负压式
自吸过滤式	半面罩	不适用	10
	全面罩		100
送风过滤式	半面罩	50	不适用
	全面罩	大于200且小于1000	
	开放型面罩	25	
	送气头罩	大于200且小于1000	
供气式	半面罩	50	10
	全面罩	1000	100
	开放型面罩	25	不适用
	送气头罩	1000	
携气式	半面罩	>1000	10
	全面罩		100

4）根据有害环境选择呼吸防护用品。颗粒物的防护可选择隔绝式或过滤式呼吸防护用品见表15-3。

表 15-3 根据有害环境选择呼吸防护用品

有害环境			适用的呼吸防护用品种类																		
			隔绝式									过滤式										
			携气式				供气式					送风过滤式						自吸过滤式			
			正压式		负压式		正压式			负压式		防尘			防尘防毒			防尘		防尘防毒	
			H	F	H	F	H	T	L	H	F	H	T	L	H	T	L	H	F	H	F
空气污染物为颗粒物	危害因数	<10	√	√	√	√	√	√	√	√	√	√	√	√	√	√	√	√	√	√	√
		<25	√	√	√	√	√	√	√	√	√	√	√	√	√	√	√		√		√
		<50	√	√	√	√	√	√		√	√	√	√		√	√			√		√
		<100	√	√	√	√	√	√		√	√		√			√			√		√
		<1000	√	√									√			√					
		>1000	√	√																	

注 1. √表示允许用。
2. H表示半面罩；F表示全面罩；T表示全面罩和送气头罩；L表示开放型面罩。

（2）过滤式防护用品过滤元件的更换。防尘过滤元件的使用寿命受颗粒物浓度、使用者呼吸频率、过滤元件规格及环境条件的影响。随颗粒物在过滤元件上的富集，呼吸阻力将逐渐增加以致不能使用。当下述情况出现时，应更换过滤元件：

1）使用自吸过滤式呼吸防护用品人员感觉呼吸阻力明显增加时；

2）使用电动送风过滤式防尘呼吸防护用品人员确认电池电量正常，而送风量低于生产者规定的最低限值时；

3）使用手动送风过滤式防尘呼吸防护用品人员感觉送风阻力明显增加时。

（3）防护用品的维护。

1）呼吸防护用品的检查与保养。

a.应按照呼吸防护用品使用说明书中有关内容和要求，由受过培训的人员实施检查和维护，对使用说明书未包括的内容，应向生产者或经销者咨询。

b.应对呼吸防护用品做定期检查和维护。

c.不允许采取任何方法自行延长已经失效的过滤元件的使用寿命。

2）呼吸防护用品的清洗与消毒。

a.个人专用的呼吸防护用品应定期清洗和消毒，非个人专用的每次使用后都应清洗和消毒。

b.不允许清洗过滤元件。对可更换过滤元件的过滤式呼吸防护用品，清洗前应将过滤元件取下。

c.清洗面罩时，应按使用说明书要求拆卸有关部件，使用软毛刷在温水中清洗，或在温水中加入适量中性洗涤剂清洗，清水冲洗干净后在清洁场所避日风干。

3）呼吸防护用品的储存。

a.呼吸防护用品应保存在清洁、干燥、无油污、无阳光直射和无腐蚀性气体的地方。

b.若呼吸防护用品不经常使用，建议将呼吸防护用品放入密封袋内储存。储存时应避免面罩变形。

c.所有紧急情况和救援使用的呼吸防护用品应保持待用状态，并置于适宜储存、便于管理、取用方便的地方，不得随意变更存放地点。

九、垃圾焚烧电站粉尘防护

垃圾焚烧电厂的粉尘防护可参考本章节燃煤电厂的粉尘防护设施设计，并满足以下要求：

（1）活性碳、水泥、石灰等主要物料存储及输送均为密闭形式；石灰石投料口、活性炭投料口下方安装有内置式吸风管道，使化浆灌保持负压，并安装有集尘器。

（2）活性炭储仓、石灰储仓、飞灰储仓、水泥储仓均设置布袋除尘器。

（3）焚烧炉、余热锅炉、反应塔和布袋除尘器采用负压工作方式。

（4）除渣宜采用湿湿除渣；飞灰稳定站物料运输设备均自带除尘器，收集的粉尘直接排至埋刮板输送机等措施。

十、生物质电厂粉尘防护

生物质电厂的粉尘防护可参照本节燃煤电厂的粉尘防护设施设计，并满足以下要求：

（1）石灰等粉状物料存储及输送均采用密闭形式，石灰石投料口下方安装有内置式吸风管道，使化浆灌保持负压，并安装有集尘器。

（2）受料斗处设计喷雾消尘装置，设计锅炉燃烧炉内为负压燃烧，使其周围一般情况下不存在粉尘逸散，除尘器附近、灰库卸灰口、排渣处等为主要锅炉灰渣粉尘逸散点，设计高效布袋除尘器，用于降低工作场所的粉尘浓度。

（3）除渣宜采用湿式除渣，飞灰运输设备均自带除尘器，收集的粉尘直接排至埋刮板输送机等措施。

第二节 防止高温、低温危害的措施

电力工程主要产生高温危害的作业场所集中在锅炉区域、汽机房以及布置除氧器和加热器的区域，在这些区域有烟气及热风系统，蒸汽、给水及汽轮机和热力系统内的管道和辅助设备等。低温危害的作业场所集中在户外场所和一些值班人员的车间。

防止高温、低温危害的措施设计主要涉及高温设备的隔热和保温以及配备相应的个人防护装备。防止高温、低温危害的措施设计应符合 GBZ 1《工业企业设计卫生标准》、GBZ 2.2《工作场所有害因素职业接触限值 第 2 部分：物理因素》、DL/T 5035《发电厂供暖通风与空气调节设计规范》、DL/T 5054《火力发电厂汽水管道设计规范》、GB 50764《电力动力管道设计规范》、DL/T 5072《火力发电厂保温油漆设计规程》以及 GB/T 11651《个体防护装备选用规范》的规定要求。

一、高温设备隔热和保温

（一）隔热措施

（1）工作人员较长时间直接受辐射热影响的工作地点，当其热辐射强度大于或等于 350W/m² 时，应采取隔热措施；受辐射热影响较大的工作室应隔热。

（2）较长时间操作的工作地点，当热环境达不到卫生要求时应设置局部送风。

（3）当采用不带喷雾的轴流式通风机进行局部送风时，工作地点的风速应符合下列规定：

1）轻劳动地点的风速应为 2～3m/s；

2）中劳动地点的风速应为 3～5m/s；

3）重劳动地点的风速应为 4～6m/s。

（4）局部送风系统宜符合下列规定：

1）送风气流宜从人体的前侧上方倾斜吹到头、颈和胸部，也可从上到下垂直送风。

2）送到人体上的有效气流宽度宜采用 1m；对于室内散热量小于 23W/m³ 的轻劳动，可采用 0.6m。

3）当工作人员活动范围较大时，宜采用旋转送

风口。

（5）特殊高温的工作小室应采取密闭、隔热措施，并应采用空气调节设备降温。

（二）保温措施

（1）具有下列情况之一的设备、管道及其附件必须按不同要求予以保温：

1）外表面温度高于 50℃且需要减少散热损失者。

2）要求防冻、防凝露或延迟介质凝结者。

3）工艺生产中不需保温、其外表面温度超过 60℃，而又无法采取其他措施防止烫伤人员的部位。

（2）需要防止烫伤人员的部位应在下列范围内设置防烫伤保温：

1）管道距地面或平台的高度小于 2100mm。

2）靠操作平台水平距离小于 750mm。

（3）除防烫伤要求保温的部位外，下列设备、管道及其附件可不保温：

1）排汽管道、放空气管道。

2）直吹式制粉系统中，介质温度小于 80℃的煤粉管道（寒冷地区露天布置除外）。

3）输送易燃、易爆介质时，要求及时发现泄漏的设备和管道上的法兰、人孔等附件。

4）工艺要求不能保温的管道和附件。

（4）环境温度不高于 27℃时，设备和管道保温结构外表面温度不应超过 50℃；环境温度高于 27℃时，保温结构外表面温度可比环境温度高 25℃。对于防烫伤保温，保温结构外表面温度不应超过 60℃。

（5）保温材料的主要物理化学性能除应符合国家现行有关产品标准外，其使用状态下的热导率和密度尚应符合表 15-4 的要求。

表 15-4 保温材料热导率和密度最大值

介质温度（℃）	热导率最大值 [W/（m·K）]	密度最大值（kg/m³）		
		硬质保温制品	半硬质保温制品	软质保温制品
450～650	0.11	220	200	150
<450	0.09			

注 热导率最大值是指保温结构外表面温度为 50℃时。

（6）保温材料应按 GB 8624《建筑材料及制品燃烧性能分级》选用不燃类材料，并应符合环保要求。

（7）保温设计采用保温材料的物理化学性能检验报告必须是由具备国家相应资质的法定检测机构按国家标准检验而提供的原始文件。

（8）保温层材料选择应符合下列原则：

1）保温材料及其制品的推荐使用温度应高于设备和管道的设计温度或介质的最高温度；对于要进行吹扫的管道，应高于吹扫介质温度。

2）在保温材料物理化学性能满足工艺要求的前提下，应优先选用热导率小、密度小、造价合理、施工方便的保温材料。

二、防止低温伤害措施

（1）凡近十年每年最冷月平均气温不大于8℃的月数不小于3个月的地区应设集中采暖设施，小于2个月的地区应设局部采暖设施。当工作地点不固定，需要持续低温作业时，应在工作场所附近设置取暖室。

（2）冬季寒冷环境工作地点采暖温度应符合表15-5的要求。常见职业体力劳动强度分级表见表15-6。

表15-5　　冬季工作地点的采暖温度（干球温度）

体力劳动强度级别	采暖温度（℃）
I	≥18
II	≥16
III	≥14
IV	≥12

注　1. 体力劳动强度分级见表15-6，其中I级代表轻劳动，II级代表中等劳动，III级代表重劳动，IV级代表极重劳动。
　　2. 当作业地点劳动者人均占用较大面积（50～100m²）、劳动强度I级时，其冬季工作地点采暖温度可低至10℃，II级时可低至7℃，III级时可低至5℃。
　　3. 当室内散热量小于23W/m³时，风速不宜大于0.3m/s；当室内散热量不小于23W/m³时，风速不宜大于0.5m/s。

表15-6　　常见职业体力劳动强度分级表

体力劳动强度分级	职业描述
I（轻劳动）	坐姿：手工作业或腿的轻度活动（正常情况下，如打字、缝纫、脚踏开关等）；立姿：操作仪器，控制、查看设备，上臂用力为主的装配工作
II（中等劳动）	手和臂持续动作（如锯木头等）；臂和腿的工作（如卡车、拖拉机或建筑设备等运输操作）；臂和躯干的工作（如锻造、风动工具操作、粉刷、间断搬运中等重物、除草、锄田、摘水果和蔬菜等）
III（重劳动）	臂和躯干负荷工作（如搬重物、铲、锤锻、锯刨或凿硬木、割草、挖掘等）
IV（极重劳动）	大强度的挖掘、搬运，快到极限节律的极强活动

（3）采暖地区的生产辅助用室冬季室温宜符合表15-7中的规定。

表15-7　　生产辅助用室的冬季温度

辅助用室名称	气温（℃）
办公室、休息室、就餐场所	≥18
浴室、更衣室、妇女卫生室	≥25
厕所、盥洗室	≥14

注　工业企业辅助建筑，风速不宜大于0.3m/s。

（4）冬季采暖室外计算温度不大于–20℃的地区，为防止车间大门长时间或频繁开放而受冷空气的侵袭，应根据具体情况设置门斗、外室或热空气幕。

三、个人防护措施

（1）对于在高温车间进行巡回检查的工作人员，当温度不小于35℃时，及时减少高温作业巡检时间。

（2）在具有高温环境和可能引起工作人员中暑区域附近，设置可制冷的饮水机等，饮水机应置于明显位置或设置明显指示标识，确保运行人员无中暑职业病发生。

（3）用人单位应在高温季节期间，定期向职工发放防暑降温用品。

（4）用人单位应根据实际工作条件为职工配备高温个体防护装备，个体防护装备具体见表15-8。

表15-8　　高温个体防护装备表

序号	防护用品品类	防护性能说明
1	隔热阻燃鞋	防御高温、熔融金属火花和明火等伤害
2	焊接防护鞋	防御焊接作业的火花、熔融金属、高温金属、高温辐射对足部的伤害
3	焊接防护服	用于焊接作业，防止作业人员遭受熔融金属飞溅及其热伤害
4	镀反射膜类隔热服	防止高热物质接触或强烈热辐射伤害
5	热防护服	防御高温、高热、高湿度

（5）针对低温作业。尽量采取机械化、自动化工艺技术，减少低温作业时间；做好防寒保暖措施；劳动者应该配备防寒服等个人防护用品。

第三节　防止噪声、振动危害的措施

防止噪声、振动危害的措施设计主要涉及总平面布置的优化，工艺、管线设计与设备选型，车间布置优化，隔声、消声、吸声措施，隔振措施以及个人防护装备等内容。防止噪声、振动危害的措施设计应符合 GBZ 1《工业企业设计卫生标准》、GBZ 2.2《工作场所有害因素职业接触限值　第 2 部分：物理因素》、GB 50463《隔振设计规范》、DL/T 1545《燃气发电厂噪声防治技术导则》、GB/T 50087《工业企业噪声控制设计规范》以及 GB/T 11651《个体防护装备选用规范》的规定要求。

一、总体设计中的噪声控制

（一）噪声控制限值

火电厂内各类工作场所噪声限值应符合表 15-9 的规定。

表 15-9　各类工作场所噪声限值

工作场所	噪声限值 [dB（A）]
生产车间	85
车间内值班室、观察室、休息室、办公室、实验室、设计室室内背景噪声级	70
计算机房	70
主控室、集中控制室、通信室、电话总机室、消防值班室，一般办公室、会议室、设计室、实验室室内背景噪声级	60
值班宿舍室内背景噪声级	55

注　1. 生产车间噪声限值为每周工作 5d，每天工作 8h 等效声级；对于每周工作 5d，每天工作时间不是 8h，需计算 8h 等效声级；对于每周工作日不是 5d，需计算 40h 等效声级。
　　2. 室内背景噪声级指室外传入室内的噪声级。
　　3. 火电厂脉冲噪声 C 声级峰值不得超过 140dB。

（二）总平面设计

（1）火电厂的总平面布置，在满足工艺流程要求的前提下，应符合下列规定：

1）结合功能分区与工艺分区，应将生活区、行政办公区与生产区分开布置，高噪声厂房与低噪声厂房分开布置。厂区内主要噪声源宜相对集中，并宜远离厂区内外要求安静的区域。

2）主要噪声源及生产车间周围，宜布置对噪声不敏感的、高大的、朝向有利于隔声的建筑物、构筑物。在高噪声区与低噪声区之间，宜布置仓库、料场等。

3）对于室内要求安静的建筑物，其朝向布置与高度应有利于隔声。

（2）火电厂的立面布置，应利用地形、地物阻挡噪声；主要噪声源宜低位布置，对噪声敏感的建筑宜布置在自然屏障的声影区中。

（3）厂区内交通运输设计，在满足各种使用功能要求的前提下，应符合下列规定：

1）厂区内主要交通运输线路不宜穿过噪声敏感区；

2）在厂区内交通运输线路两侧布置生活、行政设施等建筑物，应与其保持适当距离；

3）在噪声敏感区布置道路，宜采用尽端式布置。

（三）工艺、管线设计与设备选型

（1）火电厂的工艺设计，在满足生产要求的前提下，应符合下列规定：

1）应减少冲击性工艺；

2）块状物料输送应降低落差；

3）应采用减少向空中排放高压气体的工艺；

4）采用操作机械化和运行自动化的设备工艺，宜远距离监视操作。

（2）火电厂的管线设计，在满足工艺要求的前提下，应符合下列规定：

1）应降低管道内的流速，管道截面不宜突变，管道连接宜采用顺流走向；

2）管线上阀门宜选用低噪声产品；

3）管道与振动强烈的设备连接，应采用柔性连接；

4）振动强烈的管道支撑，不宜采用刚性连接；

5）辐射强噪声的管道，宜布置在地下或采取隔声、消声处理措施。

（3）火电厂设计中的设备选型，宜选用噪声较低、振动较小的设备。主要噪声源设备的选择，应收集和比较同类型设备的噪声指标后综合确定。

（4）火电厂设计中的设备选型应包括噪声控制专用设备。

（四）车间布置

（1）在满足工艺流程要求的前提下，高噪声设备宜相对集中，并宜布置在车间的一隅。当对车间环境仍有明显影响时，则应采取隔声等控制措施。

（2）振动强烈的设备不宜设置在楼板或平台上。

（3）设备布置时，应预留配套的噪声控制专用设备的安装和维修所需的空间。

二、隔声、消声、吸声措施

（一）隔声措施

（1）将噪声控制在局部空间范围内的场合应进行隔声设计。

（2）对声源进行隔声设计，可采用隔声罩或声源所在车间采取隔声围护的结构形式；对噪声传播途径进行的隔声设计，可采用隔声屏障的结构形式；对接收者进行的隔声设计，可采用隔声间的结构形式。必要时也可同时采用上述几种结构形式。

（3）对车间内独立的强噪声源，在满足操作、维修及通风冷却等要求的情况下，根据隔声罩的插入损失，采用相应形式的隔声罩。隔声罩插入损失可按表 15-10 的规定选取。

表 15-10　　隔声罩的插入损失

隔声罩结构形式	插入损失 [dB（A）]
固定密封型	30～40
活动密封型	15～30
局部开敞型	10～20
带有通风散热消声器的隔声罩	15～25

（4）对人员多、强噪声源分散的大车间，可设置隔声屏障或带有生产工艺孔洞的隔墙，将车间在平面上划分为几个不同强度的噪声区域。

（5）当不宜对声源做隔声处理，且操作管理人员不定期停留在设备附近时，应在设备附近设置控制、监督、观察、休息用的隔声间。

（6）隔声设计应防止孔洞与缝隙的漏声。对于构件的拼装节点、电缆孔、管道的通过部位等声通道，应进行密封或消声处理设计。

（7）设计隔声结构应收集隔声构件固有隔声量的实测数据。

（8）单层隔声结构的设计应符合下列规定：

1）应使被控制噪声源的峰值频率处于结构的共振频率和吻合频率之间；

2）可选用复合隔声结构。

（9）双层隔声结构的设计应符合下列规定：

1）隔声结构的共振频率应低于被控制噪声源的峰值频率；空气层的厚度不宜小于 50mm。

2）隔声结构的吻合频率不宜出现在中频段；双层结构各层的厚度不宜相同，或采用不同刚度，或加阻尼。

3）双层结构间的连接应减少出现声桥。

4）双层结构间宜填充多孔吸声材料。

（10）隔声门窗的设计与选用应符合下列规定：

1）在满足隔声要求的前提下应选用定型产品。

2）应防止缝隙漏声，同时门窗和窗扇的隔声性能应与缝隙处理的严密性相适应。

3）对采用单层隔声门不能满足隔声要求的情况，可设计有两道隔声门的声阱；声阱的内壁面，应具有较高的吸声性能；两道门宜错开布置。

4）对采用单层隔声窗不能满足隔声要求的情况，可设计双层或多层隔声窗。

5）特殊情况可设计专用的隔声门窗。

（11）隔声间的设计应符合下列规定：

1）对隔声要求高的隔声间，宜采用以实心砖等建筑材料为主的隔声结构；必要时，墙体与屋盖可采用双层结构，门窗等隔声构件宜采用有两道隔声门的声阱与多层隔声窗。

2）所有的散热通风以及工艺孔洞，均应设有消声

器，其消声量应与隔声间的隔声量相当。

（12）隔声罩的设计应符合下列规定：

1）隔声罩宜采用带有阻尼层的钢板制作，阻尼层厚度宜为金属板厚的 1～3 倍；

2）隔声罩内壁面与机械设备间应留有一定的空间，各内壁面与设备的空间距离宜大于 100mm；

3）隔声罩的内侧面应设吸声层；

4）隔声罩所有的散热通风、排烟以及生产工艺孔洞，均应设有消声器，其消声量应与隔声罩的隔声量相当；

5）应防止隔声罩振动向外辐射噪声。

（13）隔声屏障的设置应靠近声源或接收者。室内设置隔声屏障时，应在室内安装吸声体。

（二）消声措施

（1）降低空气动力机械辐射的空气动力性噪声或噪声源隔声围护结构散热通风口、工艺孔洞等辐射出的噪声应进行消声设计。

（2）在空间允许的情况下，消声器装设位置应符合下列规定：

1）空气动力机械进（排）气口敞开的，应在靠近进（排）气口处装设进（排）口消声器；

2）空气动力机械进（排）气口均不敞开的，但管道隔声差，且管道经过空间的噪声不能满足要求时，应装设消声器；

3）噪声源隔声围护结构孔洞辐射噪声的，应在孔洞处装设消声器。

（3）消声器的插入损失，应根据消声设计要求确定。

（4）消声器引起的压力损失应控制在设备正常运行许可的范围内。

（5）消声器产生的气流再生噪声对环境的影响不得超过该环境允许的噪声级。

（6）当噪声呈中高频宽带特性时，消声器的类型可采用阻性形式。

（7）阻性消声器结构形式的选择应符合下列规定：

1）当量直径不大于 300mm 时，可选用直管式消声器；

2）当量直径大于 300mm 时，可选用片式或折板式消声器；

3）消声通道可采用正弦波形、流线形或菱形的结构形式，其弯折角度应满足视线不能透过的要求；

4）气流流速较低的通风管道系统，可采用迷宫式消声器；

5）对风量不大、风速不高的通风空调系统，可选用消声弯头。

（8）当噪声呈明显低中频脉动特性时，或气流通道内不宜使用阻性吸声材料时，消声器的类型可选用扩张室式。

（9）当噪声呈低中频特性时，消声器的类型可采

用共振式。

（10）对于下列情形，消声器的类型可选择微穿孔或微缝金属板式：

1）消声器不宜使用多孔吸声材料而又需要在宽频带范围内具有比较高的消声量；

2）消声器需在温度高、湿度大和流速高介质条件下使用。

（11）高压排气放空噪声的消声设计，宜采用节流减压、小孔喷注及节流减压小孔喷注复合等排气放空消声器。

（三）吸声措施

（1）当原有吸声较少、混响声较强的各类车间厂房进行降噪处理时，应进行吸声设计。

（2）吸声处理的降噪量可按表 15-11 的规定估算。

表 15-11　吸声处理的降噪量

车间厂房类型	一般车间厂房	混响很严重的车间厂房	几何形状特殊（声聚焦）混响极严重的车间厂房
降噪量[dB（A）]	3～5	6～10	11～12

（3）吸声构件的设计与选择应符合下列规定：

1）吸声材料的吸声系数可由制造商提供，当制造商不能提供，可通过测量、估算或查找资料等方法确定；

2）中高频噪声的吸声降噪设计，可采用常规成型吸声板，密度较小或薄的玻璃棉板等多孔吸声材料，需要时可设置穿孔板等护面材料；

3）宽频带噪声的吸声降噪设计，可在材料背后设置空气层或增加多孔吸声材料的厚度、面密度；

4）低频噪声的吸声降噪设计，可采用穿孔板共振吸声结构，为增加吸声频带宽度，可在共振腔内填充适量的多孔吸声材料；

5）室内湿度较高或有清洁要求的吸声降噪设计，可采用薄膜覆面的多孔吸声材料或单、双层微穿孔板等吸声结构。

（4）吸声处理方式的选择应符合下列规定：

1）所需吸声降噪量较高、房间面积较小的吸声设计，宜对屋顶、墙面同时进行吸声处理；

2）所需吸声降噪量较高、车间面积较大时，车间吸声体面积宜取房间屋顶面积的 40%或室内总表面积的 15%，对于扁平状大面积车间的吸声设计，可只对屋顶吸声处理；

3）声源集中在车间局部区域而噪声影响整个车间的吸声设计，应在声源所在区域的屋顶及墙面做局部吸声处理，且宜同时设置隔声屏障；

4）吸声降噪设计宜采用空间吸声体的方式；空间吸声体宜靠近声源。

三、隔振措施

（一）旋转式机器

（1）旋转式机器的隔振，宜采用支撑式。隔振器的选用和设置，宜符合下列规定：

1）汽轮发电机、汽动给水泵基础的隔振，可采用圆柱螺旋弹簧隔振器，隔振器宜设置在柱顶或台座下梁的顶面。

2）离心泵、离心通风机基础的隔振，可采用圆柱螺旋弹簧隔振器或橡胶隔振器，隔振器宜设置在梁顶或底板上。

3）圆柱螺旋弹簧隔振器应具有三维隔振功能。

4）在汽轮发电机、汽动给水泵的隔振体系中，隔振器应与阻尼器一起使用。

（2）汽轮发电机、汽动给水泵的隔振，可采用钢筋混凝土台座结构；台座结构可采用板式、梁式或梁板混合式；台座结构应按多自由度体系进行动力分析，并应计入台座弹性变形的影响。

离心泵、离心通风机的隔振，可采用钢筋混凝土板或具有足够刚度的钢支架作为台座结构；台座结构可按刚体进行动力分析。

（二）曲柄连杆式机器

（1）中小型活塞式压缩机和柴油发电机组，宜采用支撑式，台座结构应采用钢筋混凝土厚板或刚性支架，隔振器可直接支撑在刚性地面上。

（2）曲柄连杆式机器的隔振设计，其台座结构应由工艺条件确定，台座的最小质量应满足容许振动值的要求；隔振器的选用，应符合下列要求：

1）宜采用竖向和水平向刚度接近、配有竖向和水平向阻尼的圆柱螺旋弹簧隔振器或空气弹簧隔振器；当用于工作转速不低于 1000r/min 的机器隔振时，也可采用水平刚度与竖向刚度相差较小的橡胶隔振器。

2）隔振体系的阻尼比不应小于 0.05，四冲程发动机最低工作转速所对应的频率与固有频率之比不宜小于 4。

3）隔振器的刚度和阻尼性能，应符合使用环境要求，隔振器的使用寿命不宜低于机器的使用寿命。

四、个人防护措施

（1）对于在高噪声车间进行巡回检查的工作人员，应减少作业巡检时间同时佩戴个体防护装备。

（2）用人单位应根据实际工作条件为职工配备防噪声、防振动个体防护装备，个体防护装备具体见表 15-12。

表 15-12　防噪声、防振动个体防护装备表

序号	防护用品品类	防护性能说明
1	耳塞	防护暴露在强噪声环境中工作人员的听力受到损伤

续表

序号	防护用品品类	防护性能说明
2	耳罩	适用于暴露在强噪声环境中的工作人员，保护听觉、避免噪声过度刺激，不适宜戴耳塞时使用
3	防振手套	具有衰减振动性能，保护手部免受振动伤害
4	防振鞋	衰减振动，防御振动伤害

第四节 防 毒 措 施

防毒措施就是采用先进技术及生产工艺，以无毒或低毒的化学品代替有毒或剧毒的物质，从而达到从源头上控制化学毒物。并在储存、生产、使用过程中采用技术控制措施，如工艺改革、总平面（竖向）布置、加强工业通风等措施减少对工作人员的化学毒物伤害，当技术控制也难以实现或效果不理想或紧急检修、抢救情况下，就考虑采用工人个体的各种防护用具。

一、一般原则

（1）火力发电厂工作场所产生的有毒有害化学物质的卫生防护措施应符合 GBZ 194《工作场所防止职业中毒卫生工程防护措施规范》、GBZ 1《工业企业设计卫生标准》、DL 5454《火力发电厂职业卫生设计规程》、DL/T 5068《发电厂化学设计规范》的要求。

（2）根据 GB 13690《化学品分类和危险性公示通则》化学品分类，工作场所酸、碱系统药品储存应满足 GB 15603《常用化学危险品贮存通则》的要求。

（3）各车间空气中有害物质的接触限值，应符合 GBZ 2.1《工作场所有害因素职业接触限值 第 1 部分：化学有害因素》的规定。

二、燃煤电厂产生有毒物质场所防护设计

（一）化学车间毒物防护设计

（1）冷却水系统杀菌处理采用杀菌剂，可选择二氧化氯、次氯酸钠、氯锭、液氯、非氧化性杀菌剂等药品。

（2）当采用液氯时，系统的安全措施设计应满足以下要求：

1）加氯间宜布置在独立的建筑物内，当与其他车间联合布置时，必须设隔墙，并应有通向室外的外开门。

2）照明和通风设备的开关应设在室外。

3）氯瓶间应设置氯气泄漏检测报警装置及氯气吸收装置，氯气泄漏时，泄漏检测装置连锁氯气装置吸收启动，对泄漏氯气进行吸收，以免造成更大范围的伤害事故；应设置氯气中和装置，并配置一定数量

的正压式呼吸器。

4）储存氯瓶间和使用加氯间应按 GB 11984《氯气安全规程》的规定，配备安全防护用品，详见表 15-13。

表 15-13　常 备 安 全 防 护 用 品

序号	名称	种类	常用数	备用数
1	过滤式防毒面具	防毒面具、防毒口罩	与作业人数相同	2 套
2	呼吸器	正压式空（氧）气呼吸器	与紧急作业人数相同	1 套
3	防护服、防护手套、防护靴	橡胶或乙烯类聚合物材料	与作业人数相同	适量

（3）化学法制取二氧化氯应满足下列要求：

1）固体粉末亚氯酸钠、氯酸钠药品仓库应远离火源并单独储存，药品仓库应为阴凉干燥的非木结构的库房；不应与还原性物质、酸、有机物共存共运；不应与易燃物、可氧化物质（有机物）及还原剂共储共运。

2）其工作场所应加强通风和个人防护，并应设置淋洗防护设施。

3）稳定性 ClO_2 溶液应储存在避光、通风、干燥的室温环境里，不得与酸及还原性的物质共储共运。

4）二氧化氯发生器间应配置漏氯检测及毒气检测报警装置。

5）二氧化氯制备间、药品储存间应设置机械排风装置。

（4）凝结水及给水处理除氧剂采用联氨时，应满足下列要求：

1）联胺应采用单独密闭容器储存，储存、加药设备周围应有围堰，并应设冲洗设施。

2）联胺储存、加药间内应设强制机械排风装置。

3）联氨溶液箱应设有计量筒。联氨计量箱储存设备应设有液位报警装置，以防止药液溢出。

4）在有联氨的场所设置毒气检测报警装置。

（5）其他加药间及化学品仓库、电气检修间的浸漆室、生活污水处理站的操作间，均应设置机械排风装置。

（6）采用手动调节的加药点应布置安全淋浴器（含洗眼器），并配置个人防护用品。

（二）电气设备 SF_6 防毒设计

（1）在含有 SF_6 高压配电电气房间低位设置事故通风装置及与事故排风系统相连锁的泄露报警装置，并将信号接入控制室。

（2）低位设置氧气含量报警仪。

（3）设置 SF_6 压力表和密度继电器、SF_6 气体净化

回收装置。

（4）对含有 SF_6 高压配电电气房间和管道电缆的事故通风机的控制开关应分别设置在室内、室外便于操作的地点。

（5）为便于人员通行及疏散，在配电装置室的门应设置向外开启的防火门，并应装弹簧锁，严禁采用门闩；相邻配电装置室之间有门时，应能双向开启。

（三）抗燃油防毒设计

抗燃油系统对汽轮机具有以下功能：速度控制功能、负荷控制功能、阀门控制功能、甩负荷主蒸汽阀快速关闭功能及超速保护功能。抗燃油是一种燃点较高的三甲苯磷酸酯液体，具有一定的腐蚀性和毒性，为避免取样和汽轮机检修时接触抗，应采取以下防护措施：

设置单独的抗燃油存放区域并采取妥善隔离措施。

汽轮机调速系统的抗燃油管路与润滑油管路系统分开布置；与电缆布置距离或位置相邻时采取妥善隔离措施。

（四）直流系统（蓄电池室）防毒设计

为便于人员通行及疏散，蓄电池室的门应向外开启。

蓄电池室设置通风系统，可以及时排出充放电时逸出的少量氢气和酸气。

蓄电池间调酸室内应设有安全淋浴洗眼器。

短时间进入蓄电池间的巡检人员配备个人防护工具。

（五）其他辅助设施防毒设计

（1）根据 GBZ 194《工作场所防止职业中毒卫生工程防护措施规范》的要求，产生有毒有害物质和生产过程中可能产生有毒有害物质的工作场所建筑卫生设计应满足以下要求：

1）产生毒物物质的车间，其墙壁、顶棚和地面等内部结构的表面，应采用不易吸收、不吸附毒物的材料，必要时加设保护层，以便清洗。

2）车间内应有冲洗地面和墙壁的设施，车间地面应平整、光滑，易于清扫；经常有积液的地面应不透水，设坡向排水系统。其废水应纳入工业废水处理系统。

3）为了保证车间内良好的通风和自然换气，产生有毒有害物质的工作场所不宜过于狭窄，厂房的高度应不低于 3.2m，人均面积不少于 $4.5m^2$，人均占有容积不小于 $15m^3$ 为宜。

4）产生有毒有害物质的车间最好设计成多层建筑，底层宜布置抽气管道，过滤器及通风设备，以及泵房、排水储槽及化学品库等。

（2）工作场所采用通风排毒设施时，应同时设计净化、回收设施，综合利用资源，使有毒有害物质排

放达到国家或地方排放标准的要求。不得采用循环空气作空气调节或热风采暖。

排毒系统中所用材料其材质应无毒无害、防老化，并不应在光、热效应下产生二次污染。

（3）采取集中空调系统的工作场所，保持冷、热调节外，系统的新风量应不低于每人 $30m^3/h$，换气次数应每小时不少于 12 次。

（4）在有毒工作场所的醒目位置应张贴符合 GBZ 158《工作场所职业病危害警示标识》的规定的警示标识和职业卫生作业守则，并有专门部门进行经常性的监督检查。

（5）在工作场所储存有毒物质的容器，都应贴上醒目的标识，以示该物质名称及危险性。输送有毒物质的管道系统、设备、阀门、安全设施、泵及其他固定设备均应贴上标签或注明记号以识别所输送的有毒物质。

（6）GBZ 194《工作场所防止职业中毒卫生工程防护措施规范》个人防护的要求如下：

1）接触有毒有害作业的作业人员需穿特殊质地或式样的防护服。强酸、强碱作业者应着耐酸、耐碱工作服；接触有毒粉尘者应穿防尘工作服；接触局部作用强或经皮中毒危险性大的物质，应戴相应质地的防护手套；接触经皮肤进入能力强的化学物质，除工作服外尚应穿衬衣。

2）毒物呈粉尘、烟、雾状态时，作业人员需使用机械过滤式防毒口罩；毒物呈气体、蒸汽状态时，宜使用化学过滤式防毒口罩或防毒面具。在毒物浓度过高或空气中氧含量过低的特殊作业情况下，应采用隔离操作或供氧（气）式防毒面具。

3）应合理安排劳动和调配劳力，进行轮换操作，减少劳动时间或缩短接触时间。

（六）酸、碱储存及使用场所防护设施设计

（1）根据 GB 13690《化学品分类和危险性公示通则》化学品分类，酸、碱系统药品储存应满足 GB 15603《常用化学危险品贮存通则》要求。

化学水处理工艺的化学药品卫生防护措施设计应符合 DL/T 5068《发电厂化学设计规范》、DL 5454《火力发电厂职业卫生设计规程》的规定和 DL 5053《火力发电厂职业安全设计规程》的规定。

（2）长期使用的酸储存罐，可能在某些部位产生腐蚀，使金属结构强度减弱，当采用压缩空气加压方式卸酸时，很可能使储罐破裂，导致酸液带压外泄，造成人身伤害事故。装卸浓酸及液碱时，宜采用负压抽吸、泵输送或自流输送方式。

（3）盐酸储存罐及计量箱的排气应设置酸雾吸收装置。

（4）酸、碱储存和计量设施周围设置围堰，围堰

内容积应大于最大一台储存设备 110%的容积,当围堰有排放措施时可适当减小其容积。

(5)酸、碱储存间、计量间及卸酸、碱泵房必须设置安全通道、淋浴装置、冲洗及排水设施。

(6)室内经常有人通行的场所,其酸、碱管道不宜架空,必须架空敷设时,应对法兰、接头处采取防护措施。

(7)卸酸泵房、酸库及酸计量间,应设置机械排风装置;卸碱泵房、碱库及碱计量间宜采用自然通风。

(七)氨系统卫生防护设施设计

(1)氨系统卸料、储存和制备系统及卫生防护措施设计应符合 DL 5454《火力发电厂职业卫生设计规程》和 DL/T 5480《火力发电厂烟气脱硝设计技术规程》的要求。

(2)液氨储罐区内应设置包括氨气泄漏检测器、紧急水喷淋系统、火灾报警信号、安全淋浴器(包括洗眼器)及逃生风向标等安全设施。

(3)液氨或氨水应采用密闭容器储存,置阴凉处;并配备应急稀释设施。

(4)氨储存箱、氨计量箱的排气,应设置氨气吸收装置。

(5)氨库及加药间,应设置机械排风装置。

(6)液氨储罐应布置在敞开式带顶棚的半露天构筑物中,不宜布置在室内。氨水储罐宜布置在敞开式带顶棚的构筑物中。储罐应设置检修平台,储罐的附件应布置在平台附近。液氨储罐检修平台应设置不小于两个方向通往地面的梯子。

(7)全压力式液氨储罐应布置在围堰内,堤内有效容积不应小于最大的一个储罐的容积,与液氨储罐相关的其他设备应布置在围堰外。氨水储罐四周应设置防止氨水流散的围堰及集水坑,其容积足以容纳最大的一个储罐的容量。

(八)喷淋洗眼器(装置)的设计

(1)根据 GBZ /T 194《工作场所防止职业中毒卫生工程防护措施规范》的要求,生产过程中可能发生化学性灼伤及经皮肤吸收引起急性中毒事故的工作场所,应设置清洁供水设备和喷淋装置,对有溅入眼内引起化学性眼炎或灼伤可能的工作场所,应设淋浴、洗眼的设备。

(2)酸、碱罐储存、计量间及装卸平台应布置喷淋洗眼器(装置)。

(3)化学加药车间采用手动调节的加药点应布置喷淋洗眼器(装置)。

(4)冷却水处理采用化学法制取二氧化氯工作场所应设置淋洗防护设施。

(5)蓄电池间的调酸室内应设有喷淋洗眼器(装置)。

(6)洗眼器可参照 HG 20571《化工企业安全卫生设计规范》和 SH 3047《石油化工企业职业安全卫生设计规范》的要求设置,一般性原则如下:

1)洗眼器安装在危险区域,使用者直线达到洗眼器的时间不超过 10s。

2)洗眼器救护半径范围:15m 之内。

3)洗眼器不可以越层安装。

4)洗眼器周围不应有电器开关,防止发生意外。

5)洗眼器出水口必须连接下水道或者废水处理池。

6)洗眼器水压要求:0.2~0.4MPa,水源可采用中性除盐水。

(7)易产生有毒、有害气体的化验室,应设置通风柜、机械排风装置及水冲洗装置。

三、燃机电厂产生有毒物质场所防护设计

燃机电厂的化学因素防护可参考本节的"一、一般原则"和"二、燃煤电厂产生有毒物质场所防护设计"。

四、垃圾焚烧电站产生有毒物质场所防护设计

(1)垃圾焚烧电厂的化学因素防护可参考本节的"一、一般原则"和"二、燃煤电厂产生有毒物质场所防护设计"。

(2)垃圾仓设计成密闭式,外来垃圾通过卸料门进入垃圾仓,在无外来垃圾时要求尽量密闭,上部设有机械排风,使储坑保持微负压运行,防止储坑内恶臭、粉尘向外逸散。设中央控制室远距离控制,工作人员巡检作业。

(3)调节空气输入量使垃圾燃烧更加充分,控制烟气中一氧化碳的含量及二噁英的生成量:烟气在850℃以上的炉膛环境中停留时间不小于 2s,使二噁英得到完全分解;在烟气处理系统用活性炭吸附剂吸附;使用高效布袋除尘器将附有二噁英的飞灰过滤收集;将飞灰用水泥固化。飞灰输送机为密闭通道,布袋除尘器使用的布袋定期清理。

(4)通风设施:焚烧间、烟气净化间、汽轮机系统、飞灰稳定间采取自然进风、机械排风的通风方式;渣坑、泵房加药间、机修间、库房均设轴流风机排风;垃圾渗滤液收集室内设排臭风机将产生的臭气污染物引入到垃圾仓,通过一次风机吸入焚烧炉燃烧、分解。

五、生物质电站产生有毒物质场所防护设计

(1)生物质电厂的化学因素防护可参考本节的"一、一般原则"和"二、燃煤电厂产生有毒物质场所

防护设计"。

（2）锅炉采用低温燃烧方式，减少氮氧化物的产生。

（3）锅炉化学水处理系统设计为自动加药装置，避免人员的接触。

（4）通风设施：锅炉房、烟气净化间、汽轮机系统、灰渣处理车间采取自然进风、机械排风的通风方式；渣坑、泵房加药间、机修间、库房均设轴流风机排风。

第五节　对采光、照明的要求

对采光、照明的要求主要涉及正常采光照明和应急照明两部分内容。采光、照明的设计应符合 DL/T 5390《发电厂和变电站照明设计技术规定》、DL/T 5094《火力发电厂建筑设计规程》、GBZ 1《工业企业设计卫生标准》的规定要求。

一、正常采光照明

（一）采光要求

（1）所有建筑物室内应首先考虑天然采光。采光口的设置应充分和有效地利用天然光源，并应对人工照明的配合做全面的考虑。

（2）采光方式以侧窗为主，必要时可采用侧窗采光和顶部采光相结合的方式。侧窗设计除考虑建筑节能和便于清洁外，台风多发地区还应兼顾其安全性。

（3）主厂房固定端、扩建端墙上，宜设一定面积的采光窗，作为侧窗的补充，同时满足端部检修场地的采光要求。

（4）各类控制室宜采用天然采光和人工照明相结合的方式，设计时应避免控制屏表面和操作台显示器屏幕面产生眩光及视线方向上形成的眩光。

（5）在发电厂天然采光设计中，除执行 DL/T 5094《火力发电厂建筑设计规程》外，还应符合 GB/T 50033《建筑采光设计标准》的有关规定。

（二）采光标准值

发电厂各建筑物的采光标准应符合表 15-14 的规定。单侧采光计算点选在距其对面内墙 1m，离地面高 1m 处；采用顶部和侧面两者相结合采光时，采光计算点可分别为跨中和距对面内墙面 1m，离地面高 1m 处。

表 15-14　　　　　　　　　　　　　发电厂各建筑物采光系数标准值

车间名称	采光等级	侧面采光		顶部采光	
		室内天然光临界照度（lx）	采光系数最低值 C_{min}（%）	室内天然光临界照度（lx）	采光系数平均值 C_{av}（%）
汽机房运转层	V	25	0.5	35	0.7
汽机房底层	V	25	0.5	35	0.7
锅炉房运转层	V	25	0.5	35	0.7
锅炉房底层、运煤皮带层	V	25	0.5	35	0.7
除氧器层	V	25	0.5	35	0.7
转运站、栈桥及碎煤机室	V	25	0.5	35	0.7
控制室	II	150	3	225	4.5
化学水处理室	IV	50	1	75	1.5
检修间	III	100	2	150	3
材料库	V	25	0.5	35	0.7
泵房	V	25	0.5	35	0.7
试验室和办公室	III	100	2	150	3

注　汽机房和锅炉房的底层，如天然采光无法达到表中数值时，可考虑人工照明补充。

（三）照明方式

（1）发电厂的照明方式设计应符合以下规定：

1）工作场所应设置一般照明；

2）同一场所内的不同区域有不同照度要求时，应采用分区一般照明；

3）对于作业面照度要求较高，只采用一般照明不合理的场所，宜采用混合照明。

（2）发电厂装设局部照明的工作场所宜符合表 15-15 的规定。

表 15-15 发电厂装设局部照明的
工作场所

工 作 场 所	
锅炉房	钢球磨煤机轴承油位观察孔； 中速磨石子煤斗视察孔； 水力除渣渣斗视察孔； 锅炉本体汽包水位计
汽机房	凝汽器及高、低压加热器水位计； 除氧器水位计； 汽轮发电机本体罩内； 励磁机整流子、励端隔音罩内
配电室	高压成套配电柜内
化学水处理室	离子交换器液面视察孔
燃气发电厂	燃气轮发电机本体罩内

（四）光源

（1）选择光源时，应在满足显色性、启动时间等要求的条件下，对光源、灯具及镇流器等的效率、寿命和价格进行综合技术经济分析比较后确定。

（2）办公室、控制室、配电室等高度较低的房间宜采用细管径直管形荧光灯、紧凑型荧光灯或发光二极管；高度较高的工业厂房应按照生产使用要求采用金属卤化物灯、高压钠灯或无极荧光灯；一般照明场所不宜采用卤素灯、荧光高压汞灯，不应采用自镇流荧光高压汞灯。

（3）除对电磁干扰有严格要求且其他光源无法满足的特殊场所外，室内外照明不应采用普通照明白炽灯。

（4）无窗厂房的照明光源宜选用荧光灯、发光二极管、无极荧光灯等能快速启动的光源，当房间高度在 5m 及以上时，可选用金属卤化物灯或大功率细管径荧光灯或者无极荧光灯。

（5）在蒸汽浓度较大或灰尘较多的场所宜采用透雾能力强的高压钠灯。

（6）道路、屋外配电装置、煤场、灰场等场所的照明光源宜采用高压钠灯，也可采用金属卤化物灯或者发光二极管。

（五）照明标准值

（1）发电厂各生产车间、辅助建筑、交通运输及露天工作场所作业面上的照明标准值应符合表 15-16、表 15-17 以及表 15-18 的规定。其他建筑物的照明标准值应按照 GB 50034《建筑照明设计标准》的规定执行。

表 15-16 发电厂各生产车间和工作场所工作面上的照明标准值

生产车间和工作场所		参考平面及其高度	照度标准值（lx）	UGR	U_0	Ra	备注
汽轮机部分	汽机房运转层	地面	200	—	0.6	60	
	高、低压加热器平台	地面	100		0.6	60	
	发电机出线小室	地面	100		0.6	60	
	除氧器、管道层	地面	100		0.6	60	
	热力管道阀门室	地面	100		0.6	40	
	汽机房底层	地面	100		0.6	60	
锅炉部分	引风机、送风机、排粉机、磨煤机、一次风机、二次风机等转动设备附近及司炉操作区、燃烧器区	地面	100		0.6	60	
	锅炉房通道	地面	50		0.6	40	
	锅炉本体步道平台、楼梯、给煤（粉）机平台	地面	30		0.6	40	
	煤仓间	地面	75		0.6	60	
	渣斗间及其平台	地面	30		0.6	40	
	电除尘器本体	地面	50		0.6	60	
脱硫脱硝	吸收塔	地面	30		0.6	60	
	脱硫装置	地面	100		0.6	60	
	液氨储存间	地面	100		0.6	60	
	尿素储存间	地面	100		0.6	60	

续表

生产车间和工作场所		参考平面及其高度	照度标准值（lx）	UGR	U₀	Ra	备注
电气热控部分	机组控制室、网络控制室、辅网控制室	0.75m 水平面	500	19	0.6	80	
	主控制室	0.75m 水平面	500	19	0.6	80	
	继电器室、电子设备间	0.75m 水平面	300	22	0.6	80	
		1.5m 垂直面	150	22	0.6	80	
	高、低压厂用配电装置室	地面	200	—	0.6	80	
	6kV～500kV 屋内配电装置	地面	200	—	0.6	80	
	蓄电池室、通风配电室、调酸室	地面	100	—	0.6	60	
	电缆半层、电缆夹层	地面	30（100）	—	0.4	60	
	电缆隧道	地面	15（100）	—	0.6	60	
	屋内 GIS 室	地面	200	—	0.6	80	
	不停电电源室（UPS）、柴油发电机室	地面	200	25	0.6	60	
通信部分	通信机房	0.75m 水平面	300	19	0.6	80	
	系统通信机房	0.75m 水平面	200	—	0.6	60	
化学水部分	化学水处理室	地面	100	—	0.6	60	
	化学水控制室	0.75m 水平面	200	—	0.6	80	
	药剂配置间、计量间	0.75m 水平面	300	—	0.6	80	
	化验室、天平室、值班化验台	0.75m 水平面	300	—	0.6	80	
	油处理室、油再生设备间、电解室、储酸室、加酸间（处）、加药间、水泵间	地面	100（200）	—	0.6	60	
运煤除灰部分	翻车机控制室	0.75m 水平面	300	22	0.6	80	
	地下卸煤沟	地面	50	—	0.6	40	
	干煤棚、推煤机库、卸煤沟	地面	30	—	0.6	20	
	翻车机室、运煤转运站、碎煤机室	地面	100	—	0.6	60	
	运煤栈桥	地面	50	—	0.6	40	
	运煤检修间	地面	150	—	0.6	60	
	灰浆泵房、灰渣泵房、除尘器间	地面	100	—	0.6	60	
	电除尘控制室、运煤集中控制室	其面	300	22	0.6	80	
	圆形煤场	地面	30	—	0.6	20	
水工部分	循环水泵房、补给水泵房、消防水泵房	地面	100	—	0.6	60	
	循环水泵房控制室	0.75m 水平面	300	22	0.6	80	
	工业水泵房、生活水泵房、机力塔风机室等、空冷设备间	地面	100	—	0.6	60	
	直接空冷平台	地面	30	—	0.6	40	
	直接空冷风机小室	地面	50	—	0.6	60	
辅助生产厂房部分	电气试验室、热工试验室	0.75m 水平面	200	22	0.6	—	
	标准计量室	0.75m 水平面	300	19	0.6	—	
	仪表、继电器修理间等	0.75m 水平面	300	19	0.6	—	

续表

生产车间和工作场所		参考平面及其高度	照度标准值（lx）	UGR	U_0	Ra	备注
辅助生产厂房部分	空气压缩机室	地面	150	—	0.6	—	
	乙炔站、制氢站	地面	100	—	0.6	—	
	启动锅炉房	地面	100（200）	—	0.6	—	
	天然气增压站	地面	100	—	0.6	—	
	乙炔瓶库、氧气瓶库、危险品库	地面	50	—	0.6	40	
	燃油泵房	地面	100	—	0.6	60	
	燃油泵控制室	地面	300	22	0.6	80	

注 UGR 指统一眩光值，Ra 指显色指数。

表 15-17　　　　　　　　　　发电厂辅助建筑的照明标准值

工作场所	参考平面及其高度	照度标准值（lx）	UGR	U_0	Ra	备注
办公室、资料室、会议室、报告厅	0.75m 水平面	300	19	0.6	80	
食堂、宿舍、更衣室	0.75m 水平面	200	22	0.6	80	
浴室、厕所、盥洗室、车间休息室	地面	100	—	0.6	60	
楼梯间	地面	30	—	0.6	60	
有屏幕显示的办公室	0.75m 水平面	500	19	0.6	80	

表 15-18　　　　　　　　发电厂露天工作场所及交通运输线上的照明标准值

工作场所		参考平面及其高度	照度标准值（lx）	UGR	U_0	Ra	备注
屋外工作场所	屋外配电装置变压器气体继电器、油位指示器、隔离开关断口部分、断路器的排气指示器	作业面	20	—	—	—	
	变压器和断路器的引出线、电缆头、避雷器、隔离开关和断路器的操动机构、断路器的操作箱	作业面	20	—	—	—	
	屋外成套配电装置（GIS）	地面	20	—	—	—	
露天储煤场	卸煤作业区	地面	15	—	0.25	20	
	储煤场	地面	3	—	—	20	
码头	装卸码头	地面	10	—	0.25		
道路和广场	主干道	地面	10	—	0.4		
	次干道、铁路专用线（厂内部分）	地面	5	—	0.25	20	
	厂前区	地面	10	—	0.4		

（2）发电厂照明的照度标准值应按以下系列分级：0.5、1、3、5、10、15、20、30、50、75、100、150、200、300lx 和 500lx。

（3）当采用高强气体放电灯作为一般照明时，在经常有人工作的车间，其照度值不宜低于 50lx。

（4）经常有人值班的无窗车间宜按本规定照度值提高一级选取。

二、应急照明

（1）火力发电厂宜在表 15-19 规定的工作场所装

设应急照明。

**表 15-19　　火力发电厂装设应急
照明的工作场所**

工　作　场　所		备用照明	疏散照明
燃、汽机房及其辅助车间	汽机房运转层	√	
	汽机房底层的凝汽器、凝结水泵、给水泵、循环水泵等处	√	
	励磁设备间	√	
	加热器平台	√	
	发电机出线小室	√	
	除氧层	√	
	除氧间管道层	√	
	直接空冷风机处	√	
	直接空冷平台楼梯		√
锅炉房及其辅助车间	锅炉房运转层	√	
	锅炉房底层的磨煤机、送风机处	√	
	除灰车间		√
	引风机间	√	
	燃油泵房	√	
	给粉机平台	√	
	锅炉本体楼梯		√
	司水平台	√	
	回转式预热器	√	
	燃油控制室	√	
	给煤机	√	
	煤仓胶带层	√	
	除灰控制室	√	
运煤系统	碎煤机室	√	
	运煤转运站		√
	运煤栈桥		√
	地下运煤装置		√
	运煤控制室	√	
	翻车机室	√	
脱硫脱硝系统	吸收塔	√	
	脱硫装置	√	
电气车间	控制室、工程师站室	√	
	继电器室及电子设备间	√	
	屋内配电装置	√	
	厂（站）用配电装置（动力中心）	√	

续表

工　作　场　所		备用照明	疏散照明
电气车间	蓄电池室	√	
	通信机房、系统通信机房	√	
	柴油发电机室	√	
通道楼梯及其他	控制楼至主厂房天桥		√
	生产办公楼至主厂房天桥		√
	主要通道、主要出入口		√
	楼梯间、钢梯		√
	汽车库、消防车库	√	
	气体灭火储瓶间	√	
供水系统	循环水泵房	√	
	消防水泵房	√	
化水系统	化学水处理室控制室	√	
	制氢站	√	

（2）厂站的主控制室、网络控制室、集中控制室、单元控制室的主环内应装设直流常明方式的备用照明。

（3）应急照明宜采用能快速可靠点亮的光源。

（4）发电厂应急照明的照度值可按表 15-19 中一般照明照度值的 10%～15% 选取。火力发电厂机组控制室、系统网络控制室、辅网控制室的应急照明照度宜按一般照明照度值的 30% 选取，直流应急照明照度和其他控制室应急照明照度可分别按一般照明照度值 10% 和 15% 选取。

主要通道上疏散照明的照度值不应低于 1lx。

第六节　对采暖通风、空调的要求

本节主要包括燃煤电厂出厂房、电气建筑、运煤建筑、化学建筑、其他辅助及附属建筑的采暖通风、空调设计；以及垃圾焚烧电厂及生物质电厂各类建筑的采暖通风、空调设计。

对采暖通风、空调的要求主要以 DL/T 5035《发电厂供暖通风与空气调节设计规范》、GB 50660《大中型火力发电厂设计规范》为设计依据。

一、基本规定

（1）历年平均气温不高于 5℃ 的日数、不少于 90d 的地区应为集中采暖地区。位于采暖地区的生产厂房和辅助、附属建筑物应设计集中采暖。

（2）历年平均气温不高于 5℃ 的日数、不少于 60d，且少于 90d 的地区，应为采暖过渡地区。

（3）采暖过渡地区可根据生产工艺要求，对可能发生冻结而影响生产的厂房和辅助、附属建筑物设计采暖。

（4）火力发电厂各房间空气参数见表15-20。

表 15-20　　　　　　　　　　　　火力发电厂各房间室内空气参数表

房间名称			冬季		夏季		备注
			温度（℃）	相对湿度（%）	温度（℃）	相对湿度（%）	
主厂房	1	汽机房	5				
	2	锅炉房	5				
	3	除灰间	16				
	4	低温仪表盘架间	18		26		
	5	汽水取样间（干盘）	18		26～28		
	6	各类就地值班室、办公室	18		26～28		
	7	化学加药间	18				
	8	润滑油室及传送间	16		≤40		
	9	辐射监测间	18	≤85	≤35		
集中控制楼	1	电子设备间	20±1.0	50±10	26±1	50±10	
	2	继电器室、SIS室、MIS室	18～22	40～65	24～28	40～65	
	3	集中控制室、单元控制室、工程师室、打印室	18～22	40～65	24～28	40～65	
	4	交接班室、会议室、低温仪表盘架间	18		26		
	5	值班室、办公室	18		26～28		
	6	空调机房	5		≤40		
电气建筑	1	网络控制室	18～22	40～65	24～28	40～65	
	2 变压器室	油浸式			≤45		
		干式			≤40		
	3	热工仪表室、实验室、标准间					
	4	电气实验室	18		≤30		
	5	不停电电源室	18		≤30		
	6	直流屏室	5		≤30		
	7 励磁盘室	室内有励磁调节器	18		≤30		
		室内无励磁调节器	≥5		≤35		
	8	防酸隔爆蓄电池室	18				
	9	阀控密闭式蓄电池室	20		≤30		
	10 厂用配电装置室	主厂房、集控楼及除尘除灰运煤建筑	≥5		≤35		
		位于其他建筑内	≥5		≤40		
	11	通信机房	18		26～28		
	12	变频器室	≥5		≤35		
	13	出线小室			≤40		
	14	电抗器室			≤40		
	15	母线室、母线桥			≤45		

房间名称			冬季		夏季		备注
			温度（℃）	相对湿度（%）	温度（℃）	相对湿度（%）	
电气建筑	16	油断路器室			≤50		
	17	电缆隧道、电缆层			≤40		
	18	电除尘器控制室	18		26~28		
	19	六氟化硫GIS电气设备室			≤40		
	20	电梯机房	5		≤35		
	21	柴油发电机室	5		≤40		
运煤建筑	1	煤仓间	10				
	2	地上转运站	10				
	3	地下转运站	16				
	4	碎煤机室	10				
	5	翻车机室	10				
	6	卸煤沟 地上	10				
		地下	16				
	7	除尘器间	10				
	8	机车库、推煤机库	10				
	9	休息室	18				
	10	运煤栈桥（地上）	10				
	11	运煤栈桥（地下）	16				
	12	运煤集中控制室	18		26~28		
	13	轨道衡控制室	18		26~28		
	14	沉淀池	10				
	15	翻车机、牵车机控制室	18		26~28		
	16	运煤综合楼的办公室	18		26~28		
化学建筑	1	电渗析、反渗透、蒸发器间	5				不计设备散热量
	2	过滤器、离子交换器间	10				
	3	酸库	10				
	4	碱库（包括酸碱共库）	16				
	5	化学集中控制室	18		26~28		
	6	化学药品库	10				
	7	石灰库	10				
	8	石灰及混凝土剂搅拌器间、消石灰间	16				
	9	化验室、煤制样室	18				根据工艺要求设计空调
	10	天平间、精密仪器间	18				
	11	热计量室、微盘分析室	18				
	12	澄清池间	10				

续表

房间名称		冬季		夏季		备注
		温度（℃）	相对湿度（%）	温度（℃）	相对湿度（%）	
化学建筑	13 加氯间中和池、加药间	16				
	14 氨库、联胺及加药间	16				
	15 油水分析师	18				按工艺要求设计空调
	16 气相色谱仪室	18				
	17 凝结水精处理室及控制室	18		26～28		
	18 海水淡化预处理清水泵房、泥饼间、污泥泵房、脱水车间	5				
	19 反渗透法清洗间、海水淡化间、水泵房	16				
	20 蒸馏法热交换间	5				
	21 循环水处理间	5				
	22 氧气站、氢气站的操作间	≥15				
	23 氢气储罐间、低温液储槽间	5				
	24 氧气、氢气的实瓶间、空瓶间	≥10				
生产辅助建筑	1 灰渣泵房	5		≤40		
	2 引风机室	16				
	3 电除尘器、水膜除尘器室	10				
	4 空气压缩机房	5		≤40		
	5 启动锅炉房	5				
	6 油泵房	16		≤40		
	7 各类水泵房	5				
	8 各类污水处理站	16				
	9 各类修配类建筑	16				
	10 生产办公室、培训类建筑	18		26～28		
	11 实验类建筑	18				按工艺要求设计空调
	12 各类车库、仓库	10				按工艺要求设计空调
	13 危险品库	5		≤35		
	14 脱硫工艺楼	10				
	15 GGH 设备间	16				
	16 石灰石卸料间	10				
	17 浆液循环泵房	5				
	18 氨液蒸发设备间	5				
	19 尿素车间	5				
	20 灰库	10				
	21 石膏库	5				
	22 脱硫电子设备间、脱硫控制室	18～22	40～65	24～28	40～65	

（5）位于严寒地区、寒冷地区的建筑，当生产或使用要求不允许降低室内温度时，或经技术经济比较设置热空气幕合理时，外门应设置热空气幕。

（6）发电厂各类建筑及车间的通风设计应符合下列原则：

1）排除余热余湿的通风系统，生产车间室内温度应满足车间室内工作地点的夏季空气温度的规定；

2）排除有毒、有害气体的稀释通风系统应满足工作场所空气中有毒物质允许浓度的要求，室内空气不应再循环；

3）排除可燃或爆炸性气体的通风系统应满足工作场所空气中可燃或爆炸性气体浓度小于其爆炸下限值的要求，室内空气不应再循环；

4）排除和稀释工作场所粉尘的通风系统应满足工作场所空气中粉尘允许浓度的要求。

（7）当工艺无特殊要求时，车间内经常有人的工作地点夏季空气温度不应超过表 15-21 的要求。

表 15-21		夏季车间作业地带空气温度的要求							（℃）
夏季通风室外计算温度	≤22	23	24	25	26	27	28	29～32	≥33
允许温度	10	9	8	7	6	5	4	3	2
工作地点温度	≤32	32						32～35	35

注 1. 工作地点是指工人为观察和管理生产过程而经常或定时停留的地点，当生产操作在车间内的许多不同地点进行，则整个车间均算为工作地点。

2. 主厂房汽轮机、高压加热器、低压加热器和除氧器等产生强辐射热量的设备周围区域，不执行本表规定。

（8）辅助建筑中有人值守的就地控制室可采用散热器供暖形式。

（9）散热器供暖系统的供水和回水管道应在热力入口处与热风供暖或通风空调系统的管道分开设置。

（10）暖风机的送风温度不应低于 35℃，不宜高于 55℃。暖风机出风口的底部距地面不应小于 2.2m。

二、主厂房供暖与通风

（一）供暖

（1）主厂房供暖设备应以散热器为主，暖风机为辅。冬季供暖室外计算温度不高于−20℃的地区，经常开启且无门斗或外室的主厂房大门宜设置热空气幕。

（2）燃气轮机房、燃气和燃油锅炉房内设置于爆炸危险区域的暖风机应采用防爆型，其风机与电机应直接连接。

（3）主厂房供暖系统宜以机组为单元划分，汽机房与锅炉房供暖系统宜分别设置，散热器与热风供暖系统应分别设置。

（4）当热水供暖系统最高点与最低点高差超过40m 时，煤仓间、高位转运站等高区域供暖系统宜与低区域供暖系统分区设置。加压机组的进水管宜直接接自分水联箱。

（二）通风

（1）主厂房应设置全面通风系统，通风方式应符合下列规定：

1）湿冷机组和间接空冷机组的汽机房宜采用自然通风。当自然通风不能满足卫生要求时，可采用机械通风或自然与机械相结合的通风方式。

2）直接空冷机组汽机房宜采用自然进风、机械排风。

3）全封闭汽机房应采用机械送风，自然排风或机械排风。

4）位于风沙多发地区的汽机房可采用机械送风、自然排风或机械排风，进风应过滤。

5）汽机房采用地下或半地下布置时，地下或半地下部分应设置机械送风。

6）当锅炉送风机夏季不由室内吸风时，紧身封闭锅炉房应采用自然通风；当锅炉送风机夏季由室内吸风时，应采用自然进风、机械排风。

7）燃油、燃气锅炉房宜采用自然进风、机械排风，排风装置应为防爆型。

8）燃气轮机房应采用自然进风、机械排风；余热锅炉房宜采用自然通风。当进、排风口采取降噪措施时，宜采用自然进风、机械排放。

（2）当汽机房和锅炉房采用自然通风时，应设置避风型排风装置。当采用除氧间高侧窗通风可满足汽机房室内卫生标准时，汽机房屋面可不设通风装置。

（3）汽机房和除氧间的中间层及运转层楼板应设置通风格栅，其布置应满足汽机房气流组织设计。严寒地区和寒冷地区的锅炉房运转层平台冬季运行时宜采取临时封闭措施。

（4）氢冷发电机组的汽机房屋面排氢装置应按下列要求设置：

1）采用屋顶通风器自然排风且通风器布置在最高点时，可不另设排氢装置；

2）采用屋顶风机机械排风时，屋面应设置独立的自然排氢风帽，其筒体直径不应小于 300mm，且每台机组不少于 4 个；

3）排氢风帽应设置于发电机组上方屋面的最高点汽机房排风装置的电动机应为防爆型。

（5）石子煤隧道宜采用自然进风、机械排风的通风方式。

（三）真空清扫

（1）燃煤锅炉房应设置真空清扫系统，该系统兼管煤仓间不宜水冲洗部位积尘的清扫。

（2）真空清扫系统可选择在如下部位设置吸尘口：

1）锅炉房及锅炉本体的吸尘部位包括锅炉房零米、锅炉房运转层、锅炉平台、本体检修门及炉顶；

2）煤仓间的吸尘部位包括零米磨煤机区域、给煤机层、螺旋输粉机层及皮带层。

（3）真空清扫设备按下列要求选择：

1）单机容量为300MW级及以下时，宜2台锅炉配置1台移动式或固定式设备。

2）单机容量为600MW级及以上时，宜2台锅炉配置1台移动式或每台锅炉配置1台固定式设备。

3）当锅炉采用湿式除渣方式时，宜选择固定式设备。

4）在额定风量下，真空度不应小于30kPa；在海拔超过1000m的地区，设备选型时应对真空度、风量以及系统阻力进行修正。

5）设备最小额定风量应满足2~3个吸尘口同时工作的需要。

6）设备应具备自动保护功能。

三、燃煤电厂主厂房空气调节

（一）一般规定

（1）集中（单元）控制室、电子设备室、工程师室、继电器室、SIS室、MIS室、精处理控制室和低温仪表盘架间等房间应设置空气调节系统或装置。

（2）集中（单元）控制室和工程师室等房间宜按舒适性空调设计；电子设备室、继电器室、SIS室、MIS室、精处理控制室和低温仪表盘架间等房间的空气调节设计应符合工艺要求。

（3）300MW级及以上机组的集中控制室和电子设备室应采用定风量全空气集中空调系统，空气处理设备不应少于2台，其中1台备用。

（4）继电器室宜设置集中空调系统，空气处理设备不应少于2台。

（二）空调机房

（1）空气处理机组宜室内布置。当空气处理机组室外布置时应设置防风、防雨雪、防雷击和防冻隔热等措施。

（2）空调机房布置应符合下列规定：

1）应靠近所服务的空调区；

2）不宜靠近对噪声和振动有严格要求的工艺房间；

3）机房净空高度应满足风管安装。

（3）空调机房内设备布置应符合下列规定：

1）空调机组与围护结构的净距离不应小于1m；

2）空调机组与配电盘之间距离和主要通道的宽度不应小于1.5m；

3）空调机组之间的净距离应满足设备检修的要求；

4）空调机组与其他设备之间的距离不应小于1.2m。

（4）空调机房应设有供暖和通风设施，室内环境温度冬季不应低于5℃，夏季不宜高于40℃。

四、电气建筑

（一）网络控制室

（1）网络控制室和网络继电器室应设置空气调节装置。

（2）网络控制室和网络继电器室的空调设备配置不宜少于2台。

（二）蓄电池室

（1）防酸隔爆式蓄电池室及调酸室的通风系统设计应符合下列规定：

1）室内空气不允许再循环，其通风系统不应与其他通风系统合并设置。

2）蓄电池室的通风换气量应按室内空气中最大含氢量的体积浓度不超过1%计算，且换气次数不应少于每小时6次，蓄电池室的排风机不应少于2台。

3）调酸室的通风换气次数不宜少于每小时5次。

4）蓄电池室的送风机和排风机不应布置在同一通风机房内；当送风设备为整体箱式时，可与排风设备布置在同一个房间。

5）蓄电池室冬季送风温度不宜高于35℃，并应避免热风直接吹向蓄电池。

6）蓄电池室排风系统的吸风口应设在上部，调酸室的吸风口应设在上部和下部，上部吸风口上缘距顶棚平面或屋顶的距离不应大于0.1m，下部吸风口应靠近地面，其下缘与地面距离不应大于0.3m。

7）蓄电池室排风管的出口应接至室外。

（2）阀控密封式蓄电池室的供暖通风与空调系统设计应符合下列规定：

1）夏季室内温度不宜超过30℃，冬季室内温度不宜低于20℃；

2）当室内未设置氢气浓度检测仪时，通风系统应符合下列规定：

a.平时通风系统排风量应按换气次数不少于每小时3次计算；事故排风系统排风量应按换气次数不少于每小时6次计算；平时通风用排风机的风量宜按2×100%配置，事故排风机可由两台平时通风用排风机共同保证。

b. 当室内需要采取降温措施时，应采用直流式降温通风系统。

3）当室内设置氢气浓度检测仪时，通风系统应符合下列规定：

a. 事故排风系统排风量应按换气次数不少于每小时 6 次计算。

b. 事故排风机应与氢气浓度检测仪联锁，当空气中氢气体积浓度达到 1%时，事故通风机应能自动投入运行。

4）蓄电池室排风系统的吸风口应设在上部，吸风口上缘距顶棚平面或屋顶的距离不应大于 0.1m；

5）排风系统不应与其他通风系统合并设置，排风应排至室外。

（3）蓄电池室通风系统的进风宜过滤，室内应保持负压。当采用机械进风、机械排风系统时，排风量至少应比送风量大 10%，送风口应避免直吹蓄电池组。

（4）当蓄电池室的顶棚被梁分隔时，每个分隔均应设置吸风口。

（三）通信机房

（1）通信机房应设置空气调节装置。

（2）通信机房的空调设备配置不宜少于 2 台。

（四）变压器室

（1）油浸式变压器室的通风可按夏季排风温度不超 45℃，进风和排风温差不超 15℃设计。

（2）油浸式变压器室宜采用自然通风。当自然通风不能满足要求时，可采用机械通风。

（3）油浸式变压器室采用机械通风时，宜采用机械进风、自然排风系统。送风口布置宜直接吹向变压器排热管。

（4）油浸式变压器室的通风系统应与其他通风系统分开，各变压器室的通风系统应独立设置。

（5）干式变压器室的通风可按夏季排风温度不超过 40℃，进风和排风温差不超过 15℃设计。

（6）干式变压器室宜采用自然进风、机械排风系统。当机械通风不能满足要求时，可采取降温措施。

（五）厂用配电装置室

（1）主厂房、集中控制楼、烟气除尘和除灰运煤建筑物内的厂用配电装置室夏季室内环境温度不宜高于 35℃。设在其他建筑的厂用配电装置室夏季室内环境温度不应高于 40℃。

（2）厂用配电装置室应设机械通风。

（3）厂用配电装置室通风系统应根据周围环境条件，按下列要求设计：

1）当周围环境洁净时，宜采用自然进风、机械排风系统；

2）当周围空气含尘严重时，应采用机械送风系统，进风应过滤。室内保持正压。

（4）主厂房、集中控制楼、烟气除尘和除灰建筑物内厂用配电装置室，当夏季通风室外计算温度大于或等于 30℃时，通风系统宜采取降温措施，并应符合下列要求：

1）当采用人工冷源进行空气处理时，送风温差不得超过 15℃。

2）当采用人工冷源进行空气处理且室内空气循环时，通风系统应能在过渡季节全新风节能运行。

3）当采用水蒸发冷却空气处理方式时，送风温差不宜低于 10℃。

（5）厂用配电装置室冬季室内环境温度不宜低于 5℃。寒冷地区和严寒地区的厂用配电装置室宜设置热风供暖或电供暖等冬季供暖设施，直通室外的进、排风口应设置保温风阀。

（6）室内布置有干式变压器的低压配电装置室，当采用自然进风、机械排风系统时，排风口宜靠近干式变压器的排热口布置。当采用机械进风、机械排风系统并采用风管送风时，应合理分配气流。

（六）励磁设备室

（1）发电机励磁设备室的室内设计温度应满足下列要求：

1）当室内布置有励磁调节器柜时，夏季室内环境温度不宜高于 30℃，冬季室内环境温度宜按 18℃设计；

2）当室内无励磁调节器柜时，夏季室内环境温度不宜高于 35℃，冬季室内环境温度宜按 5℃设计。

（2）室内无励磁调节器柜的励磁设备室应按照下列要求设计通风系统：

1）硅整流装置柜体排风宜直接引至室外。

2）通风系统可采用自然进风，进风应过滤。

3）当硅整流装置柜体排风排入室内，且采用自然进风、机械排风方式不能满足要求时，可采取降温措施。

4）独立布置励磁调节器柜的房间应设置空气调节装置。

（七）出线小室

（1）出线小室的通风方式应根据机组容量及室内电气设备类型确定，并应符合下列要求：

1）当出线小室内仅设有油断路器、六氟化硫断路器、隔离开关、励磁变压器和电抗器等设备时，宜采用自然进风、机械排风；

2）当室内仅设有电压互感器、电流互感器、励磁灭磁盘以及灭磁电阻等设备时，125MW 级及以下机组宜采用自然通风，125MW 级以上机组容量可采用机械通风；

3）当室内设有励磁盘柜时，应按本节四中的（六）（1）的规定执行；

4）当室内设有硅整流装置时，宜采用自然进风、机械排风系统，进风宜过滤。

（2）出线小室夏季通风系统的设计应符合下列要求：

1）出线小室夏季室内设计温度不应高于 40℃，必要时可采取降温措施。

2）当室内布置不同类型的电气设备时，通风系统的夏季房间热负荷应为所有设备发热量之和。

3）出线小室内布置有油断路器时，通风量应满足换气次数不少于每小时 12 次的事故通风要求；事故排风机可兼作排热用风机。

4）出线小室内布置有六氟化硫断路器时，通风系统应同时设置上部排风口和下部排风口，上部排风量应满足排除室内设备散热量的要求，下部排风量宜按不少于每小时 4 次换气量计算，上部和下部排风量之和应满足不少于每小时 12 次的事故排风量要求。

5）布置有油断路器或六氟化硫断路器的事故排风口应接至室外。

（八）电抗器室

电抗器室宜采用自然进风、机械排风系统，通风系统宜按夏季排风温度不超过 40℃设计。

（九）母线室及母线桥

（1）母线室及封闭母线桥通风量宜按夏季排风温度不超过 45℃，进风和排风温差不超过 15℃计算。

（2）母线室及封闭母线桥宜采用自然通风方式。当自然通风不能满足排除余热的要求时，可采用机械通风方式。

（十）油断路器室

（1）油断路器室应设置自然进风、机械排风的平时通风系统。

（2）油断路器室应设置事故排风系统，通风量按换气次数不少于每小时 12 次计算。事故排风机可兼作平时通风机。

（十一）电缆隧道和电缆夹层

电缆隧道应设置通风设施，并应符合下列规定：

（1）电缆隧道通风量应根据隧道内电缆发热量计算确定，夏季排风温度不宜超过 40℃，进风和排风温差不宜超过 10℃。

（2）电缆隧道宜采用自然通风，当采用自然通风不能满足要求时，应采用机械通风。

（3）隧道内设有防火隔断时，每个隔断内应独立设置通风设施。

（4）电缆隧道不应作为其他通风系统的吸风地点。

（5）通风或空调设备安装在电缆夹层时，应设置独立的房间。

（十二）电除尘器配电室

（1）电除尘器控制室和电除尘器继电器室应设置空气调节装置；

（2）电除尘器控制室和电除尘器继电器室的空调设备配置不宜少于 2 台。室内宜保持正压。

（十三）不停电电源室及直流屏室

（1）不停电电源室应设置空气调节装置。直流屏室宜设置空气调节装置。

（2）内置蓄电池的不停电电源室应设置换气次数不少于每小时 3 次的排风系统。排风系统不应与其他通风系统合并，排风口应引至室外。排风系统的室内吸风口应设在房间上部，吸风口上缘距顶棚平面或屋顶的距离不应大于 0.1m。

（3）不停电电源的设备散热量宜按生产厂家提供的数据确定。

（十四）电梯机房

（1）电梯机房应设置机械通风，通风量按换气次数每小时不少于 10 次计算。进风宜过滤。

（2）当机械通风不能满足设备的环境温度要求时，宜设置空气调节装置。

（十五）六氟化硫电气设备室

（1）GIS 配电装置室以及六氟化硫气体实验室、六氟化硫设备检修室应设置机械通风和事故排风系统，室内空气不得再循环。室内空气中六氟化硫的含量不得超过 6000mg/m³。

（2）GIS 配电装置室的通风系统设计应符合下列规定：

1）平时通风系统应按连续运行设计，其风量应按换气次数每小时不少于 4 次计算，事故排风量应按换气次数每小时不少于 6 次计算；

2）平时通风系统的吸风口应设在室内下部，其下缘与地面距离不应大于 0.3m；

3）事故排风量宜由平时通风使用的下部排风系统和上部排风系统共同保证；

4）排风口应接至室外并高出屋面；当排风口设在无人员停留或无人经常通行处时，排风可直接排至室外。

（3）六氟化硫气体实验室和六氟化硫设备检修室应设置间断运行的机械排风系统和事故通风系统。间断运行的机械排风系统排风量应按换气次数每小时不少于 4 次计算，事故排风量应按换气次数每小时不于 12 次计算。

（4）六氟化硫电气设备室内的电缆隧道或电缆沟及与其相通的室外部分应设置独立的机械排风系统。吸风口应设在电缆隧道下部，其下缘与底部距离不应大于 0.3m。

（十六）柴油发电机室

（1）柴油发电机室夏季室内设计温度不宜高于 40℃，冬季不应低于 5℃。

（2）柴油发电机室应设置平时通风系统和柴油发电机运行时通风系统。柴油发电机运行时的排风机，可兼作平时通风用。

（3）柴油发电机室平时通风系统通风量应按换气次数不少于每小时 10 次计算。

（4）柴油发电机运行时通风系统的通风量应满足下列要求：

1）当柴油发电机采用空气冷却方式时，其排风量应按照消除室内余热计算，室内进风量应包括室内排风机的排风量、柴油机燃烧所需风量以及空冷柴油发电机本体的排热风量；

2）当柴油发电机采用水冷方式时，其排风量应取按照消除室内余热计算的通风量与按照不少于 $20m^3/(kWh)$ 计算的排风量中的较大值，室内进风量应包括室内排风机的排风量以及柴油机燃烧所需风量之和。

（5）柴油发电机室通风宜采用自然进风方式。

（6）柴油发电机室设置供暖系统时，进风口应采用电动百叶窗，并与柴油发电机的启停联锁。

（7）集中供暖地区柴油发电机室冬季平时通风系统产生的热负荷宜由散热器供暖系统承担。当散热器供暖系统不能满足负荷要求时，应设置热风补偿系统。室内空气不得再循环。

（8）当油箱间单独设置时，油箱间的机械排风系统应与其他通风系统分开，其排风量应按换气次数每小时不少于 5 次计算。

（十七）变频器室

（1）变频器室夏季室内环境温度不宜高于 35℃，冬季室内环境温度不应低于 5℃。

（2）变频器室应设置机械通风系统。进风宜过滤。

（3）变频器采用空气冷却时，变频器室应根据当地气象条件和周围环境条件选择下列通风方式：

1）空冷变频器室的通风宜采用自然进风、机械排风，或机械进风、机械排风的方式，变频器柜体排风宜直接引至室外，室内排风由变频器柜体排风和房间排风机共同保证；

2）当通风不能满足设计要求时，应采取降温措施，并应符合本节四中（五）（4）的规定。降温通风系统应具有根据室外空气参数变化调节风量运行的功能。

（4）变频器采用空—水冷却时，变频器室宜采用自然进风、机械排风的方式。当采用机械通风系统不能满足变频器对室内温度的要求时，可采取降温措施。

（5）变频器室通风系统的设备宜采用 2 台或 2 台以上同型号设备的配置方式。

（6）严寒地区和寒冷地区的变频器室应具有冬季利用变频器散热循环来维持室内温度的措施。

（十八）空冷岛配电室

（1）空冷岛配电装置与变频器分开布置时，空冷岛配电装置室的通风设计应按本节四中（五）的规定执行。

（2）空冷岛配电装置与变频器合并布置的空冷岛配电装置室，或独立布置的空冷岛变频器室的通风设计应按本节四中（十七）的规定执行。

（3）空冷岛电子设备间应设置空气调节装置。

五、运煤建筑

（一）供暖

（1）运煤建筑供暖热媒宜采用热水。当采用蒸汽作为供暖热媒时，蒸汽温度不应超过 160℃，供暖凝结水应回收利用。

（2）热水供暖系统宜以一个转运站及其相邻斜升栈桥来划分供暖系统。栈桥长度超过供暖作用半径时，宜划分为多个供暖系统。

（3）供暖系统应选用不易积尘的散热器，严寒地区应采用水容量较大的散热器。

（4）转运站下部与斜升运煤栈桥下部宜增加散热器布置密度。

（5）夏热冬冷地区的运煤建筑内，当冬季存在冻结可能时，可在运煤皮带头部及尾部设置局部供暖。

（6）严寒地区和寒冷地区的翻车机室供暖系统设计应符合下列规定：

1）当翻车机室内易发生冻结的消防水等管道采取防冻措施时，地上部分可不设供暖系统；

2）控制室、喷水抑尘设备间等应设置供暖设施；

3）冬季供暖室外计算温度不高于−20℃的地区，翻车机室地上部分有供暖系统时，出入口大门应设置大门热空气幕，并应符合下列规定：

a. 热空气幕系统应按间歇运行设计，并与卷帘门联锁运行；

b. 热空气幕采用双侧送风，送风温度不应高于 70℃；

c. 热空气幕的出口风速不宜大于 25m/s。

（7）严寒地区和寒冷地区的运煤隧道、地下卸煤沟、转运站等设有通风除尘设施时，应根据热平衡计算冬季通风耗热量。

（8）热风补偿系统应与通风除尘系统联锁运行。

（二）通风与空调

（1）运煤系统的地下建筑宜采用自然进风、机械排风的方式。夏季通风量宜按换气次数不少于每小时 15 次计算，冬季通风量可按换气次数不少于每小时 5 次计算。

（2）运煤栈桥设置可开启外窗时，栈桥宜采用自然通风。运煤栈桥未设置可开启外窗时，栈桥屋面应设置机械排风装置，通风量应按换气次数不少于每小时 5 次计算。

（3）煤仓间皮带层宜采用自然通风。当无通向室外的侧窗时，应设置机械排风，通风量应按换气次数每小时5次计算。煤仓间皮带层不宜设置机械送风和暖风机供暖系统。

（4）地下运煤建筑通风的进风口宜设在室外空气较洁净的地点。

（5）地下卸煤沟内设置凝结水箱和凝结水泵的地点应考虑局部通风。

（6）运煤建筑通风的气流组织应合理，车间内工作地区的风速不宜大于0.5m/s。

（7）运煤集中控制室、轨道衡控制室和翻车机控制室宜设置空气调节装置。

六、化学建筑

（一）化学水处理室

（1）化学水处理车间应根据水处理工艺以及室内有害气体的性质和散发情况确定通风方式和通风量，通风系统应符合下列规定：

1）当化学水处理车间设有电除盐、反渗透、过滤器及离子交换器设备时，夏季应设置以排除余热为主的通风系统，宜采用自然通风。

2）可能产生或溢有害物质的设备宜布置在单独的房间内，应采用全面机械通风系统；当与其他设备布置在同一房间时，宜设置局部机械通风装置。

3）当采用石灰法、曝气法处理中水时，夏季室内通风应以排除湿气为主，通风换气次数不应少于每小时6次，集中供暖地区的冬季通风量可按换气次数不少于每小时2次计算，进风口布置在车间上部，冷风热损失宜由供暖系统补偿。

（2）酸库及酸计量间的通风系统应符合下列规定：

1）酸库及酸计量间应设置换气次数不少于每小时10次的机械通风装置，集中供暖地区应采取冷风热补偿措施；

2）室内应保持负压，室内空气不应再循环；

3）通风装置的电动机应为全封闭型；

4）存放硫酸的酸库及酸计量间，室内吸风口应设置在房间的下部，风口下缘与地面距离不应大于0.3m；

5）存放盐酸的酸库及酸计量间应分别设置下部和上部吸风口。下部排风量为总排风量的2/3，上部排风量为总排风量的1/3。下部吸风口的下缘与地面距离不应大于0.3m，上部吸风口的位置宜设在房间高度的2/3以上。

（3）碱库及碱计量间宜采用自然通风。当酸碱共库时，通风系统应按照酸库的要求设计。

（4）石灰乳搅拌器间及凝聚剂搅拌器间宜采用自然通风。当工艺采用干法计量时，应设换气次数不少于每小时15次的机械排风装置。

（5）石灰库应采用机械除尘的方法消除石灰粉尘。石灰库及消石灰间的通风换气次数应不少于每小时10次。电动机应为全封闭型。

（6）氨、联胺仓库及其加药间应设置换气次数不少于每小时15次的机械排风装置，且应符合下列规定：

1）联胺仓库及其加药间室内吸风口应设置在房间的下部，风口下缘与地面距离不应大于0.3m；

2）氨库及其加药间室内吸风口应设置在房间的上部；

3）机械排风系统排出的气体应直接排至室外；

4）通风机及电动机应为防爆式，并应直接连接。

（7）天平室、精密仪器室、热计量室及微量分析室等应根据工艺要求设置空气调节装置。

（8）当色谱气瓶间内存有化验用的氢气瓶时，室内应设置排除氢气的通风设施。

（二）工业废水处理室

（1）工业废水处理间应设置换气次数不少于每小时15次的机械排风装置，室内空气不应再循环。

（2）废水泵间、助凝剂与絮凝剂加药间及其药品间宜采用自然通风。

（3）次氯酸钠储存计量间应设置换气次数不少于每小时10次的机械排风装置。排风口宜高于屋面2.0m，室内空气不应再循环。

（4）酸碱储存计量间的供暖通风设计应符合本节六中（一）（2）的规定。

（5）泥浆泵间与泥斗间应设换气次数不少于每小时15次的机械通风装置。

（6）当次氯酸钠储存计量装置、酸碱储存计量装置、含油废水处理装置、助凝剂与絮凝剂加药装置及其药品等设置在同一房间内时，应设换气次数不少于每小时15次的机械通风装置，并应符合本节六中（一）（2）～（5）的规定。

（三）氢气站及供氢站

氢气站内的电解间、氢气干燥间、氢气压缩机间、氢气储瓶间或供氢站的自然通风换气次数不应小于每小时3次，并应设置换气次数不少于每小时12次的事故通风系统。

（四）供氧站及氧气瓶间

（1）供氧站和氧气瓶间宜设置换气次数不少于每小时3次的自然通风系统。

（2）供氧站和氧气瓶间内供暖管道及散热器与储气罐的距离不宜小于1m，不能满足要求时应采取隔热措施。

（五）循环水处理建筑

（1）循环水加酸间及酸库的通风设计应按照本节六中（一）（2）的规定执行。

（2）加阻垢剂的计量泵与加酸计量泵布置在同一房间时，应按照酸计量间的供暖和通风要求设计。

（3）加氯系统采用二氧化氯制剂时，房间的通风系统设计应符合下列规定：

1）二氧化氯制备设备间及药品储存间应设置换气次数不少于每小时 12 次的机械通风装置；

2）室内不允许使用明火或电热散热器取暖；

4）供暖管道及散热器与储气罐的距离不宜小于 lm，不能满足要求时应采取隔热措施。

（4）加氯系统采用次氯酸钠制剂时，房间的通风系统设计应符合下列规定。

1）外购次氯酸钠的加氯间应设置换气次数不少于每小时 10 次的机械通风装置；

2）采用电解食盐或电解海水制取次氯酸钠时，电解制氯间的通风设计应符合本节六中（三）的规定。

（5）加氯系统采用液氯制剂时，房间的通风系统设计应符合下列规定：

1）加氯间与充氯瓶间应设置换气次数不少于每小时 15 次的机械通风装置。

2）排风宜接至氯气回收塔内。当排风直接排至室外时，室外排风口应高出屋面 2.0m。

3）室内吸风口应分别设置在下部和上部，各自承担 1/2 的通风换气量，下部吸风口的下缘距地面距离不应大于 0.3m，上部吸风口的位置宜设在房间高度的 2/3 处。

4）室内空气不应再循环。

（6）加氯系统采用氯锭制剂时，室内可采用自然通风。

（7）加氯系统的工艺房间均应采用负压通风方式。

（8）二氧化氯系统工艺房间、次氯酸钠系统工艺房间、加氯间、充氯瓶间的通风系统应连续运行。

（六）汽水取样间、化验室及试验室

（1）汽水取样的高温架间宜设置排除室内余热余湿的机械通风装置，通风量可按换气次数不少于每小时 10 次计算。

（2）产生有毒、有异味等有害气体的化验室和试验室应设置换气次数不少于每小时 6 次的机械排风装置。

（3）水分析室、油分析室、煤分析室及化验室等房间设置的通风柜，其工作口风速不应小于 0.6m/s。

（4）排除具有放射性物质或危险性较高物质的通风柜宜单独设置排风系统。排风口应高出屋面 2.0m 以上。

（5）当一个房间内设有多个通风柜时，宜合并为一个排风系统。排风量取室内所有通风柜所需通风量之和乘以 0.6～0.7 的同时使用系数。

（6）化验室和试验室宜根据工艺要求设置空气调节装置。

（七）凝结水精处理间

（1）凝结水精处理间的通风系统设计应符合下列规定：

1）当室内无树脂再生用酸碱储存槽或计量箱时，宜采用自然通风；

2）当室内设有树脂再生用酸碱储存槽或计量箱时，应设置自然进风、机械排风系统，通风量宜按换气次数不少于每小时 10 次计算。

（2）凝结水精处理控制室宜设置空气调节装置。

（八）海水淡化建筑

（1）当海水淡化采用反渗透工艺时，各工艺房间的通风系统设计应符合本节六中（一）的有关规定。电解海水制备间的通风系统设计应符合本节六、中（三）的有关规定。

（2）当采用蒸馏法海水淡化工艺时，其热交换器间和泵间等工艺房间宜设置换气次数不少于每小时 15 次的机械排风装置。其他各工艺房间的通风系统设计应符合本节六中（一）的规定。

七、其他辅助及附属建筑

（一）灰渣泵房

灰渣（浆）泵的配用电动机布置在地上时，泵房宜采用自然通风系统；当电动机本体有通风要求时，应按要求设计电动机通风系统。当灰渣（浆）泵的配用电动机布置在泵房地下部分时，泵房宜采用机械进风、自然排风系统。

（二）油泵房、空压机室、启动锅炉房

（1）油泵房的通风设计应满足下列要求：

1）当油泵房为地上建筑时，应根据当地气象条件确定通风方式；当油泵房为地下或半地下建筑时，应采用机械通风方式。

2）严寒地区和寒冷地区的油泵房冬季通风应进行热补偿。

3）油泵房的通风量应取下列两项计算结果较大值：

a. 换气次数不少于每小时 12 次的事故通风量；

b. 空气中油气的含量不超过 $350mg/m^3$ 及体积浓度不超过 0.2% 所需的通风量。

4）室内空气不应再循环。

5）当油泵房采用机械进风、机械排风时，排风量应比送风量大 10%～20%。

（2）空气压缩机室的供暖和通风设计应满足下列要求：

1）空气压缩机室供暖系统应按照值班供暖温度不低于 5℃ 设计。

2）空气压缩机室夏季通风应按照室内环境温度不高于 40℃ 设计。

3）空气压缩机室宜采用自然通风，通风量应根据空气压缩机的冷却和吸气方式确定。当自然通风不能满足室内温度要求时，空气压缩机室应采用机械通风。

4）润滑油传送间和主油箱室宜采用机械通风。

（三）水工建筑

（1）循环水泵房及岸边水泵房的供暖和通风设计应满足下列要求：

1）泵房通风应符合下列规定：

a. 当电动机采用水冷方式且水泵地上布置时，泵房应采用自然通风。

b. 当电动机采用风冷方式，水泵地上布置且电动机容量不大于 1000kW 时，泵房宜采用自然通风；电动机容量大于 1000kW 时泵房应采用机械通风。

c. 水泵地下布置时，泵房地下部分应采用机械通风，通风量按换气次数不小于每小时 15 次计算。

d. 当设有电动机通风系统，并由室内进风时，泵房内温度和通风量应满足电动机对环境温度和进风量的要求。

2）电动机通风应符合下列规定：

a. 电动机的冷却风量宜根据设备资料确定。当缺乏资料时，应根据电动机散热量，以及排风温度不超过 55℃，进排风温差不大于 15℃计算冷却风量。同时，夏季进风温度不应超过 40℃，冬季进风温度不宜低于 50℃。

b. 当电动机通风系统由室外直接吸风时，应对空气进行过滤处理。

c. 当室外空气温度高于电动机允许环境温度时，宜设置冷却装置对送入空气进行降温处理。

d. 夏季电动机排风应直接排至室外，冬季电动机排风宜排入泵房兼做供暖用。

3）当岸边水泵房距离厂区供暖管网较远时，宜采用电供暖装置。

（2）生活消防水泵房和综合水泵房宜采用自然通风系统。当自然通风不能满足要求时，应设置机械通风系统。

（3）污水及废水处理建筑的通风设计应满足下列要求：

1）生活污水处理站的操作间应设换气次数不少于每小时 6 次的机械排风装置，排风口应设在无人员经常通行的地点；

2）含油污水处理站应设换气次数不少于每小时 6 次的机械排风装置；

3）脱硫废水处理站应设换气次数不少于每小时 10 次的机械排风装置；

4）含煤废水处理站宜采用自然通风，当自然通风不能完全消除室内潮气时，应采用机械通风；

5）处理站内的各类泵房宜采用自然通风。

6）严寒地区和寒冷地区的各类污水、废水处理站，当冬季通风系统连续运行时，应采取热风补偿措施。

（4）各类污水或废水处理站的室内空气不应再循环。

（5）距厂区较远的灰场管理站应根据当地条件确定供冷或供暖方式。

（四）各类库房及车间

（1）推煤机库宜采用自然通风。

（2）材料库、冷机修仓库及非放射性机修仓库应按下列要求设计：

1）一般材料库、冷机修仓库及非放射性机修仓库宜采用自然通风；当自然通风方式不能满足卫生要求时，应设置机械通风，通风量可按换气次数不少于每小时 2 次计算。

2）对有温度、湿度特殊要求的电气和热工设备库、物品储藏库等应设置空气调节装置。

（3）油脂库宜采用自然通风，通风量换气次数宜不小于每小时 2 次。

（4）无可开启外窗的消防气体储瓶间应设置机械排风装置，排风口下缘距地面高度不宜大于 0.3m，排出口宜直接通向室外。

（5）检修车间宜采用自然通风。当工作地点有通风要求时，应设置局部通风系统。

（五）实验类建筑

（1）仪表与控制试验室应按下列要求设置通风或空调装置：

1）仪表与控制试验室应设置空气调节装置，标准仪表间要求恒温恒湿；

2）恒温源间内设置检定炉、恒温油槽的房间应设置吸风罩作为排烟和降温的设施；

3）现场维修间宜采用机械通风，通风量按换气次数不少于每小时 6 次计算。

（2）电气试验室应根据工艺要求设置通风及空气调节系统，并符合下列规定：

1）电气试验室宜采用机械通风，通风量按换气次数不少于每小时 6 次计算，进、排风口上应加设金属网。

2）测量仪表实验室宜采用机械通风，通风量按换气次数不少于每小时 6 次计算。当周围环境空气较为恶劣时，宜采用正压通风，进风应过滤。

（3）环境监测站应根据工艺要求设置通风系统。计算机维护、仪表维护和标准设备间等房间宜设置空气调节装置。

（六）脱硫建筑

（1）石灰石-石膏湿法脱硫的石灰石制浆车间、石膏脱水车间及 GGH 设备间等宜设置机械通风装置。

石膏脱水车间通风量可按换气次数不少于每小时 15 次计算，石膏脱水间通风系统排风口宜设置凝结水排出设施。制浆车间和 GGH 设备间的通风量可按换气次数不少于每小时 10 次计算。

（2）石灰石-石膏湿法脱硫的浆液循环泵房的值班供暖温度不宜低于 5℃。浆液循环泵房宜采用自然通风。当自然通风不能满足要求时，应设置机械通风。

（3）石灰石-石膏湿法脱硫的氧化风机房和海水脱硫的曝气风机房的通风系统应根据风机电动机的冷却方式确定。当电动机采用水冷时，风机房应采用自然通风。当电动机采用风冷时，风机房宜采用机械通风。

（4）石灰石-石膏湿法脱硫的石膏库宜采用自然通风。

（5）氨法脱硫的硫酸铵制备车间宜设置机械通风装置，通风量可按换气次数不少于每小时 15 次计算。硫酸铵仓库宜采用自然通风。

（6）脱硫控制室和电子设备间应设置空气调节装置。

（七）脱硝建筑

（1）烟气脱硝的还原剂车间不允许使用明火取暖。室内空气不允许再循环。

（2）还原剂车间、液氨蒸发设备间和卸氨压缩机房等房间冬季供暖室内温度应按照不低于 5℃设计。

（3）液氨蒸发设备间和卸氨压缩机房应设置平时通风系统及事故排风系统，事故排风机可兼作平时通风用。排风口应设置在房间的上部，排风应直接排至室外。平时通风和事故排风系统应符合下列

规定：

1）平时通风宜采用自然通风。当自然通风不能满足要求时，应设置机械通风装置。机械通风的换气次数不应小于每小时 6 次。

2）事故排风量应按 183m³/（h·m²）计算，且室内换气次数不应少于每小时 12 次。

（4）烟气脱硝控制室及电子设备间应设置空气调节装置。

（5）当采用尿素制备还原剂时，尿素溶解车间通风系统应按下列要求设计：

1）应设置全面通风系统和局部排风系统，维持室内尿素挥发气体浓度每班加权平均值不大于 5mg/m³。

2）全面通风系统可采用自然通风或机械通风方式，其排风量不应小于每小时 1 次换气。当房间高于 6m 时，排风量可按 6m³/（h·m²）计算。

3）尿素拆包作业区应设置局部通风系统，局部排风罩的投影面积应大于作业区面积，罩口距地坪高度不宜高于 2m。

4）局部通风系统排风量可按罩口风速不大于 2m/s 计算。

八、垃圾焚烧电厂采暖通风

垃圾焚烧电厂采暖通风参照本节一～七中对采暖通风、空调的要求设计。

九、生物质电厂采暖通风

生物质电厂采暖通风参照本节一～七中对采暖通风、空调的要求设计。

第十六章

变电（换流）站及线路工程职业卫生要求

本章重点介绍输变电工程涉及的职业病危害因素及其防护。

第一节　变电站及线路工程职业病危害因素分析

一、生产过程中职业病危害因素

化学毒物：六氟化硫及其分解产物。

物理因素：噪声、工频电场。

生产中可能存在的职业病危害因素见表16-1。

二、劳动过程中职业病危害因素

劳动过程中可能存在的职业性有害因素主要包括：不合理的劳动组织和作息制度，以及显示装置、控制台、座椅等不符合人机工效学的设计。

变电站劳动组织大多采用四班三运转，每班工人工作时间 6～8h，工人可得到较充分的休息，由于劳动组织和作息制度不合理造成的对工人健康的损害较小。

表 16-1　　　　　　　　　　生产中可能存在的职业病危害因素

序号	单元	岗位	工作场所/设备	工作内容	职业病危害因素
1	电气系统	电气值班员	变压器、站用变压器、配电室、控制室等	设备巡检、监盘	工频电磁场、噪声、六氟化硫及其分解产物

变电站自动化程度较高，工人工作时多数时间在控制室从事视屏操作。由于长时间采用坐姿工作，如果控制台、显示装置及座椅的设计不符合人机工效学的原理，可能使工人发生视力疲劳、下背痛、腕管综合症、颈肩腕综合症等工作相关疾病。

第二节　变电站职业病危害因素的防护

一、对站址选择的要求

变电站站址的选择应依据 GBZ 1《工业企业设计卫生标准》、GB 50187《工业企业总平面设计规范》、GB/T 50087《工业企业噪声控制设计规范》、DL/T 5218《220kV～750kV 变电站设计技术规程》，参考 DL 5454《火力发电厂职业卫生设计规程》，依据相关的卫生、安全生产和环境保护等法律法规、标准，结合拟建建设项目生产过程的卫生特征及其对环境的要求、职业性有害因素的危害状况，结合建设地点现状与当地政府的整体规划，以及水文、地质、气象等因

素，进行综合分析而确定。

变电站站址的选择可参考本书第十三章的第一节的相关内容。

二、对总平面及主要建（构）筑物的布置的要求

变电站总平面布置应符合 GBZ 1《工业企业设计卫生标准》、GB 50187《工业企业总平面设计规范》和 DL/T 5056《变电站总布置设计技术规程》、DL/T 5218《220kV～750kV 变电站设计技术规程》，参考 DL 5454《火力发电厂职业卫生设计规程》等有关标准、规范的规定。同时也应满足 GB 50229《火力发电厂与变电站设计防火规范》的具体要求。

变电站的总平面布置及主要建（构）筑物的布置对职业病防护的要求可参考本书第十三章的第二节的相关内容。

三、绿化要求

（1）变电站的绿化应节约用地，在不增加用地的前提下对变电站内无覆盖保护的场地进行绿化处理，

以满足水土保持和改善站区运行环境的需要。宜充分利用站前区建筑物旁、路旁及其他空闲地进行绿化。扩建、改建工程应对原绿化场地进行保护，尽量保留原有的绿地、树木，施工破坏处应恢复绿化。

（2）变电站的绿化应根据地区特点因地制宜，根据当地土质、自然条件及植物的生态习性合理选择草种、树种或其他植物种类，并与周围环境相协调。

（3）湿陷性黄土和膨胀土场地的变电站不宜大面积绿化，可根据工程具体情况在站前区和主干道旁重点绿化。在湿陷性黄土场地应采取防止地基土受水浸湿的措施，预防地基土进水产生的不利影响。在膨胀土场地宜避免树木吸收水分而使房屋损坏。

（4）城市变电站的绿化应与所在街区的绿化相协调，满足美化市容要求。城市地下变电站的顶部宜覆土进行绿化。

（5）主入口、站前区附近宜配置观赏性和美化效果好的常绿树种、花草，以美化站区环境。进出线下的绿化应满足带电安全距离要求。

四、生产工艺中职业病危害因素的防护设施

（一）工频电场、静电感应及非电离辐射的防护

1. 工频电场的防护

（1）变电站的工频电场应满足 GBZ 2.2《工作场所有害因素职业接触限值 第 2 部分：物理因素》中工频电场职业接触限值的相关要求，即工作场所的工频电场 8h 最高容许量为 5kV/m。

（2）应按照 HJ 681《交流输变电工程电磁环境监测方法（试行）》所规定的方法对变电站内隔离开关、变压器、进线、电容器、消弧线圈、电流/电压互感器、站内道路、保护室等作业人员现场作业相对集中的区域进行工频电场强度测量，根据测量结果确定变电站内工频电场职业暴露的关键控制区域。

（3）对于工频电场强度不能满足 GBZ 2.2《工作场所有害因素职业接触限值 第 2 部分：物理因素》中工频电场职业接触限值要求的区域，可以结合工程设计采取改变线路高度，设置屏蔽设施、改变相间距等措施；当无法采取上述措施时，工作人员应穿着工频电场防护服进入变电站内工频电场职业暴露的关键控制区域，同时采取优化作业人员工时制度的措施，降低作业人员在场强较大区域的职业暴露时间。

（4）超高压输变电设备，在人通常不去的地方，应用屏蔽网、罩等设施遮挡。

2. 静电感应的防护

330kV 及以上的配电装置内设备遮拦外的静电感应场强水平（离地 1.5m 空间场强），不宜超过 10kV/m。

3. 非电离辐射的防护

（1）变电站微波辐射的卫生防护设计，应符合 GBZ 2.2《工作场所有害因素职业接触限值 第 2 部分：物理因素》的规定。

（2）工作场所微波辐射职业接触限值见表 16-2。

表 16-2 工作场所微波职业接触限值

类型		日计量（$\mu W \cdot h/cm^2$）	8h 平均功率密度（$\mu W/cm^2$）	非 8h 平均功率密度（$\mu W/cm^2$）	短时间接触功率密度（$\mu W/cm^2$）
全身辐射	连续微波	400	50	400/t	5
	脉冲微波	200	25	200/t	5
肢体局部辐射	连续微波或脉冲微波	4000	500	4000/t	5

注 t 为辐射时间，单位为 h。

（3）短时间接触时卫生限值不得大于 $5\mu W/cm^2$，同时需要使用个体防护用具。

（4）变电站微波通信设计中，应选择符合相关规程的微波设备。

（5）对于微波辐射强度超过作业场所微波辐射卫生标准限量值的微波机房，应采取屏蔽措施，其屏蔽应接地。

（二）设有 SF_6 电气设备场所的防护

（1）空气中 SF_6 气体容许浓度应满足 GBZ 2.1《工作场所有害因素职业接触限值 第 1 部分：化学有害因素》的要求，即空气中 SF_6 气体容许浓度不得超过 $6000mg/m^3$。

（2）SF_6 电气设备的配电装置室及检修室，应设置机械排风装置，室内空气不允许再循环。SF_6 电气设备配电装置室应设事故排风装置。

（3）SF_6 电气设备配电装置室，应配备 SF_6 气体净化回收装置，在户内设备安装场所的地面应安装带报警装置的氧量仪和 SF_6 浓度仪。

（三）噪声防护

（1）变电站的噪声职业接触限值应满足 GBZ 2.2—2007《工作场所有害因素职业接触限值 第 2 部分：物理因素》中"11 噪声职业接触限值"的要求。

变电站内各类工作场所噪声限值应符合表 16-3 的规定。

表 16-3 各类工作场所噪声限值

工作场所	噪声限值［dB（A）］
值班室、休息室、办公室、实验室	70
计算机房	70

续表

工 作 场 所	噪声限值［dB（A）］
集中控制室、通信室、电话总机室、消防值班室，一般办公室、会议室、实验室室内背景噪声级	60
值班宿舍室内背景噪声级	55

注 1. 室内背景噪声级指室外传入室内的噪声级。
　　2. 变电站站界噪声限值应符合 GB 12348《工业企业厂界环境噪声排放标准》的有关规定。

（2）变电站的噪声与振动防治，应在控制声源、振源强度的基础上，采取隔声、吸声及隔振等措施。

（3）具有生产性噪声的建筑物或户外高噪声设备应尽量远离其他非噪声作业建筑物、行政区和生活区。

（4）室内噪声控制要求较高的房间，当室外噪声级较高时，其围护结构应有较好的隔声性能、尽量使墙、门、窗、楼板、顶棚等各围护构件的隔声量相接近。隔声构件应满足下列规定：

1）应选用隔声门。

2）当需朝向强噪声源设窗时，应采用隔声玻璃窗。

3）围护结构所有孔洞缝隙，均应严密填塞。

4）在条件许可时，宜采用隔声量高的轻质复合结构作为隔声构件。

5）当采用单位面积质量小于 $30kg/m^2$ 的轻质双层结构作隔声构件时，应防止由于空气间层的弹性作用而可能产生的共振。可在空气间层中填多孔吸声材料。

（5）室内噪声控制要求较高的房间，除采取隔声措施外，室内壁面、顶棚等可进行吸声处理。

（6）当振动对周围工作环境和操作者产生影响与干扰时，应进行隔振设计。

五、个体防护及卫生设施

（1）加强对劳动防护用品的管理，严格落实我国关于劳动防护管理的规定。在高空、高压巡线时应穿戴合格的屏蔽衣、防护手套、防护帽等。

（2）对有噪声的工作区域应戴好耳塞或者耳罩。

（3）对存在有毒、有害气体和粉尘的环境需要落实工作人员的眼、口、鼻等部位的防护用具。

（4）设置男女更衣室、淋浴室等，建合理数量的男女卫生间、盥洗室、饮水处、休息处。

六、应急救援措施

（1）建立安全事故应急处理组织机构。

（2）根据企业自身特点及需求，制定职业病危害事故应急预案。

（3）委托设置职业病科的医院承担职业病应急救援任务。

第三节　输电线路职业病危害因素的防护

对于输电线路来说，其职业病危害重点考虑线路巡检、输变电检修等作业过程中，作业人员受到工频电磁场及外部环境中高温等恶劣工作条件的影响。

一般来说输电线路的线高在设计时已考虑了对线下跨越非长期住人建筑物和临近民房处离地面 1.5m 高处的未畸变电场的控制，因此，工频电场对巡检人员不会构成职业病危害。高温对巡检人员的伤害通过合理安排作息时间和采取个人防护的方法加以防护。

第十七章

职业卫生警示标识

本章依据法律法规和标准规范的要求，结合电力工程的实际，阐述对电力工程职业卫生警示标识的要求。

第一节　法　律　法　规

一、法律

《中华人民共和国职业病防治法》（2016 年 9 月 1 日起施行）对职业病警示标识做出了规定：

第二十四条　产生职业病危害的用人单位，应当在醒目位置设置公告栏，公布有关职业病防治的规章制度、操作规程、职业病危害事故应急救援措施和工作场所职业病危害因素检测结果。

对产生严重职业病危害的作业岗位，应当在其醒目位置，设置警示标识和中文警示说明。警示说明应当载明产生职业病危害的种类、后果、预防以及应急救治措施等内容。

第二十五条　对可能发生急性职业损伤的有毒、有害工作场所，用人单位应当设置报警装置，配置现场急救用品、冲洗设备、应急撤离通道和必要的泄险区。

对放射工作场所和放射性同位素的运输、储存，用人单位必须配置防护设备和报警装置，保证接触放射线的工作人员佩戴个人剂量计。

对职业病防护设备、应急救援设施和个人使用的职业病防护用品，用人单位应当进行经常性的维护、检修，定期检测其性能和效果，确保其处于正常状态，不得擅自拆除或者停止使用。

第二十八条　向用人单位提供可能产生职业病危害的设备的，应当提供中文说明书，并在设备的醒目位置设置警示标识和中文警示说明。警示说明应当载明设备性能、可能产生的职业病危害、安全操作和维护注意事项、职业病防护以及应急救治措施等内容。

第二十九条　向用人单位提供可能产生职业病危害的化学品、放射性同位素和含有放射性物质的材料

的，应当提供中文说明书。说明书应当载明产品特性、主要成分、存在的有害因素、可能产生的危害后果、安全使用注意事项、职业病防护以及应急救治措施等内容。产品包装应当有醒目的警示标识和中文警示说明。储存上述材料的场所应当在规定的部位设置危险物品标识或者放射性警示标识。

二、规定

（1）《工作场所职业卫生监督管理规定》（国家安全生产监督管理总局令第 47 号，2012 年 4 月 27 日实施）规定内容如下：

第十五条　产生职业病危害的用人单位，应当在醒目位置设置公告栏，公布有关职业病防治的规章制度、操作规程、职业病危害事故应急救援措施和工作场所职业病危害因素检测结果。

存在或者产生职业病危害的工作场所、作业岗位、设备、设施，应当按照 GBZ 158《工作场所职业病危害警示标识》的规定，在醒目位置设置图形、警示线、警示语句等警示标识和中文警示说明。警示说明应当载明产生职业病危害的种类、后果、预防和应急处置措施等内容。

存在或产生高毒物品的作业岗位，应当按照 GBZ/T 203《高毒物品作业岗位职业病危害告知规范》的规定，在醒目位置设置高毒物品告知卡，告知卡应当载明高毒物品的名称、理化特性、健康危害、防护措施及应急处理等告知内容与警示标识。

第二十三条　向用人单位提供可能产生职业病危害的设备的，应当提供中文说明书，并在设备的醒目位置设置警示标识和中文警示说明。警示说明应当载明设备性能、可能产生的职业病危害、安全操作和维护注意事项、职业病防护措施等内容。

用人单位应当检查前款规定的事项，不得使用不符合要求的设备。

第二十四条　向用人单位提供可能产生职业病危害的化学品、放射性同位素和含有放射性物质的材料的，应当提供中文说明书。说明书应当载明产品特

性、主要成分、存在的有害因素、可能产生的危害后果、安全使用注意事项、职业病防护和应急救治措施等内容。产品包装应当有醒目的警示标识和中文警示说明。储存上述材料的场所应当在规定的部位设置危险物品标识或者放射性警示标识。

（2）《使用有毒物品作业场所劳动保护条例》（中华人民共和国国务院令第352号，2002年4月30实施）规定内容如下：

第十二条 使用有毒物品作业场所应当设置黄色区域警示线、警示标识和中文警示说明。警示说明应当载明产生职业中毒危害的种类、后果、预防以及应急救治措施等内容。

高毒作业场所应当设置红色区域警示线、警示标识和中文警示说明，并设置通信报警设备。

第二十三条 有毒物品的包装应当符合国家标准，并以易于劳动者理解的方式加贴或者拴挂有毒物品安全标签。有毒物品的包装必须有醒目的警示标识和中文警示说明。

经营、使用有毒物品的单位，不得经营、使用没有安全标签、警示标识和中文警示说明的有毒物品。

三、标准

GBZ 158《工作场所职业病危害警示标识》
DL 5454《火力发电厂职业卫生设计规程》

第二节 标 识 类 型

工作场所职业病危害警示标识包括图形标识、警示语句、危害告知卡三类。

一、图形标识

（一）图形标识分类

根据图形标识的设置位置，可将其分为：

环境信息标识（H）：所提供的信息涉及较大区域的图形标识。

局部信息标识（J）：所提供的信息只涉及某地点，甚至某个设备或邮件的图形标识。

根据图形标识所表达的意思分为禁止标识、警告标识、指令标识、提示标识和警示线。

1. 禁止标识

禁止不安全行为的图形，如"禁止入内"标识。禁止标识见表17-1。

2. 警告标识

提醒对周围环境需要注意，以避免可能发生危险的图形，如"当心中毒"标识。警告标识见表17-2。

3. 指令标识

强制做出某种动作或采用防范措施的图形，如"戴防毒面具"标识。指令标识见表17-3。

4. 提示标识

提供相关安全信息的图形，如"救援电话"标识。提示标识见表17-4。

图形标识可与相应的警示语句配合使用。图形、警示语句和文字设置在作业场所入口处或作业场所的显著位置。

5. 警示线

警示线是界定和分隔危险区域的标识线，分为红包、黄色和绿色三种。按照需要，警示线可喷涂在地面或制成色带设置。警示线见表17-5。

表 17-1 禁 止 标 识

序号	名称及图形符号	标识种类	设置范围和地点
1	禁止入内	H	可能引起职业病危害的工作场所入口处或泄险区周边，如：高毒物品作业场所、放射工作场所等；或可能产生职业病危害的设备发生故障时；或维护、检修存在有毒物品的生产装置时，根据现场实际情况设置
2	禁止停留	H	在特殊情况下，对劳动者具有直接危害的作业场所

序号	名称及图形符号	标识种类	设置范围和地点
3	禁止启动	J	可能引起职业病危害的设备暂停使用或维修时，如设备检修，更换零件等，设置在该设备附近

表 17-2　　　　　　　　　　　　　　　　警　告　标　识

序号	名称及图形符号	标识种类	设置范围和地点
1	当心中毒	H.J	使用有毒物品作业场所
2	当心腐蚀	H.J	存在腐蚀物质的作业场所
3	当心感染	H.J	存在生物性职业病危害因素的作业场所
4	当心弧光	H.J	引起电光性眼炎的作业场所

续表

序号	名称及图形符号	标识种类	设置范围和地点
5	当心电离辐射	H.J	产生电离辐射危害的作业场所
6	注意防尘	H.J	产生粉尘的作业场所
7	注意高温	H.J	高温作业场所
8	当心有毒气体	H.J	存在有毒气体的作业场所
9	噪声有害	H.J	产生噪声的作业场所

表 17-3   指　令　标　识

序号	名称及图形符号	标识种类	设置范围和地点
1	戴防护镜	H.J	对眼睛有危害的作业场所
2	戴防毒面具	H.J	可能产生职业中毒的作业场所
3	戴防尘口罩	H.J	粉尘浓度超过国家标准的作业场所
4	戴护耳器	H.J	噪声超过国家标准的作业场所
5	戴防护手套	H.J	需对手部进行保护的作业场所

续表

序号	名称及图形符号	标识种类	设置范围和地点
6	穿防护鞋	H.J	需对脚部进行保护的作业场所
7	穿防护服	H.J	具有放射、高温及其他需穿防护服的作业场所
8	注意通风	H.J	存在有毒物品和粉尘等需要进行通风处理的作业场所

表 17-4　　　　　　　　提 示 标 识

序号	名称及图形符号	标识种类	设置范围和地点
1	左行紧急出口	H.J	安全疏散的紧急出口处，通向紧急出口的通道处
2	右行紧急出口	H.J	安全疏散的紧急出口处，紧急出口的通道处
3	直行紧急出口	H.J	安全疏散的紧急出口处，紧急出口的通道处

续表

序号	名称及图形符号	标识种类	设置范围和地点
4	急救站	H	用人单位设立的紧急医学救助场所
5	救援电话	H、J	救援电话附近

表 17-5　　　　　　　　　　　　　　　　**警　示　线**

序号	名称及图形符号	设置范围和地点
1	红色警示线	高毒物品作业场所、放射作业场所、紧邻事故危害源周边
2	黄色警示线	一般有毒物品作业场所，紧邻事故危害区域的周边
3	绿色警示线	事故现场救援区域的周边

（二）警示图形标准规格及设置

1. 式样及颜色

（1）基本几何图形式样、颜色及含义。

基本几何图形式样、颜色及含义见表 17-6。

（2）安全色。

红色表示禁止和阻止的意思。

蓝色表示指令，要求人们必须遵守的规定。

黄色表示提醒人们注意。

绿色表示给人们提供允许、安全的信息。

表 17-6　　　　　　　　　　　　**基本几何图形式样、颜色及含义**

图　形	含义	安全色	背景色	标识图色
圆环加斜线	禁止	红色	白色	黑色
圆	指令	蓝色	白色	白色
等边三角形	警告	黄色	黑色	黑色

图　形	含义	安全色	背景色	标识图色
 正方形和长方形	提示	绿色	白色	白色
 正方形和长方形	组合框或附加 提示信息	白色或标识 的颜色	黑色或标识 对应的对比色	标识的颜色

2. 制作

（1）禁止标识。禁止标识按下列格式进行设计，如图 17-1 所示。

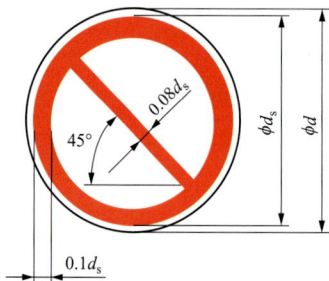

图 17-1　禁止标识的基本形式

图形要求：

背景：白色。圆圈带和斜杠：红色。标识图：黑色。外圈：白色。安全色至少应覆盖总面积的 35%。

（2）指令标识。指令标识按下列格式进行设计，如图 17-2 所示。

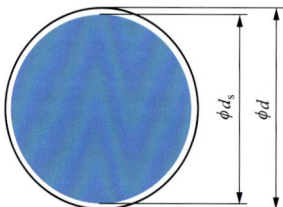

图 17-2　指令标识的基本形式

图形要求：

背景：蓝色。标识图：白色。外圈：白色。安全色至少应覆盖总面积的 50%。

（3）警告标识。警告标识的基本形式是等边三角形边框，按下列格式进行设计，如图 17-3 所示。

图形要求：

背景：黄色。三角形内带：黑色。标识图：黑色。三角形外圈：黄或白色。安全色至少应覆盖总面积的 50%。

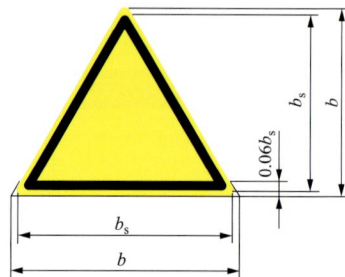

图 17-3　警告标识的基本形式

（4）提示标识。提示标识按下列格式进行设计，如图 17-4 所示。

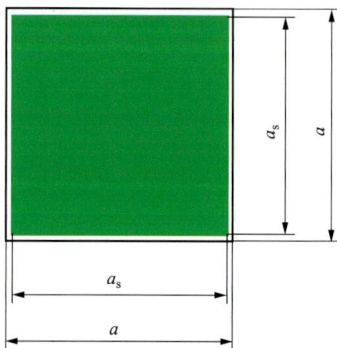

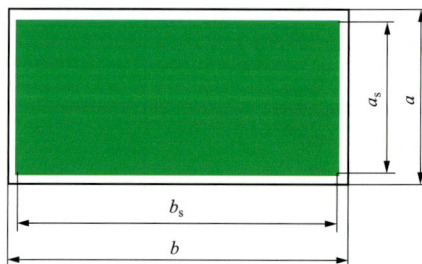

图 17-4　提示标识的基本形式

图形要求:

背景:绿色。标识图:白色。外圈:白色。安全色(绿色)至少应覆盖总面积的 50%。

(5)附加提示标识。附加提示标识如图 17-5 所示。

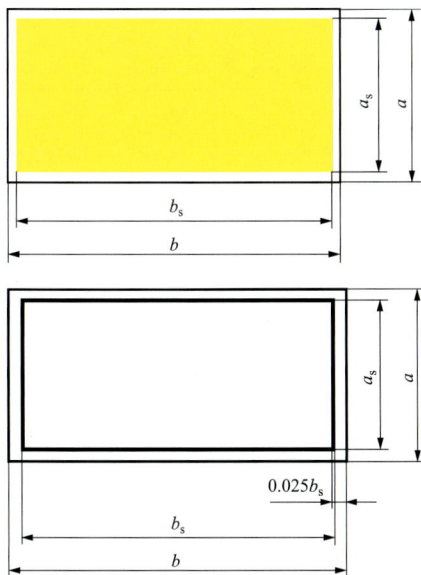

图 17-5 附加提示标识的基本形式

(6)组合标识的编排。组合标识的编排按以下位置设立,如图 17-6 所示。

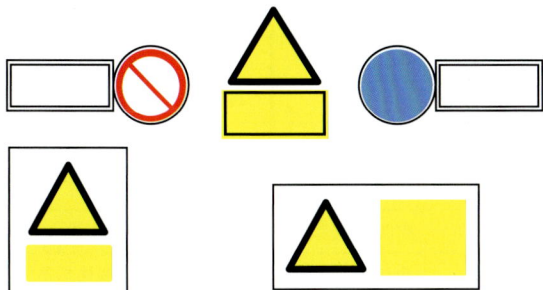

图 17-6 组合框标识的编排

(7)多重标识。多重标识的基本形式如图 17-7 所示。

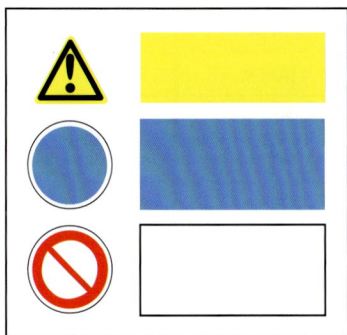

图 17-7 多重标识的排列

(8)提示标识、方向标识和文字组合。提示标识、方向标识和文字组合按以下方式设立,方向提示标识在说明方向时应设附加提示标识。"出口"字体用楷体。如图 17-8 所示。

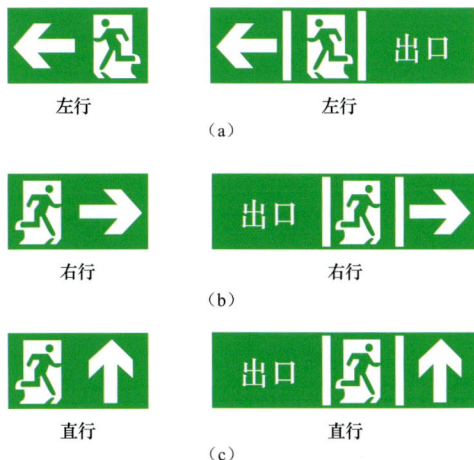

图 17-8 方向组合标识

(a)左行方向指示组合标识;(b)右行方向指示组合标识;
(c)直行方向指示组合标识

(9)警示线。警示线分为黄色警示线、红色警示线和绿色警示线,如图 17-9 所示。

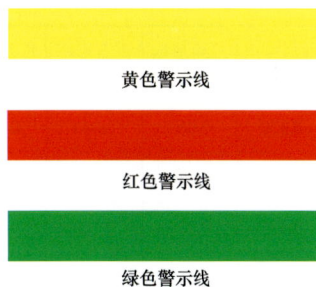

图 17-9 警示线

3. 警示标识设置和使用

(1)警示标识和设置高度。除警示线外,警示标识设置的高度,尽量与人眼的视线高度相一致,悬挂式和柱式的环境信息警示标识的下缘距地面的高度不宜小于 2m;局部信息警示标识的设置高度以视具体情况确定。

(2)使用警示标识的要求。

1)警示标识设在与职业病危险工作场所有关的醒目位置,并有足够的时间来注意它所表示的内容。

2)警示标识不设在门、窗等可移动的物体上。警示标识前不得放置妨碍认读的障碍物。

3)警示标识(不包括警示线)的平面与视线夹角应接近 90°角,观察者位于最大观察距离时,最小夹角不低于 75°，如图 8-5 所示。

4）警示标识设置的位置应具有良好的照明条件。

5）警示标识（不包括警示线）的固定方式分附着式、悬挂式和柱式三种。悬挂式和附着式的固定要稳固不倾斜，柱式的警示标识和支架应牢固地连接在一起。

（3）警示标识的其他要求。警示标识（不包括警示线）要有衬边。除警告标识边框用黄色勾边外，其余全部用白色将边框勾一窄边，即为警示标识的衬边。衬边宽度为标识边长或直径的 0.025 倍。

1）警示识标的材质。警示标识（不包括警示线）采用坚固耐用的材料制作，一般不宜使用易变形、变质或易燃的材料。有触电危险的作业场所使用绝缘材料。

可能产生职业病危害的设备、化学品、放射性同位素和含放射性物质的材料产品包装上，可直接粘贴、印刷或者喷涂警示标识。

2）警示标识（不包括警示线）表面质量。除上述要求外，标识牌图形要清楚、光滑、无孔洞和影响使用的任何缺陷。

3）警示标识牌（不包括警示线）的尺寸，见表 17-7。

表 17-7　　警示标识牌（不包括警示线）的尺寸　　（m）

型号	观察距离	圆形标识的外直径	三角形标识外边长	正方形标识外边长	长方形附加提示标识（长×宽）
1	0～2.5	0.070	0.088	0.063	0.126×0.063
2	≤4.0	0.110	0.140	0.100	0.200×0.100
3	≤6.3	0.175	0.220	0.160	0.320×0.160
4	≤10.0	0.280	0.350	0.250	0.500×0.250
5	≤16.0	0.450	0.560	0.400	0.800×0.400
6	≤25.0	0.700	0.880	0.630	1.260×0.630
7	≤40.0	1.110	1.400	1.000	2.000×1.000

注　1. 允许有±3%的误差。
　　2. 在特殊情况下，警示标识牌的尺寸可适当调整。

4）设在固定场所的警示线宽度为 10cm，警示线可用涂料制作。临时警示线宽度为 10cm，可用纤维等材料制作。

（4）颜色。警示标识所用的颜色要符合 GB 2893《安全色》规定的颜色。

（5）检查与维修。警示标识每半年至少检查一次，如发现有破损、变形、褪色等不符合要求时要及时修整或更换。

二、警示语句

警示语句是一组表示禁止、警告、指令、提示或描述工作场所职业病危害的词语。警示语句可单独使用，也可与图形标识组合使用。基本警示语句见表 17-8。

表 17-8　　基本警示语句

序号	语句内容	序号	语句内容
1	禁止入内	29	刺激皮肤
2	禁止停留	30	腐蚀性
3	禁止启动	31	遇湿具有腐蚀性
4	当心中毒	32	窒息性
5	当心腐蚀	33	剧毒
6	当心感染	34	高毒
7	当心弧光	35	有毒
8	当心辐射	36	有毒有害
9	注意防尘	37	遇湿分解放出有毒气体
10	注意高温	38	当心有毒气体
11	有毒气体	39	接触可引起伤害
12	噪声有害	40	皮肤接触可对健康产生危害
13	戴防护镜	41	对健康有害
14	戴防毒面具	42	接触可引起伤害和死亡
15	戴防尘口罩	43	麻醉作用
16	戴护耳器	44	当心眼损伤
17	戴防护手套	45	当心灼伤
18	穿防护鞋	46	强氧化性
19	穿防护服	47	当心中暑
20	注意通风	48	佩戴呼吸防护器
21	左行紧急出口	49	戴防护面具
22	右行紧急出口	50	戴防溅面具
23	直行紧急出口	51	佩戴射线防护用品
24	急救站	52	未经许可，不许入内
25	救援电话	53	不得靠近
26	刺激眼睛	54	不得越过此线
27	遇湿具有刺激性	55	泄险区
28	刺激性	56	不得触摸

三、有毒物品作业岗位职业病危害告知卡

根据实际需要，由各类图形标识和文字组合成《有

毒物品作业岗位职业病危害告知卡》（以下简称《告知卡》）。

《告知卡》是设置在使用高毒物品作业岗位醒目位置上的一种警示，它以简洁的图形和文字，将作业岗位上所接触到的有毒物品的危害性告知劳动者，并提醒劳动者采取相应的预防和处理措施。《告知卡》包括有毒物品的通用提示栏、有毒物品名称、健康危害、警告标识、指令标识、应急处理和理化特性等内容。《告知卡》是针对某一职业病危害因素，告知劳动者危害后果及其防护措施的提示卡。

（1）通用提示栏。在《告知卡》的最上边一栏用红底白字标明"有毒物品，对人体有害，请注意防护"等作为通用提示。

（2）有毒物品名称。用中文标明有毒物品的名称。名称要醒目清晰，位于《告知卡》的左上方，可能时应提供英文名称。

（3）健康危害。简要表述职业病危害因素对人体

健康的危害后果，包括急、慢性危害和特殊危害。此项目位于《告知卡》的中上部位。

（4）警告标识。在名称的正下方，设置相应的警示语句或警告标识，有多种危害时，可设置多重警告标识或警示语句。

（5）应急处理。简要表述发生急性中毒时的应急救治与预防措施。

（6）指令标识。用警示语句或指令标识表示要采取的职业病危害防护措施。

（7）理化特性。简要表述有毒物品理化、燃烧和爆炸危险等特性。

（8）救援电话。设立用于在发生意外泄漏或者其他可能引起职业危险情况下的紧急求助电话，便于组织相应力量进行救援工作。

（9）职业卫生咨询电话。为劳动者设立的提供职业病危害防范知识和建议的咨询电话。有毒物品作业岗位职业病危害告知卡示例如图17-10所示。

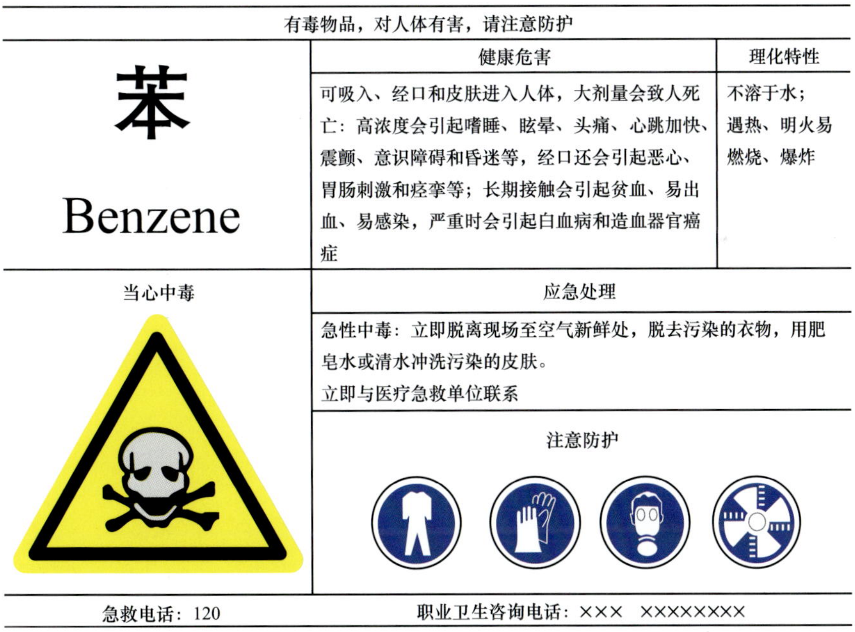

图 17-10　有毒物品作业岗位职业病危害告知卡示例

第三节　设　置　要　求

一、使用有毒物品作业场所警示标识的设置

在使用有毒物品作业场所入口或作业场所的显著位置，根据需要，设置"当心中毒"或者"当心有毒气体"警告标识，"戴防毒面具""穿防护服""注意

通风"等指令标识和"紧急出口""救援电话"等提示标识。

依据《高毒物品目录》，在使用高毒物品作业岗位醒目位置设置《告知卡》。

在高毒物品作业场所，设置红色警示线。在一般有毒物品作业场所，设置黄色警示线。警示线设在使用有毒作业场所外缘不少于30cm处。

在高毒物品作业场所应急撤离通道设置紧急出口提示标识。在泄险区启用时，设置"禁止入内""禁止

停留"警示标识,并加注必要的警示语句。

可能产生职业病危害的设备发生故障时,或者维修、检修存在有毒物品的生产装置时,根据现场实际情况设置"禁止启动"或"禁止入内"警示标识,可加注必要的警示语句。

二、其他职业病危害工作场所警示标识的设置

在产生粉尘的作业场所设置"注意防尘"警告标识和"戴防尘口罩"指令标识。

在可能产生职业性灼伤和腐蚀的作业场所,设置"当心腐蚀"警告标识和"穿防护服""戴防护手套""穿防护鞋"等指令标识。

在产生噪声的作业场所,设置"噪声有害"警告标识和"戴护耳器"指令标识。

在高温作业场所,设置"注意高温"警告标识。

在可引起电光性眼炎的作业场所,设置"当心弧光"警告标识和"戴防护镜"指令标识。

存在生物性职业病危害因素的作业场所,设置"当心感染"警告标识和相应的指令标识。

存在放射性同位素和使用放射性装置的作业场所,设置"当心电离辐射"警告标识和相应的指令标识。

三、设备警示标识的设置

在可能产生职业病危害的设备上或其前方醒目位置设置相应的警示标识。

四、产品包装警示标识的设置

可能产生职业病危害的化学品、放射性同位素和含放射性物质的材料的,产品包装要设置醒目的相应的警示标识和简明中文警示说明。警示说明载明产品特性、存在的有害因素、可能产生的危害后果,安全使用注意事项以及应急救治措施内容。

五、储存场所警示标识的设置

储存可能产生职业病危害的化学品、放射性同位素和含有放射性物质材料的场所,在入口处和存放处设置相应的警示标识以及简明中文警示说明。

六、职业病危害事故现场警示线的设置

在职业病危害事故现场,根据实际情况,设置临时警示线,划分出不同功能区。

红色警示线设在紧邻事故危害源周边。将危害源与其他的区域分隔开来,限佩戴相应防护用具的专业人员可以进入此区域。

黄色警示线设在危害区域的周边,其内外分别是危害区和洁净区,此区域内的人员要佩戴适当的防护用具,出入此区域的人员必须进行洗消处理。

绿色警示线设在救援区域的周边,将救援人员与公众隔离开来。患者的抢救治疗、指挥机构设在此区内。

第十八章

职业卫生管理措施

根据《建设项目职业病防护设施"三同时"监督管理办法》(国家安全生产监督管理总局令〔2017〕第90号),建设项目投入生产或者使用前,建设单位应当依照职业病防治有关法律、法规、规章和标准要求,应采取职业病危害防治管理措施。

本章包含四个部分,分别为职业病防治管理机构设置、应急救援设施及设备、辅助职业卫生设施和职业卫生监测及其设施等。

第一节　职业病防治管理机构设置

按照《工作场所职业卫生监督管理规定》(国家安监总局令〔2012〕第47号)的要求,存在职业病危害的用人单位应当设置职业卫生管理机构或配备职业卫生管理人员。本小节重点介绍管理机构的职责和人员安排的要求。GBZ 1《工业企业设计卫生标准》中针对职业卫生管理组织机构和管理人员设置进行了规定,如涉及女职工,应按照《女职工劳动保护特别规定》(中华人民共和国国务院令〔2012〕第47号)执行。

一、一般规定

(1)建设项目投入生产或者使用前,建设单位应当依照职业病防治有关法律、法规、规章和标准要求,采取下列职业病危害防治管理措施:

1)设置或者指定职业卫生管理机构,配备专职或者兼职的职业卫生管理人员。

2)制定职业病防治计划和实施方案。

3)建立、健全职业卫生管理制度和操作规程。

4)建立、健全职业卫生档案和劳动者健康监护档案。

5)实施由专人负责的职业病危害因素日常监测,并确保监测系统处于正常运行状态。

6)对工作场所进行职业病危害因素检测、评价。

7)建设单位的主要负责人和职业卫生管理人员应当接受职业卫生培训,并组织劳动者进行上岗前的职业卫生培训。

8)按照规定组织从事接触职业病危害作业的劳动者进行上岗前职业健康检查,并将检查结果书面告知劳动者。

9)在醒目位置设置公告栏,公布有关职业病危害防治的规章制度、操作规程、职业病危害事故应急救援措施和工作场所职业病危害因素检测结果。对产生严重职业病危害的作业岗位,应当在其醒目位置,设置警示标识和中文警示说明。

10)为劳动者个人提供符合要求的职业病防护用品。

11)建立、健全职业病危害事故应急救援预案。

12)职业病防治有关法律、法规、规章和标准要求的其他管理措施。

(2)根据《国家安全监督总局关于公布建设项目职业病危害风险分类管理目录(2012年版)的通知》(安监总安健〔2012〕73号),电力行业建设项目职业病危害风险分类见表18-1。

表18-1　建设项目职业病危害风险分类

序号	类别名称	严重	较重	一般
一	电力、热力、燃气及水生产和供应业			
(一)	电力、热力生产和供应业			
1	火力发电(燃煤发电)	√		
2	核力发电	√		
3	其他电力生产		√	
4	电力供应			√
5	热力生产和供应		√	

(3)职业病危害严重的用人单位,应当设置或者指定职业卫生管理机构或者组织,配备专职职业卫生管理人员。

(4)其他存在职业病危害的用人单位,劳动者超过100人的,应当设置或者指定职业卫生管理机构或者组织,配备专职职业卫生管理人员;劳动者在100

人以下的，应当配备专职或者兼职的职业卫生管理人员，负责本单位的职业病防治工作。

（5）用人单位的主要负责人和职业卫生管理人员应当具备与本单位所从事的生产经营活动相适应的职业卫生知识和管理能力，并接受职业卫生培训。用人单位主要负责人、职业卫生管理人员的职业卫生培训，应当包括下列主要内容：

1）职业卫生相关法律、法规、规章和国家职业卫生标准；

2）职业病危害预防和控制的基本知识；

3）职业卫生管理相关知识；

4）国家安全生产监督管理总局规定的其他内容。

二、人员安排

（1）用人单位应加强女职工的劳动保护，遵守女职工禁忌从事的劳动范围的规定，符合《女职工劳动保护特别规定》（中华人民共和国国务院令〔2012〕第619号）的要求。

（2）职业卫生管理组织机构和职业卫生管理人员设置或配备原则可参考表18-2。

表18-2　职业卫生管理组织机构和
职业卫生管理人员设置或配备参考原则

职业病危害分类	劳动人数	职业卫生管理组织机构及管理人员
严重	>1000人	设置机构，配备专职人员大于2人
	300～1000人	设置机构或配备专职人员不小于2人
	>300人	设置机构或配备专职人员
较重	≥300人	配备专职人员
	<300人	配备专职或兼职人员
一般		可配备兼职人员

第二节　应急救援设施及设备

应急救援设施设备主要包括应急救援站（或医院）、有毒气体检测报警装置、紧急救援站或有毒气体防护站、冲洗设备、急救用品、个体防护用品、应急救援预案与信息公开、职业病危害警示标识等八个方面。

一、一般规定

（1）火电厂应设置应急通信、广播及报警系统、应急救援站等应急救援设施。应急救援站（或医院）应按照DL/T 692《电力行业紧急救护技术规范》的要求配置紧急救护设备。

（2）火电厂的电气设施区、电厂化学的化学品储

存及使用区域、脱硝剂储存及制备区等重点区域的现场，应依据GBZ 1《工业企业设计卫生标准》的要求配备急救箱等急救物品。

（3）有可能发生化学性灼伤及经皮肤黏膜吸收引起急性中毒的工作地点或车间，应根据可能产生或存在的职业性有害因素及其危害特点，在工作地点就近设置现场应急处理设施。急救设施应包括：不断水的冲淋、洗眼设施；气体防护柜；个人防护用品；急救包或急救箱以及急救药品；转运病人的担架和装置；急救处理的设施以及应急救援通信设备等。

二、应急救援站（或医院）

（1）生产或使用有毒物质的、有可能发生急性职业病危害的工业企业的劳动定员设计应包括应急救援组织机构（站）编制和人员定员。

（2）应急救援组织机构急救人员的人数宜根据工作场所的规模、职业性有害因素的特点、劳动者人数，按照0.1%～5%的比例配备，并对急救人员进行相关知识和技能的培训。有条件的企业，每个工作班宜至少安排1名急救人员。

（3）设在厂区外的应急救援机构（站）或医院应考虑与工业企业的距离及最佳响应时间。

（4）电力行业各企业单位应组建相应的院外急救网络，形成现场急救—转送急救—医院急救的急救连，以提高伤员抢救的成功率。

1）电力行业各企业单位的院外紧急救护小组应明确任务，熟练掌握各种急救技术，并负责对本单位人员进行紧急救护技术培训。紧急救护小组应经常处于应急状态，接到急救通知后，应以最快的速度到达现场开展紧急救护工作。在现场紧急救护的同时，应立即与当地急救中心或就近医院取得联系，已得到下一步的急救指导。

2）院外急救小组应准备随时接受重大急救指令或现场紧急救护人员的咨询，并负责和指导伤员转送。

3）现场事故发生后，在现场的工作人员应在班组安全员或受过紧急救护培训人员的带领下，迅速地开展现场紧急救护工作，并及时向有关部门报告，请求急救医疗支援。

（5）紧急救援设备设置如下：

1）生产现场与流动作业车应配备简易急救箱或存放相应的急救物品，并由专人负责，定期检查、补充及更换。

2）电力行业各企业医院院外急救小组应配备呼吸机、自动体外除颤器、专用急救箱、急救用车辆及必要的通信设备。

（6）电力行业各企业单位应普及现场紧急救护的知识，现场紧急救护培训是电力行业安全教育必修内

容之一，是加强事故防范意识，提高伤员现场抢救成功率的有效手段。培训操作应采用模拟人和必备的仪器、设备。凡参加培训的人员一律经考核合格后，发给合格证书。每隔 2~3 年应对上述人员进行一次加强培训。

三、有毒气体检测报警装置

（1）设置有毒气体检测报警点时，要用以下的检测报警点的确定原则和现场情况进行评估，认定其合理性。检测报警点的确定原则如下：

1）存在或使用、生产有毒气体，并可能导致劳动者发生急性职业中毒的工作场所，应设立有毒气体检测报警点，主要指可能释放高毒、剧毒气体的工作场所，或可能大量释放或易于聚集的其他有毒气体的工作场所。

2）检测报警点应设在可能释放有毒气体的释放点附近，如输送泵、压缩机、阀门、法兰、加料口、采样口、储运设备的排水口、有毒液体装卸口或可能溢出口、有毒气体填充口以及有毒物质设备易损害部位等处。另外，与有毒气体释放源场所相关联并有人员活动的沟道、排污口以及易聚集有毒气体的死角、坑道等也宜设置检测报警点。

3）确定检测报警点时要考虑被检测物质的理化特性、毒性、易燃易爆性、气象条件、生产条件、职业卫生状况及可能造成事故的严重程度等，实现有效报警。

4）已知空气中有毒气体浓度经常或持续超过报警设定值的特殊场所，可不设立固定式有毒气体检测报警点。如因工作需要进入作业场所，有关人员应配备便携式有毒气体检测报警仪及有效的个体防护用品。

5）一般情况，应设置有毒气体检测报警仪的场所，宜采用固定式，当没有必要或不具备设置固定式的条件时，应配置移动式或便携式检测报警仪。另外，安全巡检和事故检查也宜使用便携式检测报警仪。

6）密闭空间有毒气体检测报警点的确定参照 GBZ/T 205《密闭空间作业职业危害防护规范》的规定执行。

（2）有毒气体检测报警点的设置方法如下：

1）"室内"检测报警点设在与有毒气体释放点距离 lm 以内，若有毒气体的密度大于空气密度时，检测报警点的位置应低于释放点；反之，应高于释放点。

2）"室外"检测报警点设在与有毒气体释放点距离 2m 以内；检测报警点一般设在常年主导风向下风向的位置；若有毒气体的密度大于空气密度时，检测报警点的位置应低于释放点；反之，应高于释放点。

3）"室内"或"室外"的同一场所有多个距离较近的释放点时，一个检测报警点可同时覆盖两个以上的同种气体的释放点，但要符合上述 1）和 2）的要求。

4）工作场所虽无有毒气体释放点，但临近释放点一旦释放有毒气体，可能扩散并导致人员急性职业损伤的，应设检测报警点，检测报警点设在有毒气体可能的入口处或人员经常活动处。

（3）报警值的设定方法如下：

1）报警值分级设定，可设预报、警报、高报 3 级，不同级别的报警信号应有明显差异。用人单位应根据有毒气体的毒性及现场情况，至少设定警报值和高报值两级，或者设定预报值和警报值两级。

2）预报值为 GBZ 2.1《工作场所有害因素职业接触限值 第 1 部分：化学有害因素》所规定的 MAC 的 1/2 或 PC-STEI 的 1/2，无 PC-STEL 的物质，为超限倍数值的 1/2 预报提示该场所可能发生有毒气体释放，应对相关设备进行检查，采取有效的预防控制措施。

3）警报值为 GBZ 2.1《工作场所有害因素职业接触限值 第 1 部分：化学有害因素》所规定的 MAC 或 PC-STEI 一值，无 PC-STEL 的物质，为超限倍数值。警报提示该工作场所空气中有毒气体已达到或超过国家职业卫生标准，应立即寻查释放点，采取相应的防止释放、通风排风和人员防护等措施。

4）高报值可根据有毒气体及其毒性、人员情况、事故后果、工艺和设备以及气象条件等，企业综合考虑现场各种因素而确定。高报提示该场所有毒气体大量释放，已达到危险程度，应迅速启动应急救援预案，做好工作人员的防护和相关人群的疏散。

表 18-3　　　　　　　　　　　　　　　　　有毒气体检测报警仪的选用推荐表

序号	有毒气体	警报值		检测报警仪的探测器	检测误差（%F.S.）	响应时间（s）	探测器的选择性
		MAC（mg/m³）	PC-STEL（mg/m³）				
1	一氧化碳	—	30	ECD 或 MOS	≤5	≤30	有
2	二氧化氮	—	10	ECD	≤5	≤30	有
3	二氧化硫	—	10	ECD	≤5	≤60	有
4	氨		30	ECD、PID、FID	≤5	≤160	EID 有，PID 和 FID 无

续表

序号	有毒气体	警报值		检测报警仪的探测器	检测误差（%F.S.）	响应时间（s）	探测器的选择性
		MAC（mg/m³）	PC-STEL（mg/m³）				
5	肼	—	0.13	PID、FID	≤5	≤5	无
6	二氧化氯	—	0.8	ECD	≤5	≤60	有
7	二硫化碳	—	10	PID、FID	≤5	≤5	无
8	氯气	1	—	ECD、MOS	≤5	≤60	有
9	氟化氢	2	—	ECD	≤5	≤60	有
10	硫化氢	10	—	ECD、MOS	≤5	≤60	有
11	一氧化氮	2	—	ECD	≤5	≤60	有
12	氢氰酸	1	—	ECD	≤5	≤60	有

注 1. ECD：电化学探测器。PID：光离子化探测器。FID：火焰离子化探测器。MOS：金属氧化物半导体探测器。F.S.：仪器的全量程。

2. 可燃和有毒气体共存的情况下可燃、有毒检测报警装置同时设置。

3. 为保证仪器的检测报警精度，检测量程不宜大于警报值的10倍，对于大量程的仪器，也要按警报值的10倍作量程计算误差。

4. 本表所列探测器（或其传感器）适用于固定式、移动式和便携式仪器，应根据现场需要选择探测器及其仪器的不同结构形式。

5. 本表所列技术指标是探测器所能达到的指标，也可选用更高指标的仪器。

6. 也可选用本表以外其他符合要求的检测报警仪。

四、紧急救援站或有毒气体防护站

（1）如使用剧毒或高毒物质，应设置紧急救援站或有毒气体防护站。

（2）紧急救援站或有毒气体防护站使用面积可参考表18-4。

表18-4 紧急救援站或有毒气体防护站使用面积

职工人数（人）	最小使用面积（m²）	职工人数（人）	最小使用面积（m²）
<300	20	2001～3500	100
300～1000	30	3501～10000	120
1001～2000	60	>10000	200

（3）有毒气体防护站的装备应根据职业病危害性质、企业规模和实际需要确定，并可参考表18-5配置。

表18-5 有毒气体防护站装备参考配置表

续表

装备名称	数量	备注
万能校验器	2～3台	
空气或氧气充装泵	1～2台	
天平	1～2台	
采样器、胶管	按需要配备	
快速检测分析仪器（包括测爆仪、测氧仪和毒气监测仪）	按需要配备	
器材维修工具（包括台钳、钳工工具）	1套	
电话	2部	
录音电话	1部	
生产调度电话	1部	
对讲机	2对	
事故警铃	1只	
气体防护作业（救护）车	1～2辆	设有声光报警器，备有空气呼吸器、安全帽、安全带、全身防毒衣、防酸碱胶皮衣裤、绝缘棒、绝缘靴、手套被褥、担架、防爆照明等抢救用的器具
空气呼吸器	根据技术防护人员及驾驶员人数确定	
过滤式防毒面具	每人一套	

（4）应根据车间（岗位）毒害情况配备防毒器具，设置防毒器具存放柜。防毒器具在专用存放柜内铅封存放，设置明显标识，并定期维护与检查，确保应急使用需要。

五、冲洗设备

（1）在火电厂化学品储存及适用区域、脱硝剂储存及制备区等重点区域的现场应设置冲淋、洗烟设施。

（2）冲淋、洗眼设施应靠近可能发生相应事故的工作地点。

六、急救用品

急救箱应当设置在便于劳动者取用的地点，配备

内容可根据实际需要参照表18-6确定，并由专人负责定期检查和更新。

七、个体防护用品

（1）用人单位必须采用有效的职业病防护设施，并为劳动者提供个人使用的职业病防护用品。用人单位为劳动者个人提供的职业病防护用品必须符合防治职业病的要求；不符合要求的，不得使用。

（2）接触职业病的作业类别应配备个体防护装备。综合性作业需根据作业特点选择多功能防护装备。个体防护装备的选用可参考表18-7。个人防护装备选用程序、判废程序和使用期限应按照GB/T 11651《个体防护装备选用规范》、GB/T 18664《呼吸防护用品的选择、使用与维护》等执行。

表 18-6　　　　　　　　　　急救箱配置参考清单

药品名称	储存数量	用途	保质（使用）期限	药品名称	储存数量	用途	保质（使用）期限
医用酒精	1瓶	消毒伤口		创可贴	8个	止血护创	
新洁尔灭酊	1瓶	消毒伤口		伤湿止痛膏	2个	淤伤、扭伤	
过氧化氢溶液	1瓶	清洗伤口		冰袋	1个	淤伤、肌肉拉伤或关节扭伤	
0.9%的生理盐水	1瓶	清洗伤口		止血带	2个	止血	
2%碳酸氢钠	1瓶	处置酸灼伤		三角巾	2包	受伤的上肢、固定敷料或骨折处等	
2%醋酸或3%硼酸	1瓶	处置酸灼伤					
解毒药品	按实际需要	职业中毒处置	有效期内	高分子急救夹板	1个	骨折处理	
脱脂棉花、棉签	2包、5包	清洗伤口		眼药膏	2支	处理眼睛	有效期内
脱脂棉签	5包	清洗伤口		洗眼液	2支	处理眼睛	有效期内
中号胶布	2卷	粘贴绷带		防暑降温药品	5盒	夏季防暑降温	有效期内
绷带	2卷	包扎伤口		体温计	2支	测体温	
剪刀	1个	急救		急救、呼吸气囊	1个	人工呼吸	
镊子	1个	急救		雾化吸入器	1个	应急处置	
医用手套、口罩	按实际需要	防治施救者被感染		急救毯	1个	急救	
烫伤软膏	2支	消肿、烫伤		手电筒	2个	急救	
保鲜纸	2包	包裹烧伤、烫伤部位		急救使用说明	1个		

表 18-7　　　　　　　　　　个体防护装备的选用

作 业 类 别		可以使用的防护用品	建议使用的防护用品
编号	类别名称		
A01	存在物体坠落、撞击的作业	B02　安全帽 B39　防砸鞋（靴） B41　防刺穿鞋 B68　安全网	B40　防滑鞋

续表

作 业 类 别		可以使用的防护用品	建议使用的防护用品
编号	类别名称		
A02	有碎屑飞溅的作业	B02 安全帽 B10 防冲击护目镜 B46 一般防护服	B30 防机械伤害手套
A03	操作转动机械作业	B01 工作帽 B10 防冲击护目镜 B71 其他零星防护用品	
A04	接触锋利器具作业	B30 防机械伤害手套 B46 一般防护服	B02 安全帽 B39 防砸鞋（靴） B41 防刺穿鞋
A05	地面存在尖利器物的作业	B41 防刺穿鞋	B02 安全帽
A06	手持振动机械作业	B18 耳塞 B19 耳罩 B29 防振手套	B38 防振鞋
A07	人承受全身振动的作业	B38 防振鞋	
A08	铲、装、吊、推机械操作作业	B02 安全帽 B46 一般防护服	B05 防尘口罩（防颗粒物呼吸器） B10 防冲击护目镜
A09	低压带电作业（1kV 以下）	B31 绝缘手套 B42 绝缘鞋 B64 绝缘服	B02 安全帽（带电绝缘性能） B10 防冲击护目镜
A10	高压带电作业 在 1～10kV 带电设备上进作业时	B02 安全帽（带电绝缘性能） B31 绝缘手套 B42 绝缘鞋 B64 绝缘服	B10 防冲击护目镜 B63 带电作业屏蔽服 B65 防电弧服
	在 10～500kV 带电设备上进行作业时	B63 带电作业屏蔽服	B13 防强光、紫外线、红外线护目镜或面罩
A11	高温作业	B02 安全帽 B13 防强光、紫外线、红外线护目镜或面罩 B34 隔热阻燃鞋 B56 白帆布类隔热服 B58 热防护服	B57 镀反射膜类隔热服 B71 其他零星防护用品
A12	易燃、易爆场所作业	B23 防静电手套 B35 防静电鞋 B52 化学品防护服 B53 阻燃防护服 B54 防静电服 B66 棉布工作服	B05 防尘口罩（防颗粒物呼吸器） B06 防毒面具 B47 防尘服
A13	可燃性粉尘场所作业	B05 防尘口罩（防颗粒物呼吸器） B23 防静电手套 B35 防静电鞋 B54 防静电服 B66 棉布工作服	B47 防尘服 B53 阻燃防护服
A14	高处作业	B02 安全帽 B67 安全带 B68 安全网	B40 防滑鞋
A15	井下作业	B02 安全帽 B05 防尘口罩（防颗粒物呼吸器） B06 防毒面具 B08 自救器 B18 耳塞	B19 耳罩 B41 防刺穿鞋

续表

作 业 类 别		可以使用的防护用品	建议使用的防护用品
编号	类别名称		
A16	地下作业	B23　防静电手套 B29　防振手套 B32　防水胶靴 B39　防砸鞋（靴） B40　防滑鞋 B44　矿工靴 B48　防水服 B53　阻燃防护服	B19　耳罩 B41　防刺穿鞋
A17	水上作业	B32　防水胶靴 B49　水上作业服 B62　救生衣（圈）	B48　防水服
A18	潜水作业	B50　潜水服	
A19	吸入性气相毒物作业	B06　防毒面具 B21　防化学品手套 B52　化学品防护服	B69　劳动护肤剂
A20	密闭场所作业	B06　防毒面具（供气或携气） B21　防化学品手套 B52　化学品防护服	B07　空气呼吸器 B69　劳动护肤剂
A21	吸入性气溶胶毒物作业	B01　工作帽 B06　防毒面具 B21　防化学品手套 B52　化学品防护服	B05　防尘口罩（防颗粒物呼吸器） B69　劳动护肤剂
A22	沾染性毒物作业	B01　工作帽 B06　防毒面具 B16　防腐蚀液护目镜 B21　防化学品手套 B52　化学品防护服	B05　防尘口罩（防颗粒物呼吸器） B69　劳动护肤剂
A23	生物性毒物作业	B01　工作帽 B05　防尘口罩（防颗粒物呼吸器） B16　防腐蚀液护目镜 B22　防微生物手套 B52　化学品防护服	B69　劳动护肤剂
A24	噪声作业	B18　耳塞	B19　耳罩
A25	强光作业	B13　防强光、紫外线、红外线护目镜或面罩 B15　焊接面罩 B22　焊接手套 B45　焊接防护鞋 B55　焊接防护服 B56　自帆布类隔热服	
A26	激光作业	B14　防激光护目镜	B59　防放射性服
A27	荧光屏作业	B11　防微波护目镜	B59　防放射性服
A28	微波作业	B11　防微波护目镜 B59　防放射性服	
A29	射线作业	B12　防放射性护目镜 B25　防放射性手套 B59　防放射性服	
A30	腐蚀性作业	B01　工作帽 B16　防腐蚀液护目镜 B26　耐酸碱手套 B43　耐酸碱鞋 B60　防酸（碱）服	B36　防化学品鞋（靴）

续表

作 业 类 别		可以使用的防护用品	建议使用的防护用品
编号	类别名称		
A31	易污作业	B01 工作帽 B06 防毒面具 B05 防尘口罩（防颗粒物呼吸器） B26 耐酸碱手套 B35 防静电鞋 B46 一般防护服 B52 化学品防护服	B27 耐油手套 B37 耐油鞋 B61 防油服 B69 劳动护肤剂 B71 其他零星防护用品
A32	恶味作业	B01 工作帽 B06 防毒面具 B46 一般防护服	B07 空气呼吸器 B71 其他零星防护用品
A33	低温作业	B03 防寒帽 B20 防寒手套 B33 防寒鞋 B51 防寒服	B19 耳罩 B69 劳动护肤剂
A34	人工搬运作业	B02 安全帽 B30 防机械伤害手套 B68 安全网	B40 防滑鞋
A35	野外作业	B03 防寒帽 B17 太阳镜 B28 防昆虫手套 B32 防水胶靴 B33 防寒鞋 B48 防水服 B51 防寒服	B10 防冲击护目镜 B40 防滑鞋 B69 劳动护肤剂
A36	涉水作业	B09 防水护目镜 B32 防水胶靴 B48 防水服	
A37	车辆驾驶作业	B04 防冲击安全头盔 B46 一般防护服	B10 防冲击护目镜 B13 防强光、紫外线、红外线护目镜或面罩 B17 太阳镜 B30 防机械伤害手套
A38	一般性作业		B46 一般防护服 B70 普通防护装备
A39	其他作业		

八、应急救援预案与信息公开

（1）对于生产或使用有毒物质的，且有可能发生急性职业病危害的工业企业的卫生设计应制定应对突发职业中毒的应急救援预案。

（2）产生职业病危害的用人单位，应当在醒目位置设置公告栏，公布有关职业病防治的规章制度、操作规程、职业病危害事故应急救援措施和工作场所职业病危害因素检测结果。

九、职业病危害警示标识

（1）应急救援设施应有清晰的标识，并按照相关规定定期保养维护以确保其正常运行。

（2）对产生严重职业病危害的作业岗位，应当在其醒目位置，设置警示标识和中文警示说明。警示说明应当载明产生职业病危害的种类、后果、预防以及应急救治措施等内容。

1）火电厂的液氨储存及氨气制备区、酸碱储存区、储煤场区等区域应设置警示标识，并应符合 GBZ 158《工作场所职业病危害警示标识》的规定。

2）火电厂生产工艺系统中的卸、运煤设施区、煤粉制备、酸碱计量间、送引风机室和空气压缩机室等工作场所，应设置警示标识，并应符合 GBZ 158《工作场所职业病危害警示标识》的规定。

（3）对于可能产生职业病危害的工作场所、设备及产品，应按照 GBZ 158《工作场所职业病危害警示标识》的要求在醒目位置设置各类单一或组合警示标识，如图形标识、警示线、警示语句和文字、有毒物品作业岗位职业病危害告知卡等，使劳动者对职业病危害产生警觉。

1）图形标识。图形标识根据设置位置可分为环境信息标识和局部信息标识。根据所表达的意思分为禁止标识、警告标识、指令标识和提示标识。图形标识可与相应的警示语句配合使用。

禁止标识——禁止不安全行为的图形，如"禁止入内"标识。

警告标识——提醒对周围环境需要注意，以避免可能发生危险的图形，如"当心中毒"标识。

指令标识——强制做出某种动作或采用防范措施的图形，如"戴防毒面具"标识。

提示标识——提供相关安全信息的图形，如"救援电话"标识。

2）警示线。警示线是界定和分隔危险区域的标识线，分为红色、黄色和绿色三种。按照需要，警示线可喷涂在地面或制成色带设置。

3）基本警示语句。根据工作场所职业病危险的实际状况进行选用。除以下基本警示语句外，在特殊情况下，可自行编制适当的警示语句。警示语句既可单独使用，又可组合使用，也可构成完整的句子。

4）有毒物品作业岗位职业病危害告知卡。根据实际需要，由各类图形标识和文字组合成《有毒物品作业岗位职业病危害告知卡》（以下简称告知卡），如图17-10所示。《告知卡》是针对某一职业病危害因素，告知劳动者危害后果及其防护措施的提示卡。

《告知卡》设置在使用有毒物品作业岗位的醒目位置。

5）使用有毒物品作业场所警示标识的设置。在使用有毒物品作业场所入口或作业场所的显著位置，根据需要，设置"当心中毒"或者"当心有毒气体"警告标识，"戴防毒面具""穿防护服"，"注意通风"等指令标识和"紧急出口""救援电话"等提示标识。

依据《高毒物品目录》，在使用高毒物品作业岗位醒目位置设置《告知卡》。

在高毒物品作业场所，设置红色警示线。在一般有毒物品作业场所，设置黄色警示线。警示线设在使用有毒作业场所外缘不少于30cm处。

在高毒物品作业场所应急撤离通道设置紧急出口提示标识。在泄险区启用时，设置"禁止入内""禁止停留"警示标识，并加注必要的警示语句。

可能产生职业病危害的设备发生故障时，或者维修、检修存在有毒物品的生产装置时，根据现场实际情况设置"禁止启动"或"禁止入内"警示标识，可加注必要的警示语句。

6）其他职业病危害工作场所警示标识的设置。在产生粉尘的作业场所设置"注意防尘"警告标识和

"戴防尘口罩"指令标识。

表18-8　　　　基本警示语句一览表

编号	语句内容	编号	语句内容
1	禁止入内	29	刺激皮肤
2	禁止停留	30	腐蚀性
3	禁止启动	31	遇湿具有腐蚀性
4	当心中毒	32	窒息性
5	当心腐蚀	33	剧毒
6	当心感染	34	高毒
7	当心孤光	35	有毒
8	当心辐射	36	有毒有害
9	注意防尘	37	遇湿分解放出有毒气体
10	注意高温	38	当心有毒气体
11	有毒气体	39	接触可引起伤害
12	噪声有害	40	皮肤接触可对健康产生危害
13	戴防护镜	41	对健康有害
14	戴防毒面具	42	接触可引起伤害和死亡
15	戴防尘口罩	43	麻醉作用
16	戴护耳器	44	当心眼损伤
17	戴防护手套	45	当心灼伤
18	穿防护鞋	46	强氧化性
19	穿防护服	47	当心中暑
20	注意通风	48	佩戴呼吸防护器
21	左行紧急出口	49	戴防护面具
22	右行紧急出口	50	戴防溅面具
23	直行紧急出口	51	佩戴射线防护用品
24	急救站	52	未经许可，不许入内
25	救援电话	53	不得靠近
26	刺激眼睛	54	不得越过此线
27	遇湿具有刺激性	55	泄险区
28	刺激性	56	不得触摸

在可能产生职业性灼伤和腐蚀的作业场所，设置"当心腐蚀"警告标识和"穿防护服""戴防护手套""穿防护鞋"等指令标识。

在产生噪声的作业场所，设置"噪声有害"警告标识和"戴护耳器"指令标识。

在高温作业场所，设置"注意高温"警告标识。

在可引起电光性眼炎的作业场所，设置"当心弧光"警告标识和"戴防护镜"指令标识。

存在生物性职业病危害因素的作业场所，设置"当心感染"警告标识和相应的指令标识。

存在放射性同位素和使用放射性装置的作业场所，设置"当心电离辐射"警告标识和相应的指令标识。

7）设备警示标识的设置。在可能产生职业病危害的设备上或其前方醒目位置设置相应的警示标识。

8）产品包装警示标识的设置。可能产生职业病危害的化学品、放射性同位素和含放射性物质的材料的，产品包装要设置醒目的相应的警示标识和简明中文警示说明。警示说明载明产品特性、存在的有害因素、可能产生的危害后果、安全使用注意事项以及应急救治措施内容。

9）储存场所警示标识的设置。储存可能产生职业病危害的化学品、放射性同位素和含放射性物质材料的场所，在入口处和存放处设置相应的警示标识以及简明中文警示说明。

第三节 辅助职业卫生设施

依据 GBZ 1《工业企业设计卫生标准》的要求，在工业企业主要生产建筑物内的主要作业区，以及人员较密集的建筑物内，设值班休息室、更衣室及盥洗室、浴室、厕所间等卫生用室和卫生设施，统称为辅助职业卫生设施，主要包括车间卫生用室、生活用室、妇女卫生室等。

一、一般规定

（1）应依据 GBZ 1《工业企业设计卫生标准》的要求，在主要生产建筑物内的主要作业区，以及人员较密集的建筑物内，设值班休息室、更衣室及盥洗室、浴室、厕所间等卫生用室和卫生设施。

（2）职业卫生用室的浴室、盥洗室、厕所的计算人数，一般按最大班工作人数的93%计算。存衣室的设计计算人数，应按车间在册工人总数计算。

（3）职业卫生辅助用室应避开有害物质、病原体、高温等有害因素的影响，期内部应易于清扫，设备应便于使用与维护。

（4）应根据工业企业生产特点、实际需要和使用方便的原则设置辅助用室，包括车间卫生用室（浴室、更/存衣室、盥洗室以及在特殊作业、工种或岗位设置的洗衣室）、生活用室（休息室、就餐场所、厕所）、妇女卫生室，并应符合相应的卫生标准要求。

（5）辅助用室应避开有害物质、病原体、高温等职业性有害因素的影响。建筑物内部构造应易于清扫，卫生设备便于使用。

（6）浴室、盥洗室、厕所的设计，一般按劳动者最多的班组人数进行设计。存衣室设计计算人数应按车间劳动者实际总数计算。

二、车间卫生用室

（1）应根据车间的卫生特征设置浴室、更/存衣室、盥洗室，其卫生特征分级见表18-9。

表18-9 车间卫生特征分级

卫生特征	1级	2级	3级	4级
有毒物质	易经皮肤吸收引起中毒的剧毒物质（如有机磷农药、三硝基甲苯、四乙基铅等）	易经皮肤吸收或有恶臭的物质，或高毒物质（如丙烯腈、吡啶、苯酚等）	其他毒物	不接触有害物质或粉尘，不污染或轻度污染身体（如仪表、金属冷加工、机械加工等）
粉尘		严重污染全身或对皮肤有刺激的粉尘（如碳黑、玻璃棉等）	一般粉尘（棉尘）	
其他	处理传染性材料、动物原料（如皮毛等）	高温作业、井下作业	体力劳动强度Ⅲ级或Ⅳ级	

注 虽易经皮肤吸收，但易挥发的有毒物质（如苯等）可按3级确定。

（2）车间卫生特征1、2级的车间应设浴室；3级的车间宜在车间附近或厂区设置集中浴室；4级的车间可在厂区或居住区设置集中浴室。浴室可由更衣间、洗浴间和管理间组成。

（3）浴室内一般按4~6个淋浴器设一具盥洗器。淋浴器的数量，可根据设计计算人数按表18-10计算。

表18-10 每个淋浴器设计使用人数（上限值）

车间卫生特征	1级	2级	3级	4级
人数	3	6	9	12

注 需每天洗浴的炎热地区，每个淋浴使用人数可适当减少。

（4）女浴室和卫生特征1、2级的车间浴室不得设浴池。

（5）体力劳动强度Ⅲ级或Ⅳ级者可设部分浴池，浴池面积一般可按1个淋浴器相当于2m²面积进行换算，但浴池面积不宜小于5m²。体力劳动强度分级表见表18-11。

表18-11　体力劳动强度分级表

体力劳动强度级别	职　业　描　述
Ⅰ（轻劳动）	坐姿：手工作业或腿的轻度活动（正常情况下，如打字、缝纫、脚踏开关等）；立姿：操作仪器，控制、查看设备，上臂用力为主的装配工作
Ⅱ（中等劳动）	手和臂持续动作（如锯木头等）；臂和腿的工作（如卡车、拖拉机或建筑设备等运输操作等）；臂和躯干的工作（如锻造、风动工具操作、粉刷、间断搬运中等重物、除草、锄田、摘水果和蔬菜等）
Ⅲ（重劳动）	臂和躯干负荷工作（如搬重物、铲、锤锻等）
Ⅳ（极重劳动）	大强度的挖掘、搬运，快到极限节律的极强活动

（6）车间卫生特征1级的更/存衣室应分便服室和工作服室。工作服室应有良好的通风。

（7）车间卫生特征2级的更/存衣室，便服室、工作服室可按照同室分柜存放的原则设计，以避免工作服污染便服。

（8）车间卫生特征3级的更/存衣室，便服室、工作服室可按照同柜分层存放的原则设计。更衣室与休息室可合并设置。

（9）车间卫生特征4级的更/存衣柜可设在休息室内或车间内适当地点。

（10）车间应设盥洗室或盥洗设备。接触油污的车间，应供给热水。盥洗水龙头的数量应根据设计计算人数按表18-12计算。

表18-12　盥洗水龙头设计数量

车间卫生特征级别	每个水龙头的使用人数
1、2级	20～30人
3、4级	31～40人

（11）盥洗设施宜分区集中设置。厂房内的盥洗室应做好地面排水，厂房外的盥洗设施还宜设置雨篷并应防冻。

（12）应根据职业接触特征，对易沾染病原体或易经皮肤吸收的剧毒或高毒物质的特殊工种和污染严重的工作场所设置洗消室、消毒室及专用洗衣房等。

（13）低温高湿的重负荷作业，如冷库和地下作业等，应设工作服干燥室。

三、生活用室

（1）生活用室的配置应与产生有害物质或有特殊要求的车间隔开，应尽量布置在生产劳动者相对集中、自然采光和通风良好的地方。

（2）应根据生产特点和实际需要设置休息室或休息区。休息室内应设置清洁饮水设施。女工较多的企业，应在车间附近清洁安静处设置孕妇休息室或休息区。

（3）就餐场所的位置不宜距车间过远，但不能与存在职业性有害因素的工作场所相邻设置，并应根据就餐人数设置足够数量的洗手设施。就餐场所及所提供的食品应符合相关的卫生要求。

（4）厕所不宜距工作地点过远，并应有排臭、防蝇措施。车间内的厕所，一般应为水冲式，同时应设洗手池、洗污池。寒冷地区宜设在室内。除有特殊需要，厕所的蹲位数应按使用人数设计。

（5）男厕所：劳动定员男职工人数小于100人的工作场所可按25人设1个蹲位；大于100人的工作场所每增50人增设1个蹲位。小便器的数量与蹲位的数量相同。

（6）女厕所：劳动定员女职工人数小于100人的工作场所可按15人设1～2个蹲位；大于100人的工作场所，每增30人，增设1个蹲位。

四、妇女卫生室

（1）人数最多班组女工大于100人的工业企业，应设妇女卫生室。

（2）妇女卫生室由等候间和处理间组成。等候间应设洗手设备及洗涤池。处理间内应设温水箱及冲洗器。冲洗器的数量应根据设计计算人数确定。人数最多班组女工人数为100～200人时，应设1具冲洗器，大于200人时，每增加200人增设1个。

（3）人数最多班组女工人数为40～100人的工业企业，可设置简易的温水箱及冲洗器。

第四节　职业卫生检测及其设施

火电厂应配置职业卫生检测设施设备，并按照GBZ 2.1《工作场所有害因素职业接触限值　第1部分：化学有害因素》、GBZ 2.2《工作场所有害因素职业接触限值　第2部分：物理因素》和DL 5454《火力发电厂职业卫生设计规程》等要求进行检测。

（1）新建工程应按照《电力行业劳动环境检测监

督管理规定》（原电力工业部电综〔1998〕126 号）通知的规定，设置劳动环境检测监督站，负责全厂职业卫生与劳动安全的管理和宣传工作，应有宣教室，并配备 1～2 名管理人员。劳动环境监测监督站所配备仪器设备，可与环保实验室一并考虑。劳动环境监测监督站的面积不小于 100m²。扩建、改建工程应根据工程的实际情况酌情增补仪器设备。

（2）火力发电厂应设置安全卫生教育用室，并配备必要的宣传仪器设备。

（3）火电厂宜设置作业环境监测监督站，火力发电厂劳动环境检测监督站所选用的仪器和设备见表 18-13。

表 18-13 劳动环境监测监督站仪器设备

序号	名 称	单位	数量	备注
1	防爆粉尘采样仪	台	2	可与环境监测站共用
2	个体粉尘采样器	台	3	—
3	便携式粉尘测定仪	台	1	可与环境监测站共用
4	便携式呼吸性粉尘测定仪	台	1	—
5	气体采样器	台	2	可与环境监测站共用
6	个体气体采样器	台	2	可与环境监测站共用
7	便携式多种气体检测仪	台	1	—
8	便携式气体测定仪	台	1	可与环境监测站共用
9	声级计	台	1	可与环境监测站共用
10	声级校准计	台	1	可与环境监测站共用
11	作业环境毒物分级检测箱	台	4	—
12	肺通气量仪	台	1	—
13	通风温湿计	台	1	可与环境监测站共用
14	便携式直读黑球温度测定仪	台	2	可与环境监测站共用
15	热辐射计	台	—	可与环境监测站共用
16	电子热球微风仪	台	1	—
17	精密空盒气压表	台	1	—
18	pH 计	台	2	可与环境监测站共用

序号	名 称	单位	数量	备注
19	分析天平	台	1	可与环境监测站共用
20	生物显微镜	台	1	—
21	生物显微镜测尺	台	2	—
22	油分测定仪	台	1	—
23	电冰箱	台	1	可与环境监测站共用
24	分光光度计	台	1	可与环境监测站共用
25	紫外分光光度计	台	1	可与环境监测站共用
26	计算机	台	1	可与环境监测站共用
27	高温电阻炉	台	1	—
28	电干燥箱	台	1	可与环境监测站共用
29	皂膜流量计	台	1	可与环境监测站共用
30	热辐射计	台	1	可与环境监测站共用
31	振动测试仪	台	1	—
32	离子计	台	1	可与环境监测站共用
33	含氯量测定仪	台	1	—
34	电阻率测定仪	台	1	—
35	颗粒度（粗略）测定仪	台	1	可与环境监测站共用
36	泡沫体积测定仪	台	1	—
37	自然点测定仪	台	1	—
38	空气释放值测定仪	台	1	—
39	便携式 SF$_6$ 色谱分析仪	台	1	—
40	便携式 SF$_6$ 微水分析仪	台	1	—
41	氢气浓度测定仪	台	1	—

（4）工作场所有害物质的测定按 GBZ 159《工作场所空气中有害物质监测的采样规范》和 GBZ/T 160《工作场所空气有毒物质测定》进行检测，在无上述规定时，也可用国内外公认的测定方法执行。

（5）工作场所化学有害因素职业接触限值是用人单位监测工作场所环境污染情况，评价工作场所卫生状况和劳动条件以及劳动者接触化学有害因素的程度的重要技术依据，也可用于评估生产装置泄漏情况，评价防护措施效果等。工作场所有化学有害因素职业接触限值也是职业卫生监督管理部门实施职业卫生监督检查、职业卫生技术服务机构开展职业病危害评价的重要技术法规依据。

（6）在实施职业卫生监督检查，评价工作场所职业卫生状况或个人接触状况时，应正确运用时间加权平均容许浓度、短时间接触容许浓度或最高容许浓度的职业接触限值，并按照有关标准如 GBZ 159《工作场所空气中有害物质监测的采样规范》和 GBZ/T 160《工作场所空气有毒物质测定》的规定，进行空气采样、监测，以期正确地评价工作场所害因素的污染状况和劳动者接触水平。

（7）工作场所物理因素职业接触限值，是用于监督、监测工作场所及工作人员物理因素职业危害状况、生产装置泄漏情况，评价工作场所卫生状况的重要依据。目的在于保护劳动者免受物理性职业性有害因素危害，预防职业病。

（8）在实施职业卫生监督管理、评价工作场所物理因素职业危害或个人接触状况时，应正确运用接触限值，并按照国家颁布的相关测量方法 GBZ /T 189《工作场所物理因素测量》进行测量和分析。具体包括超高频辐射、高频电磁场、工频电场、激光辐射、微波辐射、紫外辐射、高温、噪声、手传振动、体力劳动强度分级、体力劳动时的心率等。

（9）采样要求、监测点位和结果评价应按照 DL 799.1《电力行业劳动环境监测技术规范 第 1 部分：总则》进行：

1）监测点应是有代表性的工作地点，包括职业性有害因素浓度（强度）最高、作业人员接触时间最长的工作地点。

2）同一车间、同一职业性有害因素，不同工种、不同设备、不同工序应分别设测点。同一车间、同一职业性有害因素，同一工种、同类设备或相同操作，至少设 1 个测点。同一车间、不同的职业性有害因素应分别设测点。

3）一个有代表性的作业场所内，有多台同类设备时，1～3 台设置 1 个测点，4～10 台设置 2 个测点，10 台以上至少设置 3 个测点。

4）一个有代表性的作业场所内，有 2 台以上不同类型的生产设备产生同一种职业性有害因素时，测点应设置在浓度大的设备附近的工作地点；产生不同职业性有害因素时，测点应设置在产生待测有害因素设备的工作地点，测点数量参照第 3）条。

5）作业人员在多个工作地点工作时，在每个工作地点设置 1 个测点。

6）控制室和作业人员休息室，至少各设置 1 个测点。

7）在不影响作业人员工作的情况下，测点尽可能靠近作业人员，测量空气中有害因素的空气收集器的进气口应当靠近作业人员呼吸带。

8）在评价工作场所防护设备或措施的防护效果时，应根据设备的情况选定测点。

第十九章

职业病危害预评价报告编制要点

根据《建设项目职业病防护设施"三同时"监督管理办法》(国家安全生产监督管理总局令〔2017〕第90号),对可能产生职业病危害的建设项目,建设单位应当在建设项目可行性论证阶段进行职业病危害预评价,编制预评价报告。

本章节职业病危害预评价报告编制要点主要包括评价依据、评价范围、评价方法、评价程序与内容和章节与内容组成等五个部分。本章节编制的主要依据有《建设项目职业病防护设施"三同时"监督管理办法》(国家安全生产监督管理总局令〔2017〕第90号)、ZW-JB—2014-004《建设项目职业病危害预评价报告编制要求》(国家安全监管总局职业健康司〔2014〕)、AQ/T 8009《建设项目职业病危害预评价导则》、AQ/T 8009《建设项目职业病危害预评价导则》和GBZ/T 277《职业病危害评价通则》等。

第一节 评 价 依 据

职业病危害预评价报告评价依据主要包括法律法规规章、规范标准、基础依据和其他依据。

一、法律、法规、规章

我国有关职业病防治的法律、法规、规章。具体见本书第十二章第二节。

二、规范、标准

我国有关职业病防治的规范、标准。具体见本书第十二章第三节。

三、基础资料

建设项目可行性研究的有关资料、文件等。如可行性研究报告、专题报告,有关设计图纸(建设项目区域位置图、总平面布置图等)等。

四、其他依据

建设项目有关的支持性文件、国内外文献资料及与评价工作有关的其他资料。如项目建议书,主要涉及辅助原料监测报告,国内外与本工程职业卫生评价相关的参考资料等。

第二节 评 价 范 围

(1)根据AQ/T 8009《建设项目职业病危害预评价导则》,职业病危害预评价报告的评价范围原则上以拟建项目可行性研究报告中提出的建设内容为准,并包括拟建项目建设施工和设备安装调试过程、对于改建、扩建建设项目和技术改造、技术引进项目,评价范围还应包括建设单位的职业卫生管理基本情况以及设备设施的利旧内容。

(2)根据ZW-JB—2014-004《建设项目职业病危害预评价报告编制要求》(国家安全监管总局职业健康司〔2014〕),对于可研阶段施工方案尚未确定的情况,预评价报告可做说明后省去相关分析评价内容,仅需在补充措施建议中明确建设单位相关职责;待施工方案最终确定后,建设单位可委托具有相应资质的职业卫生服务机构补充相关预评价内容,并报安全监管部门备案。

第三节 评 价 方 法

根据拟建项目的具体情况,职业病危害预评价一般采用类比法、检查表分析法、职业病危害作业分级等方法进行综合分析以及定性和定量评价,必要时可采取其他评价方法。根据GBZ/T 277《职业病危害评价通则》,各方法内容如下:

(1)类比法是利用与拟评价建设项目相同或相似企业或场所的职业卫生调查、工作场所职业病危害因素浓度(强度)检测以及文献检索等结果,类推拟评价建设项目接触职业病危害因素作业工种(岗位)的职业病危害因素预期接触水平。

(2)检查表法是依据国家有关职业卫生的法律法规、标准规范,以及相关操作规程、职业病危害事故案例等,通过对评价项目的详细分析和研究,列出检查单元、项目、内容、要求等，编制成表，逐项检查评价项目的符合情况及其存在的问题、缺陷等。

（3）职业健康检查法是按照职业健康监护有关规定，对接触职业病危害因素的劳动者进行职业健康检查，根据职业健康检查结果评价接触职业病危害因素作业的危害程度。

（4）职业卫生检测法包括职业病危害因素检测和职业病防护设施及建筑卫生学检测。

职业病危害因素检测是依据职业卫生相关检测规范和方法，对化学因素、物理因素、生物因素等进行检测，对照职业卫生相关彼岸准对检测结果进行分析和评价。

职业病防护设施及建筑卫生学检测是根据监测规范和方法，对职业病防护设施的技术参数以及采暖、通风、空气调节、采光照明、微小气候等建筑卫生学内容进行检测，对照职业卫生相关标准对检测结果进行分析和评价。

（5）风险评估法是划分评价单元，识别和分析其可能产生的职业病危害因素以及接触职业病危害因素作业的工种（岗位），推测不同工种（岗位）职业病危害因素的接触水平，利用接触水平与相关接触限值标准的对比评估其职业病危害的程度与分级，并根据分级结果提出相应的职业病防护措施要求。

第四节　评价程序与内容

职业病危害预评价程序主要包括准备阶段、实施阶段和报告编制阶段三个部分。

一、准备阶段

（1）准备阶段主要包括收集资料、前期调查、编制预评价方案，确定评价方案。

（2）建设项目职业病危害预评价应收集以下主要资料：

1）项目建议书、可行性研究报告。

2）建设项目的技术资料。

3）国家、地方、行业有关职业卫生方面的法律、法规、标准、规范。

（3）建设项目的技术资料主要包括：

1）建设项目概况。

2）生产工艺、生产设备。

3）辐射源项资料。

4）生产过程拟使用的原料、辅料及其用量，中间品、产品及其产量等。

5）劳动组织与工种、岗位设置及其作业内容、作业方法等。

6）各种设备、化学品的有关职业病危害的中文说明书。

7）拟采取的职业病危害防护措施。

8）有关设计图纸（建设项目区域位置图、总平面布置图等）。

9）有关职业卫生现场检测资料（类比工程）。

10）有关劳动者职业健康检查资料（类比工程）。

11）其他有关评价所需的技术资料。

（4）建设单位进行职业病危害预评价时，对建设项目可能产生的职业病危害因素及其对工作场所、劳动者健康影响与危害程度的分析与评价，可以运用工程分析、类比调查等方法。其中，类比调查数据应当采用获得资质认可的职业卫生技术服务机构出具的、与建设项目规模和工艺类似的用人单位职业病危害因素检测结果。

（5）前期调查中如选择类比企业应依据自然环境状况、生产规模、生产工艺、生产设备、生产过程中的物料与产品、职业病防护措施、管理水平等方面的相似性，选择与拟评价建设项目具有良好可比性的类比企业（对于改建、扩建项目，应该优先选择原工程作为类比工程），并进行初步调查。

（6）按照《建设项目职业病危害风险分类管理目录》（安监总安健〔2012〕73 号）的分类，职业病危害严重和较重的建设项目应当编制预评价方案，其他建设项目可根据预评价的需要决定是否编制评价方案。在对收集的技术资料进行研读与初步调查分析的基础上，编制预评价方案并对其进行技术审核。评价方案应包括以下主要内容：

1）概述。简述评价任务由来以及建设项目性质、规模、地点等基本情况。

2）编制依据。列出适用于评价的法律法规、标准和技术规范等。

3）评价方法、范围及内容。根据建设项目的特点，确定评价范围和评价内容，选定适用的评价方法。

4）项目分析。初步的工程分析、辐射源项分析、职业病危害因素识别分析，并确定评价单元以及职业病危害防护措施分析的内容与要求等。

5）类比企业调查、检测方案。确定类比企业职业卫生调查以及收集职业病危害因素检测资料的内容与要求等；如果类比企业没有可收集的检测资料时，应确定类比企业职业病危害因素检测的项目、方法、检测点、检测对象和样品数等检测方案内容。

6）组织计划。主要包括评价程序、质量控制措施、工作进度、人员分工、经费概算等。

二、实施阶段

实施阶段主要包括工程分析、职业病危害评价、控制职业病危害的补充措施建议和给出评价结论等方面，如采用类比法进行职业病危害预评价工作，还应包括类比调查。

1. 工程分析内容

工程分析应明确拟建项目工程概况、生产工艺与设备布局、生产过程中的物料与产品等的名称和用（产）量、总平面布置及竖向布置、生产工艺流程和设备布局、建筑卫生学、建设施工工艺等内容的基本情况，并初步识别各评价单元可能存在的主要职业病危害因素及其来源、理化性质与分布。对于改建、扩建建设项目和技术引进、技术改造项目还应明确工程的利旧情况。

工程分析的详细内容如下：

（1）工程概况：包括项目名称、性质、规模、拟建地点、自然环境概况、项目组成及主要工程内容、生产制度、岗位设置、主要技术经济指标等。

1）项目名称：应与委托单位提供的建设项目可行性论证文件所用名称一致。

2）项目性质：一般分为新建、改建、扩建、技术引进和技术改造等。

3）自然环境概况：包括拟建项目所在地区的气象条件（风向、风速、气温、相对湿度）以及是否位于自然疫源地、地方病区等与职业病危害相关的情况。

4）建设地点：项目建设地点应按行政区划说明地理位置（经纬度）并附项目所在区域位置图。

5）生产规模：根据项目性质分别列出产品方案和生产规模。

6）生产制度：轮班制，全年生产作业时间以 h/a 为单位，同时说明作业天数。

7）岗位设置：包括生产作业岗位名称及生产作业人数，辅助岗位及人数，管理人员等。

8）项目组成及主要工程内容：包括整个建设项目范围内各子项目名称和主要工艺装置、设备设施等内容。

9）生产装置：包括装置名称、生产规模及主要工程内容。

10）辅助装置：包括为生产配套的各辅助装置名称、生产规模及主要工程内容。

11）公用工程：包括给水、排水、供热、供电、供燃气工程等。

12）总图运输：包括原料及辅料形态、燃料仓库、储罐、堆场以及码头工程、运输工程等。

13）主要技术经济指标：主要是建设项目总的技术经济指标，包括工程总投资、工程用地面积、建筑面积、职业病防护设施投资概算等。

（2）生产过程拟使用原料、辅料的名称及用量，产品、联产品、副产品、中间品和产量，健康

危害说明书（中文）。

（3）总平面布置及竖向布置：从建筑卫生学和相关的勘察规划设计等方面概述布置原则，并附总平面布置和竖向布置图。

（4）生产工艺流程和设备布局。

1）生产工艺流程：包括工艺技术及其来源、生产装置的生产过程概述、辅助装置的工艺过程概述、生产装置的化学原理及主要化学反应，生产工艺及设备的先进性（机械化，密闭化、自动化及智能化程度）等。

2）生产设备及布局：包括主要生产设备及其产生职业病危害设备的健康危害说明书（中文）以及设备布局情况。

（5）建筑卫生学：主要包括建筑物的间距、朝向、采光与照明、采暖与通风及主要建筑物（单元）的内部布局等。

（6）辐射源项概况：主要包括辐射源装置的结构、与辐射有关的主要参数、辐射源的位置分布、放射性同位素或放射性物质中核素的名称、状态、活度、能量等指标，以及不同运行状态下的主要辐射源、辐射种类、产生方式和辐射水平等，如放出放射性核素时，还应给出核素的名称、状态、活度和能量等指标。

2. 类比调查内容

（1）类比企业职业卫生调查。主要内容包括：类比企业与拟建项目的可比性分析；类比企业产生的职业病危害因素及其存在的作业岗位、接触人员、接触时间、接触频度等；类比企业职业病防护设施设置及运行维护状况；类比企业个体防护用品的配备与使用情况；类比企业应急救援设施设置等。

（2）类比企业职业病危害因素检测。尽可能收集类比企业主要职业病危害因素的最新检测资料，分析明确其职业病危害因素的来源、分布及其浓度（强度）等。收集的检测资料的质量、检测种类和范围应符合要求，引用时应注明检测报告来源。没有可收集的检测资料时，应制订检测方案，并对类比企业进行现场检测。

3. 职业病危害评价

职业病危害评价主要包括职业病危害因素识别与评价、职业病防护设施分析与评价、个人使用的职业病防护用品分析与评价、应急救援设施分析与评价、总体布局分析与评价、生产工艺及设备布局分析与评价、建筑卫生学要求评价、辅助用室分析与评价、职业卫生管理分析与评价和职业卫生专项投资分析与评价等十个方面。

（1）职业病危害因素识别与评价。按照划分的评价单元，在工程分析和类比调查的基础上，识别拟建项目在建设期和建成投入生产或使用后可能存在的职

业病危害因素，确定职业病危害因素存在的作业岗位、接触人员、接触时间、接触频度、可能对人体健康产生的影响及导致的职业病等。在有条件的情况下，给出无防护措施时各个接触职业病危害因素作业岗位的预期浓度（强度）范围。

（2）职业病防护设施分析与评价。按照划分的评价单元，根据类比检测结果以及可行性研究报告中提出的职业病防护设施设置状况，分析拟建项目在建设期和建成投入生产或使用后各个接触职业病危害因素作业岗位的职业病危害因素预期浓度（强度）范围，评价拟设置的职业病防护设施的合理性与符合性。对于没有类比检测数据的职业病危害因素，可根据各种定性定量分析方法来推测其职业病危害因素的预期浓度（强度）范围并评价。

当类比检测或分析推测作业岗位职业病危害因素的预期浓度（强度）范围超过 GBZ 2《工作场所有害因素职业接触限值》或其他标准规定的限值时，应分析超标原因。

（3）个体防护用品分析与评价。按照划分的评价单元，根据拟建项目在建设期和建成投入生产或使用后的作业岗位环境状况、职业病危害因素特点、类比检测或分析推测结果以及 GB/T 11651《个体防护装备选用规范》、GB/T 18664《呼吸防护用品的选择、使用与维护》等相关职业卫生法规标准要求，分析可行性研究报告中提出的个体防护用品配备状况，预测在可研条件下各个主要职业病危害因素的接触水平，评价拟配备的个体防护用品的合理性与符合性。

（4）应急救援设施分析与评价。按照划分的评价单元，分析拟建项目在建设期和建成投入生产或使用后可能发生急性职业病危害的工作场所以及可行性研究报告中提出的应急救援设施的设置状况，根据该工作场所导致急性职业病危害的特点、可能发生暴露的状况以及相关职业卫生法规标准要求等，评价拟设置应急救援设施的合理性与符合性。

（5）总体布局分析与评价。根据工程分析以及职业病危害因素识别与评价的结果，分析可行性研究报告中提出的总体布局情况，并对照 GB 50187《工业企业总平面设计规范》、GB/T 12801《生产过程安全卫生要求总则》及 GBZ 1《工业企业设计卫生标准》等相关职业卫生法规标准要求，评价总体布局的符合性。

（6）生产工艺及设备布局分析与评价。根据工程分析以及职业病危害因素识别与评价的结果，分析可行性研究报告中提出的生产工艺及设备布局情况，并对照 GB 5083《生产设备安全卫生设计总则》及 GB/T 12801《生产过程安全卫生要求总则》等相关职业卫生法规标准要求，评价生产工艺及设备布局

的符合性，对于改扩建项目还应考虑与既有设备的交互影响。

（7）建筑卫生学评价。根据工程分析以及职业病危害因素识别与评价的结果，分析可行性研究报告中提出的建筑卫生学状况，并对照 GB/T 12801《生产过程安全卫生要求总则》及 GBZ 1《工业企业设计卫生标准》等相关职业卫生法规标准要求，评价建筑卫生学的符合性。

（8）辅助用室分析与评价。根据职业病危害因素的识别与评价，确定不同车间的车间卫生特征等级，分析可行性研究报告中提出的辅助用室设置情况，并对照 GBZ 1《工业企业设计卫生标准》等相关职业卫生法规标准要求，评价工作场所办公室、卫生用室（浴室、更/存衣室、盥洗室、洗衣房等）、生活用室（休息室、食堂、厕所等）、妇女卫生室等辅助用室设置的符合性。

（9）职业卫生管理分析与评价。分析拟建项目可行性研究报告中提出的职业卫生管理机构设置与人员配置、职业卫生培训、职业病危害因素检测、职业健康监护、警示标识设置、职业卫生管理制度和操作规程等内容，根据相关职业卫生法规标准要求，评价拟采取职业卫生管理措施的符合性。

（10）职业卫生专项投资分析与评价。分析拟建项目可行性研究报告提出的职业卫生专项投资概算，评价其是否满足职业卫生"三同时"及建设等的预算需求。

4. 控制职业病危害的补充措施建议

在对拟建项目全面分析、评价的基础上，针对可行性研究报告中存在的不足，综合提出控制职业病危害的具体补充措施，应尽可能明确提出各类职业病防护设施的设置地点、设施种类、技术要求等具体措施建议。

针对拟建项目建设施工和设备安装调试过程的职业卫生管理，参照 GBZ 1《工业企业设计卫生标准》、GBZ/T 211《建筑行业职业病危害预防控制规范》、GB/T 11651《个体防护装备选用规范》、GBZ 188《职业健康监护技术规范》等相关职业卫生法规标准要求，从职业病防护设施、应急救援措施、个体防护用品、职业卫生管理措施及职业卫生专项投资等方面提出控制建设期职业病危害的具体补充措施；明确要求建设单位在施工和设备安装调试结束后应收集的各种文件资料（包括施工过程的职业病危害防治总结报告）；明确要求建设单位在拟建项目施工招标、合同管理及具体施工过程中应履行的职业卫生监管职责。

5. 给出评价结论

根据拟建项目在建设期及建成投入生产或使用后可能产生的主要职业病危害因素及其来源与分布、可

能对人体健康产生的影响及导致的职业病等，确定拟建项目的职业病危害风险类别；给出拟建项目在采取了预评价报告所提防护措施后，主要接触职业病危害作业岗位的职业病危害因素预期浓度（强度）范围和接触水平，明确其是否能满足国家和地方对职业病防治方面法律、法规、标准的要求。

三、报告编制阶段

（1）汇总获取的各种资料、数据，完成建设项目职业病危害预评价报告与资料性附件的编制。

（2）建设项目职业病危害预评价主报告应全面、概括地反映拟建项目预评价工作的结论性内容与结果，应用语规范、表述简洁，并单独成册。

（3）资料性附件应包括评价依据、评价方法、工程分析、类比调查分析与职业病危害评价的分析、检测、检查、计算等技术性过程内容，以及地理（区域）位置图、总平面布置图、主要职业病危害因素分布图等和其他与拟建项目有关的资料。

第五节 章节与内容组成

根据《建设项目职业病防护设施"三同时"监督管理办法》（安监局令第 90 号）和 ZW-JB—2014-004《建设项目职业病危害预评价报告编制要求》（国家安全监管总局职业健康司〔2014〕），职业病危害预评价报告章节与内容组成如下。

一、一般规定

建设项目职业病危害预评价报告应当符合职业病防治有关法律、法规、规章和标准的要求，并包括下列主要内容：

（1）建设项目概况，主要包括项目名称、建设地点、建设内容、工作制度、岗位设置及人员数量等；

（2）建设项目可能产生的职业病危害因素及其对工作场所、劳动者健康影响与危害程度的分析与评价；

（3）对建设项目拟采取的职业病防护设施和防护措施进行分析、评价，并提出对策与建议；

（4）评价结论，明确建设项目的职业病危害风险类别及拟采取的职业病防护设施和防护措施是否符合职业病防治有关法律、法规、规章和标准的要求。

二、主报告的章节与内容组成

（1）主报告的章节包括建设项目概况、职业病危害因素及其防护措施评价、综合性评价、职业病防护补充措施及建议和评价结论。

（2）建设项目概况：包括拟建项目名称、拟建地点、建设单位、项目组成及主要工程内容、岗位设置及人员数量等。对于改建、扩建建设项目和技术引进、技术改造项目，还应阐述建设单位的职业卫生管理基本情况以及工程利旧情况。

（3）职业病危害因素及其防护措施评价：概括拟建项目可能产生的职业病危害因素及其存在的作业岗位、接触人员、接触时间、接触频度，可能对人体健康产生的影响及导致的职业病等。针对可能存在的职业病危害因素，给出拟设置的职业病防护设施及其合理性与符合性结论；针对可能接触职业病危害的作业岗位，给出拟配备的个体防护用品及其合理性与符合性结论；针对可能发生急性职业病危害的工作场所，给出拟设置的应急救援设施及其合理性与符合性结论；按照划分的评价单元，针对可能接触职业病危害的作业岗位，给出在可研条件下各个主要职业病危害因素的预期浓度（强度）范围和接触水平及其评价结论。

（4）综合性评价：给出拟建项目拟采取的总体布局、生产工艺及设备布局、建筑卫生学、辅助用室、职业卫生管理、职业卫生专项投资等符合性的结论，列出其中的不符合项。

（5）职业病防护补充措施及建议：提出控制职业病危害的具体补充措施；给出拟建项目建设施工和设备安装调试过程中的职业卫生管理措施及建议。

（6）评价结论：确定拟建项目的职业病危害风险类别；给出拟建项目在采取了预评价报告所提防护措施后，各主要接触职业病危害作业岗位的职业病危害因素预期浓度（强度）范围和接触水平，明确其是否能满足国家和地方对职业病防治方面法律、法规、标准的要求。

三、建设项目职业病危害预评价报告的格式

封页：××××建设项目职业病危害预评价报告
报告编号
评价机构名称（加盖公章）
年 月
封二：评价机构资质证书影印件
封三：

声 明

××××（评价机构名称）遵守国家有关法律、法规，在××××建设项目职业病危害预评价过程中坚持客观、真实、公正的原则，并对所出具的《××××建设项目职业病危害预评价报告》承担法律责任。

评价机构名称：（加盖公章）

法人代表：（签名）

项目负责人：姓名、技术职务、资质证书号，签名

报告编写人：姓名、技术职务、资质证书号，签名

报告审核人：姓名、技术职务、资质证书号，签名

报告签发人：姓名、职务、签名

封四：目录

正文：按照目录内容编写，纸型规格 A4 纸，字体为国标仿宋体，标准 4 号，28 行/页，30 字/行。页眉：××××建设项目职业病危害预评价报告、报告编号，字体为国标宋体，标准小 5 号。页脚：评价机构名称，页码（第×页共××页），字体为国标宋体，标准小 5 号。

第二十章

职业病防护设施设计

根据《建设项目职业病防护设施"三同时"监督管理办法》(国家安全生产监督管理总局令〔2017〕第90号),存在职业病危害的建设项目,建设单位应当在施工前按照职业病防治有关法律、法规、规章和标准的要求,进行职业病防护设施设计。

本章节主要包括设计范围与内容、设计过程和专篇章节与内容组成等三部分。本章节编制的主要依据有《建设项目职业病防护设施"三同时"监督管理办法》(国家安全生产监督管理总局令〔2017〕第90号)、ZW-JB—2014-004《建设项目职业病防护设施设计专篇编制要求》(国家安全监管总局职业健康司〔2014〕)、AQ/T 4233《建设项目职业病防护设施设计专篇编制导则》。

第一节 设计范围与内容

根据 ZW-JB—2014-002《建设项目职业病防护设施设计专篇编制要求》(国家安全监管总局职业健康司〔2014〕),职业病防护设施设计的范围和内容如下。

一、设计范围

(1)根据职业卫生法律、法规、标准和技术规范等要求,针对建设项目建设施工、设备安装调试过程以及建成投入生产或使用后可能产生的职业病危害因素,对应采取的职业病防护设施、职业卫生管理措施等进行设计,并对其预期效果进行评价。设计范围应包括建设项目可能产生职业病危害因素的各主要生产设施、公用工程及辅助设施。

(2)对于初步设计阶段施工方案尚未确定的情况,设计专篇可做相关说明后省去相关内容,仅需在补充措施建议中明确建设单位相关职责;待施工方案最终确定后,再补充相关设计内容。

二、设计内容

包括设计范围内产生或者可能产生的职业病危害因素,对应采取的防尘、防毒、防暑、防寒、降噪、减振、防辐射等防护设施的设备选型、设置场所和相关技术参数等内容进行设计;另外还包括与之相关的防控措施,如总平面布置、厂房及设备布局、建设卫生学、辅助卫生设施、应急救援设施等的设计方案,并对职业病防护设施投资进行预算,最后对职业病防护设施的预期效果进行评价。

第二节 设计过程

职业病防护设施设计过程主要包括资料收集、工程分析、职业病危害因素分析及危害程度预测、职业病防护设施设计和预期效果评价等五个部分。

一、资料收集

(1)在充分调查研究设计对象和范围等相关情况后,收集、整理职业病防护设施设计所需要的各种文件、资料和数据。

(2)职业病防护设施设计专篇编制应收集的主要资料包括:

1)建设项目审批、核准、备案等立项文件,可行性研究报告,初步设计等设计文件。

2)建设项目的技术资料。

3)建设项目职业病危害预评价报告及其审核备案批复。

4)国家、地方、行业有关的法律、法规、标准、规范。

(3)建设项目的技术资料,主要包括:

1)建设项目概况;

2)总平面布置、生产工艺及技术路线;

3)原材料(含辅料)、中间产品、产品(含副产品)的名称及用量或产量;

4)主要设备数量和布局,机械化、自动化和密闭程度、操作方式等;

5)劳动组织、工作制度;

6)岗位设置及其作业内容、作业方法等;

7)可能产生的职业病危害因素种类、分布部位、存在的形态、主要的理化性质和毒性及危害的范围与程度；

8）新建项目类比资料，改建、扩建、技改项目原有资料（监测结果、防护措施等）；

9）有关的建筑施工工艺资料（包括建筑施工工程类型、施工地点和作业方式等）；

10）有关设计图纸（总平面布置图、生产工艺布置图等）；

11）其他所需的资料、文件。

二、工程分析

（1）对建设项目的工程概况、主要工程内容、总平面布置、生产工艺与设备布局、生产过程中的原料与产品的名称和用（产）量、岗位设置与人员数量、作业内容与方法、建筑卫生学，建筑施工工艺和设备安装调试过程等进行分析。

（2）工程分析的内容主要包括工程概况、原辅材料、产品情况、总平面布置及竖向布置、生产工艺流程和设备布局、建筑卫生学等方面。

（3）工程概况包括项目名称、性质、规模、建设地点、自然环境概况、项目组成及主要工程内容、生产制度、岗位设置、建筑施工工艺、主要技术经济指标等。

1）项目名称应与委托单位提供的建设项目可行性论证文件所用名称一致。

2）项目性质一般分为新建、改建、扩建、技术引进和技术改造等几类。

3）自然环境概况包括建设项目所在地区的气象条件（风频风向及风玫瑰图、风速、气温、相对湿度），以及是否位于自然疫源地、地方病区等与职业病危害相关的情况。

4）建设地点。按行政区划说明项目建设地点的地理位置（经纬度）并附项目所在区域位置图。

5）生产规模。根据项目性质分别列出产品方案和生产规模。

6）生产制度。轮班制，全年生产作业时间以 h/a 为单位，同时说明作业天数。

7）岗位设置包括生产作业岗位名称及生产作业人数，辅助岗位及人数，管理人员等。

8）项目组成及主要工程内容包括整个建设项目范围内各子项目名称和主要工艺装置、设备设施等内容。其中：

生产装置包括装置名称、生产规模及主要工程内容。

辅助装置包括为生产配套的各辅助装置名称、生产规模及主要工程内容。

公用工程包括给水、排水、供热、供电、供燃气工程等。

总图运输包括原料及辅料形态、燃料仓库、储罐、堆场以及码头工程、运输工程等。

9）建筑施工工艺：主要包括建筑施工工程类型（如房屋建筑工程、市政基础设施工程、交通工程、通信工程、水利工程、铁道工程、冶金工程、电力工程、港湾工程等），施工地点（如高原、海洋、水下、室外、室内、箱体、城市、农村、荒原、疫区，小范围的作业点、长距离的施工线等）和作业方式（如挖方、掘进、爆破、砌筑、电焊、抹灰、油漆、喷砂除锈、拆除和翻修等）等。

10）主要技术经济指标主要是建设项目总的技术经济指标，包括工程总投资、工程用地面积、建筑面积、职业病防护设施投资概算等。

（4）原辅材料、产品情况包括原料、辅料、中间产品、副产品、产品以及添加剂、废弃物等名称、成分、物态、来源或去向、用量或产量、包装、储存方式及储存地点等。

（5）总平面布置及竖向布置。从建筑卫生学和相关的勘察规划设计等方面概述布置原则，并附总平面布置和竖向布置图。

（6）生产工艺流程和设备布局如下：

1）生产工艺流程包括工艺技术及其来源、生产装置的生产工艺概述、辅助装置的工艺过程概述、生产装置的化学原理及主要化学反应等。

2）生产设备布局及先进性主要包括产生或可能产生职业病危害的设备名称、数量、分布，设备的机械化、自动化、智能化及装备水平和密闭程度、操作方式等。

（7）建筑卫生学主要包括建筑物的间距、朝向、采光与照明、采暖与通风及主要建筑物（单元）的内部布局等。

三、职业病危害因素分析及危害程度预测

（1）分析说明建设项目建设期或建成投入生产或使用后可能产生的职业病危害因素的种类、来源、特点及分布。

（2）分析接触职业病危害因素的作业人源情况，包括接触职业病危害因素的种类、接触人数、接触时间与接触频度等。

（3）根据职业病危害因素对人体健康的影响及可能导致的职业病，分析其潜在危害性和发生职业病的危险程度。

四、职业病防护设施设计

（一）构（建）筑物设计

（1）根据 GB/T 12801《生产过程安全卫生要求总则》、GB 50187《工业企业总平面设计规范》、GB 50019

《工业建筑供暖通风与空气调节设计规范》、GB 50034《建筑照明设计标准》、GB 50073《洁净厂房设计规范》、GBZ 1《工业企业设计卫生标准》等相关标准和规范，对建设项目的总平面布置、竖向布置和建（构）筑物进行设计。

（2）总平面布置应在考虑减少相互影响的基础上，重点对功能分区和存在职业病危害因素工作场所的布置进行设计。

（3）竖向布置重点对放散大量热量或有害物质的厂房布置、噪声与振动较大的生产设备安装不知和含有挥发性气体、蒸汽的各类管道合理布置等进行设计。

（4）建（构）筑物重点对建筑结构、采暖、通风、空气调节、采光照明、微小气候等建筑卫生学进行设计，包括建（构）筑物朝向；以自然铜鞴为主的车间天窗设计、高温、热加工、有特殊要求（如产生粉尘、有毒物质、酸碱等工作场所）和人员较多的建（构）筑物设计；厂房降噪和减振设计；车间办公室布置以及空调厂房、洁净厂房设计、生产卫生室（存衣室、盥洗室、洗衣房）、生活卫生室（休息室、食堂、厕所）设计等。

（二）防护设施设计及其防控性能

（1）对建设项目建设期和建成投入生产或使用后拟采取的防尘、防毒、防暑、防寒、降噪、减振、防非电离辐射与电离辐射等职业病防护设施的名称、规格、型号、数量、分布及防控性能进行分析和设计，并提出保证职业病防护设施防控性能的管理措施和建议。

（2）详细列出所涉及的全部职业病防护设施，并说明每个防护设施符合或者高于国家现行有关法律、法规和部门规章及标准的具体条款，或者借鉴国内外同类建设项目所采取的防护设施的出处。

（三）应急救援设施

对建设项目建设期和建成投入生产或使用后可能发生的急性职业病危害事故进行分析，对建设项目应配备的事故通风装置、应急救援装置、急救用品、急救场所、冲洗设备、泄险区、撤离通道、抱紧装置等进行设计。

（四）职业病防治管理措施

包括建设单位拟设置或指定职业卫生管理机构或者组织、拟配备专职或兼职的职业卫生管理人员情况；拟指定职业卫生管理方针、计划、目标、制度；职业病危害因素日常监测、定期检测评价、职业病危害防护措施、职业健康监护等方面拟采取的措施；其他依法拟采取的职业病防治管理措施。

（五）辅助卫生设施

根据建设项目特点、实际需要和使用方便的原则，进行辅助卫生设施设计，包括工作场所办公室、卫生用室（浴室、更/存衣室、盥洗室以及在特殊作业、工种或岗位设置的洗衣室）、生活卫生室（休息室、就餐场所、厕所）、妇女卫生室等，辅助卫生设施的设计应符合 GBZ 1《工业企业设计卫生标准》的有关要求。

（六）预评价报告补充措施及建议的采纳情况说明

对职业病危害与评价报告中职业病危害控制措施及建议的采纳情况进行说明，对于未采纳的措施和建议，应当说明理由。

（七）职业病防护设施投资概算

依据建设单位提供的有关数据资料，对建设项目为实施职业病危害治理所需的装置、设备、工程设施、应急救援用品、个体防护用品等费用进行估算。

五、预期效果评价

预测建设项目在采取了设计专篇中各种防护措施的前提下，各作业岗位职业病危害因素预期浓度（强度）范围和接触水平，评价其在建设期和建成投入生产或使用后是否满足职业病防治方法法律、法规、标准的要求。

第三节 专篇章节与内容组成

根据《建设项目职业病防护设施"三同时"监督管理办法》（国家安全生产监督管理总局令〔2017〕第90 号），职业病防护设施设计专篇章节与内容组成要求如下。

一、一般规定

建设项目职业病防护设施设计应当包括下列内容：

（1）设计依据；

（2）建设项目概况及工程分析；

（3）职业病危害因素分析及危害程度预测；

（4）拟采取的职业病防护设施和应急救援设施的名称、规格、型号、数量、分布，并对防控性能进行分析；

（5）辅助用室及卫生设施的设置情况；

（6）对预评价报告中拟采取的职业病防护设施、防护措施及对策措施采纳情况的说明；

（7）职业病防护设施和应急救援设施投资预算明细表；

（8）职业病防护设施和应急救援设施可以达到的预期效果及评价。

二、主报告章节和内容组成

（1）主报告章节主要包括建设项目概况、职业病危害因素分析及危害程度预测、职业病防护设施设计、预期效果评价。

（2）建设项目概况包括建设项目名称、建设地点、建设单位、主要工程内容、岗位设置及人员数量、总平面布置及竖向布置、主要技术方案及生产工艺流程、辅建（构）筑物及建筑卫生学等。对在建设期和建成投入生产或使用后可能产生职业病危害因素的工作场所工艺设备、原辅材料等重点描述。

（3）职业病危害因素分析及危害程度预测包括建设项目在建设期和建成投入生产或使用后可能产生的职业病危害因素的种类、来源、特点、分布、接触人数、接触时间、接触频度、预期浓度（强度）范围、潜在危害性、发生职业病的危险程度分析和主要职业病危害因素分布图。

（4）预期效果评价结合现有同类建设项目职业病危害因素的检测数据、运行管理经验，对所提出的各项防护措施的预期效果进行评价，预测建设项目在采取了设计专篇中的各种防护措施的前提下，各作业岗位职业病危害因素浓度（强度）范围和接触水平，评价其在建设期或建成投入生产或使用后是否满足职业病防治方面法律、法规、标准的要求。

三、建设项目职业病防护设施设计专篇格式

根据 ZW-JB—2014-002《建设项目职业病防护设施设计专篇编制要求》（国家安全监管总局职业健康司〔2014〕），专篇格式参考如下。

封面：××××建设项目职业病防护设施设计专篇
专篇编号
设计单位名称（加盖公章）
年　月
封二：设计单位资质证书影印件
封三：

声　明

××××（设计单位名称）遵守国家有关法律、法规，在××××建设项目职业病防护设施设计过程中坚持客观、真实、公正的原则，并对所出具的《××××建设项目职业病防护设施设计专篇》承担法律责任。

设计单位名称：（加盖公章）
法人代表：（签名）
项目负责人：姓名、技术职务、资质证书号，签名
专篇编写人：姓名、技术职务、资质证书号，签名
专篇审核人：姓名、技术职务、资质证书号，签名
专篇签发人：姓名、职务、签名
封四：目录
正文：按照目录内容编写，纸型规格 A4 纸，字体为国标仿宋体，标准 4 号，28 行/页，30 字/行。页眉：××××建设项目职业病防护设施设计专篇、专篇编号，字体为国标宋体，标准小 5 号。页脚：设计单位名称，页码（第×页共××页），字体为国标宋体，标准小 5 号。